本书受国家自然科学基金面上项目（编号：62271086）资助

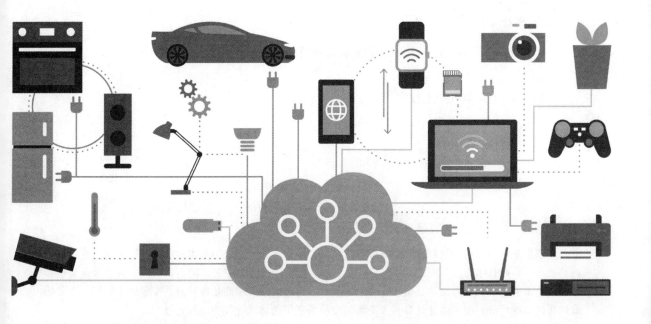

边缘计算
及其资源管理技术

范文浩 ◎ 著

人民邮电出版社

北京

图书在版编目（CIP）数据

边缘计算及其资源管理技术 / 范文浩著. -- 北京：
人民邮电出版社，2024.7
ISBN 978-7-115-64291-2

Ⅰ. ①边… Ⅱ. ①范… Ⅲ. ①智能制造系统 Ⅳ.
①TH166

中国国家版本馆CIP数据核字(2024)第084034号

内 容 提 要

本书系统地介绍边缘计算及其资源管理技术，首先讲解边缘计算的基本知识，分别阐述边缘计算的网络架构、基础技术与服务模式，以及资源管理的各类使能技术与平台。随后，深入分析边缘计算资源管理的基本问题和优化方法，分别讨论边缘智能、多无线接入网中的边缘计算、车辆边缘计算、工业物联网中的边缘计算、卫星边缘计算共 5 个典型应用场景下的边缘计算资源管理技术。

本书内容对边缘计算及其资源管理领域的知识获取、科学研究、技术研发等工作具有重要的参考价值，适合高校和科研院所的学生和科研人员、企业研发人员，以及其他需要了解和掌握边缘计算的技术人员和管理人员阅读参考。

◆ 著　　　　范文浩
　　责任编辑　李　瑾
　　责任印制　王　郁　焦志炜
◆ 人民邮电出版社出版发行　　北京市丰台区成寿寺路 11 号
　　邮编　100164　　电子邮件　315@ptpress.com.cn
　　网址　https://www.ptpress.com.cn
　　北京市艺辉印刷有限公司印刷
◆ 开本：800×1000　1/16
　　印张：23.25　　　　　　　　2024 年 7 月第 1 版
　　字数：462 千字　　　　　　2024 年 7 月北京第 1 次印刷

定价：99.80 元

读者服务热线：(010)81055410　印装质量热线：(010)81055316
反盗版热线：(010)81055315
广告经营许可证：京东市监广登字 20170147 号

前　　言

随着云计算和移动通信技术的发展，云管端架构逐步形成。其中，云拥有海量资源，负责大规模信息集中处理；端的外形、资源和能量均受限制，负责信息采集、结果呈现和决策执行；管，即通信网络，负责连接云和端，提供数据传输服务。云管端架构深刻影响了整个信息技术体系和相关产业，大量的信息应用均基于该架构开发、部署和运行。

然而，云管端架构越来越难以满足各类计算、数据、通信等资源密集型应用愈发严苛的性能需求，其基于云的远距离集中处理模式易导致高数据传输时延、高网络传输负载和高云端计算负载等诸多问题。边缘计算将计算、存储和服务能力放置于网络中的边缘节点，为终端提供物理和场景近距离服务，可以有效解决以上问题。边缘计算将算力融入网络内部，形成了通算（通信和算力）一体共生的新型信息网络架构，是对传统云管端架构的部分颠覆和有效补充。

边缘计算从正式提出距今已有数年时间，正在经历高速发展，受到了工业界和学术界的广泛关注。同时，边缘计算也是算力网络的重要组成部分，其地位被相应提升至以先进信息技术支撑新质生产力的战略层面，具有重大意义。

保障边缘计算系统高效运行、资源高效利用的核心之一在于资源管理技术，涉及云-边缘-终端（云边端）中通信、计算、存储等多种资源的联合分配，并涉及各类任务和服务在云边端间的协同调度和编排等诸多方面。边缘计算是通信与信息系统、计算机科学与技术两大学科的交叉领域，其资源管理技术有别于单纯通信网络和单纯云计算中的相关技术，兼具复杂性和独特性。

本书深入介绍和分析边缘计算及其资源管理技术，分别从边缘计算的基本概念、网络架构、服务模式以及边缘计算资源管理的使能技术、基本问题、优化方法、典型场景等多个层面展开系统性论述。书中内容对边缘计算及其资源管理领域的知识获取、科学研究、技术研发等工作具有重要的参考价值。

本书共分为 9 章，章节安排如下：第 1 章概述边缘计算，介绍边缘计算的基本概念、演进历程、工作模式、行业与应用及边缘计算与算力网络之间的关系；第 2 章介绍边缘计算的网络架构、基础技术与服务模式，分析边缘计算信息基础设施涉及的网络部署和协同模式、所需的边缘节点的软硬件基础技术和通信网络基础技术及各类边缘服务模式；第 3 章介绍边缘计算资源管理使能技术与平台，阐述边缘计算资源管理的重要性，分析无线接入管理、网络资源管理、云边端服务管理中所涉及的各类使能技术和平台；第 4 章分析边缘计算资源管理在不同应用场景下的基本问题与优化方法，包括基本问题、系统模型、优化目标及优化算法；第 5～9 章分别讨论边缘计算在典型应用场景下的资源管理技术，介绍场景特征、需求、关键问题、建模方法和已有研究工作等，包括边缘智能、多无线接入网络中的边缘计算、车辆边缘计算、工业物联网中的边缘计算和卫星边缘计算共 5 个典型场景。

本书的成功撰写离不开北京邮电大学团队成员李学伟、乔磊、原浩、陈鹏辉、王冠、淳雄飞、于洋、孟庆铖的努力付出。他们投入了很多时间和精力，开展调研工作，准备了大量原始材料，起到了重要的支撑作用，在此深表感谢。

另外，感谢人民邮电出版社的李瑾编辑，感谢她的大力支持，以及为本书成功出版所付出的辛勤工作。

边缘计算及其资源管理技术仍处于高速发展阶段，架构、技术和应用领域更新迭代迅速，加之作者水平有限和准备仓促，书中难免出现纰漏和错误，也难以做到全面覆盖，还望读者批评指正。

范文浩

2024 年 1 月于北京邮电大学

资源与支持

资源获取

本书提供如下资源：

- 本书图片文件；

- 本书思维导图；

- 异步社区 7 天 VIP 会员。

要获得以上资源，您可以扫描下方二维码，根据指引领取。

提交勘误信息

作者和编辑尽最大努力来确保书中内容的准确性，但难免会存在疏漏。欢迎您将发现的问题反馈给我们，帮助我们提升图书的质量。

当您发现错误时，请登录异步社区（www.epubit.com），按书名搜索，进入本书页面，点击"发表勘误"，输入错误信息，点击"提交勘误"按钮即可（见下图）。本书的作者和编辑会对您提交的错误信息进行审核，确认并接受后，您将获赠异步社区的 100 积分。积分可用于在异步社区兑换优惠券、样书或奖品。

与我们联系

我们的联系邮箱是 contact@epubit.com.cn。

如果您对本书有任何疑问或建议，请您发邮件给我们，并请在邮件标题中注明本书书名，以便我们更高效地做出反馈。

如果您有兴趣出版图书、录制教学视频，或者参与图书翻译、技术审校等工作，可以发邮件给我们。

如果您所在的学校、培训机构或企业想批量购买本书或异步社区出版的其他图书，也可以发邮件给我们。

如果您在网上发现有针对异步社区出品图书的各种形式的盗版行为，包括对图书全部或部分内容的非授权传播，请您将怀疑有侵权行为的链接发邮件给我们。您的这一举动是对作者权益的保护，也是我们持续为您提供有价值的内容的动力之源。

关于异步社区和异步图书

"异步社区"是由人民邮电出版社创办的 IT 专业图书社区，于 2015 年 8 月上线运营，致力于优质内容的出版和分享，为读者提供高品质的学习内容，为作译者提供专业的出版服务，实现作者与读者在线交流互动，以及传统出版与数字出版的融合发展。

"异步图书"是异步社区策划出版的精品 IT 图书的品牌，依托于人民邮电出版社在计算机图书领域 30 余年的发展与积淀。异步图书面向 IT 行业以及各行业使用 IT 的用户。

目　　录

第1章

边缘计算概述

通信技术和计算技术长期以一种相互分离的方式各自独立发展，但在 4G/5G 和云计算时代，两种技术日趋发展成熟并开始走向交互，通算一体化是未来通信技术和计算技术的重要融合发展方向，边缘计算作用于网络边缘，是两种技术在通信网络中的重要汇聚点之一。

边缘计算是一种新型消息服务模式，目前已形成行业生态和行业应用，它可充当传统端计算和云计算服务的外延，也可作为位于网络边缘侧的服务加速器和优化器，其目标为有效支撑未来泛在网络、泛在计算、泛在智能环境中的资源密集型应用需求。另外，边缘计算也是算力网络的重要组成部分，对我国新型信息基础设施建设具有重大意义，对电信运营商、消息服务提供商等具有重要的商业价值。

本章讨论边缘计算的基本概念、演进历程、工作模式、行业现状与应用，以及边缘计算与算力网络之间的关系，目的是使读者形成对边缘计算及其相关知识的基础认知，为后续章节内容的阅读和理解奠定基础。

1.1 边缘计算的基本概念

1.1.1 边缘计算的定义

边缘计算（Edge Computing）是一种在网络边缘处理计算、数据和服务的计算模式。其中，计算、数据和服务可能迁移自中心云服务器或用户终端设备，网络边缘泛指从计算任务源或数据生成源到云中心的路径上具备处理能力的任意节点。

边缘节点处于终端和云之间，向上与云交互，向下与终端交互，横向与其他边缘节点交互，是网络纵向的云边端协同和网络横向的边边协同的分布式计算模式的重要组成。

边缘计算是云计算的延伸，使云服务能够在网络边缘处运行，大幅降低终端与云之间的传输时延、云服务器计算负载和网络传输负载；边缘计算也是端计算的扩展，将用户终端设备上计算和数据处理卸载至边缘节点，可大幅增强终端的处理能力并降低终端负载和能耗[1]。

边缘计算平台融合网络、计算、存储、应用等核心能力，可以有效支撑计算、数据、通信等资源密集型应用，通过优化已有行业应用或创造新应用生态，满足行业数字化在敏捷连接、实时业务、数据优化、应用智能、安全隐私等诸多方面的需求。

1.1.2　边缘计算的产生背景

1.1.2.1　移动智能终端与物联网终端能力受限

近年来，信息技术不断推进终端设备的高速发展，移动智能终端和物联网（Internet of Things，IoT）终端是两种具有代表性的终端设备形态。

移动智能终端是移动互联网的访问入口，是用户的通信中心、消息中心、业务中心、多媒体中心和内容呈现中心，其形态不断向集成化、智能化等方向演进，承载着越来越广泛和丰富的移动互联网业务。

物联网终端负责将各类物体接入网络，感知和采集物理世界的各种信息，完成数据处理和传输，接收处理结果并执行指令，其形态不断向多模式、低功耗等方向发展，将越来越多的物体和越来越丰富的感知信息接入互联网。

移动智能终端和物联网终端均属于嵌入式设备，难以具有传统电子设备完善的计算处理、数据存储、网络传输和电量供应能力。嵌入式设备先天的资源受限情况形成了弱应用承载环境，主要表现为以下 3 个方面。

1）计算/存储能力受限。尽管嵌入式设备的处理器性能在不断提高，但由于受到设备尺寸与电池供电等因素的限制，嵌入式设备的计算和存储能力同桌面和服务器设备相比仍有很大差距，无法有效满足承载计算/数据密集型应用需求。

2）通信能力受限。嵌入式设备主要通过无线网络进行信息传输，少部分使用有线网络，受限于天线尺寸、电池供电和所处地点的复杂网络环境，通信质量不稳定，易随无线环境的变化而波动，难以始终满足网络应用的高速、高可靠通信需求。

3）能量供给能力受限。电池供电是嵌入式设备的主要能量供给方案，设备需要在任务本地处理耗能和续航时间之间做出权衡，因此，能量供给受限成为限制终端任务处理能力的瓶颈。

1.1.2.2　云管端架构的远距离集中处理模式

现有绝大多数移动互联网和物联网应用均建立在云管端架构（云-管道-终端）之上，即应用由终端部分和云端部分共同组成，而通信网络作为连接二者的管道，负责二者之间的信息交互。应用的正常运行需要终端和云端的协同配合，即终端侧负责信息采集和用户交互，网络负责数据传输，云端侧负责业务处理[2]。然而，云管端架构的远距离集中处理模式越来越难以满足大规模移动互联网和物联网业务愈发严苛的性能需求，其主要体现在以下 3 个方面。

1）云和端间距离远，传输时延过大。云服务器和终端设备之间的距离过远，交互信息需要经过接入网、承载网、核心网和互联网等多个网络转发，涉及排队、缓存、协议转换等过程，网络传输相对耗时过长，无法满足高实时性应用需求。

2）密集数据传输致使网络传输负载过大。对于数据密集型应用，大规模数据由终端采集上传至云服务器，会大幅增加网络传输负载，不仅会造成网络拥塞从而增加传输时延，而且会影响网络中的其他应用的数据传输。

3）集中式任务处理致使云端计算负载过大。对于计算密集型应用，来自终端的大量计算请求经由网络传输，最终汇聚至云服务器处理，这种集中式处理方式将大幅增加云端计算负载，影响服务性能。另外，云服务器故障、损坏等问题将造成全局服务中断，降低服务可靠性。

1.1.2.3　边缘计算及其功能

近年来终端应用在种类和数量上爆发式发展，其应用领域的广度和深度也得到了大幅拓展。持续膨胀的终端应用需求日益对终端设备和云管端架构的服务能力提出严峻挑战，各类计算密集、数据密集、通信密集等资源密集型应用对计算、存储和通信资源的要求在不断提升。然而，一方面，终端设备有限的计算能力、存储能力、通信能力和能量供给能力仍然将长期妨碍终端应用的发展；另一方面，传统的云管端架构难以适应未来大规模终端应用任务计算、数据传输和存储中的性能需求，将限制终端应用的规模化发展和性能优化提升。总而言之，用户对资源密集型终端应用的需求与终端有限资源可用性、云管端架构局限性之间的矛盾将日益加剧。

为了满足计算、存储和通信方面的服务需求，突破现有的技术矛盾，不仅需要充分利用终端的内部和外部资源，还需要借助云管端架构中各单元的配合。边缘计算是解决以上问题的有价值的手段之一，其核心思想是将计算、存储和服务能力放置于网络边缘节点（如蜂窝网络基站、Wi-Fi 路由器、物联网网关、通信网络汇聚层服务器、现场指挥控制设备等），贴近用户终端，提供物理近距离（指边缘节点和终端间网络距离近）和场景近距离（指边缘节点和终端间业务场景距离近）服务，降低时延和能耗，实现多样化的边缘服务形式。边缘计算的主要功能如下。

1）计算卸载（Computation Offloading，又称计算迁移）。将终端的计算任务传输至边缘节点，边缘节点处理完毕后再将结果回传给终端，与任务在终端本地处理或传输至云服务器处理相比，计算卸载可有效降低终端任务计算时延。

2）数据缓存（Data Caching，又称数据迁移、数据卸载）。将云端数据下载至边缘节点，提供内容缓存服务，终端可直接访问边缘节点获取数据，与终端向云服务器请求数据相比，数据缓存可有效降低终端数据访问时延。

3）资源管理（Resource Management）。资源管理负责管理边缘节点和云边端网络架构中的所有通信、计算、存储等资源，完成计算卸载、数据缓存中的任务调度、服务和缓存放置、各类资源分配及服务定价等工作，实现系统性能、网络资源利用率及用户服务质量的提升。

一方面，边缘计算将任务从资源受限的终端内部迁移至资源相对丰富的边缘节点，通过终端内外部资源协同工作，有效改善终端的弱应用承载环境，增强终端能力——有效提高应用服务质量，提升应用运行效率，降低终端能耗。另一方面，边缘计算将云端的计算与存储资源由集中式云服务器向边缘节点分散，通过云服务器与边缘节点的协同工作，有效降低云服务器计算与存储负载及网络通信负载。

边缘计算是未来通信网络的基础性服务之一，成为运营商和消息服务提供商的重要业务增长点，在学术界和工业界均受到广泛关注。

1.1.3　边缘计算的价值

边缘计算的价值包括降低时延、减少能耗、缓解负载、保护隐私、定制服务、增强能力等多个方面，同云计算和端计算相比，边缘计算在以上方面具有显著优势。

1.1.3.1　降低时延

边缘计算相较于云计算的一项显著优势在于其计算资源更接近终端用户。在边缘计算的框架下，数据处理任务可以被分配到离数据源更近的网络节点，这意味着数据可以在不经过长距离网络传输的情况下进行处理。因此，边缘计算能够规避集中式远程云计算中心所面临的网络时延问题，从而显著缩短数据处理时间并提升响应速度，这对于需要实时反馈的应用场景尤为重要。

边缘计算能够提供高度实时的服务，从而显著提升用户体验。对于大多数物联网应用来说，云计算解决方案的时延取决于网络条件、应用需求以及数据中心的位置，一般在几十毫秒到几百毫秒之间，网络条件较差时的时延甚至为秒级。然而，采用边缘计算的策略有望将端到端的时延降低到接近单跳传输的水平，在理想条件下，实时性可能提升 20 倍左右，但具体的提升程度可能会因多种因素（例如边缘节点的位置）而有所不同。

1.1.3.2　减少能耗

在大规模物联网应用环境中，物联网设备数量的大幅增长将直接引发计算和数据的激增，从而导致信息系统能耗大幅度上升。数据传输、计算和存储消耗了大量的能源，在一些城市和地区甚至成为能耗的主要来源。然而，在边缘计算中，大量的前端设备数据无须再汇集到云中心，而是以分布式的方式存储在各个边缘服务器上，这极大地减少了网络中的数据传输量，从而降低了能耗。此外，计算请求也被分散到各地的边缘服务器上进行，这种方式有效地避免了云端大规模存储和计算产生的能耗。这种新的计算范式通过改变数据传输的距离以及计算和存储的位置，实现了能源的高效利用，降低了能耗，有望从根本上解决数据无限增长带来的能源瓶颈问题。

1.1.3.3　缓解负载

在传统的云计算模型中，所有数据均需传输至远程数据中心进行处理，这一过程需要消耗大量带宽和能源，从而增加了网络负载。同时，所有的计算任务都在数据中心的服务器上执行，这种集中式的处理方式需要大量的计算资源和能源，从而增加了云负载。然而，边缘计算模型将数据处理任务转移到离数据源更近的设备上执行，减少了数据在网络中传输的距离和频率，降低了网络负载。此外，边缘计算模型通过更有效地利用边缘设备的计算资源，降低了云端大量数据集中处理所产生的云负载，提高了计算效率。因此，边缘计算可以显著降低网络负载和云负载，这对于实现可持续发展和环保目标具有重要意义。

1.1.3.4　保护隐私

相较于云计算来说，边缘计算在隐私保护上颇具优势。首先，边缘计算的数据不需要传输到远程的服务器，用户数据可以在生成它的设备上进行处理和分析，从而减少了数据在传输过程中泄露的风险。其次，边缘计算可以提供更好的数据控制。因数据在本地处理，用户可以更好地控制哪些数据共享、如何共享。此外，边缘计算可以提供更加强大的数据控制能力，数据在本地处理使攻击者需要直接攻击设备才能获取数据，这相比于在云计算中，攻击者获得服务器的访问权限就有可能获得存储在服务器上的所有数据，提高了数据的安全性，更好地保护了用户隐私。

1.1.3.5　定制服务

边缘计算的服务器主要是为与其直接相连的设备提供服务,然而前端设备的通信形式、服务类型、服务要求各不相同,会导致边缘服务器上所承载的服务因对应设备和服务请求的不同而产生差异。因此,在不同的应用场景下,面对各类设备类型的不同资源需求,边缘计算的服务对象呈现异构、多样的特点,服务类型也呈现高度定制化的特点。同时,边缘计算采用的通信技术具有相对较小的覆盖范围,每个边缘服务器所面向的用户主要由本地的固定用户和流动用户构成,这导致每个服务器上运行的服务类型、资源配置、接入策略等均有所不同,形成了服务器类型高度定制化的特点。众多云计算难以支持的实时和低功耗服务正在转向边缘计算。与传统的云计算相比,边缘节点的服务对象、服务类型和服务器类型都呈现出高度定制化的特点。这种全新的定制模式被视为边缘计算的一种潜在应用,展示了边缘计算的巨大潜力,为边缘计算的未来发展提供新的方向和可能。

1.1.3.6　增强能力

随着互联网不断发展,越来越多的城市基础设施和移动智能设备产生了计算需求,这种无处不在的计算主要通过边缘节点的大量算力部署去实现。在整个物联网的发展过程中,边缘计算不仅可以为设备提供计算服务,更是赋予了物联网中的各种终端设备更智能、更灵活的思考方式和更强大的决策能力。系统能够即时响应各类指令和事件,这种计算模式不仅提高了设备的实时性能,还为物联网的智能化发展提供了新的可能性。

在众多领域,边缘计算为终端场景应用带来了新的优势。例如,在安防监控领域,通过在监控摄像头内集成计算单元,引入边缘计算,可以有效处理原始视频数据,避免将冗余数据上传到云端。此外,还可以植入人脸识别应用,在边缘对数据进行解析和模型匹配,从而快速识别重点监控对象,提高识别效率。在本地零售领域,边缘计算可以在本地就地进行数据处理和优化,无须将各分支的数据汇总到中心位置进行分析,从而在决策和行动方面获得更快、更及时的反馈。在线课堂领域,边缘计算在靠近终端的网络边缘上提供服务,全域覆盖的节点资源仿佛打造了一张高质量、低成本的实时视频转发网络,更好地避免网络抖动带来的掉线和卡顿问题,将授课内容实时、高质量地呈现在学生面前。

边缘计算能够解决数字业务场景下云计算的时延、带宽、自主性和隐私保护需求问题,其具体应用将由人、设备和业务之间的数字业务交互来定义,拥有十分广阔的发展前景。

1.2 边缘计算的演进历程

边缘计算经历了雏形阶段、发展阶段和应用阶段 3 个演进阶段。工业界（云服务提供商、通信设备商）和学术界均在演进历程中发挥了重要作用。

作为新兴技术，边缘计算在未来也将持续演进，通过与未来新型信息通信技术融合，形成新的形态。

边缘计算的演进历程如图 1-1 所示。

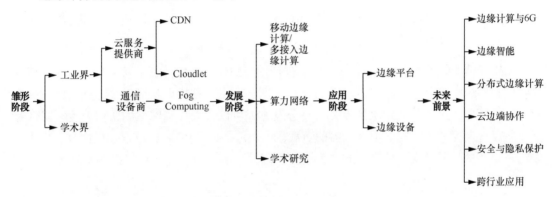

图1-1　边缘计算的演进历程

1.2.1 雏形阶段

将任务从本地设备卸载至网络边缘节点，或者将云能力下发至网络边缘节点，是边缘计算的主要功能之一，而这种计算模式在边缘计算概念形成之前便已被提出。这个时期称为边缘计算的雏形阶段，工业界（包括云服务提供商、通信设备商）和学术界均提出了类似的技术和概念。

1.2.1.1　工业界：云服务提供商

云计算的出现和发展是信息技术领域的一次重大革新。云计算的概念最早可以追溯到20 世纪 60 年代，当时的"时间共享"模式是云计算的雏形。真正的云计算技术直到 21 世纪初才逐渐成熟。2006 年，亚马逊推出了 EC2（Elastic Compute Cloud），这是第一个商用的云服务平台，标志着云计算时代的到来。随后，谷歌、微软等科技巨头也纷纷推出了自己的云服务平台，如 Google App Engine、Microsoft Azure 等。这些平台提供了弹性、可扩展的计算资源，使得企业和个人可以按需使用，并且无须投入大量资金购买和维护硬件设备。云计算极大地降低了 IT 成本，提高了运算效率，在各行各业的数字化转型中发挥了重要作用。

将云计算能力下沉、分散，形成分布式云计算体系架构，是解决由云计算资源过度集中而导致的云计算负载过大和网络传输负载过大问题的重要手段。CDN 和 Cloudlet 是执行数据密集型任务和计算密集型任务的代表性分布式云计算技术。

（1）CDN

内容分发网络（Content Delivery Network，CDN）是 1998 年由 Akamai 公司推出的一种构建在互联网上的分布式数据缓存系统，旨在有效地向用户提供 Web 内容和其他服务。CDN 的主要目标是通过将内容发布到离用户更近的服务器上，来加快内容传输速率、减少网络拥塞，并提高网站的可用性和安全性。

当用户请求访问某个网站时，CDN 会根据用户的位置和服务器的负载情况，将内容从原始服务器缓存或复制到离用户最近的 CDN 服务器上，这样用户可以就近获取所需的内容，而不需要完全依赖原始服务器。这种分发方式可以大大提高网站的访问速度，降低时延，并在一定程度上减轻原始服务器的负载压力。总之，CDN 通过就近提供内容、优化网络流量以及增强网站安全性等方式，为用户和网站提供了更快速、更可靠的网络体验。

（2）Cloudlet

2009 年，卡内基梅隆大学的教授 Mahadev Satyanarayanan 发表了学术界首篇关于 Cloudlet 的论文，明确提出了 Cloudlet 的概念。Cloudlet 是一个移动增强的小型云数据中心，部署于互联网的边缘。Cloudlet 更加接近用户和设备，可以在离用户更近的位置处理和存储数据。这意味着数据传输时延更低，响应时间更短，适用于对实时性要求较高的应用场景。Cloudlet 还可以与云中心进行协同工作，将计算任务根据需求分配到云端或边缘进行处理，实现资源的灵活利用。从这个角度来看，Cloudlet 可以被视为如今边缘计算的原型。

今天的边缘计算早已超出 CDN 和 Cloudlet 的范畴。与 CDN 相比，边缘计算涵盖计算、存储等多种功能，而非仅仅包含 CDN 中的静态内容分发；与 Cloudlet 相比，边缘计算中的"边缘"不局限于边缘节点，而是包括从数据生成源到云中心路径之间任意计算、存储的通信资源。

1.2.1.2　工业界：通信设备商

通信设备商提供用于通信传输、接收和处理的各种设备和技术，其产品涵盖网络设备、无线通信设备、传输设备、通信终端设备、通信测试设备等多种类型的设备。将计算、存储等能力与传统通信设备相融合，对通信设备商而言，是开拓新领域、创造新利润的重要机会，具有重要的商业价值。

2012 年，思科正式提出雾计算（Fog Computing）的概念，其名称源于"雾是更贴近地面的云"。雾计算通过在网络边缘部署雾节点（Fog Node）来处理和存储数据，减少数据传输的时延和带宽消耗。雾节点可以是传统网络设备（如早已部署在网络中的路由器、交换机、网关等），也可以是专门部署的本地服务器。这些雾节点可以执行部分计算任务，并提供实时的数据分析、决策和响应，减轻对云中心的依赖。

雾计算的思想与边缘计算具有相似性，二者大部分内容是重叠的，而区别在于，一般而言，雾计算更强调网络的层次架构和雾节点在网络层中的分布式协同，而边缘计算不仅包含网络架构和边缘节点间的协同模式，还考虑边缘侧的业务运行，以及与云和端的配合。

1.2.1.3   学术界：技术和需求推动研究工作

边缘计算的基本思想在学术界早已存在，其核心之一——"计算卸载"，在数十年前便有学者提出。然而，受制于当时无线通信技术有限的数据传输速率，边缘计算在当时的通信环境中难以发挥作用，另外，当时终端载体的信息业务种类相对单一，对就近计算的需求并不强烈，因此，那时边缘计算并未受到学术界的广泛关注。

移动通信系统演进至 4G 阶段后，随着移动互联网、物联网业务的兴起，在通信技术进步和用户需求激增的背景下，边缘计算成为重要的使能技术。2009 年，Mahadev Satyanarayanan 发表了题为 "The Case for VM-based Cloudlets in Mobile Computing" 的论文，后续在全球移动计算和云计算交叉领域激发了许多技术努力，促成了边缘计算概念的出现。自此，边缘计算开始逐步发展，演进成为计算机、通信、电子等多个领域的热点研究方向。

1.2.2   发展阶段

1.2.2.1   移动边缘计算与多接入边缘计算

2014 年，欧洲电信标准化协会（European Telecommunications Standards Institute，ETSI）正式定义了移动边缘计算（Mobile Edge Computing，MEC）并成立移动边缘计算规范工作组。移动边缘计算是一种基于移动通信网络的全新的分布式计算方式，构建了无线接入网侧的云服务环境。移动边缘计算主要专注于在移动通信网络中为移动终端用户提供低时延、高带宽、个性化的服务。它将计算、存储和网络资源部署到移动通信网络的边缘，以便更快地响应终端用户的请求，并提供更丰富的应用体验。移动边缘计算技术主要依赖于移动通信基站或者终端设备附近的边缘服务器，这些服务器可以提供近距离的计算和存储能力，从而减少终端用户的业务访问和数据传输时延，另外，移动边缘计算通过将云计算业务迁移到各边缘服务器，来减少网络拥塞并降低云中心负载，最终提高用户体验。

2017 年，ETSI 将 MEC 的解释由移动边缘计算调整为多接入边缘计算（Multi-access Edge Computing，MEC），用这个概念来概括更加广泛的边缘计算的场景和内涵，在靠近物或数据源头的网络边缘侧，融合网络、计算、存储、应用核心能力而形成开放平台。多接入边缘计算更加强调在多种接入技术下实现边缘计算服务的一致性和可用性。它将边缘计算的服务与不同的接入技术（如 Wi-Fi、蜂窝网络、传统有线网络等）进行整合，通过网络切换、流量管理、负载均衡等手段实现多接入技术下边缘计算服务的无缝切换和优化。

1.2.2.2　算力网络

算力网络是"一种根据业务需求，在云、网、边之间按需分配和灵活调度计算资源、存储资源以及网络资源的新型信息基础设施"。具体而言，算力网络利用云网融合技术以及软件定义网络（Software-Defined Networking，SDN）、网络功能虚拟化（Network Function Virtualization，NFV）等新型网络技术，将边缘计算节点、云计算节点以及含广域网在内的各类网络资源深度融合在一起，通过集中控制或者分布式调度方法实现边缘计算节点、云计算节点的计算和存储资源、广域网的网络资源的协同，组成新一代信息基础设施，为客户提供包含计算、存储和连接的整体算力服务，并根据业务特性提供灵活、可调度的按需服务。

算力网络是由我国运营商主导提出的新型信息基础设施，对我国信息通信技术在国际上发挥引领作用具有重大意义。边缘计算是算力网络中的核心组成，是算力网络中算网融合的重要体现之一。

中国移动、中国电信、中国信息通信研究院等研究机构在推动算力网络的发展和建设方面作出了显著的贡献，作为国内领先的通信和研究机构，这些组织开展相关体系架构、关键技术的研究，发布了有关算力网络的标准和白皮书，推动了算力网络建设。

目前，算力网络的研究呈现百花齐放的繁荣景象，但相关架构、标准的设计依赖于传统网络技术，尚未形成统一的标准体系。未来，算力网络有很大的发展前景。

1.2.2.3　学术研究

以"Edge Computing"为关键词在 IEEE Xplore 上搜索 2013—2023 年论文发表情况，结果如表 1-1 所示。注意，表中的数据主要反映增长趋势，很多关于边缘计算的论文并未使用该关键词，故实际的论文数量应远大于表中的数据。

表 1-1 论文数量年份对应表

年份/年	2013	2014	2015	2016	2017	2018	2019	2020	2021	2022	2023
论文数量/篇	288	313	372	599	937	1696	2538	3143	3646	4302	4988

2016 年以前，边缘计算处于原始技术积累阶段；2017 年至今，边缘计算开始被业内熟知，与之相关的论文发表数量快速增长，边缘计算开始飞速发展。

边缘计算受到了国际学术组织的广泛关注。IEEE、ACM 和其他学术组织相继举办了相关的会议和研讨会，如 IEEE International Conference on Edge Computing（EDGE）、ACM/IEEE Symposium on Edge Computing（SEC）；多个国际一流学术期刊和会议，如 *IEEE Journal on Selected Areas in Communications*（JSAC）、*IEEE Transactions on Mobile Computing*（TMC）、*IEEE Transactions on Communications*（TCOM）、*IEEE Transactions on Wireless Communications*（TWC）、IEEE International Conference on Computer Communications（INFOCOM）、IEEE Global Communications Conference（GLOBECOM）、IEEE International Conference on Communications（ICC）、IEEE Wireless Communications and Networking Conference（WCNC）等也大量接收边缘计算方向的高水平论文。另外，多个国内著名学术期刊，如《中国科学：信息科学》《电子学报》《通信学报》《物联网学报》等，也大量刊载边缘计算方向的论文成果。

当前，学术界对边缘计算的研究主要集中在以下 3 个方面。

1）边缘计算的体系结构和架构：包括终端节点、边缘服务器、云服务器之间的协同关系，以及边缘计算中的计算、存储、网络和安全等方面的问题。

2）边缘计算的应用场景和应用程序：包括智能制造、智能城市、智能交通、医疗保健、虚拟现实、游戏等多个领域，以及在这些领域中如何设计和实现高效、可靠、安全的边缘计算应用程序。

3）边缘计算的系统优化和性能评估：包括边缘计算中的任务调度、资源管理、能耗优化等问题，以及如何通过仿真、实验和测试等手段来评估边缘计算系统的性能和可靠性。

总之，学术界对边缘计算的研究正在不断深入和拓展，未来还将有更多的关注点和挑战。

1.2.3 应用阶段

边缘计算的技术发展水平已经可以满足行业落地需求，然而，边缘计算属于新兴技术，尽管潜力巨大，但由于发展时间较短，其行业应用仍然处于探索和试验阶段，商业模式和应用场景也需要进一步明确和优化，需要行业各方共同努力，推动边缘计算的行业应用。

边缘计算应用现主要体现在以下两个方面。

1）边缘平台。边缘平台是云计算服务平台在边缘侧的延伸，满足客户对于边缘计算资源的远程管控、数据处理、分析决策、智能化的诉求。众多云计算企业，如华为、阿里巴巴、腾讯、中兴等国内企业，亚马逊、谷歌、微软等国外企业，均推出了自己的边缘计算软件平台。

2）边缘设备。边缘设备是一种内置边缘计算服务能力的硬件装置，集成于特定应用的信息系统中，实现现场级边缘计算解决方案。近年来，边缘计算在多个行业（如公共安全、交通物流、医疗保健、生活家居、消费电子、现代工业、现代农业、军事国防等）中逐步实现了应用，增强了应用性能，提高了服务质量。

随着 5G/6G、物联网、人工智能等技术的快速发展，边缘计算的应用场景会越来越丰富，边缘计算也将推动数据处理和分析的方式发生根本性变化，并在未来数字化世界中发挥越来越重要的作用。

1.2.4　未来前景

边缘计算不断吸引着工业界和学术界的高度关注，在基础理论、关键技术、创新产品方面持续取得一系列的创新性进展。

边缘计算与 6G 的深度融合是未来边缘计算的重要发展领域。6G 移动通信网络融合卫星通信系统和地面通信系统，构建星地融合、优势互补的天地一体化网络架构，为用户提供全球无缝覆盖和大容量、高速率的通信体验。卫星通信是一种无线通信技术，它利用人造卫星在地球轨道上的位置来传输和接收信息。卫星通信与边缘计算相结合，将产生一种新的计算模式，即卫星边缘计算。在该模式下，卫星不仅是传输数据的中继站，还可以处理数据，这样可以有效缩短服务响应时间，节省卫星网络中宝贵的回传带宽资源，缓解地面数据处理中心的压力。

另外，未来边缘计算也将在如下方向持续进步。

1）边缘智能。边缘计算与人工智能的结合将成为未来的趋势。在边缘设备上运行轻量级的机器学习和深度学习算法，可以实现实时的智能决策和数据分析，提高端侧应用的智能化水平。

2）分布式边缘计算。随着物联网设备的不断增多和应用场景的复杂化，边缘计算将更加分散化。边缘节点将更广泛地部署在各种终端设备、基站、工厂和建筑等，形成庞大的边缘计算网络，实现更低时延的数据处理，提升决策能力。

3）云边端协同。边缘计算与端计算和云计算之间将形成紧密的协同关系，形成统一的云边端计算架构。通过云边端协同，运营商可以更好地统筹管理全网的各层资源，实现服务质量和用户体验的按需优化，以及网络成本和开销的有效控制。

4）安全与隐私保护。随着数据在边缘设备上的处理和存储增加，安全和隐私保护将成为关键问题。未来，边缘计算更加注重数据的安全传输、安全存储和加密技术，以确保用户数据的安全性和隐私性。

5）跨行业应用。边缘计算将在各个行业中得到广泛应用，相比现阶段更广和更深。例如，在智能交通领域，边缘计算可以实现实时的交通监控和智能导航；在工业自动化领域，边缘计算可以优化生产过程和提高安全性；在医疗保健领域，边缘计算可以支持远程医疗和健康监测；等等。

总而言之，未来边缘计算将实现更加分布式、智能化和安全化的发展。它将与人工智能、物联网、云计算等技术相结合，为各种行业和领域带来更多创新和发展机会。

1.3 边缘计算的工作模式

边缘计算是一种新型计算范式，它的核心理念是将数据处理和分析推向边缘，从而降低时延、提高效率，同时减少对云计算资源的依赖，增强终端的信息处理能力。边缘计算的工作模式不能只依赖于边缘节点，还需发挥边缘计算自身优势，与云计算、端计算、卫星计算等其他计算模式相互补充，形成融合共生的新型信息网络基础设施。

下面将分别介绍边缘计算与云计算和端计算的协同工作模式——云边端协同，以及边缘计算与卫星计算相结合的工作模式——卫星边缘计算。

1.3.1 云边端协同

云边端协同计算模式是一种综合云计算、边缘计算和端计算的计算模式，旨在实现高效的数据处理、减少云端的数据传输，使边缘节点和终端设备更加智能化，不依赖云端就可以进行自主的决策和处理[3]。在云边端协同模式下，其网络架构主要包括云端、边缘端和设备端3部分，如图1-2所示。

在云边端协同的计算体系结构中，云端承担大规模云中心的角色，主要负责处理对时延要求不高但具有高度复杂性的数据分析、机器学习模型训练的任务以及存储大规模全局数据。云端提供高度可扩展的计算和存储资源，以满足大规模数据处理的需求。与此同时，边缘端包括分布式的边缘节点，这些节点具备计算、存储和网络连接的能力，主要负责处理相对轻量级的计算任务，进行数据预处理和缓存，并提供低时延的快速响应。边缘节点的存在有助于减少数据传输时延和网络拥堵。

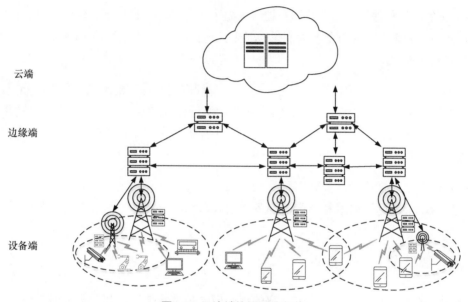

图1-2　云边端协同网络架构

在整个体系结构中，设备端包括各种终端设备，如智能手机和传感器，它们为用户提供交互界面，同时也是数据的产生者和消费者。这些终端设备能够与边缘节点和云端进行通信，上传数据并接收处理后的结果。此外，终端设备还能够执行本地计算，实现实时响应，从而减少对边缘和云的依赖。

在实现云边端协同的网络架构中，有 4 种主要模式：边端协同、云边协同、边边协同和云边端协同。边端协同指的是终端设备将计算任务卸载到边缘节点执行；云边协同是指边缘节点将计算密集型任务卸载到云中心执行；边边协同是指边缘节点将计算任务卸载到其他空闲的边缘节点执行；云边端协同是指终端设备采集数据并上传到边缘节点，边缘服务器对数据进行轻量级处理和小规模存储，然后将大规模数据上传到云中心，云中心处理计算密集型任务，并将结果返回给边缘节点和终端设备。

云边端在资源管理、数据处理、服务提供和应用层面体现出密切的协同。在资源管理方面，根据业务需求、流量情况和可用资源，对计算、存储、带宽和应用软件资源进行智能调度和分配。在数据处理方面，边缘端根据本地数据提供本地化服务，避免将所有数据传送回云中心造成网络负载压力；云端则能够进行全局数据深度分析，为边缘节点提供相应的调整和管理方案。在服务提供方面，边缘节点分布在网络各处，形成分布式计算能力，而云中心对这些节点进行统一管理和控制，为用户提供高效、优质的服务。在应用层面，通过有效的协同机制，实现各类应用的业务数据分发和应用请求调度。云边端协同作用使计算和存储能够下沉至边缘，实现应用的自动注册。同时，云边端协同机制实现任务处理的快速交付，提供高效的边缘服务。这种协同体系使整个系统更灵活、响应更快。

1.3.2 卫星边缘计算

随着物联网时代的到来，未来世界各地的大小型设备都将需要连接。然而，地面网络所覆盖的陆地面积有限。此外，地面网络容易受到洪水、地震等自然灾害的影响。低地球轨道（Low Earth Orbit，LEO）卫星星座可以提供全球级网络覆盖，被认为是地面网络和未来 5G/6G 通信的有力补充，同时也是解决上述难题的关键。

相比其他形式的卫星通信，LEO 卫星星座具有低时延、高带宽、全球覆盖和应急通信等特性，可满足现代通信和互联网的多样化需求，特别是在战地、灾区、海上等移动通信基础设施难以提供服务的特殊场景，LEO 卫星星座具有天然的优势。但是传统的 LEO 卫星星座计算能力弱，且没有统一的服务框架和服务接口，无法直接提供计算服务。常见的卫星系统的任务执行流程为：地面终端向卫星发送命令，卫星将原始数据或者请求转发到地面数据中心，然后在地面对数据进行处理和计算，最后将处理和计算结果通过卫星传回地面终端。其中，卫星主要起"中继转发"作用。

卫星边缘计算将边缘服务器部署到卫星网络上，在没有地面网络或者地面网络条件较差时，地面用户可以直接使用卫星边缘服务器进行任务处理。这种卫星边缘计算方案可以减少数据传输量，提高卫星网络的效率和用户获得的服务质量。卫星边缘计算的经典任务执行流程为：地面用户实时上传任务请求，这些任务可能是来自地面的紧急通信请求、分析卫星采集的遥感图像等；当卫星接收到这些请求后，它会考虑在轨道上处理这些任务，而不是将任务全部发送回地面的云数据中心；卫星所携带的边缘服务器可以在轨道上自主执行资源分配和任务调度等工作，它会考虑星座中每颗卫星的资源使用情况，并制定合适的在轨卸载策略[4]。

卫星边缘计算的优势，一方面是其能在轨处理计算任务，地面终端发出的计算任务可以在卫星边缘节点上得到及时处理与计算，而不是完全依赖地面的云数据中心，这种处理模式能够大大缓解地面云数据中心的计算压力，同时降低服务响应时延、节省卫星链路的带宽资源。另一方面，卫星边缘计算中卫星覆盖范围广，可以满足那些地面网络无法提供服务的偏远地区（如海洋、高地等）的计算和通信需求。同时，在面临地震、洪水等自然灾害时，卫星边缘计算也能提供即时的通信和计算支持，协助救援工作、数据收集和危机管理。

但是，卫星边缘计算因其特殊性也存在一定的局限。

1）卫星资源受限。受卫星设备本身所能携带的计算资源和其能源获取方式的限制，卫星边缘节点能提供的通信和计算资源有限。

2）卫星网络具有移动性。卫星边缘节点一直处于高速周期性运动的状态，所以地面设备和卫星的连接状态动态变化，容易受到链路切换的影响。

3）需要有效的负载均衡策略。因为卫星网络服务区域不同，卫星之间的任务负荷存在差异，所以需要通过服务放置/任务卸载、内容缓存/请求调度等决策来实现各节点的负载均衡。

1.4　边缘计算行业与应用

边缘计算行业与应用正在引领数字化时代的浪潮，它们不仅改变了数据处理和分析的方式，还催生了各种创新应用。从物联网设备的实时监控和智能工厂的自动化到自动驾驶汽车的智能决策及医疗保健领域的远程诊断，边缘计算的应用广泛且多样化。其核心优势在于降低数据传输时延、提高响应速度，同时确保数据隐私和安全。边缘计算在信息产业中崭露头角，为企业和消费者带来了更高效、更智能化的解决方案，创造了新的商机，预示了其未来无限的潜力和可能性。

1.4.1　边缘计算的行业现状

边缘计算在全球范围内得到了广泛的关注和应用。下面我们从市场规模和竞争格局两个角度对边缘计算的行业现状进行简单分析。

1.4.1.1　市场规模

随着互联网、物联网和移动通信的不断发展，边缘计算的市场需求正在不断增加，各行业对边缘计算的需求也在持续增长。

在国内，根据 IDC（International Data Corporation）统计数据，2021 年中国边缘计算市

场规模达到 33.1 亿美元，较 2020 年增长 23.9%。随着靠近数据产生端的边缘应用场景逐渐丰富，边缘定制服务器需求快速增长，以适应复杂多样的部署环境和业务需求，2022 年，中国边缘硬件市场专用服务器总出货量达到 3.4 万台，边缘服务器市场规模达到约 40 亿美元。2023 年，中国边缘计算服务器市场仍保持稳步增长，上半年中国定制边缘专用服务器市场规模达到 1.3 亿美元，同比增长 49%。估计 2027 年中国边缘计算服务器整体市场规模将达到 111 亿美元，整体市场规模年复合增长率将达到 23.1%。

在国际上，全球边缘计算市场受到 5G、物联网等技术飞速发展的推动，处于蓬勃发展阶段。Grand View Research 数据显示，2022 年全球边缘计算市场规模达到 112.4 亿美元，其中工业物联网（Industrial Internet of Things，IIoT）领域应用占比超过 29%。随着物联网设备数量呈指数级增长，集中式云架构可能面临处理海量数据的挑战，边缘计算提升了可扩展性、响应能力、安全性和隐私性，具备应对不断演进的物联网生态系统需求的潜力，应用场景广阔，初步预测到 2028 年，全球边缘计算市场规模可以超过 580 亿美元。

1.4.1.2　竞争格局

边缘计算涉及多个领域，细分市场广阔，市场潜力巨大。本土企业积极迎头赶上了这一行业的发展，因此中国边缘计算产业的发展与国际同步，涌现出了许多积极布局边缘计算市场的本土企业，未来发展前景十分可观。同时，边缘计算领域由于其多样性和广泛性，市场容量巨大，因此形成了多家巨头共存的竞争格局。

另外，算力网络的不断完善离不开功能强大的边缘计算平台。近年来，我国高度重视边缘计算的发展。国务院印发的《"十四五"数字经济发展规划》，强调推进云网协同和算网融合发展，加强面向特定场景的边缘计算能力，强化算力统筹和智能调度；工业和信息化部等部门印发了《5G 应用"扬帆"行动计划（2021—2023 年）》《新型数据中心发展三年行动计划（2021—2023 年）》《工业互联网综合标准化体系建设指南（2021 版）》等相关文件，持续加快推进边缘计算在产业界的应用与发展。

边缘计算产业的完整价值链覆盖了上游、中游和下游 3 个关键环节。

在上游，硬件供应商和芯片制造商为边缘计算设备提供关键组件，确保其性能和可靠性。

上游涌现了多家领先厂商，它们在提供硬件、处理器和技术方面发挥着关键作用。Intel 以其 Xeon 处理器和 Movidius 视觉处理器等产品而著称，为边缘计算提供强大的处理能力；NVIDIA 以 GPU 技术为基础，推出了 Jetson 系列处理器，专注于处理视觉、机器学习和人工智能任务；ARM 则提供用于嵌入式系统和边缘计算的处理器架构，广泛应用于移动设备和物联网设备；Qualcomm 作为一家以研制移动芯片为主的公司，也在边缘计算领域提供了处理器和技术。此外，DELL、HPE、Lenovo 等大型 IT 设备制造商以及 Siemens、Schneider Electric 等工业自动化和物联网领域的公司也提供各种边缘计算解决方案，包括硬件设备、服务器和边缘节点设备等。这些上游厂商的不懈努力为边缘计算提供了强大的基础设施和工具，推动了这一领域的持续发展。

中游环节包含软件开发者、平台提供商和通信网络设备提供商，他们共同构建边缘计算的基础设施和生态系统。软件开发者负责创建应用程序和操作系统，平台提供商提供边缘计算平台服务，而通信网络设备提供商确保设备之间稳定的通信连接。

在国内，各大软件巨头在边缘计算领域积极布局，推出了各自的边缘计算软件平台。华为云推出了华为云 IoT 边缘，这是一个在边缘侧融合网络、计算、存储、应用核心能力的开放平台，就近提供边缘服务，满足实时业务和应用智能的需求。阿里巴巴提出的物联网边缘计算则是一款物联网信息一体化解决方案，与阿里云大数据联动，打造云边端联动协同的计算体系。腾讯云物联网边缘计算平台（IoT Edge Computing Platform，IECP）将云端服务拓展到边缘侧，让用户在本地的计算硬件上创建连接 IoT 设备的本地边缘计算节点。此外，中兴通讯提供的 Common Edge 边缘计算解决方案通过与运营商网络的结合，提供了一个全新的网络架构，创造了性能高、时延低、带宽大的服务环境。

在国际上，亚马逊、谷歌和微软等云巨头也纷纷推出了边缘计算系统。亚马逊的 AWS IoT Greengrass 允许物联网设备和边缘设备在本地进行计算和数据处理，以提高性能、降低时延，并保持在云连接不稳定情况下的可用性。Google Distributed Cloud 允许客户使用 Google Cloud 服务在本地迁移应用并处理数据，并可以在 Google 的网络边缘、运营商边缘、客户边缘和客户数据中心 4 个位置运行服务。微软的 Azure 专用多接入边缘计算结合网络功能、应用程序与边缘化的 Azure 服务，提供高性能、低时延的解决方案，满足企业的现代化业务要求。这些巨头在边缘计算领域的竞争格局愈发明朗，形成了一个庞大的边缘计算产业，为未来提供了广泛的应用前景。

至于下游，行业应用开发商则负责开发和推广基于边缘计算的具体应用，满足智能城市、工业自动化等领域的需求。最终，企业终端用户通过采用边缘计算技术来优化业务流程、提高效率，从而受益于整个产业链的发展。

AWS（Amazon Web Services）提供了用于存储、分析和部署边缘计算应用的各种云服务，如 AWS IoT Core 和 AWS Greengrass；Azure 提供了包括 Azure IoT Hub 和 Azure IoT Edge 在内的各种云服务，用于支持边缘计算应用；具有分布式数据库解决方案的公司，如 MongoDB 等，在下游存储和处理边缘计算生成的数据；IBM Edge Application Manager 是 IBM 提供的边缘计算应用管理解决方案，用于在边缘计算节点上部署和管理应用程序；

VMware Pulse IoT Center 提供设备管理和监控功能，支持在边缘设备上部署和管理应用。

这种紧密合作的价值链使得边缘计算产业得以协同推进，不断创新并适应不同行业的需求。这意味着在未来的竞争格局中，可能会有更多的参与者进入市场，从而推动边缘计算技术的发展和应用。

边缘计算目前处于蓬勃发展的阶段，呈现出以下 5 个显著特点。

1）多方竞争格局。行业内存在多个竞争巨头，包括云计算巨头（如阿里云、腾讯云、百度智能云）、设备制造商（如华为、中兴通讯）、CDN 服务提供商（如网宿科技）及一系列创业公司。这种竞争格局推动了边缘计算技术和服务的不断创新。

2）全产业链发展。边缘计算的产业链完整，覆盖了硬件供应商、芯片制造商、软件开发者、平台提供商、通信网络设备提供商及行业应用开发商等多个环节。这有助于形成一个紧密的合作体系，推动整个行业的协同发展。

3）政府政策支持。我国政府高度重视边缘计算的发展，通过文件发布和政策制定，推动云网协同和算网融合发展，强调推进边缘计算能力面向特定场景的应用，加强算力统筹和智能调度。这些政策为行业提供了支持和方向。

4）技术驱动和应用场景多元。边缘计算的发展受到技术创新的推动，包括芯片技术、网络技术、智能算法等方面的不断突破。同时，边缘计算在智能城市、工业自动化等领域的应用场景多元，为不同行业提供了面向其特定需求和挑战的解决方案。

5）国际化竞争。国际上的云计算巨头（如亚马逊、谷歌、微软）也在边缘计算领域投入了大量资源，推出了相应的系统和服务。这加剧了全球范围内的竞争，也为国内企业提供了更广泛的合作和市场机会。

边缘计算作为一种新生的计算形式，不仅在技术上不断成熟，还在商业应用中迅速扩展。未来，随着更多的创新和投资，会有更多令人激动的边缘计算应用和解决方案出现，为我们的数字世界带来更多的便利和效益。

1.4.2　边缘计算的行业应用

边缘计算将计算资源和数据处理能力推进至靠近数据源头的网络边缘侧，能够为使用者提供即时计算、数据存储和网络通信等服务，具有时延低、效率高、实时性好、安全可靠的特点，在产业界具有极高的应用价值。本小节我们主要介绍边缘计算在产业界的一些具体应用。

1.4.2.1　公共安全

当今，城市规模不断扩大，城市人口不断增长，城市管理问题日益突出，城市治安、灾害预警、公共卫生等问题备受关注，为此，公安部牵头提出了平安城市这一特大综合性信息化管理系统，以满足社会治安和灾害防控等需求。

我国的平安城市建设具有监控点多、信息量大、存储时间长及 7×24 小时不间断等特点，由此产生的海量数据如果全部由云端处理，会对核心网络造成极大的压力。而边缘计算有其特有的网络架构优势，可以在靠近数据源的地方实时处理任务，能够极大地提高工作效率，节省网络资源。目前，边缘计算在公共安全领域已有广泛应用。

1）实时监测与目标识别。在城市内广泛分布的传感器和摄像头会生成大量的实时数据。通过采用边缘计算技术，可以在接近数据源的地方对这些数据进行即时处理，从而减轻云中心的数据处理负担。借助城市中的摄像头，边缘计算还可以实现目标识别，例如检测交通事故、危险行为或突发事件。这种边缘计算技术使前端摄像头能够从仅仅"看得见、看得清"升级为"看得懂"，有助于执法部门更迅速地响应警情，提高城市的安全性。

2）危急事件的快速响应。在突发自然灾害、恐怖袭击或公共卫生事件等紧急情况下，传统的云计算架构可能会受到网络时延的限制，而边缘计算则能够在离事件发生地点最近的位置实时处理数据和发出警报。这种实时性有助于应急服务部门和执法部门更快速地响应紧急情况，采取行动，降低风险和损失。

3）隐私保护与数据安全。边缘计算通过将数据处理本地化，降低了数据传输的需求，减少了数据在互联网上的暴露。在边缘设备上处理数据，公共安全机构可以更好地掌握数据的流向和存储位置，从而更好地保护敏感信息。这种本地数据处理不仅提高了数据的安全性，还降低了数据被窃取或滥用的风险。对于公众而言，这种方法为个人隐私提供了更强有力的保护，让人们更加放心地参与各种与公共安全相关的活动。

从实时监测与目标识别到对危急事件的快速响应，再到隐私保护与数据安全，边缘计算的应用范围广泛，为城市管理者和执法部门提供了更快速、更智能、更安全的工具。通过采用边缘计算技术，我们能够更好地保护城市居民的安全和隐私，提高社会的紧急响应能力，为城市的公共安全建设提供强有力的支持。

1.4.2.2　交通物流

交通问题一直是城市管理的核心问题之一，交通拥堵、交通事故和道路规划等问题与居民的生活质量密切相关。为解决这些问题，改善居民出行体验，智慧交通这一概念应运而生。

智慧交通是以互联网、物联网等网络组合为基础，以智慧路网、智慧装备、智慧出行、智慧管理为重要内容的交通发展新模式，具有信息联通、实时监控、管理协同、人物合一的基本特征。边缘计算作为一种新兴的计算模式，在其中发挥了巨大作用[5]。

1）交通监测。智慧交通系统需要交通流量、车辆位置和路况等实况信息来实现实时交通监测与智能信号控制。在此过程中，边缘计算节点可以利用分布在城市各个角落的传感器和监控摄像头收集大量实时数据，生成交通热图，智能控制交通信号，从交通管理者层面减少交通拥堵的发生。

2）自动驾驶。自动驾驶作为智能交通的另一个重要组成部分，在改善交通方面也有远大的前景。自动驾驶车辆依赖大量的传感器进行环境感知和决策制定，如果沿用云计算模式，网络状况不稳定带来的时延可能会导致严重的安全问题和效率问题，这时边缘计算的作用就显得尤为突出。通过将算力部署在车辆附近的边缘节点上，车辆可以实现低时延的数据分析与反应，更快地做出决策，再结合智慧交通系统的交通热图，选择合适的路线通行，就能从车辆层面减少拥堵的发生。

3）车联网。边缘计算可以为车辆提供处理视频、音频和信号数据所需要的架构、服务和支持，降低端到端的时延，使数据能够更快地被处理，避免数据处理过程过长而导致交通事故。通过接入互联网，车辆能够与其他车辆通信，告知它们任何预期的风险或者交通拥堵。

4）快递物流。通过在物流包裹上安装识别标签，可以实时感知和传输货物的位置信息，并且结合深度学习算法，利用各类无人设备可以实现自动化分拣，这为物流行业带来了更高的货物追踪可视性和可追踪性。同时，在运输车辆上安装的各类边缘计算设备可以实时监测车辆的行驶状态，自主识别并判断潜在的安全风险，从而保障运输过程的安全。

边缘计算在智慧交通中的应用发挥了关键作用，在交通监测、自动驾驶、车联网和快递物流等方面都产生了积极影响。通过在城市各个角落部署边缘计算节点，我们能够实现实时数据采集、分析和决策，减少交通拥堵、提高交通安全性，同时也为自动化驾驶和物流管理提供更强大的支持，从而构建一个和谐且强大的智慧交通生态系统，为城市建设注入更多的智慧与效率。

1.4.2.3 医疗保健

远程医疗是指通过互联网与通信技术来进行医疗服务的一种医疗方式，让患者无须亲自去医院就能享受医疗建议、健康监督以及病情诊断等服务。随着各种医疗物联网设备的普及，远程医疗的应用日益普遍，随之而来的是海量的数据，处理这些数据需要大量带宽与更大的云存储空间，这对医院的数据隐私保护也提出了更高的要求。

边缘计算技术将计算能力部署在数据源附近，减少了数据量与网络时延。患者可以通过各种医疗设备（如心率检测仪、血压计、血糖仪等）收集生理数据，并将其传输至边缘计算节点进行实时处理和分析，从而使医生能够及时做出诊断，提高医疗服务的质量，缩短诊断和治疗的时间，提升患者的就医体验[6]。

得益于边缘计算与 5G 技术的结合，远程手术这一创新性的医疗实践已经变得更加可行与可靠。边缘计算技术将算力部署在手术室，5G 通信技术实现了极低时延通信，医护人员可以实时接收高清图像与声音反馈并精准操作医疗器械，极大地提高了手术的可靠性与成功率。

此外，边缘计算还具有极强的可拓展性，助力医疗系统实现更强的适应性和可持续性。边缘计算允许医疗机构根据其需求自由分配计算资源，构建合适的基础设施，具有极大的灵活性。此外，在紧急情况和突发事件中，边缘计算的灵活性使医疗机构能够快速响应，迅速部署额外的算力，以处理大量患者数据和支持医疗决策。

与此同时，边缘计算在患者隐私保护方面也具有天然的优势。边缘计算减少了传输至云中心的数据量，削减了需要接触数据的中间环节，有利于保护患者隐私，降低数据泄露的风险。此外，边缘设备具有的强大加密技术可以有效防止未经授权的访问，确保了患者的数据安全。

边缘计算在赋能医疗保健行业，助力医护人员提供更加高效、可靠的医疗服务的同时，拓展了医疗服务的范围，为医疗保健行业的发展开拓了新的方向，让医疗服务不再局限于地域范围，减少了患者的就医成本，也为平衡地区医疗资源作出了卓越的贡献。

1.4.2.4　生活家居

随着物联网技术的不断进步，智能家居系统也日益完善。这些系统依靠大量物联网设备实时监测和控制家庭内部状态，接收控制指令，从而有效地提升家庭的安全性、便利性和舒适性[6]。边缘计算在智能家居方面主要有以下 4 个应用场景。

1）智能家居。边缘计算为家居领域带来了革命性的改变，它使家居系统具有了一定的数据处理能力，为家居生活带来了新的可能。这一技术使得家居设备能够在家庭内部实时处理和分析数据，无须云端介入，因此家居系统能够更快地响应指令，实现高度自动化的家庭生活。不同的家居设备系统可以实现高度的互联互通与协同工作，实现更加智能、高度自定义的家庭环境。

2）家庭安防。家庭安防系统也受益于边缘计算技术，它可以实时监测异常情况或者非法入侵。家庭中遍布的摄像头与传感器可以实时监测各种异常情况，同时家庭中的边缘服务器利用视频分析和识别技术，通过深度学习算法进行目标检测与识别，可以自动识别出人员、车辆及各种异常情况，减少误报和漏报，提高监控的准确性和可靠性，提供更加安全智能的家居环境。

3）能源管理。边缘计算设备能够更加精确地根据家庭成员的需求和生活模式调整能源使用，智能控制温控系统与照明系统，根据家庭成员的需求与状态调节室内温度与照明，减少能源浪费，提高能源利用效率，为可持续发展作出贡献。

4）隐私保护。涉及家庭数据的隐私性问题时，用户并不倾向于让云端提供家居服务，而边缘计算允许家居设备在本地进行数据处理和分析，不必将数据传输至云服务器，减少了家庭数据被窃取的风险，增强了用户对个人数据的掌控力。此外，边缘计算的端到端加密通信和安全传输技术进一步增强了智能家居系统的隐私保护能力，为用户提供了安全可靠的家居服务。

边缘计算与智能家居的结合代表着未来家居生活的发展趋势。它不仅为家居生活提供了更多便利，还为住户创造了更加智能、高效、舒适的家庭环境，为家庭生活带来了更多的可能性。

1.4.2.5 消费电子

在数字化时代，消费电子已经成为我们日常生活中不可或缺的一部分。从云游戏、可穿戴技术到虚拟现实体验，消费电子产品不仅为我们带来了便利，还赋予了我们更多互联网连接和智能化的能力。而在这一领域的创新和进步中，边缘计算技术扮演着越来越重要的角色[6]。

1）边缘计算与云游戏。云游戏的显著特点之一是其对实时性的要求极高，通常玩家对时延的容忍度在 50 毫秒以下，这对硬件性能和网络稳定性提出了极高的要求。为了满足这一要求，我们可以通过在离用户更近的边缘节点上部署云游戏实例来优化服务，它允许厂商根据网络、算力等需求实时分配计算资源，实现就近接入，缩短传输线路，大幅降低游戏时延，在优化流量成本的同时提升并发能力。

2）边缘计算与虚拟现实（Virtual Reality，VR）。VR 具有的高清晰度、高流畅性和极致的交互体验与 VR 设备的轻量化要求对传统的网络和计算方式提出了巨大的挑战。边缘计算在这些方面具有天然的优势。边缘计算将计算资源推向距离用户设备更近的边缘节点，显著降低了设备时延。同时，边缘节点具备的强大计算能力可以用于实时图像渲染和处理及用户数据捕捉，确保用户看到的虚拟世界与他们的动作和环境保持高度同步，从而确保虚拟元素与真实世界的交互更加自然。

3）边缘计算与智慧零售。随着网络建设的不断发展，消费者的购物习惯发生了巨大变化。人们逐渐熟悉了无人售货，而商家也趋向于利用网络平台来降低经营成本。在各类零售场所中，结合门店内的摄像头等设备的边缘计算发挥了关键作用，它能够生成顾客消费热力分布图，感知商品销售情况，进行销售态势的分析和预测，为零售店的营销、销售和产品规划提供决策支持，从而提升门店的服务水平和盈利能力。

边缘计算在消费电子领域的广泛应用为我们的日常生活带来了更多便利和智能化体验。随着技术的不断进步，我们期待边缘计算继续推动消费电子领域的创新，在未来取得更多令人兴奋的发展。

1.4.2.6　现代工业

智慧工厂是制造业的一项革命性创新，它的理念是将数字化技术与自动化流程融入工业生产过程中，从而提高生产效率，降低生产成本，优化资源利用，同时提高产品质量。在智慧工厂中，边缘计算以其独特的优势发挥着至关重要的作用[7]。

1）边缘计算为智慧工厂提供了强大的数据处理能力。边缘计算节点能够实时分析和处理生产线上的各类传感器生成的大量即时数据，帮助管理人员掌握生产线的详细信息，更准确地了解生产进程，从而及时调整生产计划，及时发现潜在问题并进行调整。这有助于减少废品率，提高产品质量，更好地实现智能化生产。

2）边缘计算为工业制造提供了高度的灵活性与可拓展性。边缘计算节点易于添加和修改的特性能够让工厂在不大量改造基础设施的情况下根据需求动态地调整计算和存储资源，降低工厂转型和拓建的成本，提高生产的连续性。因此，智慧工厂在制造业中更加具有竞争力，生产者可以快速推陈出新、调整生产线以响应市场变化，从而获得更大的增长潜力，这有利于生产者在时刻波动的市场中保持竞争优势。

3）边缘计算为工厂提供了新的信息保护方案。边缘计算在生产信息、工艺参数与产品设计等机密信息的保护方面也有其独特优势。在系统部署边缘设备的自动化工厂中，敏感数据可以始终保持在工厂内部的边缘服务器中流转与存储，减少了数据流出的机会，可以有效地减少数据被拦截或窃取的风险，从而有效地保护企业的知识产权与技术内容。

4）边缘计算为行业降低了生产成本。能源成本是工业生产中的重要支出之一。通过在设备和工厂中部署传感器和智能控制系统，边缘设备可以实时监测能源消耗情况，并自动调整设备的运行模式以节省能源。边缘计算也可以用于供应链管理。通过实时监测供应链的各个环节，边缘设备可以帮助企业优化库存管理、生产计划和物流。这有助于减少生产停滞，提高供应链的效率。

边缘计算在制造业的发展中扮演了不可或缺的角色，它以强大的数据处理能力、高度的灵活性与极佳的隐私保护能力为制造业带来了巨大的变革和提升。工业生产不再是各类设备的机械运行，而是一个高度数字化、智能化的工业生态系统。

1.4.2.7 现代农业

边缘计算在现代农业中的广泛应用代表了农业领域的数字化和智能化新趋势，为农业提供了新的发展方向。边缘计算在养殖业和畜牧业的应用可以为农业提供新的活力，提高农业生产的效率和农产品的质量，同时也能解放从业者，减轻工作压力，改善工作环境，为广大劳动者带来福祉[8]。

在温室大棚场景中，对作物的生产环境和生长环节进行精细的控制和管理是最重要的环节。通过大规模部署传感器和摄像头，管理者能够实时监测并掌握关键的环境参数，如气温、土壤湿度、光照等，从而确保温室内的作物能够在最理想的条件下生长。这些传感器和摄像头的数据不仅提供了实时的环境信息，还为智能化农机的运作提供了基础。边缘计算节点能够即时处理这些数据，使农业从业者可以根据实时信息做出决策，以实现精准的农业管理。具体而言，边缘计算技术支持精确施肥、智能灌溉和自动化收割等应用，这些应用不仅提高了农业的效率，还有助于资源的有效利用，减少浪费，推动智慧农业的可持续发展。

在畜牧业养殖场环境中，管理猪、牛、羊等畜牧产品涉及一系列复杂的挑战。这些畜牧产品是活体生物，其行动轨迹难以预测，而养殖场内的摄像头视野受限，无法全面监控每个动物的运动情况。因此，通常需要人员进行巡逻检查，以确保畜牧资产的状况和健康。为了应对这一问题，养殖场引入边缘计算技术，通过在养殖场中安装边缘计算设备，并搭载视觉识别技术，实现对每头牲畜的识别、运动轨迹和健康状况的实时检测。这意味着畜牧场主可以更有效地监控和管理养殖场内的动物，确保它们的健康和行为符合预期。此外，在特殊的放养环境中，还可以部署配备摄像头的车辆或者无人机，以进行更广泛区域的监控。这种方式可以监测大范围区域，提高管理人员的工作效率。

边缘计算与现代农业的结合展示了数字技术在农业领域的无限潜力，为现代农业注入了新的活力。从实时数据采集到智能化农机的运用，边缘计算技术已经成为农业管理和生产的关键支持工具。边缘计算的不断发展将持续推动农业向着更加智能、高效和可持续的方向前进。

1.4.2.8 军事国防

在现代军事环境中,信息的快速获取、实时数据处理和即时决策制定至关重要。

在战场这种资源受限的环境中,战场网络常常面临诸多挑战。首先,战场环境具有极快速的时空特征演变,包括信号遮挡、电磁干扰、爆炸辐射、通信中断及设施损毁等,这些因素会导致网络通信不稳定和不可靠。其次,各类军事装备通常需要大量及时的响应和高计算能力的支持,而各类便携式和移动式武器装备以及指挥设备的计算资源有限,难以有效满足计算需求。这些因素使得在战场上维护稳定、高效的通信和计算环境成为一项具有挑战性的任务。

因此,军事领域需要考虑利用边缘计算技术和架构,实现更快速、更安全和更可靠的数据处理和决策。将计算资源部署在战场前沿可以降低数据传输和处理的时延,提高军队的反应速度和效能。边缘计算的军事应用构想如下。

1)情报侦察与感知。军事侦察在军事作战中具有至关重要的地位,它提供了关于敌人的意图、行动和战场环境的重要信息,为军事决策提供了坚实的基础。军队可以大量部署无人机、侦察机等无人设备,实时获取关键信息,同时利用边缘智能进行快速情报分析与目标识别,协助指挥中心进行实时决策。

2)地区安防与监测。无论是战时还是平时,军队和武警都有大量的安保任务。以往通常采取派遣士兵进行昼夜巡逻的方式,不仅消耗大量的人力物力,而且由于实地状况的不同,安排可能出现纰漏。可以在关键区域部署传感器和摄像头等设备,实时获取关键信息,同时边缘计算的高度机动性和灵活性也能适应各类场景,无论是战场还是后方,军方都能够快速进行设备部署,应对威胁。

3)保密通信。在高度对抗的战场环境下,只要通过网络传输信息,就有被敌方截获、破坏和篡改的风险。利用边缘计算,信息发出者可以在终端进行数据预处理,加密通信内容,减小泄密风险。同时,战场条件通常十分恶劣,可能存在高温、高湿和电磁干扰等,边缘计算设备良好的耐用性与抗干扰能力可以适应这一环境,保障通信的完整与稳定。此外,边缘计算设备具有高度的机动性和适应性,可以轻松部署在各种军事平台上,包括战术车辆、飞机和士兵的装备中。这种便携性使通信能力能够随时随地为军队提供连接,无论是在陆地、海洋还是空中。

目前,边缘计算的军事应用已经崭露头角。

1)Maven。由美国国防部发起的 Maven 项目是一个利用人工智能和边缘计算技术来分析军事情报的项目。它使用机器学习和计算能力,分析大量的图像和视频数据,以支持情报收集、目标识别和情报分析。这个项目的目标是提供更快速、准确和自动化的情报支持，以加强美国军队的军事优势。

2）TAK（Tactical Assault Kit）。TAK 是一款用于战术通信和情报共享的移动应用程序，广泛应用于美国军队和其他盟国的军事行动中。它使用边缘计算技术，允许士兵和指挥官实时共享地理位置、情报数据和战术信息。TAK 提供了一种高度互操作的通信平台，有助于增强战场上的协同作战。

3）JADC2（联合全域指挥与控制）。JADC2 是美国军方的一个综合项目，旨在提高军队各部门之间的协同作战能力。它涵盖了边缘计算、人工智能和大数据分析等技术，以支持更快速、更智能的战场决策和行动。

4）OFFSET（OFFensive Swarm-Enabled Tactics）。美国国防高级研究计划局（DARPA）的 OFFSET 项目旨在开发使用边缘计算的自主无人机和机器人系统，以支持未来的军事作战。这个项目研究了如何在战场上部署自主军事机器人，以增强部队的作战能力。

5）JEDI（Joint Enterprise Defense Infrastructure）。美国国防部的 JEDI 项目旨在建立云计算和边缘计算基础设施，以支持各种军事应用，包括情报收集、作战计划、后勤支持等。

边缘计算已经成为现代军事战略的重要组成部分，塑造着未来军事操作的面貌。随着技术的不断演进，边缘计算将继续在军事领域中发挥不可或缺的作用，为国家安全和国防力量的现代化提供强有力的支持。

1.4.3 边缘计算应用展望

边缘计算应用的展望在当今科技领域引起了广泛的兴趣和期待。随着物联网、人工智能和高性能计算等技术的不断发展，边缘计算崭露头角，为我们带来前所未有的发展机会。

1.4.3.1 发展趋势

边缘计算作为一项新兴技术，正以迅猛的步伐不断演化和发展，为各行各业带来了革命性的变革。它的发展主要有以下 4 个方面。

1）边缘计算的应用领域日益扩大。除了传统的信息技术领域，边缘计算已经渗透到医疗保健、智能制造、城市管理、军事安全等多个领域。在医疗领域，它支持实时健康监测和医疗诊断，提供了更加个性化的医疗服务。在智能制造领域，边缘计算协助实现了设备的智能化。这些广泛的应用为边缘计算的发展提供了坚实的基础。

2）5G 技术的普及推动了边缘计算的快速发展。5G 的高速、低时延特性为边缘计算提供了理想的通信基础，使得数据可以更快速地从终端设备传输到边缘节点进行处理，然后返回终端设备。这种高效的通信方式不仅加快了应用的响应速度，还支持了更复杂的边缘计算任务，如虚拟现实、增强现实和自动驾驶等。

3）云边协同成为边缘计算的核心。边缘计算不再是孤立的计算节点，而是与云计算相结合，形成云边协同的体系。云端提供了大规模的计算和存储能力，而边缘节点则负责实时数据处理和响应。这种协同使得数据可以被更智能地分布和利用，从而提高整个系统的效率和性能。

4）边缘智能是边缘计算的一个重要方面。通过将机器学习和人工智能技术部署到边缘设备上，我们可以实现智能感知和决策。这使得边缘设备能够更加自主地处理数据和执行任务，为各种应用场景提供更高的智能化水平[9]。

展望边缘云计算产业格局，生态合作将长期成为该领域的主导趋势。边缘云的核心价值高度依赖于上层应用的成功落地，因此当前阶段各层次的参与者更倾向于聚焦核心能力范畴，积极构建生态系统。

电信运营商拥有独占的网络优势，难以绕过，因此综合型厂商尽管可能布局自有边缘云节点，但仍应与 MEC（多接入边缘计算）打通。同时，电信运营商希望自己不仅充当网络管道的角色，还提供更多面向具体场景的服务能力，为 MEC 解决方案商提供了机会。在 MEC 解决方案商中，一类是信息与通信技术（Information and Communications Technology，ICT）厂商，它们长期以来一直是电信运营商的重要合作伙伴；另一类是来自私有云、SDN、开源等领域的创新型边缘云厂商，它们虽然规模较小，但通常具备技术和服务优势。运营技术（Operational Technology，OT）厂商在 IoT 边缘云方面占有优势，因为其能力与其他类型厂商有较大差异，所以更倾向于合作而非竞争。

总体而言，边缘云计算产业发展将更加依赖于跨行业、跨领域的合作生态，各方将共同努力推动边缘计算在不同场景中的应用和创新。

1.4.3.2　面临的挑战

边缘计算作为一项具有无限潜力的技术，虽然在各个领域取得了显著的进展，但也面临着一系列挑战。

1）资源异构。边缘计算的资源异构性带来了一系列挑战。首先，硬件多样性表现为边缘计算环境中的硬件通常根据业务需求进行深度定制，这导致设备接口和数据标准不一致，增加了资源的互通难度。其次，OT 领域与 IT 网络的历史割裂，硬件厂商众多、多代技术并存，设备难以互认，使得网络改造的难度进一步加大。

2）边缘安全。边缘云的特点包括分布广、环境复杂、数量庞大。这不仅使现场管理问题变得更加复杂，还因数据分散性而增加了潜在的攻击面，为非法攻击提供了更多的接触点。在边缘云中，由于计算和存储资源相对中心云更受限，同时众多应用对实时性有极高的要求，传统的安全手段难以满足边缘侧的安全需求。因此，必须建立更有针对性的边缘安全体系，以有效应对潜在的威胁和安全风险。

3）基础设施。边缘基础设施建设需要统筹规划网络架构、硬件资源管理和容量规划。网络架构的优化是确保数据快速传输的关键，需要考虑通信网络、物联网连接和边缘节点的通信。同时，有效管理硬件资源，包括服务器和传感器，以及规划资源容量，包括计算和带宽，也至关重要。这些方面的统筹规划将有助于实现高效的边缘计算基础设施，满足不同应用的需求。

4）投入产出比。高昂的部署成本是首要挑战，使得企业对于投资边缘计算感到犹豫。由于边缘计算的产出效果不易即刻衡量，企业对于投资回报的期望缺乏明确的指引，成为决策的难点。此外，多数场景下，边缘计算仍属于体验升级型需求，而非刚性需求，致使投资的紧迫性相对较低。下游应用场景的推广速度相对缓慢，难以形成规模化应用，进一步限制了边缘计算的投入产出比。

边缘计算还面临着诸多挑战，如标准化、资源管理和互操作性等。尽管如此，边缘计算对推动国民经济发展具有重要价值，随着边缘计算技术和相关产业的持续进步，其所面临的问题在未来均会通过不断创新、改进和合作逐步得到解决。

1.5 边缘计算与算力网络

算力网络是一种具备在云、网、边之间按需分配和灵活调度计算资源、存储资源以及网络资源能力的新型网络基础设施[10]。其中，边缘计算作为其组成部分，将计算能力下沉到网络边缘，提高了实时性和效率。两者的结合为应用提供了更灵活、更强大的信息网络基础设施，共同满足从低算力需求的简单物联网应用到高算力需求的大型人工智能应用。

1.5.1 算力网络的背景

1.5.1.1 分布算力需求

在数字化时代，计算资源，即算力，已经成为一项至关重要的基础资源。各种计算密集型业务（如人工智能等）不断涌现，对计算资源需求巨大。在云计算解决方案中，通常采用建设集中化的超级计算池来满足这些需求。

29

然而，在许多新兴业务场景中，集中式计算并非解决所有问题的唯一途径。受业务特性、成本、网络条件等多种因素驱使，集中式计算难以满足应用需求，例如会有时延、功耗等多种约束因素，相反，需要在多个分散的算力节点之间进行选择，这意味着用户需要能够随时获得分布式的算力资源。因此，在数据生成和计算需求不断增长的人工智能时代，算力将逐渐从云中心分散到网络内和网络的边缘，以满足数据和计算资源之间的即时需求，分布式计算代表着未来云计算和网络技术的重要演进趋势。

1.5.1.2　通信技术进步

边缘计算的实施需要通过有效的通信实现资源的互联，因此资源可达性成为首先要考虑的问题。随着 5G、SDN、NFV 等技术的不断发展，通信网络得以按需连接资源池与用户，极大地提高了连接速度和质量，克服了阻碍资源可达性的瓶颈。

5G 时代的到来使更多地区可以享受不受限制的高速网络接入，其高速和低时延特性彻底改变了互联网的应用方式。从更快的下载速度到实时高清视频通话，5G 为各种应用提供了无缝运行的可能性，不仅提升了娱乐体验，还为远程办公、远程医疗和智能城市等领域创造了全新的机遇。5G 的引入为边缘计算提供了强有力的支持，显著降低了终端与边缘之间的数据传输时延，使得实时决策和处理成为切实可行的选择。

SDN 技术的进步使得在用户和算力池之间建立灵活弹性的连接变得更加迅速高效。用户的数据通过 SDN 技术可以以快速、高效、安全的方式传送到特定资源池，完成用户服务后，连接可以迅速拆除，从而减轻网络负担，进一步降低用户成本。这一发展为边缘计算的实施提供了更为可靠的基础。

NFV 技术支持使用通用化的硬件构建统一的资源池，这样不仅可以大幅降低硬件成本，还可以实现网络资源的动态按需分配，从而实现资源共享和资源利用率的显著提升。在基于 NFV 架构的网络中，业务部署只需申请云化资源加载软件即可，网络部署和业务创新变得更加简单。

1.5.1.3　资源整合挑战

前面的分析表明，边缘计算业务正在迅猛发展，这需要广泛分布的计算资源，这些资源可能分布在不同的地点。然而，关键在于如何通过网络有效地协调和整合这些分散的资源，以便用户可以根据其业务需求自由选择适当的计算资源。因此，资源整合和协同成为一个新兴的挑战。

我们需要进一步研究云服务提供商是否有能力有效整合这些资源。如前所述，云服务提供商依靠规模效应来降低成本，特别是在人力成本方面，他们希望实现数据中心的自动化运维，减少人工干预。然而，如果他们要大规模地与各个机房的所有者进行洽谈、签署合同，并承担后期设备的管理和维护，这将需要大量人力资源。在当前市场状况下，云服务提供商更愿意与拥有大量资源的企业合作来共同运营。换句话说，云服务提供商面临着一个重要问题，即如何有效地协调和整合边缘计算所需的分散资源。他们更愿意与资源丰富的合作伙伴合作，而不是承担大规模的独立运营和管理工作。

中小型算力资源的所有者也面临着很大的经营难题。这是因为他们通常拥有有限的技术能力，难以开展广泛的业务，能够提供的产品和服务也相对有限。特别是在用户提出新需求时，他们难以迅速提供有效的技术支持。此外，企业由于规模较小，市场推广的力度有限，很难将自身的资源信息传达给潜在客户。

1.5.1.4 算力网络产生

算力网络的兴起标志着数字时代中一种新型的计算力资源共享模式的出现。这一概念源于计算业务对计算能力日益增长的需求。算力网络的本质是通过互联网连接各种计算设备，形成一个分布式的算力网络，允许用户在需要时访问这些计算资源[10]。个人用户、企业和研究机构可以通过算力网络灵活地获取和提供计算资源，无须依赖传统的集中式云计算服务。这种新兴的模式不仅降低了计算成本，还促进了更广泛的计算资源共享，推动了科学研究、数据分析和人工智能等领域的创新发展。

1.5.2 算力网络的定义与资源分配方式

算力网络是一种通过网络分发服务节点的计算能力、存储、算法等资源信息，并结合网络特性（如带宽、时延等），根据不同类型用户的需求，提供最佳的资源分配和网络连接方案的新型信息基础设施，可实现整个网络中资源的最优化利用。

从资源分配的角度看，算力网络与云网协同都可以做到将算力资源信息与网络资源信息匹配，以实现多类资源的联合优化。但云网协同和算力网络两者在本质上有很大的差异。

云网协同，有时也称为云网融合或云网一体化，其核心概念是以云计算为中心，网络连接根据云服务的特性来进行调整，这被描述为"网随云动"。这一战略的主要实施方式包括以下两种。

1）云管系统的资源调度。网络资源的能力被开放给云管系统，这个系统负责协调管理计算资源、存储资源和网络资源等。这种方法的核心思想是云服务的需求决定了网络的配置和性能。

2）网络控制单元的调度。云管系统将网络需求发送给专门网络控制单元，如网络协同编排器。这个网络控制单元根据云业务的需求来调整和协调网络资源，确保网络满足云服务的要求。

要注意，这种方法的关键是首先选择云服务，然后根据所选服务的特性来确定适当的网络连接。这意味着一个云服务提供商可以连接到多个不同的网络，甚至可以利用 SDN、网络功能虚拟化等技术来实现不同网络运营商的跨域连接。这种方法的目标是最大限度地提高云服务的性能和可用性，通过灵活的网络配置来满足不同云业务的需求。

算力网络是以另一种方式解决计算资源分配问题的方法。在这种网络中，算力池会将其闲置的计算资源信息发送给网络控制面，然后通过网络控制面（可以是集中式控制器或分布式路由协议）来分发这些计算资源信息。当系统接收到用户的业务需求时，它可以通过分析路由表中记录的网络信息和计算资源信息，来选择最适合的算力池和网络路径。

1.5.3　算力网络架构

如图 1-3 所示，基于算力网络架构中各模块功能的分类，以及各模块之间的关系，算力网络按功能层次划分，大致可分为服务提供层、服务编排层、网络控制层、算力管理层、算力资源层和网络转发层。

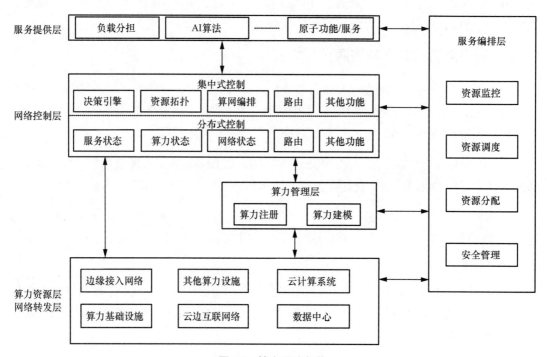

图1-3　算力网络架构

1.5.3.1 服务提供层

服务提供层是用户与平台之间的接口，它实现了用户服务开发功能。用户可以通过服务提供层调用平台的原子功能和服务，如负载分担和人工智能算法等。服务提供层通过北向接口与用户的业务服务连接，允许用户在自己的应用中定义业务服务。对于需要的功能和算法，用户将其委托给服务提供层来执行。服务提供层会处理这些任务并返回结果。用户对服务提供层功能的管理通常通过服务编排层间接实现，但直接调用原子功能则通过与服务提供层的接口实现。同时，服务提供层从网络控制层获取算力资源和网络资源信息，以支持信息处理，并在返回结果给用户的同时，将处理后的中间数据和其他必要信息提供给网络控制层使用。

1.5.3.2 服务编排层

服务编排层充当了整个算力网络的中央控制器的角色。它负责监控、管理、调度、分配和全生命周期管理虚拟机、容器、网络等各种服务资源。服务编排层通过与不同层级的接口协同，下发编排和调度指令，并获取相关信息，最后将这些信息传递给用户。这一层的功能可以被类比为算力网络的"大脑"协调各种资源以满足用户需求。

1.5.3.3 网络控制层

网络控制层在算力网络中具有重要作用。它通过网络控制平面实现对算力信息资源的关联、分发、寻址、调配和优化等功能。这一层既负责收集和分发底层资源信息，又提供网络服务给上层使用。此外，当服务编排层需要与网络控制层进行信息交互时，网络控制层能够提供最新的网络状态信息和全局算力信息，起到连接上下层的桥梁作用。简而言之，网络控制层是整个算力网络的关键组成部分，协调和优化资源分配以满足用户需求。

1.5.3.4 算力管理层

算力管理层是关键的资源管理层，主要负责注册、建模和支持不同类型的异构算力资源，如中央处理单元（Central Processing Unit，CPU）、图形处理单元（Graphics Processing Unit，GPU）、神经网络处理单元（Neural Processing Unit，NPU）等。CPU 用于通用计算，GPU 专注于图像处理，而 NPU 则用于加速神经网络相关计算等。这些不同类型的算力资源需要在算力管理层进行注册，然后由网络控制层发布到网络上。

此外，算力管理层还扮演了合理调度不同类型处理器资源的角色，确保它们能够最有效地执行适合它们的任务。这涉及统一建模，并与网络控制层的调度相结合，以确保异构算力资源能够充分发挥各自的优势，为上层提供最佳的计算支持。

1.5.3.5 算力资源层和网络转发层

算力资源层和网络转发层在算力网络中以一体化方式合并设置，需要根据实际情况和应用需求，结合计算处理能力和网络转发能力，实现各类计算和存储资源的高质量传输和流动。

算力资源层的职责是维护各种异构算力资源，包括 CPU、GPU、NPU 等主要用于计算的处理器，也包括带有存储能力的各种独立存储或分布式存储，以及通过操作系统逻辑化的各种数据处理设备。从设备的角度来看，算力资源层包括常见的数据中心计算设备，同时还考虑未来智能互联设备，如汽车、手持终端、无人机等，它们都能提供算力支持。

网络转发层则属于 SDN 架构的数据平面，它负责部署各种网络设备，并根据网络控制层下发的转发表项来引导数据包的转发。这两个层面的融合协同，确保了计算资源和网络资源之间的协调运作，以实现高效的数据传输和处理。

1.5.4 算力网络中的边缘计算

在算力网络的架构中，边缘计算被巧妙地融入整体系统，形成高效的分布式计算生态。该网络包括云数据中心、边缘节点和可能的物联网设备。架构的核心思想是将计算资源尽可能地推向离数据源更近的地方，以提高系统的整体性能和响应速度。

在算力网络的设计中，边缘节点的选择和配置起着至关重要的作用，直接影响整个系统的性能和效率。首先，硬件规格是选择边缘节点时的关键考虑因素之一。不同的应用场景和任务类型需要不同的计算资源。处理器性能、内存大小、存储容量和网络带宽都需要根据实际需求进行精心平衡。例如，对于计算密集型任务，需要选择性能较高的硬件以确保任务的迅速完成，对于数据密集型任务，更大的存储容量和高带宽的网络可能更为关键。

在考虑边缘节点的选择时，任务类型是一个需要仔细考虑的因素。不同节点可能更适合处理不同类型的任务。合理的任务分配可以优化整个系统的性能。此外，能源效率也是一个不可忽视的因素，特别是在移动边缘设备或物联网设备中，对能源的高效利用是必不可少的。

在考虑边缘节点在算力网络中的部署时，地理位置是一个关键的考虑因素。选择离用户或数据源更近的位置有助于降低数据传输的时延，提高系统的响应速度。地理分布的节点可以有效构建鲁棒性更强、更可靠的系统，以适应不同地区的需求。边缘节点被布置在关键地理位置，可能是城市中心、工业园区或其他关键场所。这些节点可以是强大的服务器、边缘计算设备或嵌入式系统，根据任务和性能要求的不同而灵活配置。边缘节点之间通过高速网络连接，来实现实时数据交换和协同计算。

1.5.5 算力网络发展展望

了解算力网络的未来趋势对技术、商业和社会都具有重要意义，因为它们将深刻地塑造我们的未来，影响各个领域的发展和演进。

首先，算力网络是现代科技的关键驱动力之一。随着计算能力的不断增长，我们能够解决更加复杂的问题，加速科学研究，推动技术创新。了解算力网络的未来趋势有助于我们预测计算能力的发展方向，从而更好地规划研究和开发项目，提高技术的效率和性能。

其次，算力网络的未来趋势对商业世界至关重要。云计算、边缘计算、分布式计算等技术的发展将改变商业模式和市场竞争格局。了解未来的计算趋势可以帮助企业更好地适应和利用这些变化，提供更好的产品和服务，拓展市场份额，增加竞争力。

最重要的是，算力网络的未来趋势对社会有着深远的影响。它们将影响教育、医疗、交通、工业等各个领域。例如，边缘计算可以改善医疗诊断和远程手术的精度和效率，智能交通系统可以减少交通拥堵和事故，提高出行的安全性。了解未来的计算趋势有助于社会更好地规划基础设施和公共政策，提高生活质量和社会福祉。

1.5.5.1 市场和商业前景

我国的主要电信公司，如中国移动、中国电信和中国联通，都已制定了与边缘计算、5G 承载和云网融合相关的战略规划。例如，中国联通在 2019 年公布的《中国联通算力网络白皮书》中指出，基于国家战略以及对 5G 和人工智能发展的预测，中日韩这三个制造业大国，都面临着人口老龄化的挑战，这必将推动产业升级，实现信息化向智能化的转变。因此，这三个国家也将是全球最早研究和实践"算力网络"的地区。中国电信的《中国电信云网运营自智白皮书》聚焦于边缘计算的智能应用。白皮书提到，算力网络将与人工智能、大数据分析等技术相结合，实现更高效的数据处理和决策。中国电信认为，算力网络在医疗保健、智慧城市、农业等领域有着广阔的商业前景，可以提供个性化的解决方案。中国移动的《中国移动算力网络白皮书》则更加关注边缘计算的安全性和可靠性，强调了在物联网时代，边缘设备需要更强大的安全性保障，以防止数据泄露和网络攻击。中国移动计划通过构建边缘安全网络，提供全方位的安全服务，为各行各业提供信任和保障。

在算力网络时代，我国已经通过 5G 和人工智能的结合，开始在各行各业实现智能化。近年来，我国研究机构已经开始协同合作，积极向全球推广算力网络的需求、场景和生态，初步掌握了算力网络研究的主导权。

在 2021 世界计算大会上，中国信息通信研究院发布了《中国算力发展指数白皮书》。白皮书建立了算力发展研究框架和指标体系，从算力规模、算力环境和算力应用 3 个维度建立算力发展研究体系，给出了算力的研究范畴、总体框架和测算方法，研究了全球及我国算力发展的态势，系统测算了全球及我国的算力规模，以及算力对经济的带动作用，客观评估了我国各省市现阶段的算力发展水平，对各地推动算力技术产业、基础设施建设及算力应用的发展具有较强的指导作用。

2021 年 3 月，中国联通推出了新一代数字化基础设施 CUBE-Net 3.0，强调中国联通作为电信运营商，致力于成为数字基础设施新网络的构建者、算网一体确定性新服务的创造者、智能端云产业新生态的合作者，以更好地推动经济社会产业升级，助力各行各业的数字化转型和智能化改造。

中国移动同样在布局算力网络创新技术研究。2021 年以网强算，提出"算力网络"全新理念：以算为中心、以网为根基，网、云、数、智、安、边、端、链（ABCDNETS）等深度融合，实现算力泛在、算网共生、智能编排一体服务。2023 年，中国移动在技术架构上，提出"大-广-融"的技术架构规划，推动云网协同向云网融合方向发展；在资源投入上，累计投产云服务器超 71 万台，净增超 23 万台，不断优化"4+N+31+X"集约化梯次布局，已实现 100%省份覆盖。在赋能行业上，目前移动云聚焦政务、医疗、教育等重点行业场景，助力超百万政企客户数字化转型升级，为数字中国构筑强大"云底座"，真正做到"为国建云"。

1.5.5.2　机遇与挑战

在社会变革方面，算力网络的出现将对社会和文化产生深远影响。首先，算力网络将推动社会向更加智能化的方向发展，提高社会运行效率。其次，算力网络将促进社会公平，让更多人享受到数字化带来的便利。最后，算力网络将推动文化的变革，新的文化产品和服务将不断涌现，丰富人们的精神生活。

然而随着算力网络的不断发展，其对社会和政策的影响也日益显现。在法规和监管方面，算力网络的复杂性和去中心化特性给传统的监管方式带来了挑战。因此，有必要出台新的法规来监管算力网络，确保其合法合规运行。例如，可以制定算力网络的数据安全法规，保护用户隐私和数据安全；制定算力网络的运行规范，防止恶意竞争和市场操纵；制定算力网络的税收政策，确保公平公正。此外，在软硬件选型方面，算力网络具有碎片化和异构性的特点，会有各类不同的计算框架。这就要求既要对自身应用的计算特性做深入了解，从而找到计算能力满足应用需求的硬件产品，又要找到合适的软件框架进行开发，同时还要考虑硬件的功耗成本在可接受的范围内。因此设计用于性能、功耗和成本分析的边缘计算平台是一项复杂的任务，需要深入了解应用需求、硬件设备、软件框架以及与之相关的资源管理和优化策略。

综上所述，算力网络的发展带来了机遇和挑战。在抓住机遇的同时，我们也应看到潜在的风险，通过制定合适的法规和政策，引导算力网络的健康发展，实现社会和文化的共同进步。随着 ICT 的不断发展，算力网络将会不断完善，在不远的将来必定会成为数字化信息社会的重要服务基石。

1.6　本书结构

本书各章内容安排如下。

第 1 章，概述边缘计算，介绍边缘计算的基本概念、演进历程、工作模式、行业应用，以及边缘计算与算力网络之间的关系。

第 2 章，介绍边缘计算网络架构、基础技术与服务模式，分析边缘计算信息基础设施涉及的网络架构、所需边缘节点的软硬件基础技术和通信网络基础技术，以及各类边缘服务模式。

第 3 章，介绍边缘计算资源管理使能技术与平台，阐述边缘计算资源管理的重要性，分析无线接入管理、网络资源管理、云边端服务管理中所涉及的各类使能技术和平台。

第 4 章，分析边缘计算资源管理在不同应用场景下的基本问题与优化方法，包括基本问题、系统模型、优化目标及优化算法。

第 5~9 章，分别讨论边缘计算在各个典型应用场景下的资源管理技术，介绍场景特征、需求、关键问题、建模方法和已有研究工作，包括边缘智能、多无线接入网中的边缘计算、车辆边缘计算、工业物联网中的边缘计算及卫星边缘计算 5 个典型场景。

参考文献

[1]　ABBAS N, ZHANG Y, TAHERKORDI A, et al. Mobile Edge Computing: A Survey[J]. IEEE Internet of Things Journal, 2017, 5(1):450-465.

[2]　MAO Y Y, YOU C S, ZHANG J, et al. A Survey on Mobile Edge Computing: The Communication Perspective[J]. IEEE Communications Surveys & Tutorials, 2017, 19(4):2322-2358.

[3] 陈玉平,刘波,林伟伟,等. 云边协同综述[J]. 计算机科学, 2021, 48(3):259-268.

[4] CHAI F R, ZHANG Q, YAO H P, et al. Joint Multi-Task Offloading and Resource Allocation for Mobile Edge Computing Systems in Satellite IoT[J]. IEEE Transactions on Vehicular Technology, 2023, 72(6):7783-7795.

[5] ARTHURS P, GILLAM L, KRAUSE P, et al. A Taxonomy and Survey of Edge Cloud Computing for Intelligent Transportation Systems and Connected Vehicles[J]. IEEE Transactions on Intelligent Transportation Systems, 2021, 23(7):6206-6221.

[6] PORAMBAGE P, OKWUIBE J, LIYANAGE M, et al. Survey on Multi-Access Edge Computing for Internet of Things Realization[J]. IEEE Communications Surveys & Tutorials, 2018, 20(4):2961-2991.

[7] QIU T, CHI J C, ZHOU X B, et al. Edge Computing in Industrial Internet of Things: Architecture, Advances and Challenges[J]. IEEE Communications Surveys & Tutorials, 2020, 22(4):2462-2488.

[8] ZHANG X H, CAO Z Y, DONG W B. Overview of Edge Computing in the Agricultural Internet of Things: Key Technologies, Applications, Challenges[J]. IEEE Access, 2020, 8(14):1748-1761.

[9] WANG X F, HAN Y W, LEUNG V C M, et al. Convergence of Edge Computing and Deep Learning: A Comprehensive Survey[J]. IEEE Communications Surveys & Tutorials, 2020, 22(2):869-904.

[10] 雷波,刘增义,王旭亮,等. 基于云、网、边融合的边缘计算新方案:算力网络[J]. 电信科学, 2019, 35(9):44-51.

第**2**章

边缘计算网络架构、基础技术与服务模式

本章介绍构成边缘计算系统的各个要素，包括边缘计算的网络架构、云边端体系中支撑边缘计算的基础技术及边缘计算的服务模式。

边缘计算的网络架构在不同应用场景中各不相同。在部署模式方面，按照网络作用范围，边缘计算网络架构在广域网和局域网中具有差异化特征；而在协同模式方面，根据边缘计算在云边端体系中所处层次及其与上下层的交互关系，网络架构又需要支持云边端协同模式。

云边端体系需要借助各类边缘节点软硬件基础技术和网络基础技术来有效支撑边缘计算服务。在边缘节点基础技术中，边缘节点的设备形态和算力等资源配置直接影响边缘节点的性能和工作模式，虚拟化技术为边缘计算提供了资源隔离、细分和统一管理能力，内容缓存技术使边缘节点具备内容缓存服务能力。在边缘通信网络基础技术中，各类无线接入技术保障在不同通信环境和应用场景下云、边、端的高效网络连通性和服务覆盖性，消息服务和内容分发技术使边缘计算系统以异步、事件驱动的方式协同工作，实现对实时事件和大规模数据流的高效处理。

边缘服务模式根据应用场景特征和用户需求，包括基础服务平台和场景专用方案。基础服务平台提供通用的边缘计算基础设施，为各种应用提供平台化接入支持；而场景专用方案则针对特定应用场景，提供现场定制化的边缘服务，将边缘计算与传统解决方案深度融合。

2.1 边缘计算的网络架构

网络架构是边缘计算系统的基石，不仅决定了信息在边缘计算环境中的流动、处理和响应方式，还涉及边缘计算的服务模式、系统工作模式及资源管理方法等多个方面。

本节分别从网络架构的部署模式和协同模式两个层面展开介绍。

在部署模式层面，主要介绍广域网和局域网下的边缘计算网络架构。对于前者，本节介绍多接入边缘计算（移动边缘计算）和卫星边缘计算，分别对应于边缘计算在移动通信网络和卫星通信网络中的网络架构；对于后者，本节介绍家庭边缘计算、工业物联网边缘计算和车辆边缘计算这 3 个典型局域网场景下的边缘计算网络架构。

在协同模式层面，面向云边端协同，主要介绍云计算、端计算的特征以及云边端协同模式，例如边边协同、边云协同等。

2.1.1　部署模式

2.1.1.1　广域网络架构

（1）多接入边缘计算（移动边缘计算）

移动边缘计算（Mobile Edge Computing，MEC）由欧洲电信标准化协会于 2014 年正式定义，其初期目标是将云中心丰富的计算资源推向移动通信网络的边缘，以缓解网络拥堵，给用户提供更良好的服务体验。其在 *Mobile Edge Computing—A Key Technology Towards 5G* 白皮书中指出：移动边缘计算环境的特点是低时延、短距离、高带宽及对无线网络信息和位置感知的实时洞察。这些特点都可以转化为实际价值，为移动运营商、应用程序和内容提供商创造机会，使他们能够在各自的商业模式中扮演互补角色，并从移动宽带体验中获利。

随着时间的推移，移动边缘计算的技术范围和应用领域变得更加广泛，需要支持各种不同类型的接入技术，同时也要适配各种不同类型的设备和服务，因此移动边缘计算逐渐扩展为多接入边缘计算（Multi-Access Edge Computing，MEC）[1]。

传统 5G 网络的 MEC 部署架构包括接入层、汇聚层、核心层和骨干层，这些层次在网络组网中扮演不同的角色，具有不同的功能，其中，越接近用户，边缘计算的成本越高、用户覆盖越少、资源配置也越低；相反，越远离用户，边缘计算的部署成本越低、用户覆盖越多、资源配置也越高，如图 2-1 所示。根据特定业务的时延需求（对完成业务操作的时间延迟的要求）和算力需求（完成业务操作所需要的算力大小），边缘计算可以选择在接入层、汇聚层或核心层进行灵活的部署。例如，在要求超低时延而对算力要求不高的场景下可以选择在接入层部署，在时延要求不高而算力要求较高的场景下可以选择在汇聚层部署，而在时延要求较低而算力要求很高的场景下可以选择在核心层部署。

MEC 的网络布局展现出极大的灵活性，能够综合考虑网络规划、部署成本、用户覆盖、资源配置等多方面因素。通过将计算资源和网络服务向网络边缘推进，MEC 可实现资源和服务的本地化、分布式部署，从而显著提升移动网络的智能水平和用户体验。

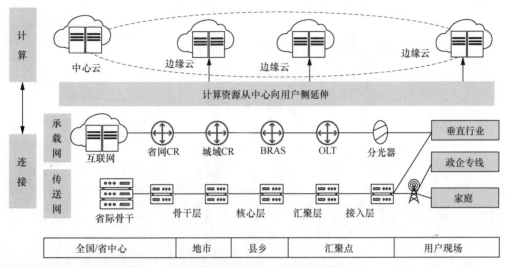

图2-1 多接入边缘计算部署架构

这种灵活的网络部署模式允许 MEC 根据特定需求和条件进行调整，使整个网络更加适应不同的应用场景。考虑网络规划时，可以根据具体区域的需求和特征灵活配置计算节点，以优化资源利用和服务效能。同时，合理考虑传输成本，在不同边缘节点间实现智能的负载均衡，可以确保数据传输的高效性和经济性。

最终，这样的 MEC 网络架构不仅可以实现资源和服务的本地式、分布式部署，还在整体上提高了移动网络的智能化水平，为用户提供更加优质、响应更快的使用体验。

（2）卫星边缘计算

卫星通信和边缘计算技术是两个快速发展的技术领域。卫星通信可以提供高速、低时延和全球覆盖的通信和定位服务，边缘计算技术可以将数据处理和存储功能移到离数据源更近的位置，提高数据传输的效率。在传统的卫星通信系统中，终端设备需要依赖信关站才能与卫星建立连接，这是传统卫星通信的局限之一。然而将边缘服务器部署在卫星上，可以实现终端设备和卫星直接建立连接，而不需要信关站作为中介，特别是在一些基础设施难以覆盖的偏远地区，卫星边缘计算具有十分广阔的应用前景。

卫星边缘计算的网络架构如图 2-2 所示，主要由终端设备、地面网络系统（信关站、地面基站、云数据中心等）和卫星边缘节点组成。

终端设备会产生大量的计算任务，而通常终端设备具备的计算资源有限或不具备计算能力，而且在地面基站无法覆盖或者无法提供服务时，终端设备产生的计算任务就必须依赖于卫星边缘计算进行处理。

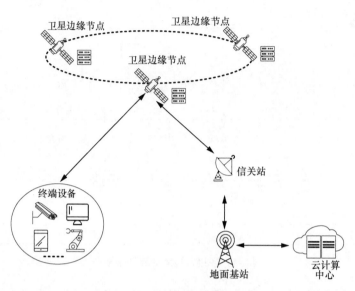

图2-2　卫星边缘计算的网络架构

地面网络系统主要包括地面基站、云计算中心、信关站等。地面基站可以为覆盖范围内的用户提供网络服务。云计算中心可以提供海量的计算和存储资源。信关站是卫星边缘计算中的重要组成部分，其作用可以分为以下 3 个方面。一是作为通信中继，信关站是卫星边缘计算中连接卫星和地面网络的关键桥梁，它一方面可以接收卫星传输的信息并对其进行处理，另一方面也可以将地面设备的数据传输到卫星，起到通信中继的作用。二是进行一定程度的数据存储和处理，信关站可以缓存部分数据，减轻卫星与地面设备之间的传输负担，并执行一些简单的数据处理任务。三是进行信号处理和解调，信关站会对从卫星接收到的信号进行处理，包括解调、解封装、解码等，同时对要发送到卫星的信号进行调制、封装等处理，以符合卫星通信系统的要求。

卫星边缘节点是集成了边缘服务器的卫星，其主要任务之一是执行计算任务，包括数据处理、信息提取、图像处理等，在卫星上进行计算，可减少对地面设备的通信需求，降低通信时延，提高系统的实时性和效率。当卫星边缘节点接收到来自地面终端设备的计算任务时，可以独自对其进行处理，如果受限于单个节点的资源，也可以选择其他合适的卸载策略：其一是将任务卸载至其他空闲的卫星边缘节点进行并行处理，其二是通过信关站和地面云数据中心建立连接，将复杂任务卸载至地面云数据中心进行处理，在得到计算结果后，卫星边缘节点再将结果传回给地面终端设备[2]。

2.1.1.2 局域网络架构

（1）家庭边缘计算

智能家居可以给用户带来便捷、高效的生活体验，但智能家居设备的不断增加会使设备之间的协同与管理难度越来越高。传统智能家居的实现依赖于云中心，云端服务器获取智能设备收集到的数据后进行处理和分析，从而实现智能化的家居控制，同时用户也可以通过手机、平板电脑等设备实现对家庭智能设备的控制。家庭边缘计算是指将边缘计算与智能家居系统相结合，减少对云中心的依赖，实现更高效、更智能的家居系统。家庭边缘计算的网络架构可以分为两种不同类型：集中式控制和协同式通信。

集中式控制的家庭边缘计算网络架构如图 2-3 所示，在这种架构中，边缘计算设备由一个家庭中心服务器集中控制和管理，这个服务器通常是一台专用的硬件设备或软件应用，具有强大的计算能力和资源存储能力，负责协调家庭中的边缘计算任务和数据流。家庭中的各种智能设备和边缘计算设备（如智能灯具、智能家电、监控摄像头、传感器等）通过标准的家庭网络通信协议（如 Wi-Fi、ZigBee、蓝牙等）连接到本地局域网上，实现数据传输和控制。家庭中心服务器可以在本地环境执行计算任务和数据分析，也可以将数据上传至云端进行深度分析和存储。这种本地管理的家庭边

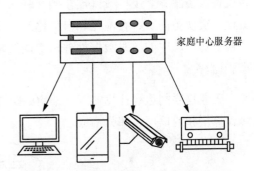

家庭中心服务器

图2-3　集中式控制的家庭边缘计算网络架构

缘计算网络架构既可以由用户控制家居设备，也能通过自主决策实现自动控制，提供智能便捷的服务[3]。

协同式通信的家庭边缘计算网络架构如图 2-4 所示，在这种架构中，家庭中的边缘节点之间使用标准的通信协议（如 Wi-Fi、蓝牙、Mesh 网络等）进行连接，能够进行通信和协同，以实现信息共享和边缘计算任务分担。边缘节点是各种智能家居和边缘计算设备，它们具备算力，能提供计算和存储资源。它们的计算能力使得数据不必全部传输至家庭服务器进行分析和处理，可实现实时处理并降低时延，同时减少带宽和网络存储的需求。这种分布式的架构使得边缘节点之间可以根据需要将任务分配给其他节点来实现协同计算，而无须家庭服务器的集中控制。边缘节点也可以将数据上传至云端进行深度分析和存储，本节只考虑在家庭局域网下的分布式协同架构。

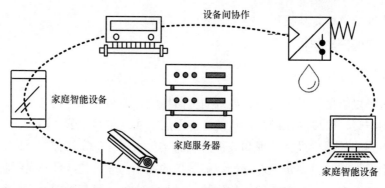

图2-4　协同式通信的家庭边缘计算网络架构

（2）工业物联网边缘计算

工业物联网（Industrial Internet of Things，IIoT）是物联网技术在工业领域的应用，它将设备、传感器等工厂设施连接到互联网，通过数据采集、分析和控制来改善生产和业务流程，实现更高效、智能化和自动化的生产和运营。边缘计算与工业物联网相结合，可以改善工业环境中的实时数据处理，实现低时延响应，有助于实现更智能、更高效的工业生产和运营[4]。

工业物联网边缘计算的网络架构如图 2-5 所示，主要由终端设备层、边缘接入层、边缘计算层和通信层 4 部分构成。

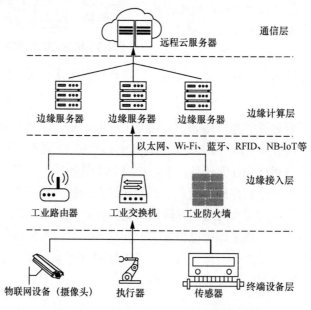

图2-5　工业物联网边缘计算的网络架构

终端设备层位于 IIoT 网络的底层，包括各种物联网设备、传感器和执行器，这些设备负责收集和检测物理世界的数据，如温度、湿度、压力、振动等信息，并通过多种通信协议（如 MQTT、CoAP、Modbus、OPCUA 等）将数据传输到下一层的网关设备。

边缘接入层主要包括物联网设备之间的基础通信设施和连接这些设备到其他层的网关，如工业路由器、工业交换机、工业防火墙等，它们根据实际需求选择有线以太网、Wi-Fi、蓝牙、RFID（Radio Frequency Identification）或 NB-IoT（Narrowband Internet of Things）等方式接入局域网络，将数据汇聚并转发到上层的数据处理和分析系统。

边缘计算层位于边缘接入层之上，主要包括位于工厂内部的边缘服务器，用于执行实时数据处理、数据汇总和初步分析，以减少数据传输到云端的需求，降低时延，并支持本地决策。边缘计算层也用于本地存储数据，以备将来使用或作为备份。

通信层的主要作用是连接工业物联网局域网络与其他网络或云服务，通过云连接设备，工业数据可以传输到远程云服务，以进行高级分析、长期存储和跨地域的数据共享，还可以使用 VPN（Virtual Private Network）技术，做到远程访问工业局域网络。

（3）车辆边缘计算

车辆自组网（Vehicular Ad Hoc Network，VANET）是一种无线通信网络，虽然 VANET 也可以与其他网络（如互联网）互联，但是它主要设计用于车辆内部和车辆周围的通信，可以归为局域网架构。VANET 通常分为车与车（Vehicle-to-Vehicle，V2V）通信和车与基础设施（Vehicle-to-Infrastructure，V2I）通信两种模式，可以实现车辆之间和车辆与路边单元（Road Side Unit，RSU）之间的低时延通信与协同，以支持各种车辆应用，如交通拥堵监测、自动驾驶车辆协同和车辆安全警告[5]。

车辆边缘计算的网络架构如图 2-6 所示，主要由车辆节点、路边单元、地面基站构成。

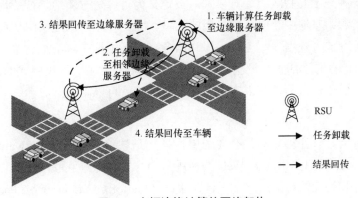

图2-6　车辆边缘计算的网络架构

车辆节点是 VANET 的核心组成部分，车辆上安装有 GPS（Global Positioning System）、加速度计、陀螺仪等传感器，可以实时获取位置和环境数据，并通过车辆内部的通信系统将数据传输给车辆。V2V 通信就是车辆之间直接通信的方式，它允许附近的车辆通过无线通信设备（如 Wi-Fi、DSRC 等）相互连接，交换信息，以提高道路安全、交通效率和驾驶体验。

路边单元通常部署在道路边缘或者交通信号灯附近，用于提供额外的网络支持、信息中继和服务，车辆与 RSU 通信，可以获得额外的信息和支持，以提升交通道路安全性。同时 RSU 也可以通过有线或无线连接到互联网，以便与远程服务器通信，实现必要时的手动交通管制。

车辆自组网采用的无线接入方式包括 IEEE 802.11p、WLAN（Wireless Local Area Network，无线局域网）、蓝牙等。其中 IEEE 802.11p 是专用于车辆间通信的标准协议，它允许快速地建立和断开通信连接，适应车辆之间的高速移动，同时支持多路径传输，即使在有障碍物或信号干扰的情况下也能有效通信，保证通信的可靠性。

2.1.2　协同模式

边缘计算网络架构中的协同模式主要为云边端协同，它是融合云计算、边缘计算和终端计算的协同工作模式，其核心理念是实现不同层级的计算资源协同工作，从云端的高算力，到边缘的中等算力，再到终端的低算力，以满足不同应用场景的需求。该模式可以结合应用场景、任务特征和用户需求，最优运用云、边、端三者的资源，协调安排任务在云边端的调度运行。云边端协同可有效提高全网资源利用率，综合利用云、边、端各自的优势[6]。

2.1.2.1　云计算

云计算是一种基于互联网的计算模式，被定义为可以随时随地、便捷地、随需应变地从可配置计算资源共享池中获取所需资源的模型。它允许用户通过网络访问和使用计算资源，如服务器、存储、数据库、应用程序和服务，而无须拥有和维护这些资源的物理硬件与基础设施。云计算通过部署大量服务器组成云计算数据中心，以集中式的方式提供计算、存储和网络资源。用户只需按需求支付云服务费用，就可以享受到灵活、可扩展、安全的计算环境。

如图 2-7 所示，云计算架构共有 3 个层次：一是软件即服务（Software as a Service，SaaS），其作用是给用户提供基于 Web 的应用，用户可以通过互联网按需访问应用程序，而不必关心软件和硬件的维护；二是平台即服务（Platform as a Service，PaaS），其作用是给用户提供应用开发和部署的平台与工具，用户可以开发、测试和部署应用程序，而不必关心底层基础设施；三是基础设施即服务（Infrastructure as a Service，IaaS），其作用是给用户提供虚拟化的计算、存储和网络资源，用户可以在这些基础设施上构建和管理自己的应用程序。以上 3 层服务之间可以视为相互独立的，也可以视为相互依赖的。相互独立是因为其提供的服务完全不同，所针对的用户也不完全相同；相互依赖是因为要想部署一个 SaaS 层的产品和服务，必须依赖于 PaaS 层的开发和部署平台，而 PaaS 层的平台又是部署在 IaaS 层的计算资源上的。

云管理层是云计算架构的重要组成部分，主要用于监控、调度、配置等各种云服务和资源管理任务，云管理层又可以分为 3 层：用户层、管理层和检测层，如图 2-8 所示。其中，用户层是用户与云计算环境的交互接口，允许用户订购、配置和管理云服务，以及查看计费信息。用户层的目标是提供友好的界面，使用户能够轻松地利用云资源，从而实现灵活性和可用性。管理层是云计算环境的执行者，负责资源的分配、自动化、性能监控、安全性管理和容量规划。管理层的功能有助于优化资源利用、确保性能和可靠性，并降低运营成本。检测层是云环境的守卫者，通过监测安全威胁、性能问题和合规性，以及记录关键活动来保障安全性、合规性和可审计性，确保云计算环境的稳定和安全。

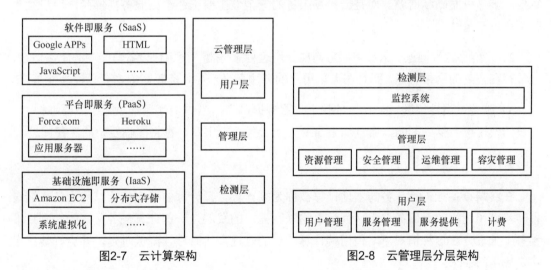

图2-7　云计算架构　　　　图2-8　云管理层分层架构

从目前研究来看，云计算具有以下特点。

1）超强计算和存储能力。云计算通过部署大量的服务器，能够为用户提供强大的计算能力，能够处理海量的信息数据。云计算数据中心服务器规模十分庞大，通常拥有数百台甚至上万台服务器。

2）资源池化。云计算使用虚拟化技术将大量的计算、存储和网络资源池化在一起，屏蔽了基础设备资源的异构性，对资源进行统一的调度和管理，用户可以根据需求动态配置和使用资源，这种集中式的资源管理方式可以大大提高资源利用率。

3）泛在网络访问。云中心接入互联网，因此用户可以在任何时间、任何具有互联网连接的地方通过互联网访问云计算服务。

4）高可靠性。云计算使用副本策略、计算节点同构互换等技术保障云计算平台在面临故障、错误时的灾备能力。

5）可拓展性。云计算可以根据用户的特定需求，动态分配计算资源，以满足不断变化的工作负载需求，包括水平和垂直扩展、自动化伸缩、负载均衡等。

虽然云计算在灵活性、可伸缩性、资源共享和便利性等方面展示了巨大的优势，带来了节省成本、自主访问等诸多好处，但是也在数据安全性、性能稳定性和服务可用性等方面存在不足。

1）数据安全性问题。云计算以中心化方式存储数据，其中涉及大量用户的隐私和敏感数据，容易引发隐私问题，而且云计算服务的安全性主要依赖于云服务提供商，用户很难完全掌握安全性。

2）性能稳定性问题。云计算服务需要使用远程服务器，而用户设备与云中心距离遥远，通常存在较高的网络时延，而且在大量用户的云服务环境中，资源竞争也会导致性能下降。

3）服务可用性问题。云计算依赖于云服务提供商，当提供商遇到故障或需要维护时，用户的使用也会受到影响，而且如果需要更换云服务提供商，也将面临复杂的迁移问题。

2.1.2.2　端计算

在终端设备上进行任务的本地计算被称为端计算。云计算的兴起使计算能力从终端设备转移到了远程的云服务器上。而随着物联网需求的发展，一些计算任务又开始回到终端设备上处理，在这种情况下，使用端计算的目的是提高实时性、降低时延，并更好地满足特定应用的需求。

在物联网环境中，类似于传感器、摄像头等终端设备虽然资源受限，但其端计算能力仍有利用价值，其离用户更近的特点甚至使其具有一定的计算优势。端计算将传统云计算的计算和存储资源从云计算数据中心推向终端设备，使得终端设备在采集数据的同时，还具有一定的计算和存储能力，这种计算模式更加适用于算力需求低且要求实时数据处理、网络低时延的应用场景。

由于计算直接在终端设备本地进行，端计算具有许多优势。

1）节约算力。利用端计算使任务在本地计算完成，避免了上传至云端进行计算，或者任务在终端本地进行预处理再上传至云端，这种方式能大幅节约云中心的算力使用，避免算力浪费。

2）数据完备。在云计算中，因为云端需要通过与终端的数据传输来获取数据，所以存在信息丢失、篡改的可能性，而端计算可以实现终端数据不出本地，所以在强调数据完备性的场景下更具有优势。

3）低时延。与云计算相比，端计算不需要将数据远程传输到云计算数据中心，可以实现低时延响应。

4）离线操作。在端计算中，终端设备可以在不连接互联网的情况下继续工作。

端计算也有其局限性，主要是终端设备本身的限制。

1）资源限制。终端设备资源有限，不能进行大量的计算和存储，其电池供能方式也使其不能长时间工作。

2）数据管理。终端设备上会产生大量的数据，如何安全有效地管理、存储数据也是端计算面临的重大挑战。

2.1.2.3 云边端协同

端计算、边缘计算、云计算是 3 种不同的计算模式，它们在网络中处于不同位置，计算和存储等资源配置存在差异。表 2-1 对 3 者进行了比较。

表 2-1　3 种不同计算模式的比较

比较内容	端计算	边缘计算	云计算
服务器节点位置	终端设备	边缘节点	云服务器中心
服务的设备数量	设备本身	终端设备	终端设备和边缘节点
计算能力	弱	高	强
传输时延	无	低	高
目标应用场景	本地简单任务处理	区域分布式中等复杂任务处理	广域集中式高度复杂任务处理

由此可见，边缘计算、云计算和端计算不能相互替代，3 者互为重要补充和扩展。云

计算提供了中心化的大规模计算和存储能力，适用于处理复杂的数据分析、大规模应用和长期存储等任务；边缘计算强调将计算资源推向接近数据源和终端设备的位置，以满足低时延、快速响应的要求，适用于处理分布式中等算力需求的任务；端计算与边缘计算有相似的目标，但其算力更低，更侧重于任务的本地处理，适用于处理物联网场景下的简单任务。同时，它们也各有限制，云计算较高的时延使其无法满足实时响应需求；边缘计算有限的计算能力难以满足大规模数据处理需求；端计算匮乏的计算资源和有限的供能使其无法解决中高算力需求的计算任务。

未来信息应用的需求呈现多样性特征，既要求大规模的算力，同时也要保证低时延和低能耗，单一的计算架构无法满足这样的要求。因此结合了云计算、边缘计算和端计算的云边端协同成为以上需求的解决方案。

云边端协同结合云计算、边缘计算和端计算各自的优势，综合利用云端的高算力、边缘的中等算力，以及终端的低算力，满足不同应用场景下的信息应用多样化需求。利用云边端协同，不同任务可以按需被调度至云边端三者之一进行处理，同一任务也可被分割成多个部分，根据各部分的资源需求分别被调度至云边端三者中的多处进行处理，有利于平衡服务器的负载、降低数据处理的时延、提高系统的服务质量。

云边端协同根据应用场景需求的不同，协同模式可以灵活组合。如图 2-9 所示，在云边端垂直方向上，有边端协同、边云协同和云边端协同；在云边端水平方向上，有边边协同、端端协同和云云协同。其中水平方向上的端端协同和云云协同本质上不属于边缘计算的范畴，这里不做讨论。

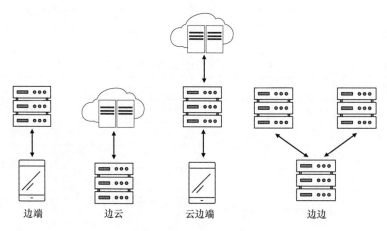

边端　　　　边云　　　　云边端　　　　边边

图2-9　云边端协同模式

1）边端协同。边端协同是指在边缘和终端之间构建协同的计算模式，在这种模式下，终端设备更加智能化，能够在本地执行一定的计算任务并自主做出决策，而边缘端则负责执行计算量较大的任务、存储数据量较大的数据，并对终端设备进行管理和控制。边端协同全过程无须云的参与，更加适合现场级和区域级应用场景。

2）边云协同。边云协同是指在边缘和云之间构建协同的计算模式，在这种模式下，一部分计算任务可能在云上执行，另一部分计算任务在边缘处执行，以充分利用两者的优势。边缘计算提供实时的数据处理和智能化决策，云计算提供海量计算和海量存储，因此边云协同的主要服务模式为云服务在边缘侧的延伸，主要用于传统云业务在边缘侧的性能优化。

3）云边端协同。云边端协同是将云计算、边缘计算、端计算整合在一起的计算模式，它将计算任务和数据处理分布在云、边缘和终端之间，以满足不同应用场景的需求，同时最大限度地降低时延、提高效率和资源利用率。云边端协同融合了边端协同和边云协同，提供了任务在云边端间的优化调度，是一种综合性的计算模式。

4）边边协同。边边协同是指在边缘节点之间构建协同的计算模式，在这种模式下，边缘节点之间可以共享信息和资源，以实现更高效的分布式计算和负载均衡。通过边边协同，边缘层能够通过边缘间的分布式计算处理更为复杂的任务。

不同的协同模式适用于不同的场景需求，可以根据具体需求提供高效的服务。云边端协同涉及云计算、边缘计算和端计算 3 种计算模式的融合，存在难点和挑战。

1）高效的同步机制、任务卸载和资源分配决策。云边端协同需要高效的同步机制，以确保云边端间的数据和状态的一致性，也需要高效的任务卸载和资源分配决策来处理计算任务，以实现低时延、高能效、高服务质量和高网络资源利用率。

2）算法和模型优化。在边缘设备和终端设备上运行深度学习模型等复杂算法可能需要大量的计算资源，因此需要开发优化的算法和模型，以适应云边端不同的资源配置环境。

3）数据安全与隐私保护。在云边端协同中，涉及云边端间大量的数据传输和处理，因此数据的隐私性和安全性是一个关键问题。如何确保数据在传输和处理过程中受到保护，以防止数据泄露和被恶意攻击是一个挑战。

2.2　边缘节点基础技术

边缘节点软硬件基础技术指支持边缘节点工作所需的各类软硬件基础性技术，涉及的硬件部分包括设备形态、算力配置等，决定了边缘节点在网络中的部署位置和所能支持的计算服务类型；软件部分包括虚拟化和内容缓存技术，决定了边缘节点所提供的服务组织形式。

2.2.1　边缘设备形态

边缘设备形态与其所部署的网络位置和所针对的应用场景息息相关,从传统的大型机柜式、机架式服务器到小型嵌入式设备,均可作为边缘设备面向特定位置和应用的形态。边缘设备的主要形态如下。

(1)机柜式边缘设备

机柜式边缘设备是高性能计算的代表,通常部署在边缘数据中心中。设备形态与标准机柜式云服务器一致,采用标准的 19 英寸机柜封装,提供出色的计算和存储能力,适用于大规模数据分析、内容交付网络和云边协同等要求高度可靠性和可扩展性的场景。此外,机柜式边缘设备通常具备热插拔能力,使维护和升级更加便捷。

(2)机架式边缘设备

机架式边缘设备位于标准机架中,具有中等规模的性能和适度的物理紧凑性。设备形态与标准机架式云服务器一致,适用于中小型边缘数据中心、站点和分布式网络,可提供足够的计算和存储资源,同时不占用太多空间。机架式边缘设备通常支持灵活的配置选项,以满足不同的应用需求。

(3)机箱式边缘设备

机箱式边缘设备通常是一种集成了计算、存储和网络功能的微型服务器设备,以机箱形式设计。它集成了多种功能,包括处理器、内存、存储设备和网络接口等。机箱式边缘设备适用于局域范围内或现场级边缘计算和存储服务需求,在物联网等领域广泛应用,可提供即时的数据处理和响应能力。

(4)嵌入式边缘设备

嵌入式边缘设备是小型、低功耗的设备,通常嵌入其他设备或系统中,以在特定环境中提供特定的边缘计算能力。它们常见于智能家居、移动设备和自动化控制系统等民用场景中,或者用于恶劣环境下的商用和军用场景。这些设备通常需要优化精简软件和硬件设计,以实现性能和功耗的权衡。

2.2.2　边缘算力配置

边缘节点算力配置决定了其所能提供的计算服务类型,主要包括通用算力和异构算力两类。

2.2.2.1 通用算力

通用算力是指计算机系统或处理器能够执行各种不同类型计算任务的能力。它是计算机通用性的核心特征，与特定应用或领域无关，可以用于执行多种不同的计算任务，从数学运算和数据处理到图形渲染和机器学习等各种应用。通用算力是现代计算机的基本特性之一，它使计算机能够适应不同的需求和应用场景。

在边缘计算环境中，通用算力是一种多功能的计算资源，通常涵盖了 CPU、存储等一系列基本的计算资源。这些通用计算资源在边缘节点上发挥着关键作用，因为它们能够应对各种不同类型的工作负载和应用场景。通用算力的特点如下。

1）多功能性。通用算力的系统或处理器可以执行多种不同类型的计算任务而不仅仅是针对某一特定应用或问题的优化。

2）编程灵活性。通用算力的计算机系统可以通过编程来配置和控制，允许开发人员编写各种不同类型的软件应用。

3）通用指令集。通用算力的处理器通常使用通用指令集架构，支持广泛的指令和操作，以满足各种计算需求。

4）适应性。通用算力的系统可以通过升级硬件或软件来适应不断变化的计算需求，因此它们具有一定的未来扩展性。

在边缘计算业务场景下，配置通用算力需要考虑一定的因素。

1）位置和网络时延。边缘计算的核心概念是将计算资源放置在离数据源更近的地方，以降低网络时延。因此，综合考虑网络连接的可靠性和速度及数据源与边缘节点之间的距离，确定计算资源的部署位置，有助于确保低时延和高响应速度。

2）负载分析。工作负载是关键，不同应用可能需要不同类型的计算资源。例如，物联网传感器数据处理可能需要低功耗、高效能的处理器，而视频分析或大规模数据分析可能需要更多的计算和存储资源。因此，需要分析负载特征，以选择适合的边缘设备和配置。

3）安全性和隐私性。边缘计算通常涉及将数据处理推向物理位置附近，这使得数据安全性和隐私性成为需要考虑的重要因素。确保通信加密、设备认证以及访问控制等安全措施是必不可少的。同时，合规性要求也需要被满足，特别是涉及敏感数据的情况。

2.2.2.2　异构算力

异构算力是指由不同类型的计算资源组成的计算系统或平台，其资源包括 CPU、GPU、现场可编程门阵列（Field-Programmable Gate Array，FPGA）、专用集成电路（Application-Specific Integrated Circuit，ASIC）等，每种资源具有独特性和优势，用于执行不同类型的计算任务。CPU 通常用于通用目的计算，具有高度灵活性和复杂的控制逻辑，适合顺序任务和操作系统管理。GPU 则专门设计用于并行计算，对于图形渲染、深度学习和科学计算等数据并行任务处理非常高效。FPGA 和 ASIC 则可以根据特定需求进行定制化编程，用于加速特定应用，如音视频编解码、数据加解密、区块链系统中的工作量证明等。

异构计算旨在充分利用不同计算资源的特点，以提高计算性能、能效和灵活性，在边缘计算和高性能计算领域具有重要的优势，具体表现如下。

1）适应多样性的工作负载。边缘计算和高性能计算领域面临各种各样的计算任务，包括数据处理、图像识别、深度学习等。异构算力允许选择最适合特定任务的计算资源，从而提高了适应性和性能。

2）并行计算加速。异构算力中的 GPU 和其他加速器专门设计用于高度并行的计算工作负载。这在科学模拟、大规模数据分析和深度学习等领域非常有用，能够大幅提高计算速度。

3）节能和能效提升。在边缘计算中，能源效率是要考虑的关键因素。异构算力的配置可根据需求进行优化，以降低功耗，减少能源消耗，提高计算效率，从而延长边缘设备的续航时间。

与通用算力不同，配置异构算力需要考虑的因素如下。

1）任务特性和负载分析。不同类型计算任务对异构算力的需求各不相同。在配置和管理时，需要详细分析边缘计算环境中要执行的任务，包括计算复杂性、并行性、数据处理需求等。这有助于确定哪些任务适合在 CPU 上执行，哪些任务适合在 GPU 或其他加速器上执行。任务的性质和需求是确定资源分配和负载均衡策略的关键因素。

2）资源监控和动态调整。异构算力的配置和管理需要实时监控不同计算资源的利用率和性能指标，包括 CPU、GPU、FPGA 等硬件的工作状态、温度、电力消耗等信息。基于监控数据，管理系统应具备自动的资源调整功能，可以动态地重新分配任务，以满足性能需求并避免资源浪费。例如，当某个任务需要更多的计算能力时，管理系统可以自动将其分配给 GPU 以提高计算速度。

3）安全性和隐私性。在边缘计算中，异构算力的配置和管理需要特别关注安全性和隐私问题。因为计算资源可能分布在多个地点，数据在边缘设备和云之间传输，所以必须确保通信加密、设备认证和访问控制等安全措施得到充分实施。另外，关于隐私保护的法规也需要遵守，尤其在涉及个人数据或敏感信息的情况下。安全性和隐私因素应纳入配置和管理策略的设计中，以保护数据和系统免受威胁。

2.2.3 虚拟化技术

2.2.3.1 虚拟化技术概述

虚拟化技术允许将各种硬件计算资源有效地映射为资源池，包括 CPU、内存、网络、I/O（Input/Output）和磁盘等，通过抽象和转换，将这些资源离散化，确保资源环境之间的隔离性。通过虚拟化，硬件资源（如处理器、内存和存储）可以被动态分配，提高资源利用率，简化管理，实现更灵活、可扩展的计算环境。此外，虚拟化技术还提供了隔离的运行环境，使多个用户的服务可以在同一物理机器上运行，而彼此之间不会产生干扰。

虚拟化是云计算的核心技术之一，它降低了云计算的运营成本和部署的复杂性，同时提高了硬件资源的利用效率。对于用户而言，他们的服务可以在相对隔离的环境中运行，确保数据安全性，同时不会受到其他用户服务的影响。

与云计算类似，边缘计算也需要有效地管理各边缘节点的有限资源，同时，边缘资源和云资源也需要一体化管理。因此，虚拟化技术也是边缘计算中的重要技术之一，它为边缘计算服务提供商提供了资源管理和任务管理的灵活性，以按需满足不同场景中各类用户的需求[7]。

2.2.3.2 虚拟化技术总体架构

虚拟体系结构是在物理体系结构的基础上进行框架设计，通常分为 3 个主要部分：物理体系结构、虚拟化层和其上的虚拟操作系统平台。物理体系结构通过虚拟化技术实现多台虚拟机同时运行不同操作系统的抽象，而虚拟化层的核心功能是通过动态分区的方式，实现硬件和操作系统之间的解耦，使得一台物理服务器可以同时运行多个操作系统实例，并且这些实例可以共享物理服务器的资源。虚拟机上安装的操作系统被称为客户操作系统，对于客户操作系统及其上运行的应用程序来说，它们并不感知虚拟化过程。运行虚拟化软件的物理服务器通常被称为宿主机或物理主机，虚拟化软件可以访问底层硬件。虚拟化技术的总体架构如图 2-10 所示。

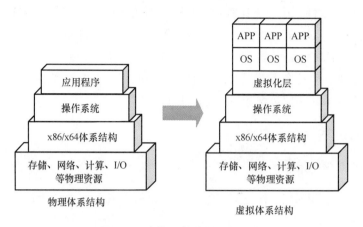

图2-10　虚拟化技术的总体架构

2.2.3.3　轻量级虚拟化

（1）虚拟机与容器

虚拟机是通过硬件抽象层虚拟化技术创建的客户机，而操作系统级虚拟化技术创建的客户机系统通常被称为容器。

传统虚拟机需要运行宿主机系统上的虚拟机监视器，该监视器可以在硬件层面上隔离系统资源，使每个客户机拥有独立的系统，而不共享内核。容器技术则通过在宿主机系统上运行的容器引擎，利用 Linux 内核提供的资源隔离功能，实现在不同容器之间的资源隔离。与虚拟机不同的是，容器之间共享宿主机系统的内核。传统虚拟机与容器的架构差异如图 2-11 所示。

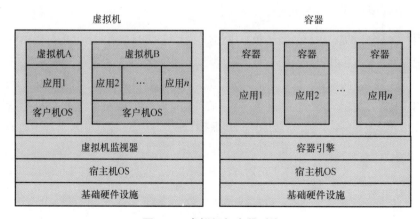

图2-11　虚拟机与容器对比

与虚拟机相比,容器的优势如下。

1)轻量级。容器镜像通常较小,可以快速部署和启动。

2)隔离性。容器提供了应用程序之间的隔离环境,提高了安全性和稳定性。

3)灵活性。容器可以轻松地在主机之间移动和复制,便于部署和管理。

4)版本控制。容器可以通过镜像进行版本控制,便于跟踪和恢复。

虽然容器相比虚拟机有很多优势,但是虚拟机也有一些容器无法替代的优势,如下。

1)更强大的虚拟能力。相比容器,虚拟机拥有强大的跨平台虚拟能力,甚至能在计算机上运行安卓虚拟机。

2)虚拟机支持跨操作系统的虚拟化。

(2)容器化技术

相较于传统虚拟机,容器技术虽然在安全方面略有不足,但其轻量化特性使其更适合应用于边缘计算这类时延敏感且资源受限的场景。

Podman 是一个无守护进程的容器运行时,它提供了与 Docker 类似的命令行接口,但不需要运行中心化的守护进程。Podman 可以在没有 root 权限的情况下运行,同时也提高了系统的安全性。Podman 支持 OCI(Open Container Initiative)容器标准,可以运行任何 OCI 兼容的容器。

CRI-O(Container Runtime Interface-OCI)是一个轻量级的容器运行时,专为运行 Kubernetes 中的容器而设计。它实现了 Kubernetes 的容器运行时接口(Container Runtime Interface,CRI),可以直接运行 OCI 标准的容器。CRI-O 旨在提供一个简单、稳定、可靠的容器运行时,以满足 Kubernetes 的需求。CRI-O 支持 runc 和任何其他 OCI 兼容的运行时作为其底层。

LXC(Linux Containers)是一个使用 Linux 内核的 CGroups 和 Namespaces 功能来创建和管理容器的工具。LXC 提供了更接近传统虚拟机的环境,因为它提供了一个包括 init 进程、系统服务等的完整的系统环境。LXC 还支持安全隔离的系统容器和应用程序容器。

Docker 作为目前最为流行的容器工具之一,拥有强大的社区支持,并且是云原生技术的重要组成部分之一。虽然 Docker 最初是基于 LXC 开发的,但是如今 Docker 在容器的基础上进行了进一步的封装,极大地简化了容器的创建与维护。

Docker 容器是一种轻量级的虚拟化技术,它允许在一个隔离的环境中运行应用程序。以下是 Docker 容器的特点。

1）轻量级：Docker 容器非常轻量级，它们只占用很少的系统资源，并且可以快速启动和停止。

2）隔离性：Docker 容器提供了一种隔离的环境，使应用程序可以在一个独立的空间中运行，而不会受到其他应用程序的影响。

3）可移植性：Docker 容器可以在任何支持 Docker 的主机上运行，这使得它们非常适合在多个环境中部署应用程序。

Docker 的基础组成包括 3 部分，分别是镜像、容器及仓库。

1）镜像（image）。Docker 镜像封装了容器运行时所需的程序、库、资源等数据。Docker 镜像的构建原理是基于分层文件系统的概念。Docker 镜像是由一系列只读的文件系统层组成的，每一层都包含文件系统的变更。当我们在 Docker 中创建一个容器时，实际上是在基础镜像的顶部添加一个可写的容器层。构建 Docker 镜像的过程如下。

首先，Docker 会创建一个空镜像层作为基础层。

接下来，Docker 会按照 Dockerfile 中的指令逐步执行，每执行一个指令就会在当前镜像层的基础上创建一个新的镜像层。这些指令可以包括从基础镜像中复制文件、运行命令、设置环境变量等。

当 Docker 构建过程中有多个镜像层时，Docker 会对这些镜像层进行合并，以减小镜像的大小。合并镜像层的过程是通过计算每个镜像层的差异来实现的，只有发生变化的文件才会被添加到新的镜像层中，相同的文件会被多个镜像层共享。

最后，Docker 会将所有的镜像层组合在一起，创建一个完整的 Docker 镜像。这个镜像可以被推送到 Docker 仓库中，供其他人使用。

通过这种分层的方式，Docker 镜像可以实现高效存储和传输。因为每个镜像层都是只读的，所以镜像的内容是不可修改的，任何对镜像的修改都会创建一个新的镜像层。这种设计使 Docker 镜像具有轻量级、可复用和可扩展的特性。但也正因如此，在构建镜像时，每一层都应该只添加必须包含的数据，以防镜像文件过于臃肿。

2）容器（container）。容器是 Docker 基于镜像创建的运行实例，容器运行拥有自己独立的命名空间，因此可以有自己的 root 文件系统、自己的进程空间、网络配置。每个容器都是一个独立的运行环境，相互之间是隔离的。容器可以被启动、停止、重启、删除等。容器内的应用程序可以访问宿主机的资源，如网络、文件系统等。每一个容器在运行时，以镜像为基础层，在其上创建一个容器的存储层，用来存储临时数据和变量，其生命周期与容器一样。如果想要保留运行结果或者文件，需要使用数据卷（Data Volumn）。数据卷的生命周期独立于容器，当容器终止时，数据卷仍可以保留，并且数据卷可以在容器间共用，对数据卷的修改会立即生效，用于容器间共享数据。

3）仓库（repository）：Docker 仓库是一个集中存储、管理和分发 Docker 镜像的地方。它允许用户将自己创建的镜像上传到仓库，也可以从仓库中下载和使用其他用户创建的镜像。Docker 仓库有两种类型：公共仓库和私有仓库。

公共仓库：Docker Hub 是常用的公共仓库，它包含了大量的官方和社区创建的镜像。用户可以通过 Docker Hub 注册账号，上传自己的镜像，并与其他用户共享。

私有仓库：Docker 还提供了私有仓库的功能，允许用户在自己的服务器上搭建私有的 Docker 仓库。这种方式适用于企业或个人希望保护自己镜像的安全性和私密性的场景。

使用 Docker 仓库，用户可以方便地共享和获取 Docker 镜像，节省了镜像的下载和构建时间，提高了开发效率。同时，通过私有仓库，用户可以更好地保护自己的镜像安全和私密性。

Docker 的整体架构如图 2-12 所示，包括 Docker 守护进程（Docker Daemon）、Docker 客户端及上文提到的镜像、容器和仓库。Docker 使用 C/S 架构，在客户端输入需要执行的命令，Docker 的守护进程接收到命令后，根据不同的命令执行构建、运行、分发等不同功能。

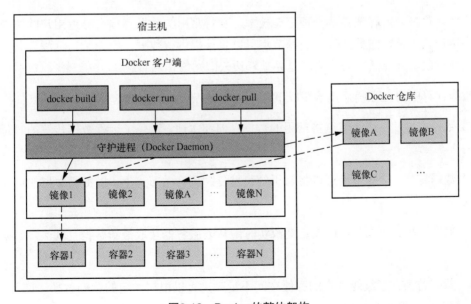

图2-12 Docker的整体架构

总结来说，Docker 在虚拟化技术发展史上扮演着重要的角色。它通过容器化的方式，使应用程序能够在独立的、隔离的环境中运行，提供了更高效、更灵活的部署和管理方式。与传统的虚拟机相比，Docker 具有更快的启动速度、更小的资源占用和更高的性能表现，使应用程序能够更加高效地运行。

此外，Docker 对边缘计算也具有重要意义。Docker 的轻量级、可移植性和易于部署的特性，使它能够很好地适应边缘计算的需求。通过在边缘设备上部署 Docker 容器，可以实现在边缘进行数据处理和分析，减少数据传输并降低时延，提高系统的响应速度和效率。

综上所述，Docker 在虚拟化技术发展史上的重要性不言而喻，并且在边缘计算领域也发挥着重要作用。它的出现和广泛应用为应用程序的部署和管理带来了革命性的变化，推动了虚拟化技术的发展，并为边缘计算提供了更好的解决方案。

2.2.4　内容缓存技术

内容缓存技术允许有效地存储、管理和快速检索各种数字内容，如网页、媒体文件和应用程序数据。与传统云计算中的内容缓存技术一样，边缘计算中的内容缓存将热门或频繁访问的内容保存在靠近用户的边缘节点中，以提高内容访问速度，并降低带宽消耗和减轻云服务器负担，从而优化网络资源利用，提供给用户更快速、流畅的在线体验。

2.2.4.1　内容缓存的概念及特点

边缘计算中的内容缓存是一种存储技术，它将常用的数据存储在靠近用户的边缘节点上。当用户请求特定的数据时，边缘节点可以直接提供该数据，而无须从远程云服务器获取。这样可以大幅降低数据传输时延并减轻边云间网络传输负载。

边缘计算中的内容缓存技术有以下 4 个关键特点。

1）数据本地化：边缘节点将常用的数据存储在本地，避免了远程数据传输的时延和带宽消耗。

2）数据复制：边缘节点可以将常用的数据复制到多个节点上，以提高数据的可靠性和可用性。

3）数据更新：边缘节点可以定期或实时地从云服务器获取最新数据，以保持数据的一致性。

4）数据替换：当边缘节点的存储空间不足时，可以根据一定的策略替换一部分数据，以保证存储空间的有效利用。

边缘计算中的内容缓存技术在许多应用场景中都具有重要的作用，例如视频流媒体、物联网、智能交通等。通过将常用的视频、音频、图像等内容缓存在边缘节点上，可以实现低时延的流媒体传输和实时的数据处理，提升用户的观看体验和系统的效率。

2.2.4.2 缓存策略

缓存策略是指在缓存中选择哪些数据存储和哪些数据淘汰的一种算法。常见的缓存策略包括最近最少使用、最不经常使用等。

1）最近最少使用（Least Recently Used，LRU）：LRU 缓存策略是指优先淘汰最近最少使用的数据。它基于这样的思想：如果数据最近被访问过，那么将来被访问的概率也较高。LRU 策略维护一个访问顺序链表，每次访问一个数据时，将其移到链表头部，当需要淘汰数据时，选择链表尾部的数据进行淘汰。

2）最不经常使用（Least Frequently Used，LFU）：LFU 缓存策略是指优先淘汰访问次数最少的数据。它基于这样的思想：如果数据被访问次数较少，那么将来被访问的概率也较低。LFU 策略维护一个访问次数计数器，每次访问一个数据时，将其访问次数加一，当需要淘汰数据时，选择访问次数最少的数据进行淘汰。

选择合适的缓存策略应根据具体的应用场景来决定，以下是一些考虑因素。

1）数据访问模式。如果数据的访问模式具有较强的局部性，即最近访问的数据可能在将来被再次访问，那么 LRU 策略可能更适合。而如果数据的访问模式比较均匀，没有明显的热点数据，那么 LFU 策略可能更适合。

2）数据重要性。如果某些数据对应用的性能或正确性非常重要，那么可以考虑使用 LRU 策略，因为 LRU 策略能够保证被频繁访问的数据一直在缓存中。而如果数据的重要性相对较低，可以考虑使用 LFU 策略，因为 LFU 策略可以更好地适应数据访问模式的变化。

3）缓存容量。不同的缓存策略对缓存容量的利用效率不同。例如，LRU 策略可能会因为某些数据被频繁访问而占用较多的缓存空间，而 LFU 策略可能会因为某些数据访问次数较少而占用较少的缓存空间。因此，根据缓存容量的大小，选择合适的缓存策略可以提高缓存的利用效率。

综上所述，选择合适的缓存策略应该综合考虑数据访问模式、数据重要性和缓存容量等因素，并根据具体的应用场景进行选择。

2.3 边缘通信网络基础技术

边缘计算系统的运行涉及云、边、端之间的信息交互和数据传递，全程需要借助通信网络实现信息传输，其基础技术主要包括各类无线接入技术，以及消息服务和内容分发技术。各类无线接入技术在传输速率、距离、能耗等方面各不相同，可以支撑差异化的用户需求和应用场景，而消息服务和内容分发技术主要用于边缘计算系统中控制信息、计算任务、数据任务等的传递。

2.3.1 无线接入技术

支持多种无线接入技术是 MEC 系统的主要特征之一，MEC 可以利用多种无线接入技术使终端设备接入边缘计算系统。

MEC 系统所支持的无线接入技术的主要分类如图 2-13 所示。其中，依据传输距离的不同，可分为长距离无线接入技术和短距离无线接入技术，可进一步分别划分为无线广域网、无线局域网和无线个域网；在此基础上，可再次划分为蜂窝网络（4G/5G/6G 等）、低功耗广域网（LoRa、Sigfox、NB-IoT、eMTC 等）、Wi-Fi、蓝牙、低速无线个域网（ZigBee等）。各种无线接入技术相关参数各不相同，为便于比较，汇总如表 2-2 所示。

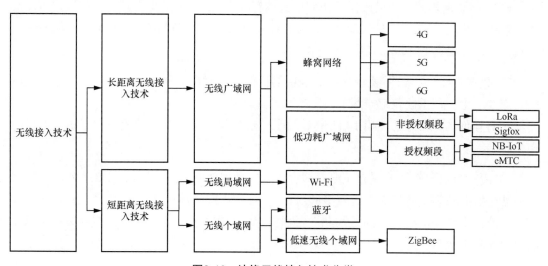

图2-13 边缘无线接入技术分类

表 2-2 无线接入技术相关对比

名称	通信技术	传输速率	通信距离	模块成本	是否授权	优点	缺点
蜂窝网	4G	小于150 Mbit/s	1.5～5 km	—	是	高速数据传输，技术成熟	频谱资源有限，覆盖面有限
	5G	小于20 Gbit/s	450～1500 m	—	是	超高速率，低时延，大带宽，低功耗	设备要求高，建设成本高
	6G	小于1 Tbit/s	100 m	—	—	理论网速极高，支持更多设备，覆盖范围广	—
低功耗广域网	NB-IoT	小于10 kbit/s	15 km以上	大约5美元	是	高可靠，高安全，传输数据量大，低时延，广覆盖	成本高，协议复杂，电池耗电大
	eMTC	小于100 bit/s	—	大约10美元	是	低功耗，海量连接，高速率，可移动，支持VoLTE	模块成本更高
	LoRa	小于200 kbit/s	域内：1～2 km，域外：15 km以上	大约5美元	否	低成本，电池寿命长，广连接，通信不频繁	非授权频段
	Sigfox	小于1 Mbit/s	3～10 km	大约1美元	否	传输速率低，成本低，范围广，技术简单	数据传输量小，非授权频段，相对封闭
局域网	Wi-Fi	11～54 Mbit/s	20～200 m	25美元	否	应用广泛，传输速率快，传输距离远	设置麻烦，功耗高，成本高
个域网	蓝牙	1 Mbit/s	20～200 m	2～5美元	否	组网简单，低功耗，低时延，安全	距离较低，传输数据量小
	ZigBee	20～250 kbit/s	2～20 m	20美元	否	低功耗，自组网，低复杂度，可靠	传输范围小，速率低，时延不确定

2.3.1.1 无线广域网

（1）蜂窝网

蜂窝网是移动通信网络的主要网络架构，其基本特征是各基站的信号覆盖可建模为六边形，形似蜂窝，并以此进行网络部署和优化，因此得名蜂窝网。

1）4G。

4G 全称为第四代移动通信技术。在智能通信设备中应用 4G 通信技术可以让用户的上网速度更快，可以达到 100 Mbit/s。

4G 通信技术主要使用的关键技术有正交频分多址（Orthogonal Frequency Division Multiple Access，OFDMA）技术、多输入输出（Multiple Input Multiple Output，MIMO）技术、智能天线技术、软件无线电（Software Defined Radio，SDR）技术等。

a. 正交频分多址技术。正交频分多址技术是一种无线通信技术，通过将频带划分为更小的单位，使多个用户可以同时使用整个频带，同时可以根据用户的业务需求，动态分配子载波的数量，在不同的子载波上使用不同的调制方式和发射功率。这种技术在下行链路中提供了高数据传输速率和高频谱效率。

b. 多输入输出技术。多输入输出技术是一种多天线无线通信系统数学模型，通过独立发送信号，快速编译接收信息，并将数据转化为数字信号。这些信号被发送到不同的映射区，通过分级和复用模式进行融合，实现分级增益，提高通信效率和性能。

c. 智能天线技术。智能天线技术是 4G 通信中的关键，它融合了时分复用和波分复用技术，实现了信号的全方位覆盖。每个天线覆盖 120°，基站至少安装 3 根天线以确保全面覆盖。此外，该技术还可以通过调节发射信号，获得增益效果，从而增大信号的发射功率。

d. 软件无线电技术。软件无线电技术是一种无线通信技术，将变换器靠近射频天线，并编写程序代码进行频段选择和信息抽样。这种技术可以实现信道调制方式的选择，完成不同的保密结构和控制终端的选择，从而提高无线通信的效率和性能。

将 4G 用作边缘计算的部署，主要面临着以下缺陷和挑战。

a. 网络性能。首先，相比 5G，4G 的带宽有限，用户数量增加或数据流量增大，都可能会导致网络拥塞和速度下降，影响用户体验。其次，4G 网络的时延较高，对于需要实时性的场景，使用 4G 进行边缘计算可能无法达到要求。最后，用户在使用过程中可能会移动，因此需要进行移动性管理以保证服务的连续性。边缘计算设备需要了解底层网络中终端设备在多接入点之间的切换情况，以适应用户的移动性。

b. 安全隐私。边缘计算提供服务环境和云计算功能，用于在移动网络边缘托管应用程序。在某些部署模型中，边缘计算的应用程序在某些网络功能相同的物理平台上运行，这就带来两方面的风险：一是应用程序可能耗尽网络功能所需的资源，二是应用程序可能是恶意软件，存在令黑客渗透到边缘计算平台的风险。

c. 网络容量。随着越来越多的设备连接到网络中，4G 网络面临着容量的挑战。一方面，物联网设备和移动互联网设备需要通过蜂窝网连接到边缘，这就产生了大量的数据流量，这些数据流量需要通过接入网络进行传输。另一方面，用户对数据服务的需求也在不断提高，对网络带宽的要求也越来越高，然而 4G 网络的容量是有限的，当网络的容量达到饱和的时候，就会出现网络拥堵的现象，数据的传输速率降低，甚至导致数据丢失。此外，4G 网络采用的是公共的频谱资源，在一些密集区域，可能会出现频谱资源不足的问题，这些都会影响到 4G 的网络容量。因此如何有效地管理频谱资源，以满足大量的设备连接和数据传输需求，是一个重要挑战。

4G 网络面临种种挑战，在未来的发展中，需要去寻求一种更加高效、安全、可靠的技术解决方案来应对这些挑战。因此，引入了新型无线通信技术——5G，来提高网络优化速度和网络性能，从而更好地在边缘计算中进行部署。

2）5G。

5G 即第五代移动通信技术，是新一代的蜂窝移动通信技术，5G 网络利用了 NFV 和 SDN 技术，对网元功能进行了分解、抽象和重构。边缘计算作为 5G 架构的一部分，可以推动电信网络架构分布化，实现运营商业务本地化处理，提升网络数据处理效率，满足终端用户的极致体验，并满足垂直行业网络低时延、大流量、高安全性等需求。5G 网络的优势在于其数据传输速率远高于之前的蜂窝网，最高可以达到 10 Gbit/s，比 4G 蜂窝网快 100 倍，另外一个优点是 5G 网络拥有更低的网络时延和更快的响应速度。

5G 为边缘计算产业的落地和发展提供了良好的网络基础，使用户面功能的灵活部署与网络能力开放等方面相互结合、相互促进。5G 用户可以将计算下沉到边缘节点，实现数据本地卸载，可以将边缘计算节点灵活部署在不同的网络位置来满足对时延、带宽有不同需求的边缘计算业务。同时，5G 网络拓展垂直行业、面向服务的理念与边缘计算高度重合，边缘计算作为 5G 的原生功能将有助于实现应用本地化、内容分布和计算边缘化，边缘计算也成为 5G 垂直行业中充分发挥新网络性能的重要手段之一[8]。

5G 通信性能的提升不是单靠一种技术，需要多种技术相互配合共同实现，接下来将主要从无线传输技术和网络技术两类关键技术进行介绍。

a. 无线传输技术。

大规模 MIMO 技术：基站配备了几十至上百个天线，利用其窄波束和定向传输的特性实现高增益和抗干扰，显著提升频谱效率。

非正交多址技术：NOMA、MUSA、PDMA、SCMA 等非正交多址技术能进一步增加系统容量，支持上行非调度传输，能降低空口时延，适应低时延要求。

全双工通信技术：是一项通过多重干扰消除实现信息同时同频双向传输的物理层技术，有望倍增无线网络容量。

新型调制技术：滤波器组正交频分复用，支持灵活的参数配置，根据需要配置不同的载波间隔，适应不同的传输场景。

新型编码技术：LDPC（Low-Density-Parity-Check）编码和 Polar 码，纠错性能高。

高阶调制技术：1024QAM 调制，提高频谱效率。

b．网络技术。

网络切片技术：基于 NFV 和 SDN 技术，网络资源虚拟化，为不同用户不同业务打包提供资源，优化端到端服务体验，具备更好的安全隔离特性。

边缘计算技术：在网络边缘提供电信级的运算和存储资源，业务处理本地化，降低回传链路负荷，降低业务传输时延。

面向服务的网络架构：5G 的核心网采用面向服务的架构，资源粒度更小，更适合虚拟化。同时，基于服务的接口定义，更加开放，易于融合更多的业务。

众多技术持续创新和进步，5G 依然面临着设备与技术方面的挑战。5G 使用的毫米波辐射范围很小且其绕射能力弱，很容易被障碍物阻挡，这导致 5G 网络覆盖范围比 4G 网络小很多，需要更多的基站去覆盖大小相同的区域，因此如何用更少的 5G 网络基站来服务更大的范围成为一个挑战。同时，考虑到超密集网络下，将会有海量的设备接入 5G 网络，如何使用一个基站去服务尽可能多的设备也成为一个挑战。

5G 的到来给生活带来便利的同时，还为边缘计算产业的落地和发展提供了良好的网络基础。5G 现主要有三大应用场景，分别是增强移动带宽（Enhanced Mobile Broadband，eMBB）、海量机器通信（大规模物联网）（Massive Machine Type Communications，mMTC）、超高可靠低时延通信（Ultra-Reliable Low-Latency Communications，URLLC）。这三大应用场景与边缘计算有着密切的关系，分别可以支持不同需求的边缘计算的场景，例如，对于时延要求极高的工业控制，对于带宽要求较高的 VR/AR（Augmented Reality，增强现实）、直播，对于海量连接需求高的 IoT 设备接入等新兴业务。同时 5G 边缘计算的部署不仅基于业务需求和场景，还结合网络需求、边缘基础设施、运营模式及维护管理需求，是对性能与投资的均衡考虑，此外，其完善的基础设施、灵活的网络和平台能力以及丰富的边缘计算应用推动了边缘生态不断向繁荣发展。

在接下来的研究中,5G 网络需要从架构层面和技术层面持续演进,以满足多样化业务诉求,提升网络能力。在网络架构方面,5G 网络将遵循云原生、边缘网络以及网络即服务理念发展,在电信云 NFV 基础上进一步云化增强,将分布式网络架构与边缘业务相融合,适配垂直行业的各种定制化需求,持续提升网络能力并最终走向云网融合、算网一体,满足网络功能快速部署、按需迭代的诉求。在网络技术方面,5G 网络的能力将沿着智慧、融合和使能 3 个方面持续增强,引入智能化来协助提升从网络功能到网管协同的各个层面的服务能力和服务质量,多种接入方式融合,多张网络融合,为行业用户提供按需定制的网络,以满足未来用户对网络复杂多样的需求。

3)6G。

6G 即第六代移动通信标准,是一个概念性的无线网络移动通信技术,也被称为第六代移动通信技术。6G 网络将是一个地面无线与卫星通信集成的全连接世界。通过将卫星通信整合到 6G 移动通信,实现全球无缝覆盖,网络信号能够抵达任何一个偏远的乡村。6G 通信技术不只是为了简单的网络容量和传输速率的突破,更是为了缩小数字鸿沟,实现万物互联这个"终极目标"。6G 的数据传输速率可能达到 5G 的 50 倍,时延缩短到 5G 的 1/10,在峰值速率、时延、流量密度、连接数密度、移动性、频谱效率、定位能力等方面远优于 5G。

面向 2030 年及未来,人类社会将进入智能化时代,社会服务均衡化、高端化,社会治理科学化、精准化,社会发展绿色化、节能化将成为未来社会的发展趋势。6G 在 5G 的基础上,将实现由万物互联到万物智联的跃迁,成为连接真实物理世界与虚拟数字世界的纽带,将持续提升人们的生活品质,促进社会生产方式的转型升级,并且为人类社会可持续发展作出贡献,将助力人类社会实现"万物智联、数字孪生"的美好愿景[9]。

6G 主要使用的关键技术有很多,下面从无线传输技术和网络关键技术两个方面进行介绍。

a. 无线传输技术。

增强型无线空口技术:主要从调制编码、新波形、多址技术、超大规模 MIMO 技术、全双工技术等进行创新,进一步提升频谱效率、网络覆盖、定位精度及能量效率。

新物理维度无线传输技术:利用智能超表面、智能全息无线电、轨道角动量等技术,实现无线传播环境的主动控制、电磁空间的重构和调控、超高分辨率空间复用、超高容量超低时延无线接入、海量物联网高精度定位等需求,大幅提升频谱效率。

太赫兹与可见光通信技术：太赫兹频段具有丰富的频谱资源、高传输效率、强抗干扰能力、易于实现通信探测一体化，可以满足 6G 太比特量级的超高传输速率，是现有空口传输的有效补充。可见光通信利用 400～800 THz 频谱实现高速通信，具有免授权、高保密、绿色无辐射等特点。适用于室内、水下等特殊场景及医院、加油站等电磁敏感场景。

跨域融合关键技术：主要为通信感知一体化，其设计理念是让无线感知和无线通信在同一个系统内实现互利互惠，通信系统提供感知服务，感知结果提高通信质量。未来 6G 更高频点、更大带宽、更大无线孔径为通信系统继承感知功能提供了可能。通感一体化信号波形、信号及数据处理算法、定位和感知联合技术、感知辅助通信将成为未来通信感知一体化的重要研究方向。

内生智能的新型网络：包括内生智能的新型空口和新型网络架构。新型空口打破现有模块化的设计框架，深度挖掘和利用现有资源、环境、干扰、业务等多维特性，提升无线网络性能，实现网络自主运行和自我演进。新型网络架构则是利用网络节点的通信、计算和感知能力，通过分布式学习、群智式协同和云边端一体化算法部署，实现更强大的网络智能，支撑各类智慧应用。

b. 网络关键技术。

分布式自治网络架构：6G 将实现巨大规模、极致网络体验、多样化场景接入，构建覆盖海陆空天的立体融合网络。

星地一体化网络：实现天基、空基、路基网络的深度融合，构建服务化网络架构，支持各类用户同一终端设备的随时随地接入与应用。

确定性网络：满足工业制造、车联网等时延敏感类业务的确定性需求，实现接入网、核心网和传输网的系统性优化。

算力感知网络：实现网络和计算的融合，连接与协同云边端的算力，实现计算与网络的深度融合及协同感知，达到算力服务的按需调度和高效共享。

支持多模信任的网络内生安全：实现网络安全边界的模糊化，支持中心化的、第三方背书的及去中心化的等多种信任模式共存。

从 2018 年工业和信息化部表示中国已经着手研究 6G 开始至今，6G 发展依然面临着许多挑战，如太赫兹通信技术的不成熟、数据采集消耗的技术难题等。6G 将以地面蜂窝网为基础，将卫星、无人机、空中平台等作为新的网络节点，实现空天地一体化无缝覆盖。

6G 和边缘计算结合后，预计可以在以下方面产生优势。

a．云网边端融合成为发展趋势。6G 应用对接入侧的速率和时延提出更高的要求，移动边缘计算的作用更加突出。管道化的网络不能满足业务应用的需求，需要对网络形态、参数和业务应用进行整体优化，实现在接入侧边缘、云、网、应用的融合。云、网、应用的融合可以在统一的基础设施上实现网络能力、计算能力、业务处理能力的提升，支持业务应用的发展，也可以根据业务属性调整网络形态或者技术参数。在接入侧网络与计算能力提升的同时，未来很多终端的能力可以简化，一些通用业务支持能力（如音视频处理等）可以卸载到边缘计算平台上，简化终端实现，降低业务实现难度和运营成本。6G 网络将在接入侧发展成为云、网、边、端、应用融合的一体化网络。

b．垂直应用网络能力增强。在移动通信系统中，上下行链路通过频分双工或时分双工实现双向通信。理论上，空中接口的物理资源在上下行链路间的分配比可以灵活配置，但工程实践中，这些分配比在设定后难以改动，一旦改动可能会引起严重的干扰，影响网络性能。过去，人们只考虑移动互联网业务应用，用户主要是以下行速率为主，不需要动态调整资源配比。但进入 5G 时代后，各种垂直应用的业务与互联网相反，这些业务主要是以上行速率为主，如高清视频直播、视频质量检测、视频监控等。这就需要改变上下行的资源配比。在时分双工模式下，频谱资源充足，可以通过设置不同频段的上下行转换比实现动态资源配置。但实际应用中，频谱资源缺乏，资源灵活配置的需求迫切。另外，在一些垂直应用环境（特别是室内环境）中，链路损耗小，用户数量少，干扰问题不明显。在这种情况下，全双工技术是一种可以提供服务的有效技术手段。因此，可以将全双工技术与上下行资源配比的动态调整相结合，以灵活满足上行业务量的需求。

（2）低功耗广域网

低功耗广域网（Low Power Wide Area Network，LPWAN）是一种适用于物联网应用的无线通信网络，能够实现低功耗、长距离、低速率的数据传输。大多数 LPWAN 技术的网络覆盖范围可以达到几千米甚至几十千米。因为它具有数据传输优势，所以更适用于大规模物联网设备的连接和通信。LPWAN 的出现打破了远距离和低功耗难以兼得的限制，可以两者兼顾，而且可以节省中继器的成本[10]。

根据所使用频段是否为授权频段，可以将这些 LPWAN 分为授权和非授权两类。

1）使用授权频段的通信技术。

NB-IoT 是一种支持低功耗设备在广域网中进行蜂窝数据连接的新兴技术，可以实现设备的有效连接，延长待机时间，提高网络连接质量。据称，NB-IoT 设备的电池续航时间可以达到 10 年以上。

2）使用非授权频段的通信技术。

LoRa 是一种由美国 Semtech 公司开发和推广的基于扩频技术的超远距离无线传输方案。它可以克服传输距离和功耗之间的矛盾，为用户提供一种简单的系统，实现远距离、长续航、大容量的传感网络。

Sigfox 是一种低成本、可靠、低功耗的解决方案，用于连接传感器和设备。它通过专用的低功耗广域网络，实现物理设备的大规模连接，促进了物联网的发展。由于其低成本和易用性，客户还可以将 Sigfox 作为其他网络的补充解决方案。

LPWAN 凭借低功耗、超远距离传输优势，可以有效减轻物联网环境中边缘计算系统的压力，成为物联网级边缘计算场景的主要无线接入技术，为未来智能设备提供更高效可靠的网络连接。

2.3.1.2　无线局域网

无线局域网中使用的主要接入技术是 Wi-Fi，该技术基于 IEEE 802.11 标准。

Wi-Fi 0 是 1997 年发布的 IEEE 802.11 标准的第一个版本，它使用直接序列扩频（Direct Sequence Spread Spectrum，DSSS）技术，在 2.4 GHz 频段上实现了最大 2 Mbit/s 的传输速率。1999 年，IEEE 802.11 a 协议采用了正交频分复用（Orthogonal Frequency Division Multiplexing，OFDM）技术，将 Wi-Fi 的工作频段扩展到 5 GHz，将最高速率提升到 54 Mbit/s。同年，IEEE 802.11 b 协议也在 2.4 GHz 频段上应用了高速直接序列扩频（High-speed Direct Sequence Spread Spectrum，HR/DSSS）技术，将最大速率提升到了 11 Mbit/s。2003 年，IEEE 802.11 g 协议成为第一个支持双频的 Wi-Fi 协议，它继承了 IEEE 802.11 b 和 IEEE 802.11 a 的 2.4 GHz 和 5 GHz 频段，以及 54 Mbit/s 的最高速率。2009 年，IEEE 802.11n 协议引入了 MIMO 技术，将传输速率提高到了最高 600 Mbit/s。2013 年，IEEE 802.11 ac（Wi-Fi 5）协议进一步引入了多用户多输入多输出（Multi-User Multiple-Input Multiple-Output，MU-MIMO）技术。2019 年，IEEE 802.11 ax （Wi-Fi 6）协议出现，它不仅兼容了之前的所有协议标准，还支持 1～6 GHz 的所有 ISM 频段，并且使用了正交频分多址技术，实现多用户同时接入信道，提高了信道的利用率。Wi-Fi 7 是继 Wi-Fi 6 之后的新一代无线网络技术，它在 6 GHz 频段上增加了新的带宽模式，支持将多个资源单元分配给单个用户，采用了更高阶的 4096QAM 调制方式，定义了多链路聚合相关技术，从而实现了更高的数据传输速率和更低的时延。

随着技术的不断演进，Wi-Fi 将支持越来越高的数据传输速率，能充分满足局域网环境中边缘计算系统的低时延需求，成为现场级边缘计算应用场景中的主要无线接入技术。

2.3.1.3　无线个域网

无线个域网主要包括蓝牙和低速无线个域网两类。

（1）蓝牙

蓝牙技术是一种无线数据和语音通信的开放性全球规范，它基于低成本的近距离无线连接，是为固定和移动设备建立通信环境的特殊的近距离无线技术连接。蓝牙使当前的一些便携移动设备和计算机设备不需要电缆就能连接到互联网[11]。

蓝牙技术是一种短距离无线通信技术，它经历了多次标准的更新和技术的创新。1999 年，蓝牙 1.0 版本发布，实现了两个蓝牙设备之间的连接和通信，工作在 2.4 GHz 频段。2001 年，蓝牙 1.1 版本推出，并正式列入 IEEE 802.15.1 标准。2004 年，蓝牙 2.0 版本支持多种蓝牙设备同时运行和双工工作模式。2007 年，蓝牙 2.1 版本增加了省电功能和简易安全配对功能，降低了蓝牙设备的功耗和配对难度。2009 年，蓝牙 3.0 版本引入了 AMP（Generic Alternate MAC/PHY）技术，允许蓝牙协议栈动态地选择合适的射频技术。2010 年，蓝牙 4.0 版本提出了 BLE（Bluetooth Low Energy，低功耗蓝牙）技术，满足了更多低功耗的物联网设备的通信需求，提供了低功耗蓝牙、传统蓝牙和高速蓝牙 3 种模式。2016 年，蓝牙 5.0 版本在低功耗模式下具备更快、更远的传输能力，传输速率是蓝牙 4.2 版本的 2 倍，有效传输距离是蓝牙 4.2 版本的 4 倍，数据包容量是蓝牙 4.2 版本的 8 倍。2021 年，蓝牙 5.3 版本发布，相比蓝牙 5.2 版本，蓝牙 5.3 版本通过改善低功耗蓝牙中的周期性广播、连接更新以及频道分级，进一步提升了低功耗蓝牙的通信效率和蓝牙设备的无线共存性，同时，蓝牙的功耗也有所下降。而且，蓝牙 5.3 版本还引入了一些新功能，增强了经典蓝牙 BR/EDR 的安全性。蓝牙技术以其超低功耗、高速率、较远距离、抗干扰能力强、网络安全性高、智能化控制功能等特点，在物联网时代占据了重要的地位。

蓝牙技术不断发展，已经成为个人边缘计算应用场景中的重要无线接入技术，凭借其低功耗、高速率的优势，能够满足个人设备间快速数据传输需求，实现边缘计算高效运行。

（2）低速无线个域网

低速无线个域网（Low-Rate Wireless Personal Area Network，LR-WPAN）是一种短距离、低速率、低功耗的无线通信网络，主要用于智能家电和工业控制等领域。它的底层采用 IEEE 802.15.4 规定的物理层（PHY）和媒体访问控制层（MAC），网络层采用了 IPv6 协议。IEEE 802.15.4 标准是物联网中最受欢迎、应用最广泛、最核心的技术。基于 IEEE 802.15.4 标准的低速无线个域网是为机器设备间低成本、超低功耗、短距离无线通信而设计的网络。这种网络技术在近年来受到了学术界和工业界的广泛关注，并涌现出了一批低速无线个域网系统[12]。

LR-WPAN 作为一种低成本的无线通信网络，适用于功率受限和吞吐量不高的应用场景。其主要特点是安装方便、数据传输可靠、成本极低、电池寿命较长、协议简单灵活。IEEE 802.15.4 标准网络包括两种设备类型：全功能设备（Full Function Device，FFD）和简化功能设备（Reduced Function Device，RFD）。FFD 可以作为个人局域网（Personal Area Network，PAN）的协调器设备来控制网络中的基本功能。RFD 不能作为 PAN 的协调器，只适用于简单的应用，如电灯开关或无源红外传感器，不需发送大量数据，只与一个 FFD 关联，因此 RFD 可以用最少的资源和存储实现。

低功耗的无线信号在传播中有不稳定和不确定的特性，因为位置或方向的微小变化以及环境中的移动物体都会影响通信链路的信号强度和质量。这些影响不论设备是静止的还是移动的都会存在，所以无线信号的覆盖区域没有明确的定义。为了简化标准，IEEE 802.15.4 标准采用了分层的体系结构，每一层负责实现 IEEE 标准中规定的逻辑链接。LR-WPAN 设备至少包括射频（Radio Frequency，RF）收发器和 IEEE 802.15.4 标准的部分内容，并为更高层提供服务。多层之间的接口用于定义 IEEE 802.15.4 低级控制机制以及 MAC 层，MAC 层为各种类型的传输提供物理信道的访问控制。

在物联网设备中，LR-WPAN 可以连接各种设备，如传感器、穿戴设备等。这些设备可以将数据发送到移动边缘计算服务器进行处理。通过在数据源（即传感器）附近部署边缘计算节点，可以实现数据的实时处理，从而降低网络时延和带宽消耗。

ZigBee 作为 LR-WPAN 技术中的典型代表，是一种近距离、低复杂度、低功耗、低数据传输速率、低成本的双向无线通信技术，主要适用于自动控制和远程控制领域，可以嵌入各种设备中，同时支持地理定位功能。

2009 年 8 月，ZigBee 联盟推出增强型 ZigBee Home Automation 应用标准，用于智能住宅，控制家电、环境、能源管理和安全等。2010 年 12 月，ZigBee 联盟宣布完成 ZigBee Input Device 标准，用于消费电子产品和计算机配件的人机交互设备的新的全球标准。2012 年 4 月，ZigBee 联盟宣布完成 ZigBee Light Link 标准的制定和认证，为照明行业的消费照明和控制装置的互操作性产品提供全球标准。2013 年 3 月 28 日，ZigBee 联盟宣布推出第三套规范 ZigBee IP，提供无缝互联网连接控制低功耗、低成本设备。2016 年 5 月 12 日，ZigBee 联盟联合 ZigBee 中国成员组面向亚洲市场正式推出 ZigBee 3.0 标准，这是第一个统一、开放和完整的无线物联网产品开发解决方案。2017 年 1 月，ZigBee 联盟正式推出物联网通用语言 Dotdot，适用于整个 IoT 网络，这种语言将改变现在多种设备之间通信语言不统一的现状。

ZigBee 适用于局部区域内短距离通信，例如工厂、仓库、智能家居等场景。可以利用其低功耗、短距离特性满足边缘计算中低能耗需求，提供稳定可靠的数据传输服务。

2.3.2 消息服务技术

消息服务技术是一种在分布式系统中进行通信的方法，它可以实现各种应用程序、系统和服务之间的数据交换和通信。这种技术的优点是解耦性，即发送者和接收者可以各自开发和运行，而不依赖对方的具体实现。消息服务技术的核心是消息队列，它是一种按照先进先出（First In First Out，FIFO）原则存储和处理消息的数据结构。发送者将消息放入队列，接收者则从队列中取出并处理消息。这种机制保证了消息的有序性和一致性。此外，消息服务技术还支持发布/订阅模型，在这种模型中，消息不是针对特定的接收者，而是针对特定的主题。订阅了该主题的接收者都可以收到这些消息。这种模型适用于广播类型的通信。另一个重要的概念是消息代理，它负责管理和路由消息。代理可以完成复杂的任务，如消息持久化、重试策略、死信队列等。

边缘计算中，上层应用往往依赖于来自用户端和传感器设备的实时消息，这些消息包括各种传感器数据、用户交互信息等，这些信息可以在边缘计算设备上进行实时处理，以提供及时反馈和服务。通过利用消息服务技术，在上层应用乃至不同边缘设备之间及边缘设备与云之间互相进行数据交换和通信，可有效增加数据处理的实时性，提供更高效、更快速的服务。

消息服务技术是微服务架构的常用实现方式。它利用消息队列，让微服务能够独立运行和扩展，同时降低耦合度。它还能增强系统的可靠性和弹性，因为即使某个服务暂停，消息也不会丢失，而是在队列中等待服务恢复后处理。

消息服务主要包括以下技术。

2.3.2.1 MQTT

MQTT（Message Queuing Telemetry Transport）是一种消息服务技术，也是一种基于发布/订阅模式的"轻量级"通信协议。该协议构建在 TCP/IP 上，由 IBM 在 1999 年发布。MQTT 的最大优点是，它能用最少的代码和最小的带宽，为远程设备提供实时可靠的消息服务。因此，它在物联网、小型设备、移动应用等领域有广泛的应用[13]。

MQTT 采用发布/订阅消息模式，实现了一对多的消息分发和应用程序的解耦。它不是点对点的消息传递，而是通过 MQTT 服务器（或称为 MQTT 代理）进行分发。MQTT 服务器是发布/订阅架构的核心，可以在单板计算机（如 Raspberry Pi 或 NAS）上实现，也可以在大型机或互联网服务器上部署。

作为物联网领域应用广泛的协议，MQTT 凭借以下优势完美解决了物联网设备通信中网络环境复杂且不可靠、内存和闪存容量小、处理器能力有限等关键问题。

1）轻量高效，节省带宽。MQTT 协议本身消耗极低，适用于带宽有限的网络环境。MQTT 客户端占用硬件资源很少，可以在各种边缘端设备上运行。

2）可靠的消息传递。MQTT 协议提供了 3 种消息服务质量等级（QoS 0、QoS 1、QoS 2），保证了在不同网络环境下的消息传递可靠性。

3）海量连接支持。MQTT 协议考虑了海量物联网设备的需求，基于其优秀的设计，MQTT 的物联网应用和服务具有高并发、高吞吐、高可扩展能力。

4）安全的双向通信。MQTT 采用发布/订阅模式，实现了设备和云之间的双向消息通信。同时支持通过 TLS/SSL 保障通信的安全性，以及通过客户端 ID、用户名和密码进行应用层的身份验证和授权。

5）在线状态感知。MQTT 提供了心跳保活（Keep Alive）和遗嘱消息（Last Will）机制以应对网络不稳定的情况。

MQTT 的优势特性使各行业的物联网开发者能够构建符合业务需求的创新应用，实现万物互联。同时，针对物联网边缘计算场景，出现了新一代的轻量级高性能 MQTT 消息服务器，如 NanoMQ 等。它们能在边缘端提供一个高效的消息总线，具有良好的拓展性和可移植性，适用于各种嵌入式平台，方便管理和获取边缘的数据。

2.3.2.2　Kafka

Kafka 是一种分布式的消息队列（Message Queue），基于发布/订阅模型，主要用于大数据实时处理。它的核心是消息队列，是一种先进先出的数据结构，存储待处理消息。生产者发送消息到队列，消费者从队列取出并处理消息，保证了消息的顺序性和一致性。Kafka 在发布/订阅模型下，消息不是发给特定的接收者，而是发给特定的主题，订阅了该主题的接收者都能收到消息，该模型是一种非常适合广播类型的通信[14]。

Kafka 是一个分布式消息系统，它由多个服务器节点组成一个集群，每个节点可以存储和处理不同的分区数据。分区是 Kafka 的基本单元，它们按照主题进行划分，每个主题可以有多个分区，每个分区是一个有序的消息队列。Kafka 的消息来源于生产者进程，它们可以将数据发送到任意的主题和分区中。Kafka 的消息服务于消费者进程，它们可以从任意的分区中订阅和获取消息。Kafka 通过分区和副本机制实现了高可扩展性和高可用性。

一个大型的主题可以分散在多个节点上，提高并行处理能力。一个分区可以有多个副本，其中一个是主副本，负责读写操作，其余的是从副本，负责备份数据。当某个节点出现故障时，Kafka 可以自动切换到其他副本，保证数据的完整性和服务的可靠性。

目前，如何将 Kafka 应用于边缘计算有如下不同的见解。

1）仅在边缘客户端。Kafka 客户端运行在边缘处，而 Kafka 集群则被部署在数据中心或公共云的环境中。

2）一切都在边缘。将 Kafka 集群和 Kafka 客户端都部署在边缘处。

3）边缘与远端。Kafka 集群被部署在边缘，而 Kafka 客户端则运行在接近边缘处。

可见，边缘处 Kafka 具有比较灵活且广泛的使用范围。

1）工业物联网车间边缘处。

Kafka 客户端可以用 C 语言来编写，部署到传感器的微控制器中，此类传感器通常只有几千字节的内存，而且可以"服役"一定的年限。

2）电信业务边缘处。

完整的分布式 Kafka 集群可以运行在 StarlingX 上。StarlingX 是一个基于 Kubernetes 的开源私有云架构栈，可被用于 IIoT、电信、视频交付及其他具有超低时延等苛刻要求的应用边缘环境。

3）通过部署，衔接传统银行或保险公司的核心硬件与边缘硬件。

Kafka Broker 与 Kafka 客户端之间的通信是双向通信，对于 Kafka 原生的各个组件而言，只需要管理一个 Kafka 的后台，即可进行大规模的实时通信、集成和数据处理。因此为了充分利用边缘处的硬件资源，应在开始时就规划好整体架构和数据通信，让 Kafka 全栈能够真正满足边缘的需求。

2.3.2.3 CoAP

CoAP（Constrained Application Protocol）是一种为受限设备定制的 Internet 应用协议，遵循 RFC 7252 标准，使那些被称为"节点"的受约束设备能够使用类似的协议与更广泛的 Internet 进行通信。CoAP 适于在同一受限网络上的设备之间、设备和因特网上的一般节点之间以及由因特网连接的不同受限网络上的设备之间使用。CoAP 还可以通过其他方式进行通信，例如在移动通信网络中使用 SMS。

CoAP 的主要功能包括：M2M（Machine-to-Machine）中使用的 Web 协议，异步消息交换，低开销和非常简单的解析，URI 和内容类型支持，代理和缓存功能等。CoAP 有 4 种消息类型：CON——需要被确认的请求，发送 CON 请求后，必须收到对方的响应；NON——不需要被确认的请求，发送 NON 请求后，可以不收到对方的响应；ACK——应答消息，用于回应 CON 请求；RST——复位消息，用于告知发送方，接收到的消息是无效的，或者接收方不认识该消息。

CoAP 消息服务技术有以下优点，方便在边缘计算中应用。

1）低开销和简单性。CoAP 是一种具有低开销的简单协议，针对受限设备和网络进行了优化，使得它能够在边缘计算设备资源有限的边缘计算场景中发挥作用。

2）异步消息交换。CoAP 支持异步消息交换，这对于在边缘计算环境处理海量数据并实现快速响应的边缘计算应用非常有利。

3）代理和缓存功能：CoAP 具有代理和缓存功能，可以提升边缘计算环境中数据处理的效率。

4）安全性。CoAP 使用 UDP 作为传输层协议，利用 UDP 的安全特性来保护数据。CoAP 在 UDP 上采用数据报 TLS（Transport Layer Security）进行加密，支持 RSA、AES 等算法。这为边缘计算中敏感数据的处理提供了一定的安全性。

5）适应性。CoAP 适应于 M2M 的数据交换，符合边缘计算通常涉及大量设备间通信的需求。

2.3.2.4　AMQP

AMQP（Advanced Message Queuing Protocol，高级消息队列协议）是一种应用层的开放标准协议，为面向消息的中间件提供了统一的消息服务。基于此协议的客户端与消息中间件可传递消息，并不受客户端/中间件不同产品、不同开发语言等条件的限制。2006 年 6 月，Cisco、Redhat、iMatrix 等联合制定了 AMQP 的消息标准。AMQP 历史上有 4 个版本，分别是 AMQP 0-8（发布于 2006 年）、AMQP 0-9-1（发布于 2008 年，是 AMQP 0-8 的改进版，被广泛应用）、AMQP 0-10（发布于 2008 年，是 AMQP 0-9-1 的改进版，未被广泛使用）和 AMQP 1.0（发布于 2011 年，是 AMQP 的下一代标准，与之前的版本不兼容，但提供了更强大的特性和更好的性能）[14]。

总体来说，AMQP 作为一种应用层开放标准协议，为异构系统之间的消息传递提供了灵活和可靠的解决方案。与其他消息传递协议相比，AMQP 具有丰富的功能和灵活的设计，适用于各种类型的消息传递场景。在使用 AMQP 时，可以选择现有的开源实现，如 RabbitMQ、Qpid 等，也可以自行实现 AMQP 的相关组件。这样可以在不同的应用程序、语言和平台之间进行消息传递，并实现可靠、高效、安全的通信。随着物联网、云计算和大数据等技术的发展，AMQP 的应用场景越来越广泛，其消息服务技术的优势为边缘计算创造了便利的条件。

1）可靠性。AMQP 使用持久化、传输确认、发布确认等机制来保证消息的可靠传递，这意味着即使在网络不稳定的边缘计算环境中，也能保证消息的可靠性。

2）灵活的路由。AMQP 通过 Exchange 来路由消息，这种灵活的路由机制使得在边缘计算环境中，可以根据需要将消息有效地分发到各个节点。

3）多语言客户端。AMQP 几乎支持所有常用语言，这使得在边缘计算中可以使用不同的语言来开发各种应用。

4）数据同步。如果有多个数据中心存在，需要在多个数据中心之间消费，那么 AMQP 可以非常方便地实现数据中心之间的同步。

未来，AMQP 将继续发挥重要作用，推动各种异构系统之间的互联互通，带来更加便捷和高效的消息传递体验。

2.3.2.5　STOMP

STOMP（Streaming Text Orientated Messaging Protocol，即流文本定向消息协议）是一种为 MOM（Message Oriented Middleware，面向消息的中间件）设计的简单文本协议。它提供一个可互操作的连接格式，允许 STOMP 客户端与任意 STOMP 消息代理进行交互，以便于用户端之间进行异步消息传输。

但是，STOMP 在消息的大小和速度方面没有优势，因为它把所有的信息都转换为文本，这虽然降低了复杂性和提高了可读性，但也增加了额外的计算任务。STOMP 客户端有两种模式：一种是作为生产者，通过 SEND 框架把消息发送给服务器的某个服务；另一种是作为消费者，订阅一个目标服务，通过消息框架从服务器接收消息。

STOMP 建立连接时和 HTTP、WebSocket 类似，首先要通过建立连接来确认双方都支持 STOMP；STOMP 连接是一个长连接，协议定义了发送心跳来监测 STOMP 连接是否存活。

STOMP 消息服务技术可以为边缘计算提供众多优势与便利。

1）实时性。STOMP 支持实时的发布/订阅模型，这对边缘计算中的实时数据处理和决策非常重要。在边缘设备中产生的数据可以立即被处理和响应，大大提高了系统的反应速度。

2）降低时延。STOMP 的消息传递是在边缘设备和边缘服务器之间进行的，因此可以大大降低网络时延。这对于需要快速响应的应用场景（如自动驾驶、工业自动化等）来说非常重要。

3）减轻网络负担。STOMP 可以将消息传递的工作负载从中心服务器转移到边缘设备，从而减轻中心服务器和网络的负担。这样可以使得中心服务器能够更好地处理其他重要任务。

4）提高可扩展性。STOMP 支持多个客户端同时连接到同一个服务器，这使得系统可以方便地添加更多的边缘设备，以满足增长的业务需求。

5）简化系统设计。STOMP 是一个简单的文本协议，易于理解和实现。使用 STOMP 可以简化系统的设计和开发，降低开发难度和成本。

2.3.3　内容分发技术

内容分发指的是将数字内容（如视频、音频、图片、文本等）从源服务器分发到目标用户的过程。该过程通常使用 CDN 来实现，其基本原理是借助内容缓存技术，将源服务器上的内容缓存到位于各地的多个缓存服务器上，用户请求时可以从就近的缓存服务器获取内容，从而提高内容传输的速度和可靠性，减轻源服务器的负载压力。常见的内容分发场景包括在线视频网站、电子商务网站、游戏平台等。

内容分发技术目前在云计算环境中得到了大量应用，自然也可扩展到边缘计算网络中。系统将数据复制到多个边缘服务器，当用户请求数据时，可以根据用户的位置和网络条件选择最近的边缘服务器来提供数据。相比基于云的内容分发，基于边缘的方案可以更快地响应用户的请求，并减少中央云服务器的负载。

下面主要介绍边缘内容分发网络，以及对应的数据压缩和负载均衡技术。

2.3.3.1　边缘内容分发网络（边缘 CDN）

边缘 CDN 是一种通过将内容缓存在离用户更近的边缘节点上来提高内容交付性能的技术。传统的 CDN 主要用于静态内容的分发，例如图片、视频、静态网页等。边缘 CDN 的基本原理是将内容分发到全球各地的服务器节点上，用户通过访问离自己地理位置更近的节点来获取内容，从而降低网络时延和带宽消耗，提高内容的交付速度和稳定性[15]。

边缘 CDN 技术的工作流程如下。

1）内容上传。内容提供者将自己的内容上传到边缘 CDN 提供商的服务器上。这些内容可以包括静态文件（如图片、CSS 和 JavaScript 文件）和动态内容（如视频流和实时数据）。

2）节点缓存。边缘 CDN 提供商将内容分发到全球各地的服务器节点上。这些节点通常位于互联网服务提供商（ISP）的数据中心或网络交换点附近，以确保离用户更近。

3）用户请求。当用户访问某个内容时，其请求会被重定向到离用户地理位置更近的节点上。

4）缓存命中。如果所请求的内容已经存在于节点的缓存中，则节点直接返回缓存的内容给用户，从而节省了从原始服务器获取内容的时间和带宽。

5）缓存更新。如果所请求的内容不在节点的缓存中，节点会向原始服务器发起请求，获取最新的内容，并将其缓存到节点上，以便后续用户的访问。

6）内容交付。节点将缓存的内容返回给用户，完成内容的交付过程。

边缘 CDN 技术的优势在于它可以显著提高内容的交付性能和用户体验。通过将内容缓存在离用户更近的边缘节点上，边缘 CDN 可以降低网络时延和带宽消耗，提高内容的加载速度和稳定性。此外，边缘 CDN 还可以分担原始服务器的负载，提高服务器的处理能力和可扩展性。

总之，边缘 CDN 技术通过将内容缓存在离用户更近的边缘节点上，来提高内容交付性能和用户体验。它是现代互联网应用中不可或缺的一部分，被广泛应用于网站、移动应用等场景中。

2.3.3.2 数据压缩

在内容分发技术中，数据压缩优化起着重要的作用。数据压缩是一种将数据文件压缩为更小尺寸的技术，通过减少传输的数据量，可以提高内容分发的效率和性能。

1）减少带宽消耗。数据压缩可以将内容文件压缩为更小的尺寸，从而减少传输过程中所需的带宽消耗。特别是对于大型的媒体文件（如视频、音频等），数据压缩可以显著降低传输所需的带宽，提高内容分发的效率。

2）提高传输速率。由于压缩后的数据尺寸更小，传输过程中所需的时间也相应减少。这意味着用户可以更快地获取所需的内容，提高内容分发的传输速率。尤其在网络条件较差或者用户访问量较大的情况下，数据压缩可以显著缩短传输时间，提升用户体验。

3）降低存储成本。对于内容分发服务提供商而言，存储大量的内容文件成本昂贵。通过对内容文件进行数据压缩，可以减小所需的存储空间，降低存储成本。同时，压缩后的文件也更容易进行备份和传输，提高数据管理的效率。

4）支持移动设备。移动设备通常具有较小的屏幕尺寸和有限的带宽，对数据传输的效率要求较高。数据压缩可以减少移动设备上的数据传输量，节省用户的流量消耗和电池寿命，提高移动设备的性能和用户体验。

总之，数据压缩优化在内容分发技术中的作用是显著的。它可以减少带宽消耗，提高传输速率，降低存储成本，支持移动设备。通过合理地应用数据压缩技术，内容分发服务提供商可以提高服务的效率，提升用户的体验。同时，数据压缩也需要权衡压缩比率和解压缩的开销，以确保压缩后的数据仍然能够保持良好的质量和可用性。

2.3.3.3　负载均衡

在内容分发技术中，负载均衡起着至关重要的作用。内容分发技术旨在将用户请求的内容（如网页、图片、视频等）分发到离用户最近或最合适的服务器上，以提高用户的访问速度和体验。负载均衡在内容分发中的作用主要体现在以下 4 个方面。

1）提高访问速度。负载均衡可以将用户请求的内容分发到离用户最近的服务器上，降低访问时延，提高用户的访问速度。通过选择最佳的服务器，负载均衡可以确保用户快速获取所需的内容。

2）分散流量压力。当用户请求的内容访问量较大时，负载均衡可以将流量分散到多个服务器上，避免单一服务器过载而使性能下降或服务不可用。通过平衡服务器的负载，负载均衡可以确保每台服务器都能够平均地处理流量压力。

3）提高可靠性和容错性。负载均衡可以将用户请求的内容分发到多台服务器上，当其中一台服务器发生故障或者需要维护时，负载均衡可以自动将流量切换到其他正常工作的服务器上，确保系统的可用性。通过提供冗余和容错机制，负载均衡可以提高内容分发系统的可靠性。

4）实现横向扩展。通过添加更多的服务器，负载均衡可以实现内容分发系统的横向扩展，提高系统的处理能力和容量。当用户请求的内容增加时，负载均衡可以自动将流量分发到新添加的服务器上，保持系统的平稳运行。

常见的负载均衡算法有以下 4 种[16]。

1）轮询（Round Robin，RR）算法。按照请求的顺序依次将流量和请求分发到每台服务器上，实现简单，但无法根据服务器的负载情况进行动态调整。

2）加权轮询（Weighted Round Robin，WRR）算法。为每台服务器分配一个权重值，根据权重值的大小决定分发请求的比例，可以根据服务器的性能和负载情况进行动态调整。

3）最少连接（Least Connection，LC）算法。将请求分发到当前连接数最少的服务器上，可以有效地平衡服务器的负载，但无法考虑服务器的性能差异。

4）IP 哈希（IP Hash）算法。根据请求的源 IP 地址进行哈希计算，将同一 IP 的请求分发到同一台服务器上，可以保证同一用户的请求都落到同一台服务器上，适用于一些需要保持会话状态的应用场景。

总之，通过合理地分配用户请求的内容，负载均衡可以优化用户体验，提升内容分发系统的性能和可靠性。

2.4 边缘服务模式

边缘计算在各个行业中崭露头角，不仅为已有的产业注入了活力，也成了新应用的驱动力，本节将从基础服务平台和场景专用方案两个角度探讨边缘计算的服务模式。

基础服务平台是指由运营商和云服务商创建和管理的边缘计算平台，平台硬件主要基于通信网络基础设施，因此它以纯软件的形式为广泛的应用提供通用的边缘计算支持。基础服务平台提供了通用的边缘计算基础设施，包括计算资源、存储和网络，通过标准化接口和工具使得开发人员能够轻松构建、部署和管理边缘应用。这种平台化服务致力于构建灵活、可扩展的基础设施，为开发人员和企业提供标准化的工具和资源，以简化边缘计算应用的开发、部署和管理流程。

基础服务平台代表着一种泛用性的服务，主要有 IaaS（基础设施即服务）、PaaS（平台即服务）和 SaaS（软件即服务）等服务模型，通过整合这些软件服务，基础服务平台具有高水平的抽象和服务分层，从而为不同类型的用户和应用提供更灵活、高效的解决方案。

场景专用方案针对特定垂直行业或特定应用场景，考虑其独特需求，提供软硬件结合的客制化的边缘计算解决方案。与平台化服务不同的是，场景专用方案同时考虑了垂直行业场景中的硬件设施，并通过软硬件定制协同工作实现更高效、精确的计算服务。通过深度整合行业专业知识和技术，场景专用方案可以优化边缘计算资源，针对性地应对特定行业面临的挑战。

场景专用方案代表着一种专用性的服务，在医疗、制造、零售和能源领域，边缘计算的定制方案展现了其在特定问题中的强大适应性。从定制传感器到专用边缘服务器，从监控系统到局域服务平台，软硬件结合的场景专用方案为不同行业提供了个性化、高效的解决方案，推动着数字化转型的发展。

表 2-3 展示了基础服务平台和场景专用方案的对比。

表 2-3　基础服务平台和场景专用方案对比

对比方面	基础服务平台	场景专用方案
服务性质	泛用性	客制化
服务形式	纯软件	软硬件结合
地理范围	广泛	局限
部署位置	通信网络基础设施和云	区域内部
时延	受通信网络状况影响	较低
带宽	取决于通信网络资源配置	取决于区域网络资源配置
运营成本	高	低
使用场景	智慧城市、物联网、云游戏等	工业自动化、智能家居等
拓展成本	较高	较低
安保难度	困难	相对简单

2.4.1　边缘计算基础设施

边缘计算的基础设施是构建边缘计算生态系统的关键组成部分。它包括支持和实现边缘计算的底层架构和资源，如硬件、软件、网络和服务等。以下是边缘计算基础设施的主要组成部分和功能。

1）边缘服务器。边缘服务器是边缘计算基础设施的核心组件之一，位于物理世界的边缘侧，承担着实时计算和数据处理的关键任务。这些服务器不仅是数据中心的分身，更是能够运行应用程序、处理数据并实时做出决策的智能节点。通过实现数据的本地化处理，边缘服务器有效降低了数据传输的时延，为各行业的实时性需求提供了切实支持。

2）边缘网关。边缘网关是边缘计算基础设施中负责连接、协同和预处理的关键组件。它通常部署在垂直行业现场，实现网络接入、协议转换、数据采集与分析处理等功能。边缘网关通过轻量级容器和虚拟化技术，支持业务应用在用户现场的灵活部署和运行，实现了信息领域的敏捷灵活性与运营领域的可靠稳定性的融合。边缘网关与其他边缘组件协同工作，构建了分布式的边缘计算网络，为智能化应用提供了关键的连接和前置处理。

3）传感器和设备。传感器和设备是边缘计算基础设施的数据源，负责收集来自物理世界的各类数据，包括温度、湿度、位置、图像、声音等。这些数据源为边缘服务器和应用程序提供了实时的、多样化的输入，是实现智能决策和反馈的基础。边缘计算基础设施的设计需要充分考虑对传感器和设备的接入和管理，以确保数据的可靠采集和有效利用。

4）边缘存储。边缘数据库和数据存储支持数据的存储和快速访问，具有低时延和高吞吐量的特点。这种本地存储能力降低了对云端存储的依赖，同时提高了数据的本地性和隐私性。边缘存储提供了更为灵活、高效的存储解决方案，增强了系统的鲁棒性和可用性。

不断发展的边缘计算基础设施将继续引领未来科技的前沿，为我们的社会和商业世界带来更多的机遇和挑战。通过充分利用边缘计算基础设施，我们能够更好地满足日益增长的实时性和本地化数据需求，从而加快数字化转型的步伐，为未来的智能世界铺平道路。

2.4.2　基础服务平台

平台化边缘服务通常由移动运营商或云服务提供商搭建和运营，利用移动网络等广域网络架构提供运算支持。这些商用边缘服务旨在为不同应用提供资源放置和计算即服务的解决方案。

边缘计算的资源放置是一种重要的决策过程，涉及将计算资源分配给特定任务和应用，以提高性能、降低时延，并满足特定需求。同时，计算即服务（Compute-as-a-Service，CaaS）为客户提供计算资源和能力，而无须购买和管理物理服务器或虚拟机，如图 2-14 所示。这种灵活性使边缘计算环境更易适应不同需求，提高资源利用率，同时也推动了边缘计算产业链的发展。

应用层	智慧工程、智能交通、边缘AI……
服务层	算力提供、服务适配、应用适配……
算力抽象层	并行运算、模型转换、资源适配、编译优化……
算力资源层	FPGA、CPU、GPU、xPU……
设备层	NVIDIA、Intel、Phytium……

图2-14　计算即服务总体架构

在平台化边缘服务中，移动运营商和云服务提供商发挥着关键作用。移动运营商借助其广泛的网络基础设施，在边缘节点部署计算和存储资源，为移动应用和 IoT 设备提供低时延服务。此外，云服务提供商在全球范围内建立的边缘计算节点通常位于城市的数据中心、通信机房、通信基站等关键地点，提供着更低时延和更高可用性的云计算服务。企业可以将应用和数据部署到这些边缘节点上，以实现更出色的性能和用户体验。这两类提供商的积极参与促进了商用边缘服务的不断发展和普及。

传统的用户-云-应用结构是一种广泛采用的平台化服务架构，用户通过互联网与云服务提供商建立连接，并通过云服务提供商操控终端（如远程控制门锁、查看监控等）。在这种模型中，用户通过终端设备与云服务提供商的数据中心通信，实现对各种应用程序的访问与使用。

在这种传统的用户-云-应用结构中，云扮演着数据存储、计算和应用部署的角色。用户通过云平台获得高度可扩展、灵活且便利的服务，但随之而来的是一些潜在的问题，例如时延、带宽消耗和对隐私安全的担忧。

为了应对这些问题，近年来云计算架构逐渐向边缘计算迁移。边缘计算将计算资源推向用户和数据源的边缘，这种转变使得应用可以在更接近数据源的位置进行处理，提高了系统的实时性和效率。

边缘-云应用结构为用户提供了更快的响应时间和更好的性能，同时减少了对中心化云数据中心的依赖。

我国的三大通信运营商在边缘计算平台化服务中取得了一定进展。中国电信提出了 5G MEC 融合架构，支持 MEC 功能和业务应用快速部署。他们已在不同领域进行探索，包括高价值客户、大中型政企客户和大规模用户服务提供商，提供缓存、推送、定位、虚拟专网、业务托管、专属应用等服务。中国移动成立了边缘计算开放实验室，积极推动边缘计算生态系统的发展，已与多家合作伙伴展开试验床建设，涵盖了多个场景和新兴技术。2019 年，他们发布了《中国移动边缘计算技术白皮书》和"Pioneer 300"先锋行动，旨在推动商业应用的落地。中国联通开展了 Edge-Cloud 规模试点，涵盖了多个试商用样板工程，如智慧港口、智能驾驶、云游戏等。2019 年，他们联合华为发布了《中国联通 CUBE-Edge 2.0 及行业实践白皮书》，强调 MEC 边缘云在 5G 网络和数字化转型中的关键作用。这三大运营商通过布局和合作，不断推动边缘计算技术的发展和应用，为未来的智能化应用提供了有力支持。

边缘计算已经成为数字化时代的关键组成部分，它将继续引领未来的技术发展。边缘计算和商用边缘服务的兴起也为各行各业带来了新的机遇和挑战。我们期待看到这一领域的不断创新和发展，以满足不断增长的应用需求，并为用户提供更出色的体验。

2.4.3 场景专用方案

场景专用方案是商用边缘计算的另一种形式，往往就一具体场景在应用场景内提供边缘服务支持。我们聚焦于传统应用、私有边缘云和边缘智能，探讨它们在不同场景下的应用和优势。

2.4.3.1 边缘计算与传统应用

在一些传统应用领域，如工厂或物流网络，边缘计算的引入带来了显著的变革。

传统的云计算模式可能引入较大的通信时延。局域的客制化边缘计算方案通过将计算资源置于本地，减小了数据传输的距离，从而显著减小了时延，使得实时响应成为可能。

同时，在一些地理条件较差或网络带宽有限的场景中，边缘计算可以减小对网络资源的依赖。在局域范围内进行数据处理，可以大幅降低数据传输的需求，从而降低网络拥塞风险，提高整体的网络效率。

以物流领域为例，边缘计算的引入推动了许多问题的解决。首先，边缘计算的部署显著降低了数据传输的时延。这一改进为实时货物追踪和管理提供了技术基础，确保了货物能够按时交付。其次，边缘计算节点的本地部署消除了对远程云服务器或稳定互联网连接的依赖，提升了网络独立性。这对需要跨越不稳定网络环境或偏远地区进行运输的物流业务至关重要。即使在网络不稳定的区域，边缘计算节点依然可以处理和存储数据，确保物流操作的连续性。最后，边缘计算强调本地数据处理，减小了数据传输和存储在公共互联网上的风险，有助于物流公司更好地掌控数据的隐私性和安全性。这一改进对确保货物的安全性和客户的信任至关重要，特别是在处理敏感货物或个人信息时。

区别于侧重通用性的运营商的计算即服务，局域范围内的边缘计算解决方案可以根据实际应用场景进行调整，以满足特定的业务需求和工艺流程。

以工业生产为例，局部网络架构提高了工厂的生产效率和灵活性。局域边缘计算可根据工厂需求进行定制，适应特定的业务需求和工艺流程。边缘计算还允许工厂在不同环境中进行适应性调整，提高生产效率和生产线可用性。最重要的是，边缘计算能与生产设备更紧密集成，实现智能化生产，检测和纠正问题，提高产品质量和工艺效率。

边缘计算为传统应用领域带来了革命性变革，显著提升了生产效率，局域网络架构的灵活性使得边缘计算能够完美适应不同的应用场景，提供更加高效可靠的解决方案，促进各行各业迈向数字化、智能化的新阶段。

2.4.3.2　私有边缘云

边缘计算的不断发展不仅为生产领域带来了变革，也为个人的数据存储与处理提供了新思路。

私有边缘云是边缘计算领域中的另一个重要概念，它与传统数据中心和公有云有着显著的区别。与运营商提供的公有云不同，私有云是企业内部建立和管理的云计算基础设施。它为企业提供了高度的控制权和自定义能力，但也需要较高的资本支出和维护成本。私有边缘云是私有云的一个变种，它将云计算资源部署在边缘位置，以满足低时延和本地处理的需求。

私有云采用的局域网络架构具有隐私性、实时性、客制化和灵活性，数据和计算资源不依赖于公共互联网连接。即使互联网出现故障，私有边缘云仍然可以继续运行，确保关键业务的连续性，十分适合个人和家庭私有边缘云的应用场景。

个人和家庭用户能够通过私有边缘云来高效地存储和管理他们的数据，包括照片、视频、文件和其他重要信息。与将数据存储在公有云服务中有所不同，私有边缘云为用户提供了完全的数据控制权，这意味着用户的个人数据不会被第三方机构访问或共享，从而显著提升了个人隐私保护的水平。

同时，私有边缘云也为家庭用户提供了一个安全的共享和协同平台。家庭成员可以轻松而安全地共享照片和文件，同时保持对数据的完全掌控。这种功能在日常家庭生活中非常实用，例如在管理家庭相册、共享家庭文档或协调日程安排等方面都能发挥重要作用。

私有边缘云还具备智能家居控制的潜力，使家庭用户能够更快速、更可靠地管理智能设备，而无须依赖互联网连接。这不仅提高了智能家居系统的可用性，还加强了用户对自己家庭环境的掌控能力，创造了更智能和便捷的生活方式。

私有边缘云为家庭用户提供了一个自定义的数据分析和自动化平台。用户可以利用边缘计算能力来分析家庭数据，例如能源消耗、家庭安全和生活习惯等，从而更好地管理家庭资源，提高生活质量，实现更加智能化的家居体验。

私有边缘云在个人私有领域突出了个人数据的隐私和主权。它提供了一个安全、高度个性化的数据管理解决方案，确保了个人用户的数据完全受到保护和管理，为用户提供了独一无二的数据隐私和控制体验。

2.4.3.3　场景专用边缘智能

边缘智能是另一个备受关注的领域。人工智能的应用代表着边缘计算的下一个里程碑，它将智能和决策推向了网络的边缘，为各种行业和领域带来了前所未有的机会。面向特定应用场景，边缘智能有着不同应用，以解决该场景下的专用问题，列举如下。

在制造业中，边缘智能的应用通过将 AI 技术集成到生产设备和工厂环境中，实现了生产流程的智能化和优化。机器学习模型可以嵌入生产线上，监测设备的性能和状态，以提前预测可能的故障和维护需求。这有助于降低设备停机时间，提高生产效率，并减少维修成本。此外，AI 驱动的质量控制系统可以检测和纠正生产中的缺陷，提高产品质量。

医疗保健是另一个应用方向。边缘智能应用使得医疗设备和患者监测系统更加智能和个性化。患者监测设备可以实时收集患者的生理数据，并将数据传送到边缘计算节点上的 AI 算法进行分析。这可以用于早期疾病诊断、患者状态监测和个性化治疗建议。同时，AI 还可以在手术过程中提供实时辅助和精准导航，提高手术的精确性和安全性。

此外，在电力领域，边缘智能的应用可以监测电网的状态和稳定性。传感器和监控设备可以实时收集电力设备的数据，并将其传送到边缘计算节点上的 AI 系统，用于实时故障检测和负载管理。这有助于提高电网的可靠性，减少电力中断，并支持可再生能源的集成。

同时，在体育和娱乐领域，边缘智能可以用于实时数据分析和改进运动员表现。运动装备和场馆可以配备传感器，监测运动员的生理数据，从而提供个性化的训练和表现分析。此外，智能体育场馆也可以提供更好的观赏体验，如智能座位分配、虚拟现实体验和安全监控。

边缘智能的各类应用将 AI 和机器学习引入边缘计算，为各种领域带来了更高级别的智能化和决策支持。这使得实时数据分析和智能决策成为可能，有望在未来推动各行各业的数字化转型，提高效率、降低成本，并创造更智能、更便捷的生活和工作环境。

参考文献

[1] PORAMBAGE P, OKWUIBE J, LIYANAGE M, et al. Survey on Multi-Access Edge Computing for Internet of Things Realization[J]. IEEE Communications Surveys & Tutorials, 2018, 20(4):2961-2991.

[2] LI X T, XU S, ZHAO Z P, et al. A Survey on Computing Offloading in Satellite-Terrestrial Integrated Edge Computing Networks[C]//2023 15th International Conference on Communication Software and Networks

(ICCSN). IEEE, 2023:172-182.

[3] BABOU C S M, FALL D, KASHIHARA S, et al. Home Edge Computing (HEC): Design of A New Edge Computing Technology for Achieving Ultra-Low Latency [C]//Edge Computing–EDGE 2018: Second International Conference, Held as Part of the Services Conference Federation, SCF 2018, Seattle, WA, USA, June 25-30, 2018, Proceedings 2. Springer International Publishing, 2018:3-17.

[4] QIU T, CHI J C, ZHOU X, et al. Edge Computing in Industrial Internet of Things: Architecture, Advances and Challenges[J]. IEEE Communications Surveys & Tutorials, 2020, 22(4):2462-2488.

[5] Al-SHAREEDA M A, ALAZZAWI M A, ANBAR M, et al. A Comprehensive Survey on Vehicular Ad Hoc Networks (VANETs)[C]//2021 International Conference on Advanced Computer Applications (ACA). IEEE, 2021:156-160.

[6] LIU F Z, HUANG J W, WANG X B. Joint Task Offloading and Resource Allocation for Device-Edge-Cloud Collaboration with Subtask Dependencies [J]. IEEE Transactions on Cloud Computing, 2023,11(3):3027-3039.

[7] PAN J L, MCELHANNON J. Future Edge Cloud and Edge Computing for Internet of Things Applications[J]. IEEE Internet of Things Journal, 2017, 5(1):439-449.

[8] FANG F, WU X L. A Win–Win Mode: The Complementary and Coexistence of 5G Networks and Edge Computing[J]. IEEE Internet of Things Journal, 2020, 8(6):3983-4003.

[9] WANG Y T, ZHAO J. Mobile Edge Computing, Metaverse, 6G Wireless Communications, Artificial Intelligence, and Blockchain: Survey and Their Convergence[C]//2022 IEEE 8th World Forum on Internet of Things (WF-IoT). IEEE, 2022:1-8.

[10] AGGARWAL S, NASIPURI A. Survey and Performance Study of Emerging LPWAN Technologies for IoT Applications[C]//2019 IEEE 16th International Conference on Smart Cities: Improving Quality of Life Using ICT & IoT and AI (HONET-ICT). IEEE, 2019:69-73.

[11] ZHUANG Y, ZHANG C Y, HUAI J Z, et al. Bluetooth Localization Technology: Principles, Applications, and Future Trends[J]. IEEE Internet of Things Journal, 2022, 9(23):23506-23524.

[12] RAMONET A G, NOGUCHI T. IEEE 802.15.4 Now and Then: Evolution of the LR-WPAN Standard[C] //2020 22nd International Conference on Advanced Communication Technology (ICACT). ˙IEEE, 2020:1198-1210.

[13] YASSEIN M B, SHATNAWI M Q, ALJWARNEH S, et al. Internet of Things: Survey and Open Issues of MQTT Protocol[C]//2017 International Conference on Engineering & MIS (ICEMIS). IEEE, 2017:1-6.

[14] RAPTIS T P, PASSARELLA A. A Survey on Networked Data Streaming with Apache Kafka[J]. IEEE Access, 2023, 11:85333-85350.

[15] GHAZNAVI M, JALALPOUR E, SALAHUDDIN M A, et al. Content Delivery Network Security: A Survey[J]. IEEE Communications Surveys & Tutorials, 2021, 23(4):2166-2190.

[16] JIN M X, WANG C S, LI P, et al. Survey of Load Balancing Method Based on DPDK[C]//2018 IEEE 4th International Conference on Big Data Security on Cloud (BigDataSecurity), IEEE International Conference on High Performance and Smart Computing, (HPSC) and IEEE International Conference on Intelligent Data and Security (IDS). IEEE, 2018:222-224.

第3章

边缘计算资源管理使能技术与平台

资源管理是边缘计算领域经典且重要的研究内容之一。相对于传统的云计算网络，边缘服务器不像前者那样拥有丰富的计算、通信和存储等资源，执行高效的任务卸载和合理的资源分配会更加困难。边缘计算资源管理问题的关键是：在边缘环境下，如何利用资源有限多接入边缘计算系统架构实现云边端服务间的有效协同，对各类资源实现高效且合理的管控和分配，从而最大限度地提高对现有资源的利用效率。

无线接入管理主要关注如何科学调度无线资源，优化设备连接方案、节约频谱资源以及确保数据传输可靠性和实时性等问题。当前，无线接入管理策略已经从传统的分布式无线接入网（Distributed Radio Access Network，D-RAN）逐步演进到虚拟化无线接入网（Virtualized Radio Access Network，vRAN）、集中化无线接入网（Centralization/Cloudification/Collaboration/Clean Radio Access Network，C-RAN）及开放式无线接入网（Open Radio Access Network，O-RAN）。

网络资源管理关注有线网络带宽分配、路由选择、流量优化和负载均衡等问题。主要技术包括 SDN、NFV 及网络切片（Network Slicing，NS）等。

云边端服务管理主要研究如何让云边端服务协同工作，保证高效资源分配和任务调度，完成服务灵活部署和编排，处理服务故障和恢复等。现有的云边端服务管理平台可分为云侧、边侧、端侧 3 类，云侧主流平台有 Kubernetes 等，边侧主流平台有 KubeEdge 等，端侧主流平台有 EdgeX 等。

本章将着重介绍边缘计算资源管理及其使能技术与平台，首先阐述资源管理重要性，其次详细分析上述 3 个方面的资源管理使能技术与平台的概念、架构、演进等内容，具体如图 3-1 所示。

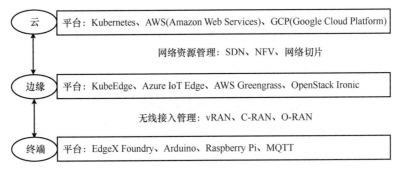

图3-1　边缘计算资源管理使能技术与平台

3.1　边缘计算资源管理的重要性

多接入边缘计算系统运行过程涉及边边、边云、边端之间通信、计算和存储资源的调配，只有实现了科学管理、合理调度与精准分配，才能真正面向多类型、全方位的实际需求，充分发挥出云服务器、边缘服务器和终端节点的协同优势，有效提高通信、计算、存储等系统资源利用率，从而降低运营成本，节省算力资源，保证服务质量和满足用户体验。边缘计算主要作用是分担云服务器和终端设备的压力，提高算力网络综合效率，因此资源管理的重要性不言而喻。从已发掘的应用场景出发，可以将其重要性概括为以下方面。

3.1.1　保证低时延与实时性

随着电子设备智能化、沉浸化程度的提高，各类人机交互场景对实时性、低时延的要求在不断变高。边缘计算与云计算的一个显著区别是，边缘计算资源更加靠近前端用户，特别是在 5G 通信网络中，边缘计算和本地计算在通信上的时延差别很小，无线通信的时延可以降低到毫秒级，系统通信所产生的时延可以较容易地达到要求。那么降低时延的主要压力将聚焦于边缘服务器的计算能力和管理能力，只有采用合理的计算资源配置策略，才能在相对有限的资源下满足这类服务的需要。

在车联网场景中，车联网业务提出的首要需求就是交通安全，而为了确保交通安全，服务器对车辆、道路传感器所采集的信息处理必须在极短时间内完成，这对任务处理时延提出了极高的要求。在车联网业务中，车载信息娱乐类应用（环境信息共享、车载娱乐）时延不应大于 500 ms；交通安全类应用（编队、防碰撞）时延范围为 20~100 ms；全自动驾驶类应用时延范围为 1~10 ms[1]。若将车联网的计算任务全部上传至云服务器处理，则非常难以满足其实时性的要求。边缘服务器拥有物理位置近的独特优势，可以更轻松地满足智慧交通的需要。

在 VR/AR（Virtual Reality/Augmented Reality）类业务中，要使用户拥有身临其境的真

实感，就不能在用户从改变动作到画面重绘上使用太长时间，否则画面就会产生偏移。没有足够低的时延，就不能使用户拥有良好的服务体验。例如沉浸式 VR 视频直播为获得舒适级体验时延要小于 10 ms，Cloud VR 医疗实训要求实时诊疗时延不超过 6 ms，但由于现有的云计算固有物理位置高的特性，无法满足低时延要求。如果将 VR/AR 类任务合理卸载，更多地卸载到边缘服务器，充分利用整个系统的计算能力，就能从根本上拉近个人用户与服务器的距离，从而降低平均处理时延，减少网络高处位置拥堵与云服务器负载。

高效的资源管理让边缘计算服务的时延可达到亚毫秒级别，能够满足未来其他各类实时性要求较高的应用需求，如工业互联网对生产的实时性监测、智慧城市全天候安防监控、智能家居低时延交互等。

3.1.2　降低成本与堵塞率

高效的资源管理能力使边缘计算在减少各类资源使用方面的优势更为显著，尤其是在节约传输带宽和计算、数据资源两个方面。在边缘服务器进行数据处理，只需将必要的数据发送到数据中心，节省网络带宽资源。在边缘服务器进行数据计算和存储，可以很好地解决终端本地处理能力不足、云端处理成本过高的问题。

目前，在城市安防监控中，一秒 25 帧的 4K 监控视频一般要求带宽是 25 Mbit/s，而且带宽不能有收敛。若多个摄像头同时应用，则需要更高的带宽支持。在车联网场景中，全自动驾驶类应用带宽应不低于 100 Mbit/s，如果区域内车流量较大则极易造成网络拥堵。一个城市所有的监控、车辆摄像头每天所产生的数据如果都传输至云端，会给网络带来巨大压力。如果将边缘计算与云计算结合，将需要信息实时交互的交通安全驾驶类应用、全自动驾驶类应用服务部署到距离较近的边缘计算平台，将信息验证、娱乐等应用放在云中心处理，可实现信息分流，节约部分场景下宝贵的带宽资源。对于视频类业务，高清视频直播的网络带宽要不低于 50 Mbit/s，VR/AR 直播为获得舒适级体验需要网络带宽 200 Mbit/s 起步，还需考虑多路直播和低时延的情况。而有效的资源配置将这些对网络带宽高占用而又不太需要信息交互的服务卸载到附近的服务器，从根本上解决了对通信资源的高占用问题，减少了网络高处位置的拥堵，提供了稳定可靠的舒适服务[2]。

与此同时，对用户家庭中有限资源进行合理配置，可以满足更多丰富的商业和个人需求。在本地直播业务中，摄像头采集视频后可以将数据推送到边缘业务平台的媒体服务器，媒体服务器利用实时转码以及视频帧的重新封装能力可以适配更多播放端。云游戏业务可以凭借部署在边缘云平台的在图形及实时媒体方面的强大计算能力增强沉浸感，吸引更多个人用户，全面推动云游戏的普及和发展。视频直播、VR/AR、云游戏、视频通信等需要大量的编解码计算、图像渲染的业务在边缘计算平台进行编解码，既可以有效避免终端处理能力不一致带来的编解码同步问题，也可以避免集中式编解码带来的带宽和时延问题，可大大降低这些业务的运营成本，提升用户的实际体验。

3.1.3 保障安全性与可靠性

边缘计算的资源管理模式相比传统服务模式有独特的安全性和可靠性的优势。其有利于促进数据局部化，降低数据在传输过程中可能出现的风险，保证信息安全。建立分布式安全防护，在云服务中断或者单一边缘服务器出现故障时仍能保证系统服务不中断，提高系统抵御异常风险的能力。

借由边缘服务平台，用户数据可以在本地设备或附近设备进行处理，而非直接发送至云端。数据本地化处理，可减少甚至杜绝与其他网络实体的连通性，降低了数据在传输过程中的暴露时间，规避了部分被拦截、篡改或劫持的风险，有效地防御来自网络上游的各类攻击。例如，智能家居系统可以通过边缘计算将大部分敏感数据分配给本地加密并进行处理，而不是将全部数据传输到云端。

还可以利用边缘计算的算力进行加密操作，使重要数据先加密再发送，增加了数据在传输过程中的保密性。由于计算下沉，更加复杂的加密和隐私保护算法也得以应用（例如 Google 提出的 Federated Learning，杜绝了用户数据和网络服务的直接接触），对于一些涉及敏感信息的领域，如医疗、金融等，这一优点尤为重要。边缘服务器可以在物联网设备和云端之间建立隔离层，限制物联网设备间的直接通信。这种隔离可以降低设备之间的攻击风险，并保护用户的隐私数据不被未经授权而访问。

多个边缘设备组成防护网络，通过分布式安全防护机制能提高整个网络的安全性和可靠性。例如，不同设备之间可以相互验证和监控，及时检测到异常行为并采取相应的安全措施。如果个别边缘节点出现故障，资源管理系统可以快速将本地数据和未完成任务处理转移到另一节点，减小数据丢失和降低服务异常终止所带来的损失。同时，这种模式减少了对云服务器的依赖，即便上游数据中心出现紧急问题或者网络连接中断，边缘节点仍然可以独立运行，保证服务在一段时间内不异常终止，提高了整体系统的长期运行可靠性。

3.1.4 增强扩展性与适应性

边缘计算资源管理可以采用分布式处理架构，这意味着当需要增加处理能力或存储空间时，只需要增加边缘节点而不需要改变整体架构，这为系统的扩展性提供极大的便利。当系统需要增加新的应用或服务时，可以直接在局部边缘节点进行，不需要等待中心云服务器的调整，这使其可以应对一些快速变化的需求。随着远程工作和分布式工作团队的增多，边缘计算能够为他们各自的工作环境提供良好的扩展性和更好的本地化服务，顺应未来工作模式的需要。

作为云计算的拓展，边缘计算将计算能力延伸到离用户更近的地方，大幅提升了服务质量和用户体验。而面对用户和用户设备数量的快速增长，为了能适应更多异构环境、通信方式和服务类型需求均不同的前端设备，智能的资源管理算法服务能让边缘服务灵活适应多种应用场景需求，将边缘计算扩展到方方面面。移动蜂窝网络基站、家用路由网关、个人计算机等只要具备相对资源优势和较低连接时延的设备，都可以通过应用合适的资源管理体系成为边缘服务器。为其他资源相对受限的前端设备提供服务，也有力地支持新一代 IoT 应用发展。在可以预见的未来，越来越多的原本无法实现云计算的应用有望实现"边缘化"，其需要的资源管理服务也将具备更强的定制化和多样性等特点。

总之，边缘计算资源管理是一个极为重要的综合性工作，不同资源的管理涉及不同管理规则和策略，需要匹配各种因素，包括设备性能、网络带宽、服务质量和任务需求等，需要充分考虑多个方面、多种场景和多个模式，以提供高适应性、高可靠性的多端服务。加强对边缘计算资源管理方面的研究和投入，有利于构建新一代的高效算力网络，通过对有限资源的综合考虑和精准平衡，可以组建高效、可靠、稳定的边缘计算系统。

3.2　无线接入管理

无线接入管理平台旨在优化和管理无线接入网络中的资源分配和使用。平台利用先进的算法和智能化的管理工具，通过实时监测网络环境和数据流量、设备连接状态和信号质量等信息，能够智能调整资源分配，以适应不同的网络负载和环境变化。

无线接入网（Radio Access Network，RAN）是通过无线通信技术连接设备到网络的。这种网络通常使用无线信号传输数据，允许设备在没有物理连接的情况下访问网络资源，使用诸如蜂窝接入网等无线技术可以实现无线通信。基站（Base Station，BS）是蜂窝网络的关键组成，可以提供无线覆盖，使移动设备能够在其覆盖范围内进行通信。一个 4G 基站通常由以下 4 部分组成。

1）室内基带单元（Building Baseband Unit，BBU）：主要负责数模转换、编码解码、调制解调、多址技术的实现等功能。

2）射频拉远单元（Remote Radio Unit，RRU）：主要负责射频处理，即发射接收信号。

3）馈线：负责连接 RRU 和天线。

4）天线：主要负责线缆上导行波和空气波之间的转换。

其中，天线和馈线合并称为天馈系统。4G 基站的具体样式如图 3-2 所示。在 5G 系统中，一个基站由 CU（Centralized Unit，集中式单元）、DU（Distributed Unit，分布式单元）和 AAU（Active Antenna Unit，有源天线单元）构成。其中，CU 承载原 BBU 中的非实时部分，负责处理物理层协议和实时服务；AAU 合并了原 BBU 中的部分物理层处理功能，以及原 RRU 和无源天线功能。

本节将主要讨论 vRAN、C-RAN 和 O-RAN 的相关概念，其大致关系如图 3-3 所示。

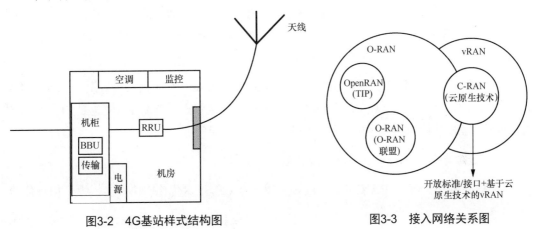

图3-2　4G基站样式结构图　　　　　图3-3　接入网络关系图

3.2.1　虚拟化无线接入网（vRAN）

vRAN 是电信运营商将基带功能作为软件运行的一种方式，在软件中实现硬件配置和技术，这种方式与传统的 RAN 相比主要好处是不需要有专有的硬件来运行，而是可以在标准服务器上运行[3]。

RAN 是无线设备与运营商网络之间的重要连接点，随着边缘计算和 5G 时代的发展，计算量不断增加，这些连接点需要应对快速增长的需求。vRAN 是一种无线网络架构，它利用虚拟化技术来实现无线接入网络的功能，包括基站控制、射频处理和信号处理等。传统的无线接入网络通常采用专用的硬件设备，但 vRAN 采用软件定义的方法实现这些功能，从而实现更高的灵活性和可扩展性。vRAN 的核心思想是将传统的硬件功能虚拟化为软件，以便在通用服务器上运行。这种虚拟化方法使运营商能够更灵活地部署、管理和维护无线网络，同时降低了成本。vRAN 还可以通过云计算和边缘计算等技术来实现网络功能的弹性部署和优化。vRAN 的实施通常包括基站虚拟化、分布式射频处理和网络功能虚拟化等方面。基站虚拟化将基站控制功能和射频处理功能分离，使得可以将基站控制功能集中部署在数据中心或云端，而射频处理功能可以分布式部署在基站附近。这种分布式架构可以提高网络容量、覆盖范围和灵活性，同时降低能耗和成本。vRAN 相比硬件化的 RAN

95

具有更高的敏捷性和灵活性,因为它能够快速适应网络的变化,包括智能负载平衡和按需分配资源,而且 vRAN 无须更换基础架构中的硬件,只需更新软件。RAN 软件的升级可以提升网络的各项性能,如连接性、效率和安全性等。利用 vRAN 基础架构,网络运营商可以比使用非虚拟化 RAN 的网络运营商更好地保障安全性,因为安全问题可以通过软件更新来解决,而不用大规模替换硬件。安全的网络可以吸引更多的客户,因为客户对网络等产品的信任度越高,使用该产品的可能性就越大。

5G 网络同样需要 vRAN,因为新一代网络需要更多可见性、自动化和适应性,这些特性基于硬件的 RAN 无法提供。当手机用户和物联网设备对 5G 网络需求增加时,扩展和智能调整网络以适应不断变化的能力非常重要。

对于网络管理员来说,能够远程更新 vRAN 非常重要,例如网络管理员可以通过将新算法和代码上传到 vRAN 来改善资源利用率和网络连接状态。更新 RAN 也是 5G RAN 的关键部分,因为所涉及的组件技术预计将在未来发生变化。

对于边缘计算来说,vRAN 同样发挥着重要作用。

1)提高网络性能:vRAN 可以通过 SDN 和 NFV 等技术优化网络性能,提升用户体验。

2)降低网络成本:vRAN 可以通过软件化和可编程化降低网络成本,并提高网络效率。

3)提高网络灵活性:vRAN 可以通过云原生技术、微服务和容器等技术实现快速部署和快速扩展,从而提高网络灵活性。

4)提高网络安全性:vRAN 可以通过软件定义安全(Software Defined Security,SDS)等技术提高网络安全性。

3.2.2　集中化无线接入网(C-RAN)

3.2.2.1　C-RAN 的定义及演进

C-RAN 是一种新型无线接入网架构,根据现网条件和技术进步趋势提出,是基于集中化处理(Centralized Processing,CP)、协作式无线电(Collaborative Radio,CoRa)和实时云计算构架(Real-time Cloud Infrastructure,RTCI)的绿色无线接入网构架(Clean System,CS)。它的核心是通过减少基站机房的数量和能耗,采用协同化、虚拟化技术,实现资源共享和动态调整,提高频谱的效率,以实现低成本、高带宽和灵活度的运营。C-RAN 的总目标是应对移动互联网快速发展给运营商带来的多方面的挑战(如能耗、建设、运维成本和频谱资源),追求未来业务和利润的可持续增长。

C-RAN 基于分布式拉远基站,将基带处理资源集中起来,形成一个基带资源池,实现资源的统一管理和动态分配。C-RAN 的概念由中国移动于 2009 年首次提出，旨在提高资源利用率，降低能耗，同时利用协同化技术提升网络性能。近年来，C-RAN 的概念也在不断演进，为了满足 5G 的高频段、大带宽、多天线、海量连接和低时延等需求，C-RAN 引入了集中和分布单元 CU/DU（Centralized Unit/Distributed Unit）的功能重构，以及下一代前传网络接口 NGFI（Next Generation Fronthaul Interface）的前传架构[4]。RAN 的演进如图 3-4 所示。

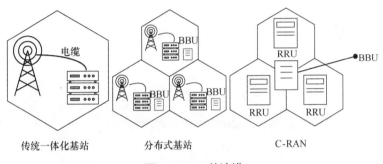

图3-4　RAN的演进

3.2.2.2　C-RAN 的网络架构

为了区分实时性的内容处理，5G 的 BBU 功能被分解为 CU 和 DU 两个功能实体。CU 设备负责非实时的无线高层协议栈功能，以及部分核心网功能的下沉和边缘应用业务的部署。DU 设备负责物理层功能和二层功能的实时性需求，同时为了节省 RRU/AAU（Remote Radio Unit/Active Antenna Unit）与 DU 之间的传输资源，部分物理层功能也被上移至 RRU/AAU[5]。在实现方案上，CU 设备采用通用平台，既可以支持无线网功能，又可以支持核心网功能和边缘应用的能力。DU 设备采用专用设备平台，具备高密度数学运算能力。在网络功能虚拟化框架的支持下，网络 SDN 控制器和操作维护中心功能组件的系统，可以实现包括 CU/DU 在内的端到端的资源编排能力和配置能力，同时实现统一的管理和编排。

运营商为了解决 CU/DU/RRU 之间的传输问题，采用了 NGFI 架构，这一架构的技术特点是，可以根据场景需求灵活部署功能单元。如图 3-5 所示，CU 通过交换网络连接远端的分布功能单元。当传送网资源充足时，可以将 DU 功能单元集中化部署，从而实现物理层协同化技术，当传送网资源不足时，也可以将 DU 处理单元分布式部署。CU 功能的引入，使得原来属于 BBU 的部分功能集中起来，既支持完全的集中化部署，又兼容分布式的 DU 部署，既能最大限度地保证协同化能力，又能适应不同的传送网能力。5G C-RAN 利用 CU/DU 的两级协议架构、NGFI 的传输架构和 NFV 的实现架构，构建了面向 5G 的灵活部署的两级网络云架构，这将是 5G 和未来网络架构演进的重要方向[6]。

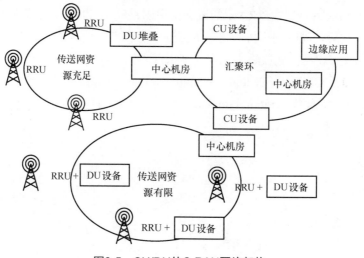

图3-5　CU/DU的C-RAN网络架构

3.2.2.3　C-RAN 的典型用例

（1）基于多连接的部署

双连接或者多连接是一种有效的网络部署和技术手段，可以提高覆盖和容量，增强移动宽带业务的支持能力。在多连接场景下，不同的连接可以采用不同的接入技术和频段，一个连接负责覆盖，一个连接负责容量提升，使得覆盖和数据能够理想结合。举一个电信部署场景的例子：一个宏站覆盖一个宏小区，一个微站覆盖一个微小区，宏站可以连接一个或多个微站，宏、微小区可以是同频或者异频。对于宏站，DU 和 RRU 一般要分离，CU、DU 可以部署在一起；对于微站，DU 和 RRU 可以分离，也可以聚集，CU 和 DU 的连接通常需要专门的前传连接，前传的时延需求根据具体的技术应用而定。

（2）基于基站协同管理

为了提高网络的覆盖和容量，满足业务的容量需求，在密集部署情况下，可以将多个 DU 聚合部署，形成基带池，利用多个小区的协同传输和协同处理，优化基站资源池的利用率。所有 RRU 和 DU 池之间需要通过直接光纤或高速传输网络连接，时延要求低。基于理想前传条件，DU 池可以支持数十至数百个小区。CU 和 DU 之间一般通过传输网络连接，时延要求没有 RRU 和 DU 的前传连接那么严格。

（3）基于时延差异性

为了满足不同业务的带宽和时延要求，可以根据业务类型选择不同的功能部署和传输方式。对于低实时语音等一般业务，带宽和实时性要求不高，可以将实时功能 DU 部署在站点侧，非实时功能 CU 部署在中心机房，多个 DU 通过前传连接到一个 CU。对于高实时、大带宽的业务（如视频和虚拟现实业务），为了保证高效的时延控制，需要将数据统一传输到中心机房进行处理，减少中间的流程，同时，需要高速传输网络或光纤直连 RRU 和中心机房，并在中心机房部署缓存服务器，以降低时延并提升用户体验，此时，DU 和 CU 可以部署在同一位置。

3.2.3　开放式无线接入网（O-RAN）

3.2.3.1　O-RAN 的定义及发展

O-RAN 是一种新型的技术架构，它的使命是建立一个开放、虚拟化、智能的 RAN 体系结构，形成一个各家厂商的产品可以互相操作并具有竞争力的生态系统，被业界认为是实现 5G 普及化的无线接入解决方案之一。O-RAN 的核心技术理念是：把无线系统设备分解为标准子系统组件，分层独立研发，实现有效推进硬件加速器、通用硬件平台和 RRU 子系统的硬件解耦采购[7]。

2018 年 3 月在 MWC（世界移动通信大会）期间，O-RAN 联盟由 AT&T（American Telephone and Telegraph Company）、中国移动、德国电信、NTT DOCOMO（Nippon Telegraph and Telephone Corporation DOCOMO）和 Orange（Orange S.A.）五家运营商联合宣布成立，由原来的 C-RAN 联盟和 xRAN 论坛合并而成（C-RAN 联盟主要由中国企业组成，xRAN 论坛主要由 AT&T、NTT DOCOMO 等美日韩和欧洲企业组成）。目前已有 26 家运营商加入，涵盖了全球主要运营商阵容，联盟的产业链成员已达 177 家。在 O-RAN 联盟的推动下，全球运营商正在推动采用适用于 5G 的开放式 RAN。O-RAN 着手为业界提供定义良好的规范，旨在实现基于 O-RAN 的可编程网络的部署，该网络由完全分解的模块化 O-RAN 网络功能组成。这些功能旨在通过运行在基于云的虚拟系统上的开放式接口实现多供应商的互操作性。这使得运营商能够设计和部署混合供应商网络和网络切片，这对在同一个 O-RAN 基础设施中提供混合使用案例很关键。由此给更复杂、更灵活的 5G 网络带来的一个关键挑战是网络部署、优化、管理和协调的规模和灵活性。如果手动管理，提供新服务和管理 RAN 容量将不再可行。智能和自动化必须集成到网络生命周期的所有方面，以减少资本支出和运营成本。RAN 架构的每一层中的智能都是开放式 RAN 技术的核心。这将允许运营商部署真正自我管理的零接触自动化网络。考虑这样一个例子，在未计划的网络事件中，基带容量可能成为瓶颈。使用人工智能和机器学习代理，可以在短时间内检测到此事件并确定其特征，从而实现自动优化。

3.2.3.2　O-RAN 的整体架构

为了实现 5G 的开放式 RAN，全球运营商在 O-RAN 联盟的引领下，着手推进 RAN 的标准化和模块化。O-RAN 联盟制定了 5G RAN 的架构,该架构将原来由单一供应商提供的以硬件为核心的 RAN 拆分为多个部分,并且通过可互操作的标准明确规定了这些部分的接口。

如图 3-6 所示,当前的 O-RAN 接口设计是经过多个阶段的分割和演进而形成的。gNB 的功能被拆分为多个组件,每个组件的拆分分别反映了 gNB 的功能分布。O-RAN 联盟将 gNB 划分为 3 个主要组件:O-CU(中央单元)、O-DU(分布式单元)和 O-RU(无线单元)。O-RAN 联盟还采用了 7.2x 拆分级别定义作为 O-DU 和 O-RU 之间的接口标准。图 3-7 展示了由 O-CU、O-DU 和 O-RU 组成的 gNB 的接口和协议分割情况[8]。

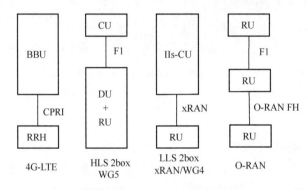

图3-6　O-RAN接口分割与演进

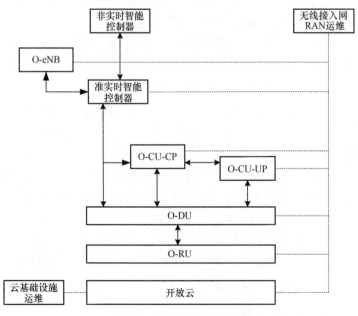

图3-7　O-RAN网络架构

3.2.3.3 O-RAN 接口介绍

本小节将重点介绍 O-RAN 的 7 个常用接口。

1）A1 接口。支持策略管理服务、消息服务、机器学习模型管理服务 3 种服务类型。

2）O1 接口。Open1 接口，连接 SMO 和 O-RAN 内部网元，实现对内部网元的智能化的配置和管理，涵盖性能管理、配置管理、故障管理、文件管理、通信检测、信令跟踪等功能。

3）O2 接口。Open2 接口，连接 SMO 和 O-Cloud，实现对 O-Cloud 上运行的 O-RAN 网络服务节点的智能化配置和管理，包括 O-Cloud 的发现和管理、资源的创建、删除、分配、扩容和缩容、资源的 FCAPS（性能管理、配置管理、故障管理、通信监视）、Cloud 平台的软件管理等。

4）E1 接口。连接 gNB-CU 的 gNB-CU-CP 和 gNB-CU-UP，或者 E-UTRAN 内部的 en-gNB 的 gNB-CU-CP 和 gNB-CU-UP，只涉及控制面部分。它是一个开放的标准接口，支持不同厂商的设备中的 gNB-CU-CP 和 gNB-CU-UP 之间的信令消息交换，为新功能、新业务、新需求提供扩展性，不用于用户数据转发。

5）E2 接口。通过该接口，Non RT RIC 实现对多个 O-CU-CP、O-CU-UP、DU、O-eNB 的无线资源的监控、配置、管理和控制。

6）F1 接口。连接 NG-RAN 内部的 gNB 的 CU 和 DU 功能实体，或者 E-UTRAN 内的 en-gNB 之间的 CU 和 DU。F1 接口是一个开放的接口，支持不同厂商设备中 CU 和 DU 之间信令交互和数据传送，支持控制面和用户面分离，支持针对新需求、新业务、性能的可扩展性。

7）Fronthaul m-plane 接口。在 5G 系统规范中，是 DU 和 RU 之间的内部管理接口。在 DU 和 RU 之间，3GPP 规范了用于数据传输的 CPRI 接口和 eCPRI 接口，但没有规范管理平面的接口协议，这个接口的协议规范由各个设备厂家自行定义，没有开放。

3.2.3.4 O-RAN 网元介绍

本小节将重点介绍 O-RAN 的 5 个基本网元类型。

（1）SMO

服务管理和编排（Service Management and Orchestration，SMO）是服务提供商网络中的一个重要组成部分，主要负责 RAN 管理、核心网管理、传输管理、端到端管理。在 O-RAN

的架构中，SMO 主要负责 RAN 管理，包括以下 3 个功能。

1）O-RAN OAM：实现无线接入网的 OAM FCAPS 功能，包括故障（fault）管理、配置（configuration）管理、计费（accounting）管理、性能（performance）管理、安全（security）管理。

2）基于 Non-RT RIC（Non-Real-Time Radio Intelligent Controller）的 RAN 优化：利用 Non-RT RIC 的智能化能力，对多个无线资源进行优化调度。

3）O-Cloud OAM：对云基础设施进行管理、编排、workflow 管理。

（2）Non-RT RIC

Non-RT RIC 是 SMO 框架内的一个逻辑功能，负责 RAN 管理，部署在 SMO 框架内。它可以通过 A1 接口与 Near-RT RIC 通信，也可以访问 SMO Framework 的其他功能。它的目标是通过 O1 接口对 RAN 资源进行优化控制，通过 O2 接口对 Cloud 进行配置。Non-RT RIC 还支持 rAPP，rAPP 是一种可移植的功能化应用程序，通过 R1 接口向 Non-RT RIC 提供 RAN 相关的增值服务，如 RAN 优化的数据分析、AI/ML 模型的训练和推理、O1 接口的推荐配置、A1 策略等。为了支持 rAPP，Non-RT RIC 需要公开 SMO Framework 的功能。为了支持 Non-RT RIC 的可移植性，还需要定义 Non-RT RIC 和 SMO Framework 其他功能的标准接口。Non-RT RIC 架构有两种描述方式：一种是基于功能性的，重点描述逻辑实体的功能；另一种是基于服务的，重点描述服务生产者提供给服务消费者的服务。

（3）Near-RT RIC

Near-RT RIC（Near-Real-Time Radio Intelligent Controller）是一种类似于 4G/5G 系统中的 RRM 功能的控制器，但比 RRM 功能更强大。Near-RT RIC 内部采用了经典的 3 层架构模型：数据层、业务逻辑层和表示层。

数据层由分布式数据库（Distributed Datebase，DDB）和共享数据层（Shared Data Layer，SDL）两部分构成。分布式数据库存储 UE 上下文相关的信息和无线资源控制相关的信息，可以与 Near-RT RIC 分开部署，与云基础架构相结合。共享数据层是对数据库的封装，简化了业务逻辑层对数据库的访问。

业务逻辑层主要负责 6 项业务，分别是：xApp，微服务应用程序；订阅管理（subscription management），通过注册/订阅和访问控制管理微服务应用程序；冲突缓解（conflict mitigation），因为无线资源管理涉及多种控制对象（如小区、UE 或承载）和多种控制功能（如接入控制、承载控制、切换控制、QoS 控制、资源分配），这些控制功能都是通过修改控制对象的参数来实现的，因此多个 xAPP 调整的参数可能会产生冲突，甚至是相反的配置，这就需要对冲突进行控制和管理，避免 CU、DU、RU 等节点出现混乱的行为；安全（security），用来防止恶意的 xAPP 滥用无线网络信息，提高网络安全性；管理服务（management service），用来对 xAPP 进行生命周期管理；消息基础设施（messaging infrastructure），用于在 Near-RT RIC 内部节点之间提供低时延的消息传递服务。

表示层有 O1 和 A1 两种接口，用来接收 SMO Non RT 的数据请求，然后分发到内部的各个 xAPP 服务上。

（4）O-CU、O-DU、O-RU

O-RAN 的网络内部由 O-CU、O-DU、O-RU 等网元组成，它们在 3GPP 定义的标准网元的基础上进行了开放性的扩展，以实现智能化控制。它们之间的开放性扩展的接口有 E2、O1、eCPRI 等。

1）中央单元（O-CU）：处理上层协议的分组数据聚合协议层。

2）分布式单元（O-DU）：负责基带处理、调度、无线链路控制、媒体接入控制和较高部分的物理层。

3）无线单元（O-RU）：负责物理层的较低部分，包括无线电发送器和接收器的模拟组件，在扁平架构中，O-RAN 架构的每个被管理的逻辑网元，包括 O-RU，都作为一个独立的实体，使用独立的、公开的 O1 通信接口与 SMO 进行通信。

（5）O-Cloud

O-Cloud 是一个开放的云基础设施平台，主要包括以下 3 大部分。

1）物理基础设施节点：能够满足 O-RAN 相关功能要求的物理资源。

2）软件组件：例如操作系统、虚拟机、实时容器等。

3）管理和编排功能：管理 O-RAN 的基础设施节点，提供节点的发现、注册、软件生命周期的管理。

3.2.3.5　O-RAN 的架构优势

O-RAN 的架构采用标准接口的分散和虚拟化网络来克服传统的 RAN 所存在的问题，这样做主要有以下 4 方面的好处。

1）转型：实现无线接入网的开放、虚拟化和完全可互操作。

2）创新性：可以自由地选择各种产品、服务和特色组件，从中挑选出最新、最优的 5G RAN 组件，通过使用支持 4G、5G 甚至 6G 的体系结构，为未来做好准备。

3）敏捷性：可以灵活地组合多家厂商的 RAN 组件，搭建最合适的 5G 网络，在多家专业化厂商的协助下，更快地部署和升级 5G 网络。

4）节省资本开支：利用具有竞争力的供应商生态系统，降低 5G 网络部署的成本。

3.2.3.6　O-RAN 与边缘计算

Mavenir 执行副总裁兼首席技术和战略官 Bejoy Pankajakshan 曾预测未来会有高达 75% 的处理实际上将发生在传统数据中心之外，边缘使用预期增长的垂直领域包括远程医疗诊断以及工业边缘计算。同时他指出，在 O-RAN 的架构中有两种形式的 RIC（Radio Intelligent Controller），分别是 Near-RT RIC 和 Non-RT RIC，在这两种 RIC 中分别有 xApp 和 rApp，二者之间的区别主要在于其控制回路的紧密程度，如果需要实现一个应用程序，其中控制循环的时间不到一秒，那么就可以在近乎实时的 RIC 上运行它，但是若需要更长的控制周期，就需要在 rApp 上运行。这种应用程序的托管能力可以让 RIC 本身具有边缘计算的特色，同时可以将智能带入网络的更深处，并且托管其他利用 O-RAN 网络的 API（Application Programming Interface）第三方应用程序。

这对边缘计算来说是至关重要的，因为这样就可以将一些无线电资源的管理和控制功能转移到集中式边缘基础设施或是无线电智能控制器中，从而让第三方应用程序利用这些 API 来构建可用于企业或消费者用例的应用程序。同时，边缘计算可以应用于引导特定用户获得更好的吞吐量或时延，提升用户体验，增强企业或消费者可以利用的最终体验。应用更加详细的网络建模更好性能的算法，不断修改和重新训练这些模型，以便随着时间的推移得到更好的优化。构建一个网络智能应用程序库，这些应用程序可以被边缘应用程序利用，并且第三方开发人员或运营商可以利用此边缘应用程序更好地运行其网络并为边缘应用程序提供更好的体验。当在智能方面提升价值链时，可以使用更好的机器学习和人工智能算法来提供一个更好结果的模型。因此，具有 RIC 的 O-RAN 及其带入边缘网络的智能将被视为运营商在网络边缘构建智能的关键之一。

3.3　网络资源管理

边缘计算是一种分布式的计算模式，边缘节点在地理上分布于多个地方，在这种分布式环境中，需要对网络资源进行管理，同时边缘计算支持多种不同性质的应用，包括物联网、增强现实、智慧城市等，每种应用对网络资源的需求可能不同，因此边缘计算需要合理的网络资源管理方案来确保边缘计算环境的高效运行，同时最大限度地利用网络资源。

网络资源管理平台通过集成先进的监测工具，实时追踪网络流量、服务器负载、带宽利用率等指标，为管理员提供全面的网络性能数据。通过智能化的资源分配算法，网络资源管理平台能够有效地调整和优化服务器、存储和带宽等关键资源的使用，以满足不同业务需求和变化的工作负载。SDN、NFV 和 NS 技术成为实现边缘计算网络资源管理平台功能的关键技术。

3.3.1 软件定义网络（SDN）

SDN 是一种智能灵活的可编程网络架构，开放网络基金会（Open Networking Foundation，ONF）将 SDN 定义为"网络控制平面与转发平面的物理分离，控制平面可以控制多个设备"。SDN 的核心概念是将网络的控制平面与数据平面分离，以实现网络的集中化控制。传统网络中，这两个平面通常紧密耦合在一起，而 SDN 通过将它们解耦，使网络设备（交换机、路由器等）的控制逻辑从硬件中分离出来，交由中央控制器来管理。在这种结构下，网络设备只需要接收来自控制器的命令，不需要理解处理各种网络协议、网络的管理、运维负担以及网络转发。设备的负担被极大减弱，网络管理员可以通过软件来动态配置和管理网络，实现更灵活的网络资源分配和策略控制[9]。图 3-8 所示为 SDN 参考模型。

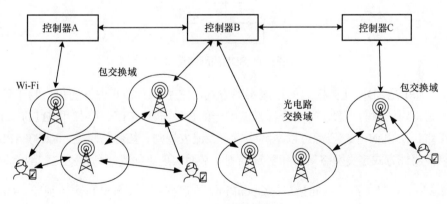

图3-8　SDN参考模型

SDN 网络模型通常分为 3 层：数据层、控制层和应用层。

数据层主要由路由器和交换机构成，主要负责网络数据的转发，转发规则由控制层制定，并通过南向接口下发到数据层。当交换机接收到来自控制层的新报文时，会首先对流表进行流表项匹配，如果匹配成功则完成相应的数据转发功能，如果匹配失败则上报控制层，等待控制层下达新的流表。

控制层主要负责监控整个 SDN 的拓扑状态和链路信息，控制数据层的转发功能。控制层可以通过南向接口与数据层进行通信，也可以通过北向接口与应用层通信。

应用层由各种应用软件构成，可以满足用户的特定需求。SDN 的工作流程为：当用户的业务请求到达数据层时，将业务请求上报控制器，控制器会根据网络的链路状态和业务需求产生数据转发规则，再通过交换机实现数据流的转发。

数据层的数据转发规则由控制层决定。为了实现控制器与交换机之间的连接，以及控制层和应用层之间的信息传递，开放网络基金会定义了南北向接口，北向接口主要负责控制层和应用层的连接，南向接口主要负责 SDN 中控制器和交换机之间的连接；同时还有东西向接口，可以实现业务拓展和 SDN 控制器跨域互联。SDN 的网络接口如图 3-9 所示。

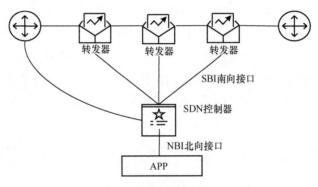

图3-9　SDN的网络接口

REST API 是 SDN 北向接口的主流实现方式，它基于 HTTP 进行通信，易于理解和使用，同时它采用资源的概念，每个资源都有唯一的标识符（URL），并使用 HTTP 方法对资源进行操作。在 SDN 中，资源可以是网络设备、流表规则、拓扑信息等。REST API 允许应用程序以声明性方式定义网络策略和配置规则，从而实现更加灵活和自动化的网络管理[10]。

OpenFlow 是最主流的南向接口，OpenFlow 协议架构由 OpenFlow 控制器、OpenFlow 交换机和安全通道组成。OpenFlow 控制器位于 SDN 模型的控制层，通过 OpenFlow 协议控制网络设备的数据转发。OpenFlow 交换机负责数据层的转发，与控制器通过安全通道进行信息传递、流表下发、状态上报。OpenFlow 流表由匹配域、处理指令等部分组成，当 OpenFlow 交换机收到一个数据包时，将包头解析后与流表中流表项的匹配域进行匹配，匹配成功则执行指令[11]。

3.3.2　网络功能虚拟化（NFV）

NFV 的核心概念是将网络功能（如防火墙、路由器、负载均衡器等）从专用硬件中解耦出来，将其部署在通用的标准服务器和网络设备上。借助 NFV，可以轻松部署和动态分配网络功能（Network Function，NF），此外，通过动态伸缩，可以将网络资源高效分配给虚拟网络功能。这样的方式使得网络功能的实现不必依赖于昂贵的专用硬件，大大减少了成本，同时运营商和企业能够更加轻松地配置、管理和升级网络功能。对于服务提供商来说，NFV 允许将一些网络功能部署在共享基础架构中运行，这样在为全部或部分客户添加、删除或更新功能时变得更加易于管理，因为更改只在共享基础架构中完成，而不是在各个客户场所。NFV 提供的高灵活性和可编程性可以满足用户需求的多样性。

如图 3-10 所示，NFV 架构主要由 3 部分组成，分别是虚拟网络功能（Virtualized Network Functions，VNF）、NFV 基础设施（NFV Infrastructure，NFVI）、NFV 管理和编排（NFV Management and Orchestration，NFV-MANO）。

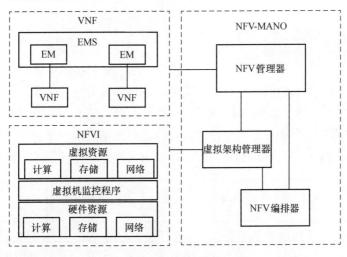

图3-10　NFV架构

VNF：VNF 可以看作部署在 NFVI 虚拟资源上的软件，其可以实现某个特定的网络功能，如防火墙、路由器、负载均衡器等。VNF 层通常还会有本地的虚拟机管理系统，用来理解并管理各个虚拟网络功能，以实现系统的稳定运行。

NFVI：NFVI 包括 NFV 环境的所有硬件和软件资源，所有的虚拟资源在一个统一的共享资源池中。NFVI 包括硬件资源层、虚拟化层和虚拟资源层。硬件资源层由大量的通用服务器构成，这些服务器可以提供计算、存储和网络资源；虚拟化层利用 Hypervisor 实现，将硬件资源虚拟化为虚拟资源。VNF 的运行就需要依赖 NFVI 层提供的虚拟资源。

NFV-MANO：NFV-MANO 架构由 ETSI 开发提出，包括虚拟化基础架构管理器（Virtualized Infrastructure Manager，VIM）、NFV 编排器（NFV Orchestrator，NFVO）、VNF 管理器（VNF Manager，VNFM）。VIM 负责管理和配置 NFV 架构中的各种物理资源和虚拟化资源。NFVO 主要管理和协调各类 VNF，它会一边收集物理资源和虚拟资源信息，一边更新可用的 VNF 信息，确保各类资源和连接的优化配置。VNFM 负责管理 VNF 的生命周期，比如 VNF 的上线、运行、下线和状态监控。

NFV 和 SDN 之间没有必然的联系，SDN 是一种网络架构，旨在将控制层和数据层进行分离，通过控制层下发流表对数据层网络设备进行统一控制，NFV 将网络功能从原本的专用硬件上转移部署到通用的设备上。NFV 的实现不依赖于 SDN，但是 SDN 实现控制和数据转发平面的分离，可以增强 NFV 的网络性能，提高灵活性。同时 NFV 也可以给 SDN 提供 SDN 软件运行所需要的基础设施资源。所以，NFV 和 SDN 之间可以相互结合，形成互补，提高网络的灵活性、可编程性和自动化[12]。

3.3.3　网络切片（NS）

5G 网络的三大核心应用场景包括海量机器通信、增强移动宽带和超高可靠低时延通信。不同应用场景所要求的网络时延、带宽和网络资源具有较大差异，为了实现海量网络需求，需要用到 NS 技术。如图 3-11 所示，网络切片是将物理网络划分为多个逻辑网络，每个逻辑网络被称为一个切片。每个切片具有自己的网络资源，如带宽、时延、安全策略和服务质量（Quality of Service，QoS）配置，以满足特定应用或服务的需求[13]。

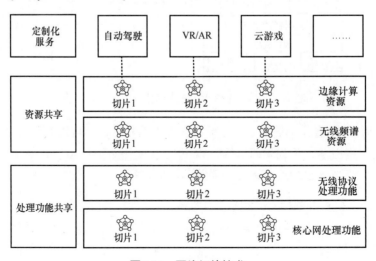

图3-11　网络切片技术

5G 移动通信的基本架构包括接入网、承载网和核心网。下面将从这 3 个方面介绍 NS 是如何实现的。

接入网切片。5G 接入网的主要组成部分是基站，负责传输用户的请求到汇聚机房，实现用户的上传和下载需求。在 5G 网络架构中，基站功能分为 AAU、DU 和 CU 三部分。其中，AAU 的主要作用是将基带数字信号转换成模拟信号，然后调制成高频射频信号，再通过功放单元放大功率，通过天线发射出去；DU 负责处理对时延敏感的服务；CU 负责处理对时延不敏感的服务。结合之前介绍的 SDN 和 NFV 技术，接入网所需要的网络功能会以软件的形式部署在基站中。图 3-12 所示为 5G 接入网切片，接入网切片主要根据网络功能的差异分配不同的时频资源，再根据每个基站范围内不同用户的需求进一步分配时频资源，通过这样的方式可以满足多样化的网络需求。

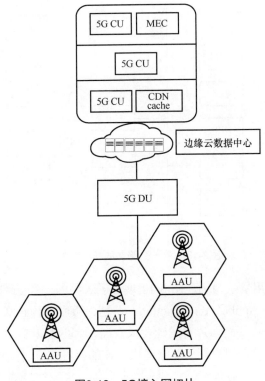

图3-12 5G接入网切片

承载网切片。5G 承载网切片就是将网络资源划分为多个虚拟网络，用于满足多样的带宽、时延、数据隔离等要求。承载网切片主要依赖于灵活以太网（Flex Ethernet，FlexE）、分段路由（Segment Routing，SR）及 SDN 等技术。FlexE 允许在以太网链路上创建多个分段（或子链路），可用于实现多个切片的资源分配。SR 允许网络管理员在数据包头部中插入段标签，以指示数据包的路径。不同的切片可以通过不同的段标签来路由其数据包，实现流量的隔离和管理。SDN 用于集中控制不同切片的网络流量，配置网络路径和实现隔离，根据不同切片的需求来调整网络拓扑和路由。结合 SDN、SR 及 FlexE 技术的承载网切片能够提供多个虚拟切片，用以满足特定应用或服务的需求，增加了网络资源配置的灵活性。

核心网切片。5G 核心网切片与其基于微服务的网络架构（Service Based Architecture, SBA）有关，SBA 将核心网的整体拓扑结构拆散，分成一个个单一功能的单元，基于微服务的核心网架构如图 3-13 所示。结合 NFV 技术，这些网络功能可以以软件的形式部署在服务器的虚拟机中，各个网络功能的部署、下线、更新变得更加便捷，同时 NS 可以根据业务场景自身的网络资源需求更加灵活地部署网络功能[14]。

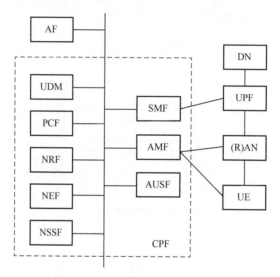

图3-13　基于微服务的核心网架构

以 5G 三大核心应用场景为例，图 3-14 展示了 3 种 NS 核心网网络功能的部署情况，其中 UPF、CPF、AF（Application Function）分别为微服务核心网架构中的用户面、控制面和应用功能。uRLLC 核心网切片对时延要求较高，所以可以将 UPF 和应用功能部署在边缘云数据中心，这样更接近用户侧，能够提供快速的服务响应，而将 CPF 部署在城域数据中心。eMBB 核心网切片对时延有一定要求，同时要保证网络性能，所以可以将 UPF 和应用功能部署在城域数据中心，将 CPF 部署在中心云数据中心，这样在保证时延和网速要求的条件下，还能有效缓解中心云的传输压力。mMTC 核心网切片需要海量的连接，但是其时延要求并不高，所以可以将 UPF、CPF 和应用功能都部署在中心云数据中心，这样可以大大降低成本。

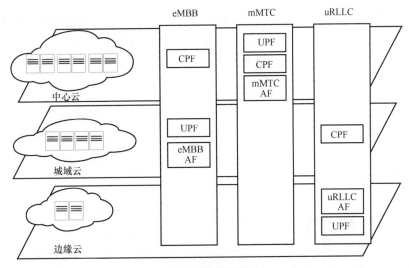

图3-14 核心网切片

NS 增大了网络管理的复杂度,因此需要合理有效地管理与编排系统,实现对业务服务、网络虚拟功能、切片生命周期、虚拟化基础资源的管理和编排。如图 3-15 展示了 NS 管理与编排的流程,主要分为 NS 实现模块和 NS 管理模块。

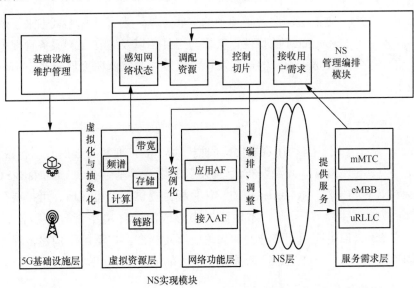

图3-15 NS管理与编排流程图

NS 实现模块由 5G 基础设施层、虚拟资源层、网络功能层、NS 层和服务需求层构成。5G 基础设施层包括边缘的 5G 基站、路由器、网关、交换机,也包括云中心的服务器、存储设备等。基础设施层的物理资源经过虚拟化后，得到上层的虚拟资源层，NS 管理模块可以对其进行管理和编排，形成虚拟化网络功能，虚拟化网络功能包括控制面功能、用户面功能和应用功能。一部分网络功能结合起来就形成了网络服务，服务需求层也会与 NS 管理模块通信，给切片的具体部署提供参考信息[15]。

NS 管理模块主要包括基础设施维护管理模块和 NS 管理编排模块，基础设施管理模块负责物理基础设施的监控和维修，NS 管理编排模块负责管理各个切片的生命周期。切片的生命周期包括实例化上线阶段、运行阶段和下线阶段。在管理编排过程中，管理模块会收集业务需求和网络状态等信息，以保证整个系统的稳定运行和实现网络资源的高效利用。

3.4　云边端服务管理

云边端的服务管理是决定各种类型信息服务在云边端协同网络中部署和运行的关键。本节讨论云侧、边侧和端侧的代表性服务管理平台 Kubernetes、KubeEdge 和 EdgeX，分别介绍它们的架构、组件、运行流程和应用案例。

3.4.1　云侧：以 Kubernetes 为例

Kubernetes（K8s）是云边端服务管理中的重要工具，为云计算领域带来了革命性的变革。我们将深入探讨 Kubernetes 的特性、架构与组件，以及它在云侧服务管理中的关键作用。我们还将重点关注 Kubernetes 的运行流程，以及通过案例研究展示 Kubernetes 在不同场景下的应用。

3.4.1.1　架构与组件

Kubernetes 是一个用于自动化容器化应用程序部署、扩展和管理的开源容器编排平台。它由 Google 开发，并于 2014 年开源发布，目前由云原生计算基金会（Cloud Native Computing Foundation，CNCF）维护。Kubernetes 的设计目标是提供一个可移植、可扩展和自动化的容器编排解决方案，用于在云端、本地数据中心或混合环境中管理容器化应用程序。Kubernetes 已成为云原生应用程序开发和部署的事实标准，广泛用于构建、管理和扩展容器化应用程序，为开发人员和运维团队提供了更大的灵活性和可靠性[16]。

Kubernetes 的集群架构如图 3-16 所示。

一个 Kubernetes 集群有一个主控节点（Master 节点）和多个工作节点（Node 节点），每个节点都能看作一台物理机或者虚拟机。

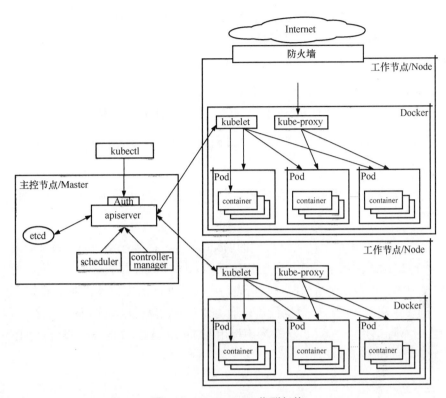

图3-16　Kubernetes集群架构

Master 节点在 Kubernetes 中扮演着关键的集群控制角色，每个 Kubernetes 集群都需要至少一个 Master 节点，它负责整个集群的管理和控制。Master 节点通常部署在独立的服务器上。它接收并执行几乎所有 Kubernetes 的控制命令。Master 节点上运行着以下关键组件。

1）kube-apiserver：作为集群的统一入口，提供 HTTP REST 接口，处理所有对象资源的增、删、改、查和监听操作，最终提交给 etcd 存储。

2）kube-controller-manager：负责 Kubernetes 资源对象的自动化控制，处理集群中常规的后台任务，一个资源对应一个控制器，而 controller-manager 负责管理这些控制器。

3）kube scheduler：根据调度算法为新创建的 Pod 选择一个 Node 节点，可以任意部署，可以部署在同一个节点上，也可以部署在不同的节点上。

4）etcd：一个分布式的、一致的 key-value 存储，主要用于共享配置和服务发现，保存集群状态数据，如 Pod、Service 等对象信息。

除了 Master 节点，Kubernetes 集群中的其他机器被称为 Node 节点。Node 节点是

Kubernetes 集群中的工作负载节点，每个 Node 节点都会被 Master 分配一些工作负载。当某个 Node 节点宕机时，其上的工作负载会被 Master 自动迁移到其他节点上。每个 Node 节点上运行着以下关键组件。

1）kubelet：作为 Master 在 Node 节点上的代理，与 Master 紧密协同，管理本机运行容器的生命周期，负责 Pod 对应的容器的创建、启停等任务，实现基本的集群管理功能。

2）kube-proxy：在 Node 节点上实现 Pod 网络代理，实现 Kubernetes Service 的通信，维护网络规则和四层负载均衡工作。

3）Pod：Kubernetes 中最重要也是最基本的概念，它代表着最小的部署单元，通常由一组容器组成。

正确安装、配置和启动上述关键组件的 Node 节点可在运行期间动态添加到 K8s 集群。kubelet 主动向 Master 注册自身，将按一定时间间隔向 Master 报告其状态，包括操作系统、Docker 版本、CPU 和内存使用情况，以及先前运行的 Pod 历史记录。Master 实时了解每个 Node 节点的资源利用情况，有效执行负载均衡和资源调度策略。Node 节点在一段时间内未上报信息时被标记为"失联"，状态为不可用（Not Ready）。Master 启动自动工作负载迁移以确保集群的稳定性和可用性。

3.4.1.2 运行流程

边缘计算算法在 K8s 上的运行有以下 6 个工作流程。

1）分配资源规格。根据提出的优化问题的解确定应用程序所需的资源，包括计算资源（CPU 和内存）、容器镜像、存储资源、服务端口等。

2）创建资源镜像。根据应用所需资源，选取适当的 K8s 资源对象描述应用程序，例如 Deployment 和 Pod。然后编写 Yaml 或者 Json 文件来定义资源对象，这个文件通常包括容器镜像、副本数、CPU 和内存要求、环境变量等在内的配置信息。

3）提交资源规格。使用 API Server 提交资源规格，通常通过 kubectl 命令行工具或通过 API 请求将规格文件提交到 K8s 集群。使用 kubectl 命令行时，可以通过"kubectl apply -f example.yaml"命令，将"example.yaml"提交到 K8s 集群。此外，还可以通过 HTTP POST 请求将资源规格提交到 Kubernetes 的 API 服务器，此时需要创建一个 HTTP 请求，将规格文件的内容作为请求主体，并发送到 Kubernetes API 服务器的相应端点。

4）API Server 接收请求。请求首先经过身份验证，确认请求的发起者，随后进行授权检查，以确保发起者有执行请求操作的权限。一旦通过身份验证和授权，API Server 解析请求内容，根据请求中的路径、HTTP 方法和请求内容中的信息来确定应该由哪个 API 端点执行请求，请求到达 API 端点后，API Server 会执行资源对象的验证，确保其符合 K8s 的要求。

5）API Server 处理请求。一旦资源对象通过验证，API Server 将执行请求中指定的操作。这可能包括创建、读取、更新或删除资源对象，或者执行与资源对象相关的其他操作。例如，如果请求是创建 Pod，API Server 将执行创建新 Pod 的操作，同时将相关的信息存储在 etcd 中，以便后续的管理和控制。

6）生成响应。请求处理完后，API Server 将会生成一个 HTTP 响应，包括 HTTP 状态码、响应头及响应主体。响应包含请求结果或者错误信息，最后会被返回给请求的发起者。

此外，Kubernetes 还提供了一系列关键功能来支持容器化应用程序的部署和管理。

1）监视资源规格。控制器管理器（controller-manager）负责监视资源规格，确保它们的状态符合用户的期望。不同类型的控制器会监视不同类型的资源对象，例如 Deployment 控制器监视 Deployment 资源。

2）Pod 调度。如果某个边缘计算应用程序需要在特定边缘节点上运行，调度器（scheduler）将决定将 Pod 分配给哪个边缘节点。调度器会考虑节点的可用资源、地理位置和其他条件，以选择最佳节点。

3）Pod 管理。kubelet 是运行在每个工作节点上的组件，负责监控 Pod 的状态，以确保它们处于运行状态。kubelet 会与 API Server 通信，以获取 Pod 规格，并确保 Pod 的容器按规格正常运行。

4）资源调整。如果边缘计算算法最终解出来需要更多或更少的计算资源，用户可以根据需要更新资源规格，例如修改 Pod 的 CPU 和内存资源请求，Kubernetes 会根据更新来调整资源的分配，以满足新的需求。此外，Kubernetes 提供了自动伸缩机制，可以根据应用程序的负载情况自动调整副本数，有助于在需求高峰时自动扩展容器实例，以满足流量需求。

5）监控和自愈。Kubernetes 提供了监控、日志记录和自愈机制，以确保应用程序的高可用性和稳定性。例如自动替换失败的 Pod、扩展和缩小应用程序等功能。

6）服务发现。Kubernetes 允许容器化应用程序在集群中发现与它们相关的其他服务并与其通信。它允许不同的应用程序组件之间进行动态通信，而无须手动配置每个组件的网络地址。

7）负载均衡。Kubernetes 中的负载均衡是一种将流量分发到应用程序的多个副本或实例之间的技术，以确保这些应用程序能够处理大量请求。K8s 提供了多种负载均衡机制，以帮助管理容器化应用程序的流量分发，例如 Service 负载均衡和 Ingress 负载均衡等。

综上，Kubernetes 能够处理容器化应用程序的部署、资源管理、自动化操作等多个方面，确保应用程序在容器环境中高效运行。这些功能和工作流程协同工作，使 Kubernetes 成为构建和管理容器化应用程序的首选工具。

3.4.1.3　案例分析

前文我们介绍了 Kubernetes 的工作流程与主要功能，Kubernetes 已经从一个开源项目变成了强大的容器编排和管理平台，深刻改变了程序运维的方式。

（1）中国联通

中国联通作为中国电信运营商的重要代表之一，面对着庞大的用户群和复杂的基础设施管理挑战。引入 Kubernetes 后，中国联通的云平台已经托管了几十个微服务以及未来的新开发项目，资源利用率提高显著，IT 基础设施成本有所降低，同时应用程序的部署时间也从几个小时缩短至几分钟。此外，Kubernetes 的自愈和可扩展性极大地提高了运维效率。这个成功案例清晰地展示了 Kubernetes 在大规模电信运营环境中的卓越性能，以及它对提高效率、降低成本和实现可持续发展的关键作用。

（2）adidas

adidas 作为一家全球知名的运动品牌，面临着快速发展的电子商务业务和技术工具的复杂管理问题。为了解决这些问题，adidas 团队采用了 Kubernetes 和云原生技术，缩短了项目启动时间并提高了效率。那时 adidas 的电子商务网站全部在 Kubernetes 上运行，加载时间减半，发布周期从每 4～6 周缩短到每天 3～4 次。通过 4000 个 Pod、200 个节点和每月 8 万次构建，adidas 在其云原生平台上运行了 40% 的关键的和有影响力的系统。这个案例展示了 Kubernetes 成为大型组织应对应用程序管理方面的挑战的有力工具，提高了资源利用率和交付速度，从而实现了显著的业务影响。

（3）华为

作为全球最大的电信设备制造商，华为面对着庞大的用户群体和复杂的基础设施管理挑战。他们将内部的大量应用程序迁移到 Kubernetes 上，截至 2016 年年底，华为的内部 IT 部门已经使用基于 Kubernetes 的平台即服务解决方案来管理超过 4000 个节点和数万个容器。全球部署周期从一周缩短到几分钟，应用程序交付效率提高了 10 倍。这一成功案例突出了 Kubernetes 作为解决方案的关键作用，它不仅帮助华为应对了复杂的分布式系统管理挑战，还显著降低了运营成本，提高了公司的竞争力。

通过中国联通、adidas 和华为的成功案例，我们看到 Kubernetes 在各个领域（如电信、电子商务和电信设备制造）的广泛应用。它提高了资源利用率，降低了 IT 基础设施成本，缩短了应用程序的部署时间，提高了运维效率，实现了显著的业务影响。

Kubernetes 不仅为企业提供了更灵活、高效的应用程序管理方式，还为其带来了竞争优势，使其能够适应快速变化的市场需求。随着 Kubernetes 继续演进和成熟，它将继续在不同行业的企业中发挥重要作用，推动数字化转型和创新。不管是大型电信运营商、全球知名品牌，还是电信设备制造商，Kubernetes 都已经成为它们不可或缺的工具，助力它们实现业务的持续增长和发展。

3.4.2　边侧：以 KubeEdge 为例

在边缘计算中，KubeEdge 是一个备受关注的开源项目，作为 Kubernetes 在边缘计算领域的扩展，其使得在云端和边缘之间实现容器化工作负载的管理和协同成为可能。我们将深入了解 KubeEdge 的架构与组件，探讨其运行流程，同时还将通过案例分析它如何应用于实际场景中。

3.4.2.1　架构与组件

如果想了解 KubeEdge 的内部工作原理，那么了解其架构和关键组件是至关重要的。KubeEdge 的设计理念和核心组成部分是构建这一边缘计算平台的基石，它们为在边缘设备上运行容器化工作负载和有效地管理这些设备提供了强大的支持。下面我们详细介绍 KubeEdge 的架构，解剖其各个关键组件，以揭示它如何提供服务，并提供具有高度可扩展性和灵活性的应用。

KubeEdge 的集群架构如图 3-17 所示。

在 KubeEdge 架构中，主要有两类组件，分为云上组件与边缘组件。其中，云上组件包括以下 3 个。

1）CloudHub。作为 CloudCore 中的重要组件，CloudHub 在 KubeEdge 框架中担任控制器与边缘端的中介，支持 WebSocket 和 QUIC（Quick UDP Internet Connections）协议，为 EdgeHub 提供自主选择访问 CloudHub 的灵活性。其主要任务是促进高效的边缘与控制器通信，包括消息上下文获取和通道队列创建、建立 WebSocket 上的 HTTP 连接、服务 WebSocket 连接、消息接收和发送，以及向控制器发布消息。

2）EdgeController。EdgeController 是 KubeEdge 中的关键组件，它充当了 API Server 和 EdgeCore 之间的桥梁，起到协调和管理的重要作用，其核心任务是确保云端和边缘设备之间的通信和数据同步，从而实现高效的边缘计算管理和维护。

3）DeviceController。KubeEdge 的 DeviceController 是云端的重要组件，负责设备管理。KubeEdge 中的设备管理通过采用 Kubernetes 的自定义资源定义（CRD）来描述设备的元数据和状态，并通过 DeviceController 在边缘和云端之间同步这些设备的更新[17]。

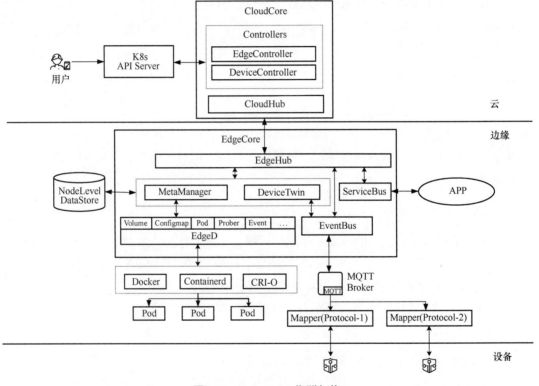

图3-17　KubeEdge集群架构

边缘组件有以下 6 类。

1）EdgeD。EdgeD 是 KubeEdge 的边缘节点模块，管理容器生命周期，支持多种容器运行时，用于部署各类工作负载，可通过 kubectl 命令在云端控制。EdgeD 的功能需要多个协同工作的模块，为 KubeEdge 提供了边缘计算支持[18]。

2）EventBus：EventBus 是边缘和云端事件通信的关键组件，支持数据同步和应用程序解耦。EventBus 通过事件处理引擎路由事件到适当的处理程序，以实现设备控制、数据分析和警报生成等操作。EventBus 促进了高度协同的边缘计算环境，适用于多种场景。

3）EdgeHub。EdgeHub 负责与 CloudHub 通信，支持 WebSocket 和 QUIC 协议连接，用于同步云端资源和汇报边缘设备状态。EdgeHub 充当了边缘与云端的通信桥梁，负责消息路由。其主要功能包括保持连接活跃、发布客户端信息及消息路由，以支持边缘计算中的数据传递和处理。

4）DeviceTwin。DeviceTwin 模块负责存储设备状态、处理属性、执行设备双模块操作、创建边缘设备和边缘节点关系、同步设备状态和设备双模块信息，同时提供应用程序查询接口。其核心职责由 4 个子模块协同完成。

5）MetaManager。MetaManager 是 EdgeD 和 EdgeHub 之间的消息处理器，同时负责将元数据存储到轻量级数据库（SQLite）或从中检索元数据。其可以执行插入、更新、删除、查询等操作。

6）ServiceBus：ServiceBus 是一个 HTTP 客户端，用于云端组件与运行在边缘的 HTTP 服务器进行交互，类似于 EventBus，但使用 HTTP 代替 MQTT，用于与边缘应用程序通信。

这些组件共同构建了 KubeEdge 的强大架构，支持各种边缘计算应用场景，确保云端和边缘之间的协同工作。了解这些组件和架构是深入理解 KubeEdge 内部工作原理的重要一步。

3.4.2.2　运行流程

KubeEdge 是一个边缘计算平台，其工作流程涉及多个关键步骤，从边缘设备上的算法执行到资源分配和管理。以下是 KubeEdge 的工作流程。

1）定义容器。在创建边缘计算任务或工作负载时，首先需要将其定义为容器的形式。这涉及将边缘计算算法或应用程序以容器镜像的方式打包，并明确定义所需的计算资源、环境配置以及其他必要的参数。容器化工作负载的定义过程是确保边缘设备能够正确执行特定任务或应用程序的关键步骤。这包括选择适当的容器镜像、配置环境变量、挂载数据、设置网络参数和定义启动命令等，以确保工作负载能够在边缘计算环境中有效地运行。

2）云端管理。在云端，管理者可利用 Kubernetes 来管理容器化工作负载。kubectl 等 Kubernetes 工具可以把包括容器镜像、资源需求、环境配置等的工作负载清单部署到 KubeEdge 的云端组件中。这些组件担任中心化管理和控制的角色，协调工作负载的调度、资源分配和监控，以确保它们在边缘设备上正确运行。K8s 提供了强大的容器编排和管理功能，使云端管理高效且可扩展，确保了工作负载在边缘计算环境中的顺利部署和维护，同时保证了灵活性和可管理性。

3）资源分配和调度。KubeEdge 的边缘组件 EdgeController 负责将工作负载在适当的边缘设备中进行匹配和调度，它将工作负载与适合的边缘设备匹配，并将其部署到这些设备上。一旦工作负载被分配到边缘设备上，EdgeController 会继续监控资源使用情况，以确保工作负载在运行过程中得到所需的计算资源，并及时处理资源不足或故障情况。这确保了工作负载的高效执行，同时最大限度地利用边缘设备的资源。

4）负载同步。一旦工作负载被分配到边缘设备上，KubeEdge 会确保工作负载的镜像和配置与云端保持同步，以确保工作负载的一致性和正确性。

5）设备状态管理。DeviceController 和 DeviceTwin 组件是 KubeEdge 中关键的设备管理模块，它们负责有效管理和监控边缘设备的状态，包括设备的属性、元数据以及其他相关信息。设备状态的管理有助于实时监视设备的健康状况和性能，同时还支持远程操作和设备管理。通过这两个组件，KubeEdge 提供了强大的设备状态管理功能，使边缘计算环境中的设备能够高效运行并实现智能监控和远程控制。

6）数据同步。EventBus 和 ServiceBus 组件支持边缘设备和应用程序之间的事件通信和数据同步。这使得边缘设备可以与云端交换数据和信息，从而实现协同工作。

7）监控和管理。KubeEdge 提供了监控和管理工具，支持实时监控边缘设备和工作负载的性能，进行升级、扩展操作，并生成警报和通知以应对问题。此外，它还支持日志记录、审计和自动化任务执行，以确保边缘计算环境的可靠性和稳定性。

8）结果反馈。边缘设备上的工作负载完成以后，结果会被上传至云端或者在边缘设备上进行进一步的处理。

前文中介绍的 K8s 更关注于云端业务；作为 K8s 的拓展，KubeEdge 更关注边缘设备，是一种针对边缘场景的解决方案。区别于 K8s，KubeEdge 提供了额外的离线支持。

这一特性允许边缘设备在断开与云端的连接时仍能继续执行任务，采取本地决策，存储数据，并在网络重新连接时异步将数据同步到云端。KubeEdge 的离线支持使边缘设备更具弹性和可靠性，适应不稳定的网络条件。这是 KubeEdge 的重要特点之一，因此其特别适合面向边缘计算的应用场景。

3.4.2.3　案例分析

下面以华为公司为例介绍 3 个 KubeEdge 的实际应用场景。

1）卫星计算。华为的研究人员通过 KubeEdge 的边缘协同 AI 子项目 Sedna 成功实现了地面与卫星之间的多模型协同推理，这一创新性的解决方案允许在卫星上部署轻量级小模型，同时将大模型部署在地面，从而充分发挥了卫星资源的性能，实现了更出色的 AI 推理效果。依赖 KubeEdge 的 Device Mapper，地面管理人员可以实时监控卫星设备的状态，这一切都建立在 KubeEdge 的高可靠云边通道上。同时结合 Kubernetes 的数据模型，地面可实现对卫星上应用的统一生命周期管理。

2）AI 应用。华为云边缘云创新实验室（ECIL）致力于分布式协同 AI 技术与业务创新，提供 KubeEdge SIG AI 系列中边云协同推理、联邦学习、增量学习和终身学习解决方案。他们着重解决了边缘 AI 规模复制中的两个关键技术难题，即数据异构和小样本问题。数据异构是由不同边侧设备的数据分布不断变化导致的，而小样本问题是由标注成本较高而导致样本数量稀缺造成的。为了应对这些挑战，实验室提出了边云协同终身学习的概念，来实现云侧知识库的持续学习和更新，以适应不断变化的边缘环境。

3）DaoCloud 基于 KubeEdge 的边缘计算实践。华为的研发人员对 Beehive 通信框架进行了优化，将消息通道分为 Stream、Bus 和 Hub 三条，各自负责不同的通信任务，在提高通信效率的同时降低了网络成本。此外，他们还扩展了 Device Management Interface 定义，允许诸如 EdgeX 和 AKri 的开源设备框架接入 KubeEdge，从而加强了 KubeEdge 的通信性能和灵活性。

KubeEdge 作为一个强大的边缘计算平台，不仅提供了理论框架，还在实际应用中展现出了广泛的潜力。华为等公司在卫星计算、AI 应用和通信框架等领域的实际应用案例都表明，KubeEdge 为边缘计算领域提供了创新性的解决方案，通过离线支持、终身学习等特性，极大地提高了边缘计算的效率和适应性。随着更多行业的采用和不断优化，KubeEdge 将继续推动边缘计算领域的发展，为未来的创新和应用提供更多可能性。

3.4.3 端侧：以 EdgeX 为例

EdgeX 是一个开源的物联网框架，旨在简化物联网设备和应用程序的集成。EdgeX 最初由 Linux 基金会于 2017 年启动，并且一直在不断发展和改进。它以其灵活的架构和强大的组件为基础，为开发者提供了一个无缝集成物联网设备和应用程序的平台。

3.4.3.1 架构与组件

EdgeX 的架构与组件是构建这一物联网框架强大功能的基石。深入了解 EdgeX 的核心构建块和架构原则，可以帮我们更好地理解如何利用这一框架来构建自己的物联网解决方案。本小节将展示 EdgeX 的架构，揭示这个框架是如何设计、组织和运作的，以便能够更好地理解 EdgeX 的工作流程。

EdgeX 的集群架构如图 3-18 所示。

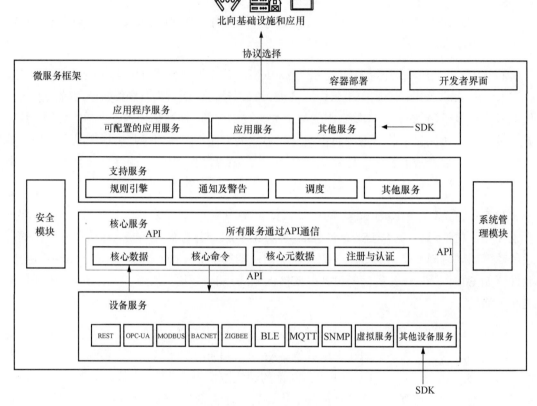

图3-18　EdgeX的集群架构

作为一个开源的物联网组件，EdgeX 包含多个组件，来连接、管理和操作物联网设备和数据，其主要组成部分如下。

1）核心服务。EdgeX 的核心服务构成了该框架的核心组件，用于管理和处理物联网设备和传感器的数据。核心服务包括 3 个关键部分：核心数据服务负责数据的采集、存储和处理，支持数据实时转换、过滤和路由，以及数据标准化，从而确保不同设备的数据格式得到统一处理，并将数据存储到本地数据库或传输到其他系统；核心元数据服务用于设备和元数据的管理，包括设备属性、配置信息和数据标签，它支持设备的注册和配置，使设备能够轻松加入 EdgeX 系统并进行管理，同时允许进行元数据查询和检索；核心命令服务则负责接收和执行针对物联网设备的命令，允许应用程序向设备发送命令以实现对其操作和行为的控制。

2）设备服务。EdgeX 的设备服务扮演着关键的角色，负责管理和连接各种类型的物联网设备和传感器。通过设备驱动程序框架的支持，设备服务能够适应不同的通信协议和设备类型，使 EdgeX 系统具备多样性和互操作性。设备服务支持设备的注册、配置及数据采集，将设备数据传递给核心数据服务进行处理。此外，它提供有关设备的元数据信息，有助于更好地管理和理解设备。利用其可扩展性和灵活性，设备服务允许开发者添加自定义设备驱动程序和插件，以满足特定设备类型或通信协议的要求，从而使 EdgeX 成为一个适用于各种应用的强大物联网框架。

3）应用程序服务。应用程序服务为开发者提供了创建和运行物联网应用程序的基础。这些应用程序可以利用从物联网设备和传感器获取的数据，执行数据分析、决策制定、警报生成和自定义处理等操作。应用程序服务允许定义自定义规则和触发器，以根据特定条件自动执行操作，并支持事件驱动的处理。它还具备灵活的插件系统，可根据需要进行扩展，支持与云服务的集成，以及提供用户界面和可视化功能。

4）支持服务。支持服务提供额外功能和支持，包括安全、用户管理、事务、元数据、监控、设备管理和数据管理服务。它们构成了 EdgeX 的支撑结构，保障系统的安全和可维护性，同时提供对设备和数据的管理和监控。这些服务丰富了 EdgeX 的功能，为构建可靠的物联网解决方案提供了基础。

此外，EdgeX 还拥有安全模块和系统管理模块，二者共同确保系统的安全性和有效管理。安全模块提供身份验证、数据加密、设备验证和安全日志记录等功能，以保护系统免受未经授权的访问和数据泄露。同时，系统管理模块管理用户、设备和数据，支持监控、日志记录和安全策略管理，有助于管理员更好地管理和维护系统。这两个模块合作构建了 EdgeX 框架的支持结构，为构建可靠的物联网解决方案提供了必要的安全性和管理性[19]。

3.4.3.2　运行流程

EdgeX 的运行流程描述了该物联网框架如何协调和处理来自物联网设备的数据。以下是 EdgeX 的运行流程的简要介绍。

1）设备接入与注册。EdgeX 的设备连接与注册是物联网框架运行流程的第一步。它允许各种物联网设备和传感器与 EdgeX 系统建立通信通道，并将它们的包括设备标识、类型、配置、属性和元数据信息在内的关键信息注册到核心服务的核心元数据服务中。这确保了系统能够识别和管理不同设备，并为后续数据采集和应用程序处理提供了必要的信息。设备连接与注册是实现多样化物联网设备互操作性的关键步骤。

2）数据采集。EdgeX 的设备数据采集是设备服务模块的关键步骤。它负责获取来自各种物联网设备和传感器的数据，包括传感器读数、设备状态和事件通知等。设备数据采集确保数据的有效捕获和处理，为后续应用程序处理提供了必要的支持。

3）数据处理与分发。EdgeX 的数据处理和分发流程由核心服务的核心数据模块和应用程序服务协同完成。数据首先经过清洗、标准化和存储，然后传送给已订阅数据的应用程序服务，允许执行各种自定义数据处理操作。这一流程确保数据有效地传递到应用程序，支持实时决策制定、警报生成和数据导出等操作，从而满足各种物联网应用的需求。同时，EdgeX 提供监控和日志记录功能，有助于维护系统的稳定性和性能。这一步骤增强了 EdgeX 的数据管理和分发能力，为构建复杂的物联网解决方案提供了强大的支持。

4）应用程序处理。EdgeX 的应用程序处理环节由应用程序服务模块完成，允许订阅、分析和处理数据，执行自定义操作、规则引擎触发和事件驱动。这使得 EdgeX 适用于多样化的物联网应用程序，从实时数据分析到事件触发的操作，以及用户界面和可视化展示。应用程序处理增强了 EdgeX 的智能性和适应性，适合各种物联网应用领域。

5）数据导出。数据导出允许将处理过的数据传送到外部系统，如云服务、数据库、分析工具或其他应用程序。管理员可以选择目标系统、配置数据格式和传输协议，定义数据导出策略，确保数据的安全性。数据导出功能增加了 EdgeX 的灵活性和可扩展性，使其能够适应多种不同的数据集成和分析需求。

6）监控和管理。EdgeX 的监控和管理模块提供了运行状况监控、日志记录、警报管理、性能分析和远程管理等功能。它允许管理员实时监测系统的健康状况，检测异常并采取相应的措施，确保系统的稳定性和高可用性。此外，管理员可以配置安全策略、执行系统升级和维护操作，以确保 EdgeX 在不同物联网应用场景中持续提供可靠的服务。

此外，EdgeX 还提供了独特的规则引擎服务 Kuiper，用于监测实时数据流并根据预定义的规则触发操作。它允许物联网系统实时响应数据事件，包括生成警报、执行自动化控制和支持事件驱动的应用程序。规则引擎有助于提高系统的响应速度、自动化决策制定，广泛用于各种物联网应用场景。

3.4.3.3　案例分析

EdgeX 开放的物联网框架为各行各业提供了机会，通过其灵活性和可扩展性，实现物联网解决方案的创新。以下案例分析展示了 EdgeX 如何协助不同行业的组织实现实时数据处理、智能决策制定和设备管理。

1）英特尔。EdgeX Foundry 与英特尔的合作发生在零售行业。二者合作的重点是实时传感器融合技术（RTSF）如何利用 EdgeX 开源中间件整合 POS、RFID、称重和计算机视觉数据到单一管理平台。这项技术提高了对物品检测和对账的准确性，强调了未充分利用的零售数据及 EdgeX Foundry 架构如何实现跨应用的实时数据访问，帮助零售业改善服务和体验。EdgeX 中间件、数据标准和可重用组件加快了开发和集成进程，降低了风险，使各供应商能够专注于其领域的专业内容。英特尔和 EdgeX Foundry 携手应对零售业的挑战，提高了数据利用率，加快了开发和集成速度，为业务创造了更大的价值。

2）Wipro。EdgeX 与 Wipro 公司的合作发生在制造领域，二者的合作目标是改进活塞杆的质量检测效率与准确度。通过利用 EdgeX 的架构和现成的边缘软件堆栈，Wipro 能够快速实施实时质量检测，减少人工干预，提高了一致性和可靠性。这一解决方案采用深度学习模型和英特尔的 OpenVino 工具包，进一步提高了自动检测的准确性。此外，EdgeX 的设备服务层增强功能和 AppSDK 定制功能使 Wipro 能够轻松连接到云端托管的业务应用，提供有导向性的见解和绩效监控。这一合作案例的优势包括降低质量检测成本，提高监控和管理的效率，减少对人工判断的依赖，以及加速检测过程，从而获得更加可靠的结果。

3）Technotects。EdgeX 与 Technotects 的合作发生在物联网领域，Technotects 使用 EdgeX Foundry 框架成功实施了一个监控过程模块的物联网解决方案，覆盖了多个行业，包括农业、制药和石油化工。他们计划利用 EdgeX Foundry 平台在保持灵活性和降低成本的同时提供强大的物联网解决方案堆栈，帮助客户应对互操作性挑战。通过使用 Dell Edge Gateway、IOTech 的 Edge Xpert、Redis Labs 的 RedisEdge 等多种组件，Technotects 成功实施了这一解决方案，展示了 EdgeX Foundry 的开放性和多样性。

EdgeX 作为一个开放的物联网框架，为不同行业提供了助力，实现了物联网解决方案的创新。英特尔、Wipro 和 Technotects 等合作案例充分展示了 EdgeX 如何高效开发与集成，降低风险，并帮助各组织专注于其核心业务。EdgeX 已经成为物联网边缘标准互操作性框架的一部分，推动着物联网领域的发展。

参考文献

[1] WANG H X, LIU T T, KIM BG, et al. Architectural Design Alternatives Based on Cloud/Edge/Fog Computing for Connected Vehicles[J]. IEEE Communications Surveys & Tutorials, 2020, 22(4):2349-2377.

[2] KHAN W Z, AHMED E, HAKAK S, et al. Edge Computing: A Survey[J]. Future Generation Computer

Systems, 2019, 97:219-235.

[3] SIMEONE O, MAEDER A, PENG M G, et al. Cloud Radio Access Network: Virtualizing Wireless Access for Dense Heterogeneous Systems[J]. Journal of Communications and Networks, 2016, 18(2):135-149.

[4] 王冬冰,王洪亮,杨永军,等. 面向 5G C-RAN 组网模式在现网中的应用[J]. 电信科学, 2018, 34(S1):17-23.

[5] WANG X Y, HUANG Y H, CUI C F, et al. C-RAN: Evolution Toward Green Radio Access Network[J]. China Communications, 2010, 7(3):107-112.

[6] MEI H R, HASSAN M, PENG L M, et al. A Novel Front-hauling Architecture Under Centralized Radio Access Network (C-RAN)[J]. Journal of Communications and Networks, 2022, 24(3):305-312.

[7] POLESE M, BONATI L, D'ORO S, et al. Understanding O-RAN: Architecture, Interfaces, Algorithms, Security, and Research Challenges[J]. IEEE Communications Surveys & Tutorials, 2023,25(2):1376-1411.

[8] KAZEMIFARD N, SHAH-MANSOURI V. Minimum Delay Function Placement and Resource Allocation for Open RAN (O-RAN) 5G Networks[J]. Computer Networks, 2021, 188:107809.

[9] QIU X F, LIU W M, GAO T, et al. WoT/SDN: Web of Things Architecture Using SDN[J]. China Communications, 2015, 12(11):1-11.

[10] AHMAD S, MIR A H. Scalability, Consistency, Reliability and Security in SDN Controllers: A Survey of Diverse SDN Controllers[J]. Journal of Network and Systems Management, 2021, 29:1-59.

[11] 张淑玲. 基于 OpenFlow 的软件定义网络 SDN[J]. 电子元器件与信息技术, 2018, (12):42-44.

[12] CARELLA G, EDMONDS A, DUDOUET F, et al. Mobile Cloud Networking: From Cloud, Through NFV and Beyond[C]//2015 IEEE Conference on Network Function Virtualization and Software Defined Network (NFV-SDN). IEEE, 2015:7-8.

[13] VO P L, NGUYEN M N H, LE T A, et al. Slicing the Edge: Resource Allocation for RAN Network Slicing[J]. IEEE Wireless Communications Letters, 2018, 7(6):970-973.

[14] 马璐,王鲁晗,陈炜,等. 服务化的 5G 核心网切片管理系统研究与实现[J]. 北京邮电大学学报, 2018, 41(5):78-85.

[15] MARQUEZ C, GRAMAGLIA M, FIORE M, et al. Resource Sharing Efficiency in Network Slicing[J]. IEEE Transactions on Network and Service Management, 2019, 16(3):909-923.

[16] MEDEL V, TOLOSANA-CALASANZ R, BANARES J Á, et al. Characterising Resource Management Performance in Kubernetes[J]. Computers & Electrical Engineering, 2018, 68:286-297.

[17] XIONG Y, SUN Y L, XING L, et al. Extend Cloud to Edge with Kubeedge[C]//2018 IEEE/ACM Symposium On Edge Computing (SEC). IEEE, 2018:373-377.

[18] 赵航,刘胜,罗坤,等. 面向 KubeEdge 边缘计算系统应用研究[J]. 智能科学与技术学报, 2022, 4(1):118-128.

[19] 顾笛儿,卢华,谢人超,等. 边缘计算开源平台综述[J]. 网络与信息安全学报, 2021, 7(2):22-34.

第**4**章

边缘计算资源管理的基本问题与优化方法

边缘计算系统的各类资源管理使能技术和平台赋予了管理者对系统中各层资源进行配置与调度的能力。然而，边缘计算中各种问题的最优决策与资源分配，无法通过对决策和资源的简单、静态配置得到有效解决，计算、存储、传输等过程均涉及对系统各层资源的优化，需要提出针对性的优化方法来实现问题求解，根据优化目标建立系统模型并设计优化算法。

边缘计算资源管理的优化在工程系统中属于核心算法层面，其在本质上也属于信息技术科学研究范畴，其科学内涵在于探知边缘计算资源管理问题中各类决策与通信、计算、存储等多维资源对边缘计算系统中各项性能指标的作用机理。边缘计算资源管理的优化方法涉及系统中各基本问题的决策因子与系统各层中的多维资源变量的联合优化，其中各环节相互交织，因子与变量相互耦合，大幅提高了系统优化难度，为实现边缘计算系统的高效资源管理优化带来了高度挑战。

本章主要介绍边缘计算资源管理的基本问题和共性优化方法。首先，阐述边缘计算资源管理优化的意义和"算网一体"的新发展趋势；其次，分析边缘计算资源管理的基本问题，包括任务卸载、服务放置、内容缓存、内容请求、计费定价、资源分配 6 类；再次，分别总结不同应用场景中边缘计算资源管理优化方法所使用的共性系统模型和优化目标，涉及边缘计算各流程的数学建模，以及面向系统和用户的各类不同的优化目标；最后，分析边缘计算资源管理优化问题的特征和优化算法设计思路，并对常用的优化算法进行分类总结。

4.1 边缘计算资源管理

4.1.1 边缘计算资源管理的意义

资源管理对边缘计算具有重大意义，一方面边缘计算环境通常受限于有限的计算、存储和网络资源，传感器设备、移动终端和边缘节点部署的边缘服务器通常具备有限的资源，因此需要进行资源管理来确保终端和边缘节点能够实现最佳性能；另一方面边缘计算环境通常由多个分布式节点组成，这些节点可以包括边缘服务器、传感器设备、移动终端等，资源管理可以帮助实现各个节点之间的协调合作，以最大限度优化整个系统的性能。

边缘计算的资源管理架构是一个关键组成部分，它可以被划分为不同的层次，每个层次都有其特定的功能和职责，包括云端、边缘端及设备终端。由前文可知，在云端有 Kubernetes 容器管理平台，用户可以方便地部署、扩展和管理容器化应用程序；边缘端有 KubeEdge 平台，支持将原生容器化应用程序部署到边缘主机上；设备终端上可以部署 EdgeX Foundry，为各种传感器、设备或其他物联网器件提供即插即用功能并管理它们。但是这些平台之间无法直接通信或传输，缺乏协同合作，需要使用适当的适配器、插件或者集成层，这导致了资源利用效率低下。

4.1.2   "算网一体"资源管理发展新趋势

为实现高效的整体资源管理，利用网络来灵活调度和均匀分配算力资源的一体化资源管理将成为新的发展趋势，一体化资源管理就是通过充分发挥通信网络的优势，使用网络来全局调度和联通算力，加速通信网络朝着计算化的方向发展。

根据中国信息通信研究院 2022 年 4 月发布的《数据中心白皮书（2022）》，中国信息通信研究院着重构建全国一体化大数据中心系统，提升计算能力的协调和调度。这包括发展关键的国家枢纽和数据中心集群，强调数据中心在数字经济中作为计算能力和创新的关键基础设施。该工作还涉及推动绿色、节能解决方案，整合尖端技术以促进数据中心的高质量发展。

根据中国联通与华为发布的《云网融合向算网一体技术演进白皮书》，中国联通的算网一体资源管理工作重点在于构建和优化云网融合架构，实现云计算与网络服务的深度协同。这涉及提升网络架构的智能化、敏捷性和弹性，以及通过技术创新和资源整合，支持多种业务场景和客户需求。工作的核心是推动网络与计算的深度融合，构建一个高效、可靠且灵活的服务平台，以适应数字经济的发展和多样化的市场需求。这包括改进数据中心布局、优化云资源配置，以及发展智能化的云网服务平台。

根据中国移动发布的《算网一体网络架构及技术体系展望白皮书》，中国移动的"算网一体"资源管理工作集中在融合计算和网络技术的发展，旨在打造新型的算力网络系统。这包括优化网络架构，提升网络的智能化、敏捷性和弹性，并通过技术创新实现网络与计算的深度协同。核心目标是构建高效、可靠且灵活的服务平台，满足数字经济发展的需求。

工作内容涉及改进数据中心布局、优化云资源配置，以及发展智能化的云网服务平台。同时，中国移动也在探索和推动相关的政策和技术发展。

边缘计算的资源管理架构包括云端、边缘端和设备终端，各层次承担不同的功能和责任。当前实践中，尽管每层都存在资源管理相关使能技术和平台，但它们之间难以形成对资源的有效管理，致使资源利用效率低下。未来，"算网一体"作为解决方案，通过网络全局调度和联通算力资源，有望提升资源管理效率，推动通信网络向计算化方向发展。中国信息通信研究院、中国移动、中国联通、中国电信、华为、中兴等在此领域的工作展示了这一趋势的前景。

4.2　基本问题

边缘计算资源管理涵盖的问题种类繁多，无法做到全面阐述。为此，本节选择 6 类基本问题，包括任务卸载、服务放置、内容缓存、内容请求、计费定价、资源分配。下面对它们逐一进行介绍。

4.2.1　任务卸载

在边缘计算中，任务卸载是一种关键的计算协同策略[1]，它允许移动设备（如智能手机、传感器设备等）将部分或全部计算任务从本地设备卸载到边缘服务器或云服务器，以更高效地处理任务。

任务卸载需要分为以下步骤。

1）任务分析。对任务属性（如数据量、计算量等）及 QoS（Quality of Service，服务质量）指标（如计算时延、设备能耗等）进行分析，为任务卸载决策和相关资源分配提供用户侧需求信息。

2）任务上传。任务由终端本地传输至边缘服务器或云服务器的过程称为任务上传。该过程一般包含终端到基站的无线传输过程，以及基站、边缘服务器、云服务器间的有线传输过程。在以上过程中，系统可以通过优化无线通信资源（如发射功率、信道、带宽等）和有线通信资源（如传输带宽、速率、路由等）来优化任务上传性能（如时延、能耗、可靠性等）。

3）任务处理。一旦任务请求到达边缘服务器或云服务器，服务器会对任务进行处理。任务会被排入任务队列中，以便系统优化决策。服务器会根据任务性质和需求，分配适当的计算资源，包括 CPU、内存，也可以根据系统负载和任务需求进行动态调整。服务器基于分配的资源调用相关服务进行任务排队和任务处理，输入任务数据，并生成相应的输出结果。

4）结果返回。边缘或云服务器生成的任务处理结果可能包含数据、图像、文本、分析报告或其他格式的输出。结果将从服务器传回终端，在该过程中，将经历服务器到基站的有线传输过程，以及基站到终端的无线传输过程。以上过程中的无线和有线通信资源也可被优化，以增强结果返回过程的性能。

边缘计算中的任务卸载方式通常包括完全卸载（Binary Offloading，亦称为二值卸载，即要么任务在本地处理，要么任务被全部卸载）和部分卸载（Partial Offloading）[2]两种，如图 4-1 所示。

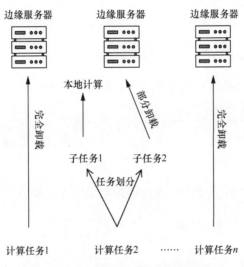

图4-1　边缘计算中的任务卸载方式

1）完全卸载。完全卸载是指将整个任务从终端设备传输到边缘服务器或云服务器进行处理。这种方式适用于任务无法分为多个子任务或者子任务之间依赖性强，或者终端设备性能较低、无法满足任务需求的情况，或者需要完全借助外部计算资源执行任务的情况。

2）部分卸载。部分卸载是指将任务划分为多个子任务，将不同子任务卸载到不同计算节点执行。这种方式适用于任务包含多个子任务且子任务之间依赖性不强，或者部分子任务需要强制在终端本地处理（如需依赖终端本地资源），或者需要在终端设备上保留一些计算任务以降低时延或减少通信开销，或者单个边缘服务器资源有限无法独立处理整个任务的情况。任务的卸载方式通常根据任务性质、终端设备资源、网络可选择资源、通信带宽和时延要求来选择。

在边缘计算中，不同场景下的卸载策略需要根据具体的应用需求和网络环境来评价和选择。常见的评价指标如下。

1）时延。评估卸载策略对任务处理时延的影响。一些应用场景对低时延要求非常高，因此需要优化卸载策略以降低任务处理时间。

2）带宽利用率。评估卸载策略对网络带宽利用率的影响。在网络资源受限的情况下，需要选择合适的策略以减小网络传输量，降低通信成本。

3）能耗。评估卸载策略对终端设备能耗的影响。一些卸载策略可能需要在终端设备上执行更多计算，因而增加了能量消耗，需要综合考虑能源效率。

4）安全性。评估卸载策略对数据安全性的影响。数据在传输和处理过程中需要受到保护，卸载策略需要考虑数据加密、认证和访问控制等方面的安全性。

任务卸载在边缘计算中的优势体现在以下方面。

1）降低时延。通过在网络边缘（更接近数据源）处理任务，可以显著减少数据在网络中的传输时间，从而降低时延。

2）提高效率。边缘计算可以对数据进行预处理，只将必要的信息发送到云端，提高处理效率。

3）增强隐私性和安全性。在本地处理敏感数据可以减少数据泄露的风险，增强用户隐私保护。

4）支持实时决策和互动。快速的响应时间使得边缘计算特别适用于需要实时处理的场景，如自动驾驶、智能监控等。

5）可靠性和弹性。即使在云服务不可用或网络连接受限的情况下，边缘设备仍能继续运行，确保服务的连续性。

总的来说，任务卸载通过将终端任务交由边缘或云服务器处理，为各种应用提供了更快、更高效、更安全的解决方案。

4.2.2　服务放置

边缘计算中的服务放置（Service Placement）[3]是指将特定服务、应用程序组件或资源部署在边缘计算环境中的某个节点或位置，以满足应用需求、优化性能和提高用户体验，如图 4-2 所示，其中心跳链路用于保持连接的活性状态，它通过周期性发送小型数据包（称为心跳包）来验证两个网络设备之间的连接是否存在。服务类型与任务类型之间的对应关系在于服务是支持任务执行的基础设施或功能，某类型的任务只能在放置该类型服务的边缘节点上处理，而未放置该类型服务的边缘节点无法处理该类型的任务。当一个数据分析任务被发起时，它可能会被卸载到运行着数据处理服务的边缘节点上；对于一个机器学习型推理任务，它可以被卸载到提供机器学习服务的节点上进行处理。服务放置和任务卸载之间紧密相连，服务放置直接制约任务卸载决策。如果某个计算密集的服务被放置在距离用户较近的边缘节点上，那么用户的相关计算任务就可以高效地卸载到这个边缘节点上执行，二者共同支持边缘计算环境的高效运行。以下是有关边缘计算中服务放置的关键概念。

1）边缘节点。边缘计算环境中的边缘节点是指部署在离终端设备更近的位置的服务器、设备或虚拟机，包括边缘服务器、边缘网关、内容分发网络（Content Delivery Network，CDN）节点等。服务放置通常涉及将服务部署在哪些边缘节点上的问题。

2）服务。服务可以是应用程序、微服务、计算任务或资源，需要部署在服务器上以给终端用户提供各类服务。在某些场景中，这些服务需要部署在边缘节点上运行，以满足实时性、低时延以及其他性能要求。

3）放置策略。放置策略用于确定每个服务在哪个边缘节点上部署。这些策略可以根据应用需求、资源利用率、网络拓扑等因素来制定。

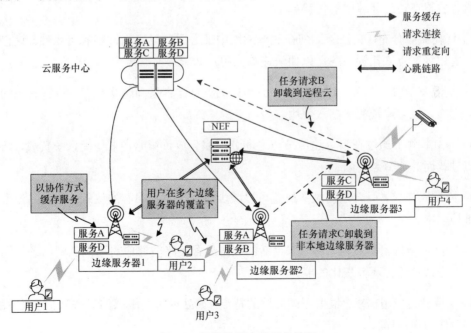

图4-2 边缘计算中的服务放置

服务放置策略的决策因素根据特定应用、业务需求和边缘计算环境的特点而异，但通常包括以下 6 个重要因素[4]。

1）时延和实时性需求。应用程序对时延要求程度是一个关键因素。某些应用需要低时延处理，因此该类服务应该尽可能放置在靠近终端用户或设备的位置，以减少通信时延。

2）带宽和网络条件。服务的放置应考虑可用带宽和质量，以确保数据传输的稳定性和效率。

3）用户位置。用户或终端设备位置是一个重要因素，将服务放置在距离用户更近的边缘节点，可以加快服务响应速度，提升用户体验。

4）资源可用性。边缘节点的资源可用性是重要的考虑因素，需要确保边缘服务器不会浪费资源。

5）安全性和隐私保护。服务放置策略还需要考虑数据的安全性和隐私保护，某些数据可能需要在终端设备上进行本地处理，以降低风险。

6）负载均衡。服务放置应确保负载在边缘节点之间均匀分布，以防止某个节点过度负载，影响性能。

服务放置在边缘计算中的优势如下。

1）优化服务分布。关注于如何在边缘网络中部署服务以提高性能和可用性。这包括选择最佳的边缘节点来托管服务，以便快速响应用户请求。

2）资源有效管理。考虑边缘节点的计算能力、存储容量和网络带宽，进行有效的资源分配与管理，以实现资源的高效使用。

3）负载均衡。通过在多个边缘节点之间分配服务放置策略，来均衡系统负载，防止某些节点过载而其他节点空闲。

4）降低操作成本。合理的服务放置可以减少对中央数据中心的依赖，从而降低数据传输和维护成本。

5）提高系统的可扩展性和弹性。灵活的服务放置策略能够应对不同的网络条件和用户需求，增强系统适应环境变化的能力。

6）支持特定应用需求。根据不同应用的特点（如处理时间敏感的任务）进行服务部署，以提供最佳的用户体验。

总的来说，在边缘计算中服务放置的作用在于合理地分布和管理服务，以优化资源使用，降低时延，提高系统的可靠性和效率，同时灵活应对不断变化的网络条件和用户需求。

4.2.3 内容缓存

边缘计算中内容缓存指在边缘节点上存储和管理数据内容，涉及将数据内容存储在靠近终端用户或设备的边缘节点上，以降低数据传输时延和提高内容访问速度[5]。这些数据通常包括静态网页、图像、视频、应用程序数据等，它们会在较短时间内被频繁访问或需要快速响应。

内容缓存与服务放置在性质和目标上有一些关键区别。服务放置关注的是将特定服务、应用程序组件或资源部署在不同边缘节点上，以满足应用需求、优化性能和提升用户体验，即决定在何处放置服务以执行计算任务。而内容缓存则关注将数据内容存储在边缘节点上，以提供更快的数据访问，如图 4-3 所示。内容缓存不负责计算任务，而关注存储和传递数据。内容缓存和服务放置都是边缘计算环境中重要的技术，它们各自解决不同类型的问题，但都旨在提高性能、减少时延和优化用户体验。服务放置关注计算任务位置，而内容缓存关注数据位置。

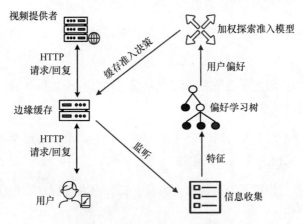

图4-3　边缘计算中的内容缓存

边缘计算中内容缓存策略的决策因素会因应用需求和环境的不同而有所变化。以下是一些常见的决策因素，这些因素通常会影响内容缓存策略的制定[6]。

1）内容热度。分析内容的热门程度，以确定哪些内容适合进行缓存。高热度内容更有可能被缓存，以提高用户的数据访问速度。

2）缓存容量。缓存容量限制了可以缓存的内容量，应评估可用缓存节点容量，以确定可以存储的内容数量。

3）缓存更新策略。不同的更新策略可能影响命中率和网络传输成本，要确定何时更新缓存内容，以保持内容的新鲜性。

4）数据传输成本。要考虑将内容从源服务器传输到缓存节点所需的传输成本，包括带宽和网络传输费用，需要制定合适的缓存策略以尽量减少数据传输成本。

5）数据更新频率。根据数据更新频率来调整缓存策略，减少不必要的更新。

6）缓存命中率。监测缓存的命中率，以评估缓存策略的效果。

这些因素会影响内容缓存策略的制定和调整，以满足特定应用的需求并优化性能。

内容缓存技术是边缘 CDN 中的核心，以下是内容缓存技术的优势。

1）降低时延。内容缓存将数据存储在距离终端用户或设备更近的位置，从而降低数据访问的时延。这对实时应用、视频流和在线游戏等对低时延要求高的应用非常关键。

2）提升用户体验。通过将热门或频繁访问的内容缓存在边缘节点上，用户可以更快速地获取所需内容，减少等待时间，提升用户体验。

3）减少网络拥塞。内容缓存可以减少对源服务器的请求，降低网络拥塞风险，提高网络稳定性和可用性。

4）节省带宽成本。通过在边缘节点缓存数据，可以减少数据传输的带宽占用，这对降低通信成本和提高网络效率非常重要。

5）负载均衡。通过在多个边缘节点上分布内容缓存，可以实现负载均衡，避免某一节点过度负载，提高了系统的性能和稳定性。

6）弹性和容错性。如果一个边缘节点发生故障，内容可以从其他缓存节点获取，从而提高系统弹性和容错性。

7）多样性应用支持。内容缓存技术适用于多种应用，包括静态网页、图像、视频、动态内容、软件更新和应用程序数据，因此能够支持多种不同类型的应用。

总之，边缘计算中的内容缓存技术有助于提高数据访问速度、降低时延、降低成本、提升用户体验和提高系统性能。这使其成为满足现代应用需求的重要工具，特别是在边缘 CDN 中，它能够加速数据的传输，提供更好的用户体验。

4.2.4 内容请求

边缘计算环境中的内容请求是指用户或设备向边缘网络中请求特定内容的行为。这种请求可能包括各种类型的数据，如视频内容、网页信息等，过程涉及决策算法，用于确定哪个边缘节点可以最有效地处理特定的内容请求。调度的核心在于降低时延、优化网络带宽使用，并提升用户体验。它考虑了网络状况、服务器的计算能力、内容的存储位置和用户的地理位置等因素。内容请求调度和内容缓存密不可分，内容缓存策略直接影响内容请求调度的效率和响应时间。合理的内容缓存策略能够确保用户请求的内容就近可得，从而降低时延和提升用户体验。内容请求调度策略需要考虑当前的缓存状态及缓存资源的可用性。调度算法需要智能地决定从哪个边缘节点获取内容，同时考虑各节点的缓存情况和网络条件。

内容请求和任务卸载在边缘计算中承担着重要的角色，内容请求调度关注数据的有效分配，而任务卸载关注计算任务的最佳执行位置。内容请求调度通常用于媒体内容分发、边缘 CDN 等，而任务卸载常见于物联网、智能设备等场景。二者虽有不同，但都推动着更高效、更智能的网络服务。

在边缘计算环境中，内容请求策略的设计和效能受到多种因素的影响，这些因素共同决定了如何有效地处理和响应用户的内容请求。主要影响因素如下。

1）网络时延。内容请求策略需考虑如何最小化用户设备到边缘服务器的传输时延。

2）带宽限制。可用带宽的大小和稳定性对内容分发的速度和质量有显著影响。内容请求策略需要优化数据传输以适应不同的带宽条件。

3）用户位置和移动性。用户的地理位置和移动模式对确定最佳的边缘服务器位置至关重要。对于移动用户，内容请求策略需要动态适应以保持服务质量。

4）内容类型和大小。不同类型的内容（如文本、图片、视频）和其大小影响处理和传输的方式。例如，视频内容可能需要更高的带宽和更快的处理速度。

5）安全性和隐私保护。用户数据安全和隐私保护是设计内容请求策略时的一个重要考虑因素。

6）缓存管理。在边缘节点上的缓存策略对减少重复内容的下载和提高响应速度至关重要。

内容请求策略在边缘计算环境中具有以下多方面的优势，这些优势不仅提升了用户体验，还增强了整个网络系统的效率和性能。

1）降低时延。通过在网络边缘处理和响应请求，内容请求策略可以显著减少数据传输的时间，从而降低时延。

2）提高带宽效率。有效的内容请求策略通过减少不必要的数据传输和优化数据流向，可以更好地利用有限的带宽资源，避免网络拥堵。

3）提升用户体验。通过快速响应用户的请求，提供高质量的内容和服务，内容请求策略可以显著提升用户满意度。

4）节能和成本效益。将数据处理和存储移近用户，可以减少数据中心的能源消耗和运营成本，同时也可以减少用户设备上的能源消耗。

5）负载均衡。通过将请求合理分配到不同的边缘节点，可以避免某些节点过载，保持系统的稳定性和可靠性。

6）支持多样化应用。从物联网到移动应用，内容请求策略支持广泛的应用场景，使其能够满足不同领域的需求。

4.2.5　计费定价

边缘计算中的计费定价原则[7]包括评估资源成本、确定计费单位（如时间、带宽、存储容量等）、选择适当的计费模型（如按需计费、预付费或混合模型）和制定合适的计费策略。此外，服务类型和弹性需求也在计费决策中发挥关键作用，允许针对不同服务提供不同定价方式，适应资源需求波动。合规性要求也需要纳入考虑范围，以确保计费策略符合法规和标准。计费定价原则帮助确保边缘计算系统中资源分配和定价是公平、透明和经济可行的，同时满足服务提供商和用户的利益。

边缘计算中的计费定价策略的制定受多个关键决策因素的影响。

1）资源成本。资源成本包括计算资源、存储、网络带宽和能源等成本。

2）服务类型。不同类型的服务需要采用不同的计费方式，因此需要考虑服务的性质。市场竞争状况也必须被综合考虑，因为在激烈的市场竞争下可能需要提供更具竞争力的价格和服务套餐。

3）用户需求偏好。用户需求的多样性是一个重要考虑因素，因为不同用户可能有不同的偏好，有些可能更倾向于按需计费，而其他用户则更倾向于预付费模型。弹性需求的考虑也非常关键，因为资源需求可能随时间和需求波动而变化，所以混合计费模型可能是一个有益的选择。

4）服务级别协议。计费定价策略必须与服务级别协议相匹配，以确保服务提供商能够提供承诺的服务质量。费率结构的选择也是决策中的重要因素，包括计费单位和费率等。

5）成本优化策略。批量折扣、长期合同奖励等可以用来吸引客户。

这些决策因素之间相互关联，需要综合考虑，以制定合理的边缘计算计费和定价策略，满足用户需求、维护市场竞争力，并确保可持续的业务模式。

边缘计算中的计费定价策略具有极其重要的作用。

1）资源优化和成本控制。计费定价策略可以帮助服务提供商优化资源利用，从而降低成本，提高运营效率。

2）公平竞争。透明和公平的计费策略有助于创造竞争性市场环境，鼓励不同服务提供商提供高质量的服务，提供不同的价格和套餐选择，从而使市场更加多元化。

3）满足多样性用户需求。灵活的计费定价策略可以满足不同用户和应用的不同需求，例如，可以提供各种计费模型，如按需计费、预付费、混合计费等。

4）资源弹性。边缘计算环境可能需要根据需求进行资源动态调整和分配。灵活的计费定价策略允许资源的弹性使用，以适应需求的波动。

综上，计费定价策略在边缘计算中具有重要的作用，它们不仅影响到服务提供商的经济利益，还关乎其市场竞争力和业务的可持续性，以及用户体验。一个精心制定的策略可以实现资源的有效管理，提高市场竞争力，满足多样化的用户需求，同时具有合规性。

4.2.6 资源分配

在边缘计算中，资源分配是指将计算、存储和通信资源分配给边缘节点和云的过程[8,9]。计算资源包括中央处理器（CPU）和图形处理器（GPU）的通用和异构算力，用于执行应用程序和管控算法。计算资源分配涉及确定每个边缘节点和云的计算能力，以满足应用程序和管控算法的计算需求。存储资源包括内存和磁盘空间，用于存储应用程序数据和中间结果。存储资源分配需要考虑存储容量和存取速度，以确保数据可以有效存储和检索。通信资源包括无线通信资源和有线通信资源，用于数据传输和通信。无线通信是通过无线信号进行数据传输的方式，在边缘计算环境中，无线通信资源主要包括发射功率、信道、带宽等；有线通信是通过电缆或光纤进行数据传输的方式，有线通信资源包括有线带宽、光纤通道、网络拓扑等。通信资源分配应该确保为每个任务分配合理的通信资源，以支持该任务的传输需求。

边缘计算中资源分配策略受许多重要因素的影响[10]。

1）应用需求。不同应用对资源的需求各不相同，资源分配策略需要考虑应用的类型、性能要求和资源消耗，以确保满足应用的需求。

2）实时性要求。某些应用需要低时延的支持，例如智能工厂的自动化控制系统或医疗设备监控。资源分配策略必须优先考虑满足这些实时性要求。

3）负载均衡。为了避免资源过载或浪费，资源分配策略需要确保在边缘节点之间均匀分配工作负载。

4）安全性。边缘计算环境中的资源分配策略必须考虑安全性，确保资源的分配不会引入潜在的威胁或漏洞。

5）成本效益。资源分配策略需要平衡性能要求与成本效益，最优的资源分配策略应尽量降低资源和能源开销。

边缘计算中的资源分配至关重要，它直接影响了整个边缘计算系统的性能、可用性和效率。资源分配的重要性体现在以下方面。

1）降低时延。资源分配的主要优势之一是降低数据传输的时延，从而提供更快的响应时间。

2）改善应用性能。资源分配策略可以根据不同应用的需求，确保它们获得足够的计算、存储和网络资源，以满足性能要求，这可以提高应用的运行效率和用户体验。

3）节省带宽和网络开销。有效的资源分配可以减少不必要的数据传输，降低网络拥塞风险，并降低带宽成本。

4）负载均衡。资源分配策略可确保边缘节点之间的负载均衡，防止某些节点过载，而其他节点处于空闲状态，有助于提高整个系统的利用率。

4.3　系统模型

系统模型对边缘计算系统内各个物理对象、参数和指标进行数学建模，其目的在于构建一个精确的数学映射，以描述边缘计算系统组成及其运行机制。通过建立系统模型，我们能够有效刻画边缘计算中涉及的各种资源管理，为设计边缘计算资源管理优化方法提供基础。

不同的系统场景和优化问题使用的系统模型不同，本节介绍边缘计算不同场景中共性的系统模型。

4.3.1　基础定义

1）云服务器。定义云服务器的总计算资源为 F^{cloud}。云服务器连接了所有的边缘服务器，并且云服务器上拥有所有类型的服务和内容缓存，可以处理所有由边缘服务器转发的服务请求。

2）边缘服务器。定义在网络架构中共有 I 个边缘服务器，边缘服务器集合被表示为 $\mathcal{I} = \{1, 2, \cdots, I\}$，边缘服务器 i 的总计算资源为 F_i^{edge}。每个基站关联一个边缘服务器，基站用于接收来自终端的任务数据和请求并转发到边缘服务器。因为边缘服务器计算资源、存储容量和内存容量有限制，所以它可以将无法处理的任务进一步转发到云服务器上。

3）终端。定义基站 i 覆盖的终端集合表示为 $\mathcal{J}_i = \{1, 2, \cdots, J_i\}$，其中终端设备 $j_i \in \mathcal{J}_i$，为了避免符号冗长，定义设备 $j_i \in \mathcal{J}_i$ 为 ij，定义终端设备有计算能力，终端设备 ij 的总计算资源为 F_{ij}^{local}。假定一个终端能被至少一个基站覆盖，并通过所连接基站进行任务上传和结果返回。

4）任务。假定每个终端生成 K 种类型任务，任务集合为 $\mathcal{K} = \{1, 2, \cdots, K\}$ 记终端设备 ij 生成的第 k 种类型任务为 ijk。定义任务 $ijk = \{d_{ijk}, c_{ijk}\}$，其中终端任务数据大小为 d_{ijk}，计算量大小为 c_{ijk}。

5）服务。定义系统中共有 S 种类型的服务，用集合表示为 $\mathcal{S} = \{1, 2, \cdots, S\}$，第 s 种服务部署所需的存储空间大小为 a_s，运行所需的内存空间大小为 b_s。可以将服务副本部署在边缘服务器上，并且边缘服务器可以根据自身情况部署多种类型的服务。

6）缓存。定义模型中共有 Z 种缓存内容类型，缓存内容类型集合表示为 $\mathcal{Z} = \{1, 2, \cdots, Z\}$，第 z 个内容缓存的存储空间大小为 a_z，可以将内容缓存存储在边缘服务器上。

7）定价。定义运营商的计算资源、带宽资源、功率成本单价分别为 ρ^f、ρ^w 和 ρ^p。定义用户在边缘服务器处理第 k 种类型任务时，向运营商支付的每比特待处理数据费用作为用户成本 μ_k^{price}。

4.3.2　任务卸载与服务放置模型

任务卸载负责将待处理任务卸载至网络中的不同位置进行处理，而服务放置负责决定不同网络服务的部署位置。

4.3.2.1　任务卸载

任务卸载模型可分为 5 个部分：任务卸载决策、任务上行传输、任务排队时延、任务计算处理和结果下行传输。

（1）任务卸载决策

任务卸载方式通常分为完全卸载和部分卸载两种。本小节将分别介绍这两种卸载方式的卸载决策。

1）任务完全卸载。在云边端架构下，任务 ijk 可通过完全卸载方式卸载到本地终端设备、边缘服务器或者云服务器。其中 α_{ijk}、β_{ijk}、γ_{ijk} 表示任务 ijk 是否卸载到本地终端设备、边缘服务器或者云服务器。

$$\alpha_{ijk} = \begin{cases} 1, & 任务ijk卸载到本地 \\ 0, & 任务ijk没有卸载到本地 \end{cases}$$

$$\beta_{ijk} = \begin{cases} 1, & 任务ijk卸载到边缘服务器 \\ 0, & 任务ijk没有卸载到边缘服务器 \end{cases}$$

$$\gamma_{ijk} = \begin{cases} 1, & 任务ijk卸载到云服务器 \\ 0, & 任务ijk没有卸载到云服务器 \end{cases}$$

2）任务部分卸载：在云边端架构下，任务 ijk 可通过部分卸载方式卸载到本地终端设备、边缘服务器或云服务器。α_{ijk}、β_{ijk}、γ_{ijk} 分别表示任务 ijk 卸载到本地终端设备、边缘服务器和云服务器的子任务数据量的比例。其中 $\alpha_{ijk} \in [0,1]$，$\beta_{ijk} \in [0,1]$，$\gamma_{ijk} \in [0,1]$。

（2）任务上行传输

在云边端架构下，任务上行传输过程分为任务上传至边缘服务器和上传至云服务器两种。上传至边缘服务器是指将本地终端生成的任务 ijk 通过无线接入网上传到边缘服务器 i，这一过程的传输时延被表示为：

$$t_{ijk}^{\mathrm{d2b}} = \frac{\beta_{ijk} d_{ijk}}{r_{ijk}^{\mathrm{d2b}}}$$

其中 r_{ijk}^{d2b} 表示任务 ijk 通过无线接入网上行传输的传输速率。

大多情况下，无线接入网选择蜂窝接入网络，蜂窝接入网络的传输速率由香农公式表示为：

$$r_{ijk}^{d2b} = W_{ijk}^{d2b} \log\left(1 + \text{SINR}\right)$$

其中，W_{ijk}^{d2b} 表示终端设备 ij 将任务 ijk 发送到边缘服务器 i 的传输带宽。在不同通信场景下，信噪比（SINR）的表达方式不同。

当噪声仅为白噪声时，传输速率可表示为[11]：

$$r_{ijk}^{d2b} = W_{ijk}^{d2b} \log\left(1 + \frac{p_{ijk}^{d2b} H_{ij}}{\sigma_i^2}\right)$$

其中，p_{ijk}^{d2b} 表示终端设备 ij 将任务 ijk 发送到边缘服务器 i 的发射功率。H_{ij} 表示终端设备 ij 与边缘服务器 i 对应基站之间的信道增益，σ_i^2 表示边缘服务器 i 对应基站的高斯白噪声功率。

考虑 NOMA（Non-Orthogonal Multiple Access，非正交多址接入）系统，它允许多个用户在相同时间和频率资源上传输数据，从而提高了频谱效率和系统容量。用户间干扰是 NOMA 系统中的一个关键问题。在计算传输速率时，需要考虑用户间干扰的影响。

传输速率可以表示为[12]：

$$r_{ijk}^{d2b} = W_{ijk}^{d2b} \log\left(1 + \frac{p_{ijk}^{d2b} H_{ij}}{\sigma_i^2 + \sum_{n=1,n\neq i}^{I} \sum_{m=1,m\neq j}^{J_i} p_{nm}^{d2b} H_{nm}}\right)$$

其中 p_{nm}^{d2b} 表示其他用户的功率干扰，H_{nm} 表示终端设备 nm 与边缘服务器 n 对应基站之间的信道增益。

考虑 OFDMA（Orthogonal Frequency Division Multiple Access，正交频分多址）系统，它结合了正交频分多路复用（OFDM）和多址接入的优势，将频谱分成多个正交的子载波。OFDMA 通过子载波间的正交性极大地消除了信道间干扰，然而同信道干扰依然存在，即不同基站若使用相同信道，这些信道间将产生干扰问题。

传输速率可以表示为[13]：

$$r_{ijk}^{d2b} = W_{ijk}^{d2b} \log\left(1 + \frac{p_{ijk}^{d2b} H_{ij}}{\sigma_i^2 + I_{ij}}\right)$$

其中，I_{ij} 是终端设备 ij 受到的同信道干扰。对于终端设备 ij 来说，任务 ijk 通过无线接入网上传至边缘服务器 i 这一过程能耗为：

$$e_{ijk}^{\mathrm{d2b}} = p_{ijk}^{\mathrm{d2b}} t_{ijk}^{\mathrm{d2b}}$$

上传至云服务器则需要将已上传至边缘服务器的任务数据传输到云服务器，大多情况下选择有线网络连接基站和云服务器，任务从基站上传到云服务器这一过程的传输时延表示为：

$$t_{ijk}^{\mathrm{b2c}} = \gamma_{ijk} d_{ijk} v_i^{\mathrm{b2c}}$$

其中 v_i^{b2c} 表示基站 i 到云服务器的传输速率。

（3）任务排队时延

假设任务到达速率满足泊松分布，边缘服务器对每一个任务的处理时间是固定的，因此可以将边缘服务器的每种任务队列建模为 M/D/1 队列，任务排队时延可表示为[14]：

$$t_{ijk}^{\mathrm{queue}} = \frac{\lambda_i}{2\left(u_{ijk}\right)^2 \left(1-\varphi_{ijk}\right)}$$

其中 u_{ijk} 表示边缘服务器 i 对任务 ijk 的服务率：

$$u_{ijk} = \frac{f_{ijk}^{\mathrm{edge}}}{c_{ijk}}$$

λ_i 表示边缘服务器 i 的任务到达率：

$$\varphi_{ijk} = \frac{\lambda_i}{u_{ijk}}$$

其中，φ_{ijk} 表示系统的利用率，f_{ijk}^{edge} 表示边缘服务器为该任务分配的计算资源。

假设任务到达系统的过程服从泊松分布，参数为 λ_i。系统处理用户请求的时间服从负指数分布，参数为 u_{ijk}，平均服务时间为 $1/u_{ijk}$。根据排队，将边缘服务器的每种任务队列建模为 M/M/1 队列，每个任务的平均排队时延为：

$$t_{ijk}^{\mathrm{queue}} = \frac{1}{u_{ijk} - \lambda_i}$$

（4）任务计算处理

若终端也有计算能力，任务可以在云边端任一节点进行计算处理。当任务在终端处理时，任务 ijk 的计算时延表示为：

$$t_{ijk}^{\text{local}} = \frac{\alpha_{ijk} c_{ijk}}{f_{ijk}^{\text{local}}}$$

其中 f_{ijk}^{local} 表示终端设备 ij 给任务 ijk 分配的计算资源。显然，f_{ijk}^{local} 一定满足约束：

$$f_{ijk}^{\text{local}} \leqslant F_{ij}^{\text{local}}$$

对于终端设备，这一过程的能耗为[15]：

$$e_{ijk}^{\text{local}} = \alpha_{ijk} \kappa \left(f_{ijk}^{\text{local}} \right)^2 c_{ijk}$$

其中 κ 表示有效开关电容常数。

当任务在边缘服务器计算处理时，任务计算时延表示为：

$$t_{ijk}^{\text{edge}} = \frac{\beta_{ijk} c_{ijk}}{f_{ijk}^{\text{edge}}}$$

其中 f_{ijk}^{edge} 表示边缘服务器 i 分配给任务 ijk 的计算资源。边缘服务器分配给所有任务的计算资源总和不能超过边缘服务器计算资源总和，即满足约束：

$$\sum_{j \in \mathcal{J}_i} \sum_{k \in \mathcal{K}} f_{ijk}^{\text{edge}} \leqslant F_i^{\text{edge}}, \forall i \in \mathcal{I}$$

当任务在云服务器计算处理时，任务计算时延表示为：

$$t_{ijk}^{\text{cloud}} = \frac{\gamma_{ijk} c_{ijk}}{f_{ijk}^{\text{cloud}}}$$

其中 f_{ijk}^{cloud} 表示云服务器分配给任务 ijk 的计算资源。云服务器分配给所有任务的计算资源总和不能超过云服务器计算资源总和，即满足约束：

$$\sum_{i \in \mathcal{I}} \sum_{j \in \mathcal{J}_i} \sum_{k \in \mathcal{K}} f_{ijk}^{\text{cloud}} \leqslant F^{\text{cloud}}$$

（5）结果下行传输

任务计算结果需要通过下行通信链路返回终端设备。与上行传输过程相对应，任务计算结果下行传输过程可分为从边缘服务器下行传输和从云服务器下行传输。通常，任务在边缘服务器或者云服务器计算处理过后任务计算结果数据量很小，通过下行链路传输时，下行传输时延和终端能耗可以忽略不计。

4.3.2.2　服务放置

多基站协同下的服务放置如图 4-4 所示。

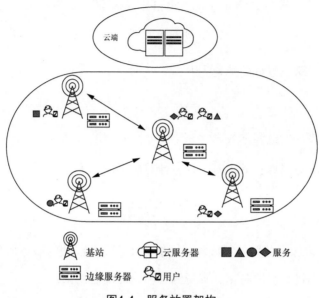

图4-4　服务放置架构

边缘服务器服务放置可以分为两种模型：服务存储模型和服务检索模型。

（1）服务存储模型

为了处理多样性服务请求，需要在边缘服务器上放置多个服务。放置在边缘服务器上的所有服务的存储需求不能超过该边缘服务器的存储容量：

$$\sum_{s \in \mathcal{S}} v_s \lambda_{si} \leqslant V_i^s, \ \forall i \in \mathcal{I}$$

其中，λ_{si} 表示服务 s 是否存储在边缘服务器 i 上，V_i^s 表示边缘服务器 i 存储容量。

$$\lambda_{si} = \begin{cases} 1, & \text{服务} s \text{存储在边缘服务器} i \text{上} \\ 0, & \text{服务} i \text{没有存储在边缘服务器} i \text{上} \end{cases}$$

（2）服务检索模型

在多边缘服务器的云边端场景下，为了请求检索一个服务，用户首先需要与覆盖该用户的基站进行通信（用户在一个时隙中只能连接一个基站），基站将该服务请求发送到它所连接的边缘服务器上进行检索。如果该边缘服务器无法处理该服务请求，该边缘服务器（每个边缘服务器存有其他边缘服务器的服务存储信息）会转发服务请求到其他边缘服务器或者云服务器进行处理。服务检索时延为：

$$t_s^R = \frac{d_s}{r_{ij}^{\text{up}}} + \frac{\alpha_{sik} d_s}{r_{sik}^{\text{e2e}}} + \beta_{si} d_s v_i^{\text{e2c}}$$

其中，d_s 表示服务请求数据量，α_{sik} 表示服务请求是否通过路径 k 转发给其他边缘服务器，β_{si} 表示服务请求是否转发到云服务器。k 表示边缘服务器 i 所属基站与其他基站之间的连接路径，r_{sik}^{e2e} 表示原边缘服务器 i 所属基站通过路径 k 到特定边缘服务器的传输速率，此传输速率也由香农容量定理表示，v_i^{e2c} 表示服务器与云中心的传输速率。

$$\alpha_{sik} = \begin{cases} 1, & \text{服务请求通过路径} k \text{转发到其他边缘服务器} \\ 0, & \text{服务请求不通过路径} k \text{转发到其他边缘服务器} \end{cases}$$

$$\beta_{si} = \begin{cases} 1, & \text{服务请求转发到云服务器} \\ 0, & \text{服务请求不转发到云服务器} \end{cases}$$

4.3.3 内容缓存与内容请求模型

该模型首先考虑内容缓存部分，内容缓存从远端下载一些流行内容到边缘服务器。当终端设备执行内容请求时，终端需要考虑边缘服务器是否已下载此内容。

4.3.3.1 内容缓存模型

由于边缘服务器缓存存储空间有限，不能将所有内容缓存都存储到边缘服务器上。为了提高缓存命中率，充分利用边缘服务器的存储资源，内容缓存可以根据内容流行度对缓存内容进行分布存储。考虑到与传输内容相比，上行传输的内容请求数据量过小，因此上行传输时延 t_{ijk}^{d2b} 可以忽略。内容流行度可根据当前边缘服务器覆盖区域的所有用户在一个时隙内的请求数表示[16]：

$$q_{iz} = \sum_{j \in \mathcal{J}_i} \xi_{ijz} \tau_{ijz}$$

其中 ξ_{ijz} 表示用户 ij 的请求内容 z 是否请求到边缘服务器 i，τ_{ijz} 表示用户 ij 的请求内容 z 在该时隙内的请求次数。

$$\xi_{ijz} = \begin{cases} 1, & \text{用户} ij \text{的请求内容} z \text{请求到边缘服务器} i \\ 0, & \text{用户} ij \text{的请求内容} z \text{没有请求到边缘服务器} i \end{cases}$$

存储在边缘服务器的所有内容缓存大小不能超过边缘服务器总存储空间大小。

$$\sum_{z\in Z} a_z \delta_{iz} \leqslant V_i^C, \forall i \in \mathcal{I}$$

其中，δ_{iz} 表示内容 z 是否缓存到边缘服务器 i，V_i^C 表示边缘服务器 i 的总存储空间。

$$\delta_{iz} = \begin{cases} 1, & \text{内容} z \text{缓存到边缘服务器} i \\ 0, & \text{内容} z \text{没有缓存到边缘服务器} i \end{cases}$$

4.3.3.2　内容请求模型

终端设备发送内容请求到边缘服务器，在边缘服务器没有缓存该内容服务时，云服务器会先向终端设备连接的基站发送该内容缓存数据，然后基站再将缓存数据发送到终端设备。如果边缘服务器已经下载了该内容，那么边缘服务器可以直接将内容发送到终端设备。具体模式如图 4-5 所示。

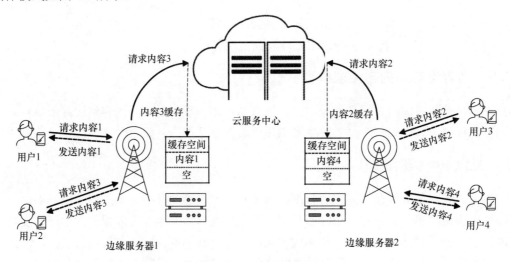

图4-5　内容请求模式

从边缘服务器下载内容缓存的时延可表示为：

$$t_{ijk}^{\mathrm{b2d}} = \frac{\delta_{iz} d_{ijk}}{r_{ijk}^{\mathrm{b2d}}}$$

$$r_{ijk}^{\mathrm{b2d}} = W_i^{\mathrm{b2d}} \log\left(1 + \frac{p_{ij}^{\mathrm{b2d}} H_{ij}}{\sigma_i^2}\right)$$

其中 W_i^{b2d} 是下行蜂窝通信带宽，p_{ij}^{b2d} 是由边缘服务器 i 向终端发送任务时分配的发射功率。

从云服务器下载内容缓存的时延可表示为:

$$t_{ijk}^{\text{c2b}} = \left(1 - \delta_{iz}\right) d_{ijk} v_i^{\text{c2b}}$$

其中 v_i^{c2b} 表示云服务器到边缘服务器 i 的传输速率。

4.3.4　计费定价模型

计费定价模型站在运营商的角度考虑边缘服务器的成本定价和收益。

4.3.4.1　成本模型

运营商的成本体现在计算资源和通信资源消耗上。

考虑边缘服务器计算资源成本、带宽、功率等通信资源成本,设上述 3 种资源的单位维护开销分别为 ρ^f、ρ^w 和 ρ^p,则该边缘服务器为所有用户提供服务所产生的系统开销可表示为:

$$m = \sum_{i \in \mathcal{I}} \sum_{j \in \mathcal{J}_i} \sum_{k \in \mathcal{K}} \left(\rho^f f_{ijk}^{\text{edge}} + \rho^p \left(\left(p_{ijk}^{\text{rec}} + p_{ij}^{\text{b2d}} \right) + \rho^w \left(W_{ij}^{\text{d2b}} + W_{ij}^{\text{b2d}} \right) \right) \right)$$

其中 p_{ijk}^{rec} 表示边缘服务器 i 接收任务 ijk 传输时的接收功率。

4.3.4.2　收益模型

运营商的收益体现在用户将任务卸载到边缘服务器处理时,向运营商支付的处理费用。运营商的收益可表示为:

$$g = \sum_{i \in \mathcal{I}} \sum_{j \in \mathcal{J}_i} \sum_{k \in \mathcal{K}} \left(\mu_k^{\text{price}} d_{ijk} - m \right)$$

其中,μ_k^{price} 表示运营商的时延单价,m 表示运营商的开销。

4.3.5　边边、边云传输模型

在多边缘的云边端网络架构中,任务会在边缘服务器与边缘服务器之间传输,也会在边缘服务器与云服务器之间传输,模型如图 4-6 所示。

1)边边协同传输。在本节中,边缘服务器与边缘服务器之间的数据传输是通过有线链路进行的。传输速率可表示为 v_{in}^{b2b}。那么传输时延可表示为:

$$t_{injk}^{\text{b2b}} = \zeta_{injk} d_{ijk} v_{in}^{\text{b2b}}$$

其中，ς_{injk} 表示 ijk 是否通过有线链路 n 转发给其他边缘服务器，n 表示边缘服务器 i 与其他边缘服务器连接的有线链路。

$$\varsigma_{injk} = \begin{cases} 1, & \text{任务}ijk\text{通过有线链路}n\text{转发到其他边缘服务器} \\ 0, & \text{任务}ijk\text{不通过有线链路}n\text{转发到其他边缘服务器} \end{cases}$$

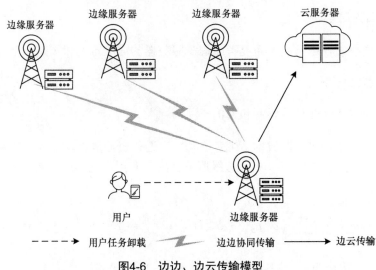

图4-6　边边、边云传输模型

2）边云传输。在本节中，假设边缘服务器与云服务器通过有线链路传输，任务从边缘服务器上传到云服务器这一过程的传输时延表示为：

$$t_{ijk}^{\text{b2c}} = \gamma_{ijk} d_{ijk} v_i^{\text{b2c}}$$

其中，v_i^{b2c} 表示边缘服务器与云服务器之间的传输速率。

4.4　优化目标

对系统模型中的一个或几个变量进行优化，以达到相应的优化目的。常见的优化变量有以下 5 种。

1）任务卸载决策：α_{ijk}，β_{ijk}，γ_{ijk}。分别代表边缘服务器 i 所属基站覆盖范围内的终端 ij 产生的第 k 种任务卸载至本地、终端、云端的卸载决策。

2）服务放置决策：σ_{si}。表示服务 s 是否部署在边缘服务器 i 上。

3）内容缓存决策：δ_{iz}。表示内容 z 是否缓存到边缘服务器 i 上。

4）计费定价方案：ρ^f，ρ^w，ρ^p。分别表示单位计算资源、单位通信带宽、单位通信功率的维护开销。

5）计算、通信资源分配方案：f，p，W。分别表示计算资源（频率）、通信功率、通信带宽。

4.4.1　任务处理时延最小化

4.4.1.1　应用场景

任务处理时延直接影响用户的使用体验，关系到服务质量，因此，对于处理时延的最小化是边缘计算领域中的一大重点。处理时延的最小化问题常见于绝大部分应用场景，例如，在车联网领域，自动驾驶系统快速而精准地判断道路情况是行车安全的必要保证；在工业互联网领域，机器人、自动化设备和传感器需要准确而快速地协同完成生产任务，因此需要低响应时延来保障生产流程的连贯性以及生产效率；远程医疗设备的操控，也需要低响应时延来保证医疗设备的高响应速度与高可控性。

4.4.1.2　优化问题

任务处理时延通常包括计算处理时延与数据传输时延两种。其中，计算处理时延主要由本地计算处理时延和服务器计算处理时延组成，数据传输时延主要由边端间上下行时延和云边间上下行时延组成。

以车联网应用场景为例，考虑到车载计算设备难以支持任务处理的低时延要求，需要车辆将计算任务 ijk 卸载至附近的路侧单元进行协同处理，在这个协同处理过程中，位于路侧单元 i 范围内的本地车辆 ij 首先需要将计算任务通过部分卸载或者完全卸载的方式卸载至路侧单元 i，本地卸载决策与边缘卸载决策分别用 α_{ijk} 和 β_{ijk} 表示。在完全卸载场景中，α_{ijk} 和 β_{ijk} 取值为 0 或 1，即只能将任务全部卸载至本地设备处理或者全部卸载至路侧单元处理；在部分卸载场景中，α_{ijk} 和 β_{ijk} 的取值为 0～1，分别表示卸载至本地、边缘服务器的任务比例，对应的任务卸载过程数据传输时延用 t_{ijk}^{d2b} 表示。路侧单元 i 接收到卸载任务 ijk 后，使用其搭载的计算平台对任务进行处理，这个计算处理过程的时延用 t_{ijk}^{edge} 表示。相应地，本地任务处理时延可用 t_{ijk}^{local} 表示。当路侧单元完成计算任务的处理后，还需要将计算得到的数据返回至车辆，这个通信过程的下行通信时延可用 t_{ijk}^{b2d} 表示。

（1）优化目标

在不同的任务处理模式下，任务的总处理时延在建模上也会有所不同，取决于本地任务处理与边缘任务处理是否能够同时进行。

1）本地、边缘计算依次进行。对于需要顺序执行的任务，待处理数据依次在本地、边缘、云上执行计算，并将最终结果返回至本地终端设备，这类任务的总处理时延由各个环节的计算时延、通信时延累加得到[17]：

$$t_{ijk}^{\text{total}} = t_{ijk}^{\text{local}} + t_{ijk}^{\text{d2b}} + t_{ijk}^{\text{edge}} + t_{ijk}^{\text{b2d}}$$

考虑同时对所有任务的总处理时延进行优化，对应的最小化问题为：

$$\text{minimize} \sum_{i \in \mathcal{I}} \sum_{j \in \mathcal{J}_i} \sum_{k \in \mathcal{K}} t_{ijk}^{\text{total}}$$

2）本地、边缘计算同时进行。对于可并行执行的卸载任务，可将待处理数据按一定比例卸载至本地、边缘服务器、云服务器上进行处理。在这种工作模式下，假设终端同时向边缘服务器、云服务器发送待处理数据，并同时开始处理本地计算任务，直到终端设备收集到端、边、云中所有待处理数据的处理结果后，视为任务完成。由于不同的待处理数据在端边云系统中并行处理，上述任务卸载过程的总处理时延取决于终端最晚收集到的数据的处理时延，即[18]：

$$t_{ijk}^{\text{total}} = \max\left\{ t_{ijk}^{\text{local}}, \left(t_{ijk}^{\text{d2b}} + t_{ijk}^{\text{edge}} + t_{ijk}^{\text{b2d}} \right), \left(t^{\text{d2b}} + t^{\text{b2c}} + t_{ijk}^{\text{cloud}} + t^{\text{c2b}} + t^{\text{b2d}} \right) \right\}$$

对于任务处理时延最小化问题，其优化目标可表示为：

$$\text{minimize} \sum_{i \in \mathcal{I}} \sum_{j \in \mathcal{J}_i} \sum_{k \in \mathcal{K}} t_{ijk}^{\text{total}}$$

（2）约束条件

考虑到可分配资源的有限性限制、决策变量的合理性限制及系统各项性能指标的最低要求限制，在进行时延优化时，还需要引入一些约束项，来限制优化变量的取值范围，使得最终优化结果符合实际应用环境。常见的约束有资源分配约束、决策变量范围约束、能耗约束、时延约束等。

资源分配约束常见于任何优化变量中包含资源的优化问题中，表现为限制资源分配值在可分配范围内，如在通过优化计算资源 f、通信功率 p、通信带宽 W，以达到最小化系统总任务处理时延的目的时，优化变量满足以下约束条件：

$$\text{minimize} \sum_{i \in \mathcal{I}} \sum_{j \in \mathcal{J}_i} \sum_{k \in \mathcal{K}} t_{ijk}^{\text{total}}$$

subject to

C1: $f_{ij}^{\min} \leqslant f_{ijk}^{\text{local}} \leqslant f_{ij}^{\max}$ $\forall i \in \mathcal{I}, \forall j \in \mathcal{J}_i, \forall k \in \mathcal{K}$

C2: $p_{ij}^{\min} \leqslant p_{ijk}^{\text{d2b}} \leqslant p_{ij}^{\max}$ $\forall i \in \mathcal{I}, \forall j \in \mathcal{J}_i, \forall k \in \mathcal{K}$

C3: $\sum_{j \in \mathcal{J}_i} \sum_{k \in \mathcal{K}} f_{ijk}^{\text{edge}} \leqslant F_i^{\text{edge}}$ $\forall i \in \mathcal{I}$

C4: $p_i^{\min} \leqslant p_{ij}^{\text{b2d}} \leqslant p_i^{\max}$ $\forall i \in \mathcal{I}, \forall j \in \mathcal{J}_i$

C5: $\sum_{k \in \mathcal{K}} W_{ijk}^{\text{d2b}} \leqslant W_{ij}^{\text{d2b}}$ $\forall i \in \mathcal{I}, \forall j \in \mathcal{J}_i$

C1 和 C2 表示每个车辆设备在处理本地任务以及与基站进行无线通信时，分配的计算频率 f_{ijk}^{local} 与通信功率 p_{ijk}^{d2b} 的取值分别限制在 $\left[f_{ij}^{\min}, f_{ij}^{\max}\right]$ 与 $[p_{ij}^{\min}, p_{ij}^{\max}]$ 内；C3 表示对于边缘服务器 i，其为每个车辆分配的计算资源之和不超过其最大计算频率 F_i^{edge}，C4 表示终端设备 ij 分配的通信功率在范围 $\left[p_i^{\min}, p_i^{\max}\right]$ 内；C5 表示在终端与基站进行通信时，每个终端分配到的上行带宽 W_{ijk}^{d2b} 之和不超过总上行带宽 W_{ij}^{d2b}。

能耗约束也是在进行时延优化时需要考虑的因素之一，表现为将任务处理过程中产生的能耗限制在某个范围内，以保证设备的续航能力，并节省能源开销。能耗约束可表示为：

subject to

C6: $\sum_{k \in \mathcal{K}} e_{ijk} \leqslant e_{ij}^{\text{th}}$ $\forall i \in \mathcal{I}, \forall j \in \mathcal{J}_i$

C6 表示终端 ij 的总任务处理能耗不能超过最高能耗阈值 e_{ij}^{th}。

另外，当优化变量涉及任务卸载决策时，任务完全卸载模式与任务部分卸载模式中的任务卸载决策变量约束也有所区别，在任务部分卸载场景下，卸载决策变量应满足以下约束条件：

subject to

C7: $0 \leqslant \alpha_{ijk} \leqslant 1$ $\forall i \in \mathcal{I}, \forall j \in \mathcal{J}_i, \forall k \in \mathcal{K}$

C8: $0 \leqslant \beta_{ijk} \leqslant 1$ $\forall i \in \mathcal{I}, \forall j \in \mathcal{J}_i, \forall k \in \mathcal{K}$

C9: $0 \leqslant \gamma_{ijk} \leqslant 1$ $\forall i \in \mathcal{I}, \forall j \in \mathcal{J}_i, \forall k \in \mathcal{K}$

C10: $\alpha_{ijk} + \beta_{ijk} + \gamma_{ijk} = 1$ $\forall i \in \mathcal{I}, \forall j \in \mathcal{J}_i, \forall k \in \mathcal{K}$

约束 C7～C9 将卸载决策变量 α_{ijk}、β_{ijk} 和 γ_{ijk} 限制在 $[0,1]$ 范围内，约束 C10 保证任务在卸载后的完整性。而在完全卸载场景下，完整任务只能卸载至端边云的某一侧进行处理，即卸载决策变量的取值只能为 0 或 1，卸载决策变量应满足以下约束条件：

C7：$\alpha_{ijk} \in \{0,1\}$ $\qquad\qquad\qquad\qquad \forall i \in \mathcal{I}, \forall j \in \mathcal{J}_i, \forall k \in \mathcal{K}$

C8：$\beta_{ijk} \in \{0,1\}$ $\qquad\qquad\qquad\qquad \forall i \in \mathcal{I}, \forall j \in \mathcal{J}_i, \forall k \in \mathcal{K}$

C9：$\gamma_{ijk} \in \{0,1\}$ $\qquad\qquad\qquad\qquad \forall i \in \mathcal{I}, \forall j \in \mathcal{J}_i, \forall k \in \mathcal{K}$

C10：$\alpha_{ijk} + \beta_{ijk} + \gamma_{ijk} = 1$ $\qquad\qquad \forall i \in \mathcal{I}, \forall j \in \mathcal{J}_i, \forall k \in \mathcal{K}$

4.4.2　终端能耗最小化

4.4.2.1　应用场景

在边缘计算中，能耗也是用户、边缘设备提供商等边缘计算参与者重视的重要指标之一，尤其对于移动设备（如手机、智能穿戴设备、物联网设备、无人机等）而言，需要进行能耗最小化，以延长终端设备电池寿命、降低能源成本，提高用户的使用体验。因此，终端能耗的最小化在边缘计算中显得尤为重要。

4.4.2.2　优化问题

任务处理过程中终端所产生的能耗 e_{ijk}^{total} 主要由计算能耗 e_{ijk}^{local} 与通信能耗 e_{ijk}^{d2b} 组成，因此，能耗最小化问题一般可表示为[19]：

$$\text{minimize} \sum_{k \in \mathcal{K}} \left(e_{ijk}^{\text{local}} + e_{ijk}^{\text{d2b}} \right)$$

（1）优化目标

对于多设备系统，一般以最小化设备平均能耗或总能耗为优化目标：

$$\text{minimize} \sum_{i \in \mathcal{I}} \sum_{j \in \mathcal{J}_i} \sum_{k \in \mathcal{K}} \left(e_{ijk}^{\text{local}} + e_{ijk}^{\text{d2b}} \right)$$

（2）约束条件

在进行能耗优化的过程中，同样需要保证其他性能指标（如时延 t_{ijk}^{total}、计算资源分配值 f_{ijk}^{local}、通信功率 p_{ijk}^{d2b} 等）在可接受范围内；在对多设备系统进行能耗优化时，也可能需要考虑限制每个设备的能耗不超过某个阈值 e_{ij}^{th}；若涉及任务卸载，则还需保证卸载决策取值的合理性以及卸载后任务的完整性。

$$\text{minimize} \sum_{i\in\mathcal{I}} \sum_{j\in\mathcal{J}_i} \sum_{k\in\mathcal{K}} \left(e_{ijk}^{\text{local}} + e_{ijk}^{\text{d2b}} \right)$$

subject to

C1: $f_{ij}^{\min} \leqslant f_{ijk}^{\text{local}} \leqslant f_{ij}^{\max}$ $\qquad\qquad$ $\forall i \in \mathcal{I}, \forall j \in \mathcal{J}_i, \forall k \in \mathcal{K}$

C2: $p_{ij}^{\min} \leqslant p_{ijk}^{\text{d2b}} \leqslant p_{ij}^{\max}$ $\qquad\qquad$ $\forall i \in \mathcal{I}, \forall j \in \mathcal{J}_i, \forall k \in \mathcal{K}$

C3: $\sum_{j\in\mathcal{J}_i} \sum_{k\in\mathcal{K}} f_{ijk}^{\text{edge}} \leqslant F_i^{\text{edge}}$ $\qquad\qquad$ $\forall i \in \mathcal{I}$

C4: $p_i^{\min} \leqslant p_{ij}^{\text{b2d}} \leqslant p_i^{\max}$ $\qquad\qquad$ $\forall i \in \mathcal{I}, \forall j \in \mathcal{J}_i$

C5: $\sum_{k\in\mathcal{K}} W_{ijk}^{\text{d2b}} \leqslant W_{ij}^{\text{d2b}}$ $\qquad\qquad$ $\forall i \in \mathcal{I}, \forall j \in \mathcal{J}_i$

C6: $\sum_{k\in\mathcal{K}} e_{ijk}^{\text{total}} \leqslant e_{ij}^{\text{th}}$ $\qquad\qquad$ $\forall i \in \mathcal{I}, \forall j \in \mathcal{J}_i$

C7: $t_{ijk}^{\text{total}} \leqslant t_{ijk}^{\max}$ $\qquad\qquad$ $\forall i \in \mathcal{I}, \forall j \in \mathcal{J}_i, \forall k \in \mathcal{K}$

C8: $0 \leqslant \alpha_{ijk} \leqslant 1$ $\qquad\qquad$ $\forall i \in \mathcal{I}, \forall j \in \mathcal{J}_i, \forall k \in \mathcal{K}$

C9: $0 \leqslant \beta_{ijk} \leqslant 1$ $\qquad\qquad$ $\forall i \in \mathcal{I}, \forall j \in \mathcal{J}_i, \forall k \in \mathcal{K}$

C10: $0 \leqslant \gamma_{ijk} \leqslant 1$ $\qquad\qquad$ $\forall i \in \mathcal{I}, \forall j \in \mathcal{J}_i, \forall k \in \mathcal{K}$

C11: $\alpha_{ijk} + \beta_{ijk} + \gamma_{ijk} = 1$ $\qquad\qquad$ $\forall i \in \mathcal{I}, \forall j \in \mathcal{J}_i, \forall k \in \mathcal{K}$

4.4.3 系统开销最小化

4.4.3.1 应用场景

边缘计算在向用户提供良好的服务的同时,边缘服务提供商也需要维护各类硬件资源,付出一定的系统开销。为了在保证用户服务质量的同时,尽量减小提供服务所带来的系统开销,增加边缘服务提供商的收益,以提高提供商的参与意愿,就需要考虑对系统开销进行最小化。一般地,系统开销主要由资源维护成本构成,主要考虑边缘服务器提供的计算资源、通信资源以及存储资源。

4.4.3.2 优化问题

系统开销的定义与4.3.4小节中一致,设边缘服务器i为用户ij上的任务ijk提供的计算资源以边缘服务器i分配的计算频率f_{ijk}^{edge}表示,向用户ij传输数据时分配的通信资源以基站分配的下行通信功率 p_{ij}^{b2d}、边缘服务器接收待处理数据时的接收功率 p_{ijk}^{rec} 及上行、下行通信带宽 W_{ij}^{d2b}、W_{ij}^{b2d} 表示。设上述 3 种资源的单位维护开销分别为 ρ^f、ρ^w 和 ρ^p,则边缘服务器 i 为所有用户提供服务所产生的系统开销可表示为:

$$m_i = \sum_{j \in \mathcal{J}_i} \sum_{k \in \mathcal{K}} \left[\rho^f f_{ijk}^{edge} + \rho^p (p_{ijk}^{rec} + p_{ij}^{b2d}) + \rho^w \left(W_{ij}^{d2b} + W_{ij}^{b2d} \right) \right]$$

(1)优化目标

考虑对所有边缘服务器的总体开销进行最小化,则对应的最小化问题为:

$$\text{minimize} \sum_{i \in \mathcal{I}} m_i$$

(2)约束条件

在进行系统开销优化时,必须保证服务质量不受影响。服务质量的评估主要考虑向用户提供服务时的任务处理时延不超过最大可容忍时延。另外还需保证决策变量在可行范围内,即各资源分配值不超过对应的资源分配上限。完整优化问题可表述为:

$$\text{minimize} \sum_{i \in \mathcal{I}} m_i$$

subject to

$C1: \sum_{j \in \mathcal{J}_i} \sum_{k \in \mathcal{K}} f_{ijk}^{edge} \leqslant F_i^{edge}$ $\qquad \forall i \in \mathcal{I}$

$C2: p_i^{min} \leqslant p_{ij}^{b2d} \leqslant p_i^{max}$ $\qquad \forall i \in \mathcal{I}, \forall j \in \mathcal{J}_i$

$C3: \sum_{k \in \mathcal{K}} W_{ijk}^{d2b} \leqslant W_{ij}^{d2b}$ $\qquad \forall i \in \mathcal{I}, \forall j \in \mathcal{J}_i$

$C4: \sum_{k \in \mathcal{K}} W_{ijk}^{b2d} \leqslant W_{ij}^{b2d}$ $\qquad \forall i \in \mathcal{I}, \forall j \in \mathcal{J}_i$

$C5: t_{ijk}^{total} \leqslant t_{ijk}^{max}$ $\qquad \forall i \in \mathcal{I}, \forall j \in \mathcal{J}_i, \forall k \in \mathcal{K}$

4.4.4 系统负载均衡

4.4.4.1 应用场景

在涉及多任务处理时,为了避免简单的任务卸载策略所导致的边缘服务器负载不均衡问题,即一部分边缘服务器所承担的任务过多,而同时另一部分边缘服务器处于空闲状态,最终使得资源利用率低下，就需要设计合理的任务卸载策略及资源分配方案，来尽可能提升系统资源利用率，以使边缘计算系统在单位时间内能够处理更多的任务。

4.4.4.2 优化问题

在学术界，负载均衡的衡量并没有一个统一的标准，本书在此给出一种以计算量为衡量指标的负载均衡模型。

在完成任务卸载后，边缘服务器 i 所分担的计算量为终端设备卸载至该服务器的任务计算量之和，即 $c_i = \sum_{j \in \mathcal{J}_i} c_{ij}$，其中 c_{ij} 表示由终端设备 ij 卸载至边缘服务器 i 的任务的计算量。当系统达到负载均衡时，可认为每个边缘服务器的计算量接近一致，因此可将服务器计算量 c_i 与平均计算量 $\overline{c} = \frac{1}{I} \sum_{i \in \mathcal{I}} c_i$ 的偏离程度作为负载均衡的衡量指标[20]，并对其差值取平方来度量整个系统的负载均衡情况 L：

$$L = \frac{1}{I} \sum_{i \in \mathcal{I}} \left(c_i - \overline{c} \right)^2$$

考虑到负载均衡的目的是充分利用服务器资源，以提高任务处理效率，降低任务处理时延，因此也可以直接将任务的总处理时延作为衡量负载均衡情况的标准，将最小化处理时延作为优化目标，来决策出任务卸载策略[21]。

（1）优化目标

为了实现负载均衡，需要使得每个边缘服务器所承担的计算量尽可能平均，即使得每个边缘服务器的计算量 w_m 与平均计算量 $\overline{w}$ 的偏差尽可能小，因此，对应的优化目标为：

$$\text{minimize } L$$

（2）约束条件

负载均衡主要与卸载决策有关，因此在进行优化问题求解时需要保证卸载决策取值的合理性以及卸载任务的完整性，同时还需要考虑卸载任务的处理时延限制。在任务部分卸载场景下，假设任务只能在本地或边缘服务器上进行处理，则完整优化问题可表述为：

$$\text{minimize } L = \frac{1}{I} \sum_{i \in \mathcal{I}} \left(c_i - \overline{c} \right)^2$$

subject to

C1：$0 \leqslant \alpha_{ijk} \leqslant 1$ $\forall i \in \mathcal{I}, \forall j \in \mathcal{J}_i, \forall k \in \mathcal{K}$

C2：$0 \leqslant \beta_{ijk} \leqslant 1$ $\forall i \in \mathcal{I}, \forall j \in \mathcal{J}_i, \forall k \in \mathcal{K}$

C3：$\alpha_{ijk} + \beta_{ijk} + \gamma_{ijk} = 1$ $\qquad\qquad$ $\forall i \in \mathcal{I}, \forall j \in \mathcal{J}_i, \forall k \in \mathcal{K}$

C4：$t_{ijk}^{\text{total}} \leqslant t_{ijk}^{\max}$ $\qquad\qquad$ $\forall i \in \mathcal{I}, \forall j \in \mathcal{J}_i, \forall k \in \mathcal{K}$

4.5　优化算法

4.5.1　优化问题特征分析

边缘计算资源管理问题通常涉及资源的分配和优化，可以被建模为 MINLP（Mixed Integer Nonlinear Programming，混合整数非线性规划）问题，因为资源优化过程通常涉及整数决策（如分配整数数量的边缘计算节点或虚拟机实例）及非线性目标函数和约束（如资源利用率最大化、成本最小化等）。

MINLP 是一类数学规划问题，结合了整数规划（IP）和非线性规划（NLP）的特性。MINLP 的一般数学表达如下：

$$\min\left\{ f^0(x, y) : f^j(x, y) \leqslant 0 (j = 1, \cdots, m), x \in Z_+^{n_1}, y \in R_+^{n_2} \right\}$$

其中 n_1 是整数约束变量的个数，n_2 是连续变量的个数，m 是约束的个数，$f^j(x, y)$ 对于 $j = 1, \cdots, m$ 是任意函数，将 $Z_+^{n_1} \times R_+^{n_2}$ 映射为实数。

MINLP 构成了一类一般问题，包含两种特殊情况：混合整数线性规划（函数 $f^0, \cdots, f^m$ 均为线性）和非线性规划（$n_1 = 0$）。

在 MINLP 问题中，其目标函数为非线性函数，同时满足一组约束条件，其中一些变量被限制为整数值。因此，MINLP 问题涉及在整数和连续变量之间进行优化决策，这类问题在实际中具有广泛应用。然而相应的代价是：即使是非常特殊的 MINLP 也通常是 NP 困难问题，其求解过程极为复杂。

MINLP 分为凸 MINLP 和非凸 MINLP，如果函数 $f^0, \cdots, f^m$ 都是凸的，则 MINLP 本身称为凸问题；否则称为非凸问题。虽然这两种 MINLP 一般都是 NP 困难问题，但无论在理论上还是实践中，凸 MINLP 都比非凸 MINLP 更容易求解。

4.5.2　优化算法设计

由于 MINLP 涉及整数和连续决策变量，并且包含非线性目标函数与约束，求解 MINLP 的过程极为复杂。

求解 MINLP 问题通常需要用到松弛和约束执行，用松弛法计算 MINLP 最优解的下界，通过扩大 MINLP 的可行集使得原问题的约束范围得到松弛，例如忽略问题的某些约束，可以降低问题的复杂性。通常，松弛后的问题需要比原始 MINLP 问题更容易求解。将 MINLP 问题松弛下来，使其成为一个凸 NLP 问题，求解这个凸 NLP 可以得到原 MINLP 最优解的一个下界，而最优解的上界（原始界）由 MINLP 的可行解提供，当下界大于或等于当前上界时，终止对解的搜索，此时的可行解即为最优解。而约束执行是指用于排除对松弛可行但对原始 MINLP 不可行的解决方案的程序。约束的执行可以通过细化或收紧松弛来完成，通常表现为通过添加有效的不等式，或者通过分支，将松弛分为两个或多个独立的问题。

一般地，可以将原始问题解耦，分解为多个子问题，之后针对每个子问题分别进行求解。具体可分为以下步骤。

1）问题分解。原始 MINLP 问题通常包含复杂的非线性约束和整数变量，难以直接求解。问题分解的第一步是将原问题分解成多个子问题，每个子问题可能包含一部分原问题的变量和约束。这种分解可以基于问题结构、物理分区或其他适当的标准进行。

常见的松弛策略包括将整型变量松弛到连续空间（NLP 子问题）和非线性约束的线性化（MILP 子问题）。

设原 MINLP 问题是

$$Z^{\mathrm{MINLP}} = \mathrm{minimize}\ f(x,y)$$

subject to

C1：$g_j(x,y) \le 0$　　　　　　　　　　　　$x \in X, y \in Y \cap Z^p, \eta \in R$

其中函数 $f: R^{n \times p} \to R, g_j: R^{n \times p} \to R$，$n$ 和 p 分别是连续变量 x 和整数变量 y 的维数，X 和 Y 分别是 R^n 和 R^p 中的多面体子集。

MILP 子问题：如果 MINLP 原问题的目标函数是非线性的，它的最优解有可能是可行域凸包中的内点，这类问题不宜直接求解，常用的处理方法是引入辅助变量 η，将非线性目标函数转化为线性目标函数，并将目标函数转移到约束中，得到与原 MINLP 问题等价的 MINLP 问题：

$$Z^{\mathrm{MINLP}} = \mathrm{minimize}\ \eta$$

subject to

C1：$f(x,y) \le \eta$　　　　　　　　　　　　$x \in X, y \in Y \cap Z^p, \eta \in R$

C2：　$g(x,y) \leqslant 0$ $\qquad\qquad\qquad\qquad x \in X, y \in Y \cap Z^p, \eta \in R$

求解 MINLP 的很多算法都依赖于 MINLP 的目标函数与约束函数的线性逼近，设当前点为 $(\hat{x}, \hat{y})$，由于 f 和 g 都是凸函数，故不等式

$$f(\hat{x}, \hat{y}) + \nabla f(\hat{x}, \hat{y})^{\mathrm{T}} \begin{pmatrix} x - \hat{x} \\ y - \hat{y} \end{pmatrix} \leqslant f(x, y)$$

$$g(\hat{x}, \hat{y}) + \nabla g(\hat{x}, \hat{y})^{\mathrm{T}} \begin{pmatrix} x - \hat{x} \\ y - \hat{y} \end{pmatrix} \leqslant g(x, y)$$

成立，因此，非线性约束条件

$$f(x, y) \leqslant \eta, g(x, y) \leqslant 0$$

在 $(\hat{x}, \hat{y})$ 点处可分别松弛为线性不等式

$$f(\hat{x}, \hat{y}) + \nabla f(\hat{x}, \hat{y})^{\mathrm{T}} \begin{pmatrix} x - \hat{x} \\ y - \hat{y} \end{pmatrix} \leqslant \eta$$

$$g(\hat{x}, \hat{y}) + \nabla g(\hat{x}, \hat{y})^{\mathrm{T}} \begin{pmatrix} x - \hat{x} \\ y - \hat{y} \end{pmatrix} \leqslant 0$$

此时，可得原 MINLP 问题的一种 MILP 子问题

$$Z^{\mathrm{MINLP}} = \text{minimize } \eta$$

subject to

C1：　$f(\hat{x}, \hat{y}) + \nabla f(\hat{x}, \hat{y})^{\mathrm{T}} \begin{pmatrix} x - \hat{x} \\ y - \hat{y} \end{pmatrix} \leqslant \eta$ $\qquad x \in X, y \in Y \cap Z^p, \eta \in R$

C2：　$g(\hat{x}, \hat{y}) + \nabla g(\hat{x}, \hat{y})^{\mathrm{T}} \begin{pmatrix} x - \hat{x} \\ y - \hat{y} \end{pmatrix} \leqslant 0$ $\qquad x \in X, y \in Y \cap Z^p, \eta \in R$

NLP 子问题：MINLP 的另一种松弛子问题是将整数变量松弛到连续空间，假设 y_i 的每个分量满足界限 $l_i \leqslant y_i \leqslant u_i$，为了便于描述，令 $I = \{1, \cdots, p\}$，$(l_I, u_I) = \{(l_i, u_i) \mid i \in I\}$，可得原 MINLP 的一种 NLP 松弛子问题

$$Z^{\mathrm{NLPR}(l_I, u_I)} = \text{minimize } f(x, y)$$

subject to

C1：　$g(x, y) \leqslant 0$ $\qquad\qquad\qquad\qquad x \in X, l_I \leqslant y \leqslant u_I$

若 (l_I, u_I) 是初始问题可行域的上下界限，则求解上式得到的 $Z^{\mathrm{NLPR}(l_I, u_I)}$ 是 Z^{MINLP} 的有效下界，而原 MINLP 的上界由可行解提供，在算法执行过程中，若整数 $\hat{y}$ 被认为是原问题的一个好点，则固定整数变量 $y = \hat{y}$ 得到 NLP 子问题

$$Z^{\mathrm{NLP}(\hat{y})} = \operatorname*{minimize}_{x} f(x, \hat{y})$$

subject to

C1： $g(x, \hat{y}) \leqslant 0$ $\qquad\qquad\qquad x \in X$

如果上式是可行的，则为原 MINLP 提供上界；否则 NLP 求解器一般需要求解一个相关可行子问题，可行子问题的一种构造方式为

$$Z^{\mathrm{NLPF}(\hat{y})} = \operatorname{minimize} \sum_{i=1}^{m} \mu_i$$

subject to

C1： $g(x, \hat{y}) \leqslant \mu$ $\qquad\qquad\qquad \mu \geqslant 0, x \in X, \mu \in R^m$

其中 μ_i 表示约束 $g_i(x, \hat{y})$ 的违反度。一般情形下，若 $Z^{\mathrm{NLPF}(\hat{y})} = 0$，则上式的解为原 MINLP 问题的可行解。

2）子问题求解。分解后得到的每个子问题的优化相对简单，可以使用适当的工具和算法来求解，包括非线性规划、整数规划、线性规划等技术，具体取决于子问题的性质。当子问题涉及连续变量和非线性约束时，非线性规划方法（如序列二次规划或内点法）可作为求解的手段之一；当子问题中存在整数变量时，可以使用整数规划算法（例如 Branch and Bound）来高效地搜索整数解；对于某些子问题，可能存在线性约束和变量，可以考虑使用线性规划（LP）方法来求解。

3）协同决策。在得到每个子问题的解之后，协同决策方法用于将这些解组合成原始问题的整体解决方案，将各个子问题中的变量值协调整合，以满足原始问题的整体约束条件；并检查一致性，确保各个子问题的解在整体上是一致的，即它们形成了一个一致的整体解。最后对整体解进行进一步的处理，以满足其他特定问题的要求或约束。整个协同决策的目标是确保整体解满足原始问题的所有约束条件，同时保持子问题分解和求解的高效性。协同决策是 MINLP 求解过程中的关键步骤，有助于获得准确和可行的最优解。

4.5.3 常用优化算法介绍

一般而言，我们可以将常用的优化算法分为两类，分别为集中式算法和分布式算法。

4.5.3.1　集中式算法

集中式算法主要包含凸优化算法、近似算法、启发式算法、强化学习算法等。

（1）凸优化算法

凸优化算法的核心在于利用凸函数的性质，主要是一阶导数和二阶导数的性质。凸函数具有全局最小值，因此在凸优化问题中，该最小值点即为凸优化问题的解。凸优化问题通常有一个凸目标函数和一组凸约束条件。问题的优化目标是最小化（或最大化）目标函数，同时满足约束条件。在实际应用中可以将非凸优化问题转化为近凸优化或凸优化问题，从而采用可行的凸优化方法，寻找相应的全局最小值或局部最小值。

常见的凸优化算法有梯度下降法、内点法等。梯度下降法是一种迭代优化算法，其主要思想为沿着目标函数的负梯度方向来更新参数，直到达到最小值。内点法是一类在可行域内部搜索最优解的方法，它通过在可行域的内部寻找解而非沿着边界进行搜索来提高算法的收敛速度。

（2）近似算法

近似算法是一种通过牺牲精确度来换取计算效率的算法，其目标是在合理的时间内找到一个接近最优解的可行解。该算法的基本思想是利用现有的近似方法，如松弛、有界、局部搜索和动态规划技术，来解决已建立的 NP 困难问题。通常将问题先建模成一个数学问题，然后寻找一个次优解来近似最优解，同时保证这个次优解的质量与最优解的质量之间的差距不超过一个预先设定的因子。这个因子通常被称为近似比或近似系数，也是衡量算法优劣的一个重要标准。

常见的近似算法有贪心算法、局部搜索算法等。贪心算法是一种每一步都选择当前最佳的局部解决方案的方法，常用于寻找问题的近似最优解，如最小生成树、背包问题等。而局部搜索算法从一个初始解开始，通过在解空间中搜索相邻解来逐步改进解。

（3）启发式算法

启发式算法类似于人类解决问题的思想，基于直观或经验将自然界中的一些现象抽象成算法来处理相应的问题，包括简单启发式算法和元启发式算法。简单启发式算法是针对特定问题的直接策略，而元启发式算法是更通用的问题求解框架，可以应用于不同类型的问题，但同时也更加复杂。元启发式算法被广泛应用于各个领域，包括遗传算法、蚁群算法、粒子群算法、模拟退火、禁忌搜索等。

利用启发式算法解决资源调度中 NP 困难问题的研究，倾向于采用基于贪婪和基于遗传的算法。

（4）强化学习算法

强化学习（Reinforcement Learning，RL）是机器学习领域的一个分支，其核心任务是让智能体（agent）通过与环境的交互，学会在某个任务中做出一系列决策以最大化累积奖励。强化学习的核心思想受到动物行为学中的奖励学习原理的启发，它适用于需要从经验中学习并做出决策的场景。

强化学习与马尔可夫过程（Markov Process，MP）之间有密切的关系。马尔可夫过程是强化学习中状态和状态转移的核心概念之一，为强化学习提供了一种数学框架，用于描述智能体与环境的交互过程。其中，马尔可夫过程中的状态具有无后效性，即给定当前状态，未来的状态转移概率只与当前状态有关，与过去的状态序列无关。这是强化学习中许多算法和方法的基础假设。在强化学习中，状态是描述环境的关键信息，决定了智能体可以采取的动作和获得的奖励。状态转移概率描述了从一个状态转移到另一个状态的可能性。这对于强化学习中的动态环境建模非常重要，因为智能体的决策和行为会导致状态变化。在强化学习中，奖励是智能体与环境互动的反馈信号。在马尔可夫过程中，奖励通常与当前状态和智能体采取的动作有关。马尔可夫决策过程（Markov Decision Process，MDP）是强化学习中的一个重要概念，它将马尔可夫过程扩展为包含智能体决策的框架。MDP 包括状态、动作、状态转移概率、奖励函数等要素，提供了描述强化学习问题的标准形式。

强化学习问题根据问题类型一般可分为离散型问题和混合型问题两类。离散型问题和混合型问题的主要区别在于状态和动作空间的性质，离散型问题适用于状态和动作空间都是离散的场景，而混合型问题则考虑了其中至少一个是连续的情况。解决离散型问题的强化学习典型算法为 DQN 算法，解决混合型问题的强化学习典型算法有 DDPG 和 TD3 算法。

深度 Q 网络（Deep Q Network，DQN）是一种强化学习算法，适用于离散动作空间的马尔可夫决策过程。DQN 的主要贡献是将深度学习技术引入强化学习领域，特别是在处理具有大型状态空间的问题时表现出色。DQN 使用深度神经网络来逼近 Q 函数，使其能够有效处理高维状态空间和离散动作空间。DQN 引入了经验回放机制，将智能体在环境中收集到的经验样本保存在一个经验缓冲区中。经验回放通过随机抽样这些经验样本来对智能体进行训练，有助于打破样本之间的相关性，提高算法的稳定性。为了提高算法的稳定性，DQN 使用了目标网络的概念。目标网络的参数通过软更新的方式逐渐更新，减小了训练过程中的参数波动。

DDPG（Deep Deterministic Policy Gradient）算法是深度 Q 网络和确定性策略梯度（Deterministic Policy Gradient）方法的结合。该算法在处理高维状态和动作空间的问题上表现出色,特别适用于需要精确控制的任务。DDPG 借鉴了 DQN 的思想,利用深度神经网络来逼近 Q 函数。DDPG 包含两个神经网络:一个用于估计状态-动作对的 Q 值(Critic 网络),另一个用于估计策略(Actor 网络)。DDPG 引入经验回放机制,将智能体在环境中收集到的经验样本保存在一个经验缓冲区中。在训练过程中,随机抽样这些经验样本用于更新神经网络参数,有助于打破样本之间的相关性,提高算法的稳定性。为了提高算法的稳定性,DDPG 使用了目标网络的概念。即使用两套神经网络,一套用于计算目标 Q 值,另一套用于计算目标策略。这两套目标网络的参数是通过软更新的方式逐渐更新的,能够有效减少训练过程中的参数波动。为了进一步提高性能,后续算法,如 TD3(Twin Delayed DDPG),对 DDPG 进行了改进。

TD3 是 DDPG 算法的改进版本,旨在提高算法的稳定性和性能。相较于 DDPG 算法,TD3 算法使用两个 Q 网络来减缓估计 Q 值的方差,以进一步提高算法的稳定性。在训练过程中,TD3 算法选择两个网络中较小的 Q 值来作为目标 Q 值,以减小高估的风险。TD3 引入了时延更新的机制,即每两步更新一次 Q 网络,有助于降低算法对目标的过度拟合,增加算法的稳定性。这意味着在每一步中,对 Q 网络的更新只会发生在两个步骤之后。为了减小动作的方差,TD3 在目标策略中引入了一定的噪声,有助于使训练过程更加平滑,提高算法的鲁棒性。TD3 使用一个目标策略来计算目标 Q 值,同时使用两个控制策略来选择动作,有助于减小动作选择的方差,提高算法的性能。类似于 DDPG,TD3 也使用经验回放机制,通过保存先前的经验样本并从中随机抽样来进行训练,增加样本的有效性。总体而言,TD3 算法通过引入双 Q 网络、时延更新、在目标策略中引入噪声和控制策略方差等技术创新,提高了 DDPG 算法在连续动作空间中的性能和稳定性。TD3 被广泛应用于机器人控制、自动驾驶等需要连续动作决策的领域。TD3 算法的设计使得它对于训练深度强化学习智能体具有一定的优势。

(5)4 种集中式算法优劣势对比

不同的集中式算法在使用上有不同的优势和劣势,表 4-1 所示是 4 种集中式算法的优劣势对比。

表 4-1　集中式算法优劣势对比

算法名称	优势	劣势
凸优化算法	① 成熟、应用广泛 ② 容易获得接近的最优解	① 复杂性高 ② 实用性差
近似算法	① 简单灵活,易于实现 ② 容易设计局部搜索算法	① 容易陷入局部最优 ② 随机性强

算法名称	优势	劣势
启发式算法	① 效率高 ② 快速获得最佳方案	① 容易陷入局部最优 ② 元启发式算法参数过多，致使计算结果难以重用；而且不能快速有效地调整这些参数
强化学习算法	① 强大的并行处理能力 ② 较强的分布式存储和学习能力 ③ 能充分近似复杂的非线性关系	① 需要大量的参数 ② 黑箱模型，学习过程无法观察且输出结果难以解释 ③ 学习时间较长

4.5.3.2 分布式算法

分布式优化算法是一种将优化问题分解为多个子问题，然后在独立的计算节点上并行求解子问题，最后将子问题的解合并得到全局解的优化方法。这种算法可以充分利用分布式计算环境的并行计算能力，处理大规模的优化问题。

相较于集中式资源分配算法，分布式资源分配算法具有以下优点。

1）鲁棒性。分布式算法通常更具鲁棒性，由于分散了决策和资源控制，即使某些节点失败，其他节点仍然可以协同工作，单个故障点不会导致整个系统崩溃。

2）可扩展性。分布式算法可以更容易地扩展到大规模系统，适应不断增长的资源需求，适用于边缘计算等分布式和异构环境。

3）减少单点故障。分布式算法所构成的分布式决策系统分摊了风险，减少了单一故障点的存在，提高了系统的可靠性和可用性。

4）局部决策。分布式算法允许局部节点自主做出决策，以适应局部需求，从而更好地满足不同地理区域和应用的要求。

分布式资源分配算法的缺点如下。

1）复杂性。分布式算法依赖于分布式系统，而实施和管理分布式系统通常更加复杂，因为需要处理节点之间的通信、一致性、同步等问题。

2）通信开销。节点之间的通信可能会引入开销，尤其在大规模系统中，高频繁的通信可能会影响性能。

3）一致性和协调。在分布式系统中需要解决一致性和协调问题，以确保资源的一致性分配，这可能需要更多的计算和时间。

代表性的分布式算法有博弈论算法、拍卖算法和多智能体强化学习算法。

（1）博弈论算法

博弈论用于分析低复杂性的实体之间的相互作用，在博弈中，所有参与者都是理性的，所有参与者都可以根据他人的行动改变自己的行动，从而最大化自己的利益。最佳对策决策是参与者通过他们之间的合作或非合作方式来获得他们的最佳利益。所有这些基于博弈论的方法都需要证明纳什均衡的存在性，即参与者之间得到一个相互满意的解，并且没有参与者愿意单方面改变自己的决策。常见的博弈论优化算法有以下 4 种。

1）纳什均衡（Nash Equilibrium）。纳什均衡指的是在博弈中每个参与者都选择最优策略时所达到的状态。对于一个两人博弈，纳什均衡就是一种状态，在这种状态下，任何一名参与者改变策略都不会使其获益。使用数学方法可以找到纳什均衡点，定义如下。

在博弈 $G = \left(S_1, \cdots, S_n: u_1, \cdots, u_n\right)$ 中，如果由各个博弈方的各一个策略组成的某个策略组合 $s_1^*, \cdots, s_n^*$ 中，任一博弈方 i 的策略 s_i^* 都是对其余博弈方策略的组合 $\left(s_1^*, \cdots, s_{i-1}^*, s_{i+1}^*, \cdots, s_n^*\right)$ 的最佳对策，即 $u_i\left(s_1^*, \cdots, s_{i-1}^*, s_i^*, s_{i+1}^*, \cdots, s_n^*\right) \geqslant u_i s_1^*, \cdots, s_{i-1}^*, s_i^*, s_{i+1}^*, \cdots, s_n^*$ 对任意 $s_i \in S_i$ 都成立，则称 $\left(s_1^*, \cdots, s_n^*\right)$ 为 G 的一个纳什均衡。

2）最优响应动态（Best Response Dynamic）。在最优响应动态中，玩家根据其他玩家的策略调整自己的策略。在每一轮决策过程中，玩家选择使自己获益最大化的策略，直到达到稳定状态。

3）博弈树（Game Tree）。博弈树是用来表示博弈过程的树状结构，每个节点代表一个游戏的状态，每个边代表一个玩家的选择。在博弈树中，可以使用算法，如极小化极大算法（Minimax Algorithm），来找到最优解。

4）演化博弈论（Evolutionary Game Theory）。演化博弈论探讨了在多次重复博弈中，个体如何通过适应和进化来选择最优策略。遗传算法等优化算法常用于模拟这种进化过程。

（2）拍卖算法

在资源调度的拍卖机制框架中，有待处理任务的实体作为投标人，提供任务处理服务的实体作为卖方，一个受信任的实体作为第三方拍卖商来管理交易并做出在线决策。拍卖算法的本质是模拟人类拍卖活动的过程，其算法流程与拍卖过程相似，未经分配的投标人同时出价投标目标物，从而提高目标物价格，拍卖行获取所有投标人的出价信息，将目标物卖给出价最高的投标人。最终的结果应尽可能保证所有投标人和拍卖行的利益最大化。与基于博弈论的方法一样，在基于拍卖的资源调度框架中，边缘节点和用户都试图最大化自己的利益。

以双边迭代拍卖算法为例，假设买房的需求为 θ_i^{buy}，卖方的产出为 θ_j^{sell}，买方的报价为 Γ_i，卖方的出价记为 Γ_j。定义社会效益问题为：

$$\text{maximize} \left\{ \sum_{i=1}^{N} \sum_{j=1}^{M} \Gamma_i \ln \theta_i^{\text{buy}} - \frac{1}{2} \Gamma_j \left(\theta_j^{\text{sell}} \right)^2 \right\}$$

subject to

C1：$0 \leqslant \theta_{i,j}^{\text{buy}} \leqslant \theta_i^{\text{max}}$ $i \in \{1,2,\cdots,N\}$

C2：$0 \leqslant \theta_{j,i}^{\text{sell}} \leqslant \theta_j^{\text{max}}$ $j \in \{1,2,\cdots,M\}$

C3：$\theta_{i,j}^{\text{buy}} = \theta_{j,i}^{\text{sell}}$

（3）多智能体强化学习算法

多智能体强化学习（Multi-Agent Reinforcement Learning，MARL）是强化学习的一个分支，是传统强化学习在多智能体环境中的扩展。在多智能体系统中，各个智能体在同一环境下进行感知与动作决策，每个智能体的动作策略与获得的奖励会受到来自其他智能体的影响。因此，在利用多智能体强化学习来学习动作策略时，还会涉及智能体之间的博弈。一般地，根据奖励机制设计的不同，多智能体系统可分为完全合作型多智能体系统、完全竞争型多智能体系统与混合关系型多智能体系统 3 类。

1）完全合作型多智能体系统。在完全合作型多智能体系统中，系统返回的最大奖励值需要由各个智能体之间互相协同来获取。例如，在足球运动中，队员之间需要相互配合，来获取进球得分。

2）完全竞争型多智能体系统。在完全竞争型多智能体系统中，智能体之间的博弈为零和博弈，即系统总奖励值为 0，智能体需要最小化其他对手的奖励，以获得最大回报。

3）混合关系型多智能体系统。在混合关系型多智能体系统中，智能体之间的博弈为常和博弈，即系统总奖励值不一定为 0，各个智能体之间可能共同获益，也可能共同亏损，适用于智能体之间需要通过协商来最大化整体效益的应用场景。

多智能体强化学习算法介绍如下。

1）VDN。VDN 是一种基于价值的合作式 MARL 算法，需要对系统的联合 Q 函数 $Q((o_1,o_2,\cdots,o_n),(a_1,a_2,\cdots,a_n))$ 进行建模。VDN 假设系统的联合 Q 函数可以近似分解成多个单智能体的 Q 函数之和，即 $Q((o_1,o_2,\cdots,o_n),(a_1,a_2,\cdots,a_n)) \approx \sum_{i=1}^{n} Q_i(o_i,a_i)$，从而每个智能体能够通过学习自己的局部价值函数来实现协同，解耦智能体之间复杂的相互关系，以解决由于环境非平稳带来的问题。VDN 需要巧妙地设计每个智能体的局部价值函数来使得分解后的局部价值函数能够正确指导智能体的策略，朝着使联合 Q 函数最大的方向更新网络。为了得到更好的效果，VDN 通常遵循 CTDE（Centralized Training Decentralized Execution）框架，即中心化训练、去中心化执行。在训练时，每个智能体可以观测到全局状态信息，从而加速学习策略的过程；在执行时，每个智能体仅根据收集到的部分观测信息来做出动作决策。

2）QMIX。QMIX 是在 VDN 上的一种拓展，QMIX 不需要 VDN 中的强假设，即假设联合 Q 函数可分解成多个单智能体 Q 函数之和：

$$Q((o_1,o_2,\cdots,o_n),(a_1,a_2,\cdots,a_n)) \approx \sum_{i=1}^{n} Q_i(o_i,a_i)$$

而是采用非线性的方式来合并局部 Q 函数，保证联合 Q 函数取 arg max 等价于对每个局部 Q 函数单独取 arg max，即

$$\arg\max_{\pi} Q = \left(\left\{\arg\max_{\pi_i} Q_i\right\}\right)$$

因此，QMIX 还需要引入混合网络来合并局部 Q 函数，拟合联合 Q 函数。

3）MADDPG。MADDPG 算法是传统 RL 中 DDPG 算法在多智能体系统中的拓展，每个智能体利用自己的 Actor-Critic 网络来近似策略函数与值函数，不断与环境交互，来调整动作策略。MADDPG 同样遵循 CTDE 框架，即在训练时，每个智能体的 Critic 网络可以观察全局状态信息来指导 Actor 网络的训练与更新；执行时，每个智能体的 Actor 网络只能根据观察到的部分状态信息来产生动作。

（4）3 种分布式算法优劣势对比

3 种分布式算法的优劣势对比如表 4-2 所示。

表 4-2　分布式算法优劣势对比

算法名称	优势	劣势
博弈论算法	① 简单、灵活、易于实现 ② 参与者有自己的理性思考	① 迭代性高 ② 相互满意的解不一定是最优解
拍卖算法	① 效率高,实现了请求与服务之间的权 ② 在真实场景中很实用	① 容易陷入局部最优 ② 额外的第三方可信的拍卖管理可能会导致额外的开销
多智能体强化学习算法	① 更适应动态环境 ② 能够更充分地利用部分观测信息 ③ 能够更好地处理智能体之间的复杂关系	① 维度爆炸:需要构建多个深度神经网络,维度非常大,计算复杂度高 ② 训练不稳定:智能体之间相互影响,难以收敛 ③ 目标奖励设计困难:需要为每个智能体设计合适的奖励函数,来保证学习性能

参考文献

[1] HOU C, ZHAO Q C. Optimal Task-Offloading Control for Edge Computing System With Tasks Offloaded and Computed in Sequence[J]. IEEE Transactions on Automation Science and Engineering, 2022, 20(2):1378-1392.

[2] GAO M J, SHEN R J, SHI L, et al. Task Partitioning and Offloading in DNN-Task Enabled Mobile Edge Computing Networks[J]. IEEE Transactions on Mobile Computing, 2021, 22(4):2435-2445.

[3] GAO B, ZHOU Z, LIU F M, et al. An Online Framework for Joint Network Selection and Service Placement in Mobile Edge Computing[J]. IEEE Transactions on Mobile Computing, 2021, 21(11):3836-3851.

[4] TAGHAVIAN M, HADJADJ-AOUL Y, TEXIER G, et al. An Approach to Network Service Placement Reconciling Optimality and Scalability[J]. IEEE Transactions on Network and Service Management, 2023, 20(3):2218-2229.

[5] ZHANG K, CAO J Y, MAHARJAN S, et al. Digital Twin Empowered Content Caching in Social-Aware Vehicular Edge Networks[J]. IEEE Transactions on Computational Social Systems, 2021, 9(1):239-251.

[6] ARAF S, SAHA A S, KAZI S H, et al. UAV Assisted Cooperative Caching on Network Edge Using Multi-Agent Actor-Critic Reinforcement Learning[J]. IEEE Transactions on Vehicular Technology, 2022, 72(2):2322-2337.

[7]　TANG Z Q, ZHANG F M, ZHOU X J, et al. Pricing Model for Dynamic Resource Overbooking in Edge Computing[J]. IEEE Transactions on Cloud Computing, 2022, 11(2):1970-1984.

[8]　ALQERM I, WANG J Y, PAN J L, et al. BEHAVE: Behavior-Aware, Intelligent and Fair Resource Management for Heterogeneous Edge-IoT Systems[J]. IEEE Transactions on Mobile Computing, 2021, 21(11):3852-3865.

[9]　FAN W H, CHEN Z Y, HAO Z B, et al. DNN Deployment, Task Offloading, and Resource Allocation for Joint Task Inference in IIoT[J]. IEEE Transactions on Industrial Informatics, 2022, 19(2):1634-1646.

[10]　FAN W H, SU Y, LIU J, et al. Joint Task Offloading and Resource Allocation for Vehicular Edge Computing Based on V2I and V2V Modes[J]. IEEE Transactions on Intelligent Transportation Systems, 2023, 24(4):4277-4292.

[11]　QIN M, CHENG N, JING Z W, et al. Service-Oriented Energy-Latency Tradeoff for IoT Task Partial Offloading in MEC-Enhanced Multi-RAT Networks[J]. IEEE Internet of Things Journal, 2021, 8(3):1896-1907.

[12]　WANG D, SONG B, LIN P, et al. Resource Management for Edge Intelligence (EI)-Assisted IoV Using Quantum-Inspired Reinforcement Learning[J]. IEEE Internet of Things Journal, 2021, 9(14):12588-12600.

[13]　FAN W H, HAN J T, SU Y, et al. Joint Task Offloading and Service Caching for Multi-Access Edge Computing in WiFi-Cellular Heterogeneous Networks[J]. IEEE Transactions on Wireless Communications, 2022, 21(11):9653-9667.

[14]　FAN W H, GAO L, SU Y, et al. Joint DNN Partition and Resource Allocation for Task Offloading in Edge–Cloud-Assisted IoT Environments[J]. IEEE Internet of Things Journal, 2023, 10(12):10146-10159.

[15]　ZHANG W W, WEN Y G, GUAN K, et al. Energy-Optimal Mobile Cloud Computing under Stochastic Wireless Channel[J]. IEEE Transactions on Wireless Communications, 2013, 12(9):4569-4581.

[16]　MÜLLER S, ATAN O, VAN DER SCHAAR M, et al. Context-Aware Proactive Content Caching With Service Differentiation in Wireless Networks[J]. IEEE Transactions on Wireless Communications, 2016, 16(2):1024-1036.

[17]　LI J, LIANG W F, LI Y C, et al. Throughput Maximization of Delay-Aware DNN Inference in Edge Computing by Exploring DNN Model Partitioning and Inference Parallelism[J]. IEEE Transactions on Mobile Computing, 2021, 22(5):3017-3030.

[18] WEI Z W, LI B, ZHANG R Q, et al. Many-to-Many Task Offloading in Vehicular Fog Computing: A Multi-Agent Deep Reinforcement Learning Approach[J]. IEEE Transactions on Mobile Computing, 2023, 23(3):2107-2122.

[19] QIN P, FU Y, TANG G M, et al. Learning Based Energy Efficient Task Offloading for Vehicular Collaborative Edge Computing[J]. IEEE Transactions on Vehicular Technology, 2022, 71(8):8398-8413.

[20] XIE R C, ZHU H, TANG Q Q, et al. Joint Task Scheduling and Load Balancing in Computing Power Network-enabled Edge Computing Systems[C]//2022 IEEE 8th International Conference on Computer and Communications (ICCC). IEEE, 2022:563-568.

[21] ZHANG J, GUO H Z, LIU J J, et al. Task Offloading in Vehicular Edge Computing Networks: A Load-Balancing Solution[J]. IEEE Transactions on Vehicular Technology, 2020, 69(2):2092-2104.

第 **5** 章
边缘智能中的资源管理技术

　　人工智能（Artificial Intelligence，AI）技术的迅猛发展催生了大量的 AI 应用，不仅创造了全新的应用场景，还渗透了许多传统领域，提高了传统应用的性能和效率。泛在 AI 是未来信息技术的重要发展方向，即广泛融入和普及 AI 技术于生产、生活、教育、医疗、交通等领域。然而，AI 应用涉及 AI 模型的训练、部署和推理等环节，需要充分的通信、算力和存储等资源来保障 AI 应用的实时响应和性能指标。

　　以上需求使传统基于云端的 AI 模式面临挑战，其高时延和高通信成本难以满足 AI 应用的实时性需求，同时数据传输也增加了网络负载压力，最终导致用户体验下降。另外，基于终端的 AI 模式由于终端资源有限，仅支持微型 AI 应用，难以满足 AI 应用的推理能力要求和承载大规模 AI 应用部署。

　　为了应对以上挑战，通过边缘计算承载 AI 应用，即边缘智能（Edge Intelligence，EI），逐渐成为主要的解决方案。在边缘侧部署 AI 模型，将 AI 模型和数据处理功能推向离用户更近的位置，可降低访问时延，减少对长距离网络传输和集中式云端处理的依赖，提高 AI 应用的实时性和稳定性。

　　由于 AI 的加入，边缘智能中的资源管理呈现出一些新的特征，包括在模型训练阶段的基于边缘计算的联邦学习资源管理，在模型推理阶段的联合任务推理和模型分割，在模型优化和部署阶段的云边端联合部署等，它们在系统模型和优化问题等方面与一般优化场景下的共性资源管理方法存在差异。

　　本章介绍边缘智能中的资源管理。首先，概述边缘智能的定义、网络架构和应用；其次，分别分析 AI 模型训练、模型推理、模型优化和部署 3 个阶段的资源管理方法；最后，介绍围绕这 3 个阶段展开的研究工作。

5.1 边缘智能概述

5.1.1 边缘智能的定义

随着深度学习技术的飞速发展，近年来 AI 应用和服务取得了巨大进展。AI 技术的广泛应用使得智能处理无处不在，包括各种设备和应用中的 AI 集成，从智能手机和个人计算机到工业机器人和智能城市基础设施。泛在 AI 的目标是创造一个智能化的环境，其中 AI 服务能够无缝地支持和增强人类的日常活动。在移动计算和物联网的推动下，数十亿移动设备连接到互联网，产生庞大的数据流。在传统的云计算模型中，所有的数据处理和任务分析几乎都在云服务器上完成，设备（如智能手机、传感器等）中产生的大量数据需要通过网络传输到云端进行处理。这些数据通过网络传输，不仅增加了网络压力，也导致数据处理和存储成本的上升。AI 应用对任务处理时延敏感，传统的云计算方案中传输时延较高，无法支撑 AI 应用的高效运行。

边缘智能是人工智能和边缘计算的有机结合，旨在将先进的机器学习算法和模型部署到生成数据的边缘设备上[1]。通过在边缘设备上部署机器学习模型，边缘智能使得智能决策能够在设备本地完成，无须实时依赖云端。这不仅有助于加强隐私保护，还能够更好地适应各种网络环境和设备特性。因此，边缘智能的发展为智能化应用的广泛普及提供了全新的可能性，同时也推动了人工智能与边缘计算领域的深度融合，为未来智能化社会的建设打下坚实基础。

5.1.2 云边端架构中的人工智能

云边端架构是指将云中心服务器、边缘侧设备和终端设备整合在一起的架构。在这种架构下，人工智能技术可以在不同层级进行部署和运行，以满足特定的需求和优化性能。

在云侧，通常有大型数据中心提供强大的计算能力和存储资源，在这里通常进行大规模的数据处理、模型训练和批处理任务。

边缘侧位于云和终端设备之间，包括边缘服务器、网关和智能设备，具有一定的计算能力，在这里进行一部分数据处理、部分模型推理和局部决策，以减少与云的通信时延，提高响应速度。

端侧包括智能手机、传感器、嵌入式设备等。这些设备计算能力较弱，但能够进行实时数据采集、部分模型推理以及本地实时决策。

在云边端架构中，存在着大量的异构算力，包括不同类型的处理器（如 CPU、GPU、FPGA、NPU 等），以及不同架构的硬件平台，用于执行特定的工作负载。利用不同类型的处理器或设备的优势，可实现更高效的计算，例如，某些任务可能适合于并行处理，而 GPU 擅长并行计算；而另一些任务可能需要专用处理器，如 FPGA 或 NPU。

如何利用云边端协同机制并充分发挥异构算力的优势，以开展高效分布式机器学习模型训练和推理，是边缘智能领域中的一大难点。

5.1.2.1　AI 芯片

AI 应用中的数据处理涉及大量的矩阵乘法和加法，随着 AI 应用的发展与神经网络模型的复杂化，传统的通用算力芯片 CPU 和 GPU 难以满足日益增长的 AI 应用计算处理需求，还需借助于 NPU、FPGA，以及其他专用集成芯片（ASIC 芯片）来加快神经网络模型中的数据处理速度。

CPU 即中央处理器，主要由计算单元、控制单元和存储单元构成，遵循冯·诺依曼结构，即需要同时存储程序指令与数据，以串行顺序执行相应的数据处理指令，因此 CPU 架构中需要放置大量的控制单元与存储单元来处理逻辑控制，而计算单元的部署相对较少。基于上述特点，CPU 在大规模并行计算方面受到限制，而更擅长处理复杂的逻辑控制关系。GPU 即图形处理器，与 CPU 相比，GPU 架构中放置大量的计算单元，控制和存储单元相对较少，因此 GPU 具备强大的并行计算能力。由于 GPU 缺乏一定的逻辑控制能力，不能单独工作，需要 CPU 协同处理，同时 GPU 功耗高、体积大、价格贵，对于一些小型设备和移动设备而言无法使用。为了解决这一问题，ASIC 芯片被用于加快 AI 模型的运行速度。ASIC 芯片是一种专为特定任务量身定制的专用化芯片，适合用于需要密集处理能力的 AI 工作负载。相较于通用算力芯片（如 CPU 和 GPU），ASIC 芯片能够提供更高的数据处理效率，同时能耗更低。在人工智能领域，常见的 ASIC 芯片有 NPU、TPU 和 FPGA 等。

NPU 即神经网络处理器，是一种专门用于处理神经网络训练和推理任务的 ASIC 芯片，NPU 在电路层模拟人类神经元和突触，采用计算存储一体化的结构，并利用深度学习指令集直接处理大规模的神经元和突触。在进行计算时，NPU 采用矩阵计算、向量计算等方式，快速执行矩阵乘法、卷积等计算；在处理数据时，NPU 先将计算结果存储在本地，再进行下一步运算，直至得到最终的输出，再返回给 CPU。NPU 只需要一条指令即可完成 CPU、GPU 需要数千条指令才能完成的神经元处理，大大提高了神经网络的处理效率。NPU 同样不具有复杂的逻辑控制处理能力，也需要与 CPU 协同处理。

TPU 即张量处理单元，是由 Google 自主设计的一种用于深度学习推理的 ASIC 芯片，用于高效执行深度学习任务。TPU 的主要设计目标是优化张量计算，基于 CISC 指令集，对深度学习任务进行优化，其架构中含有大量的矩阵乘法单元，且包含多层高速缓存，有助于减小数据访问时延，提高数据读取速度，从而提高整体性能。这些特点使得 TPU 能够在执行深度学习任务时提供高性能、低功耗和高效的并行计算，从而加速深度学习任务的处理。

FPGA 即现场可编程门阵列，是专用集成电路领域中的一种半定制电路，可让用户根据自身需求进行重复编程。FPGA 芯片内集成有大量的数字电路基本门电路与存储器。用户通过烧录 FPGA 配置文件来重新定义这些门电路以及存储器之间的连线，从而改变 FPGA 的算法功能。FPGA 直接基于底层门电路来实现用户定制的算法，具有强大的并行计算能力与计算执行效率，且能够根据具体需求重新配置与编程，使用较为灵活，同时具有较低的功耗与较小的部署面积。

5.1.2.2 AI 部署

在云边端架构中，AI 应用被精心地分布在云层、边层和端层，以满足不同的计算需求和应用场景。云层以其强大的计算和存储能力，依托于数据中心的高性能 GPU 和 CPU 集群，主要负责通用场景下的 AI 任务，如大数据分析和深度学习训练。这一层的集群化和通用化设计确保了资源的灵活性和可扩展性，适用于不需要即时反馈的复杂 AI 处理任务。

在边层，AI 处理被部署在离数据源更近的位置，如通信网络中的基站或路由器，以及企业现场的服务器，其配置了适合边缘计算的硬件资源，如专用的 AI 芯片和加速器。这些硬件被优化以支持快速的数据处理和低时延响应，适合需要实时决策的 AI 应用，如智能监控和即时数据分析。此外，边层的 AI 也能够提供本地数据处理，从而增强数据隐私性和安全性。

端层则直接集成在终端设备中，如智能手机、可穿戴设备和各种 IoT 设备。这里的 AI 能力主要依赖于集成在这些设备中的专用处理器，如 NPU 和 ISP（Image Signal Processor）。端层的 AI 处理是高度个性化和定制化的，旨在提供快速的本地数据处理和用户交互，如面部识别和语音助手功能。

5.1.2.3 协同方式

在云边端架构中，云、边、端侧需要协同交互来处理复杂任务，充分发挥不同层级设备的优势。在边缘智能中，云边端的协同方式有边云协同、边边协同、边端协同 3 种。

（1）边云协同

边云协同将边缘计算与云计算紧密结合，将不同层次的计算资源、存储资源与网络资源进行整合，充分发挥云侧资源池丰富及边缘侧响应速度快的特点，根据用户实际需求的不同，将 AI 应用灵活地部署在不同的位置，并动态地调整分配的计算与存储资源，从而提高整体的资源利用率与任务处理性能。例如，对于一些响应速度快的小规模神经网络模型，可以直接部署在边缘侧进行处理；而对于一些需要进行复杂数据处理的大规模网络模型，边缘设备难以承载相应的计算任务，需要将其部署在云侧来进行处理。除了模型部署，边云协同在模型的训练与推理过程中也存在着不同的协同方式。

1）个性化模型训练。云侧利用全局数据训练出来的 AI 模型具有泛用性，无法根据实际应用场景及用户偏好来提供个性化的服务。利用边云协同，在边缘侧根据用户数据对预训练模型进行个性化的再训练，可以更好地利用数据的局部性，满足应用的个性化需求。例如，输入法智能预测应用中，输入法的输入预测模型会根据用户的实际输入历史，进行个性化训练，重新生成更贴合用户输入习惯的预测词，为用户提供更方便快捷的服务。

2）分割模型协同推理。在一些场景中，边缘设备计算能力受限，难以在短时间内完成较大规模模型的推理任务，利用模型分割技术，可将一部分尾部神经网络模型放在云端进行推理，边缘设备利用原始数据完成头部神经网络的推理，并将中间数据传输至云端，完成尾部神经网络的推理，可以有效降低传输数据的信息量，并减轻边缘侧的计算负担。在这种协同模式下，需要找到合适的模型分割点，以平衡数据的传输量与分割后模型的计算量，达到降低处理时延的目的。

（2）边边协同

边边协同将不同的边缘节点连接成一个整体，实现了边缘资源共享与数据交互，充分发挥了边缘计算的潜力，多个边缘节点协同处理任务，可解决单边缘节点资源相对贫瘠的问题；边缘节点之间通过一些隐私保护机制，如联邦学习，可在保证数据隐私性的前提下实现信息共享，解决"数据孤岛"问题。在边缘智能中，边边协同主要体现在以下两个方面。

1）边边协同模型推理。与云边分割模型协同推理类似，在这种协同方式下，神经网络模型被拆分成多个部分，根据边缘节点的资源持有情况灵活地部署在各个边缘节点上。在执行推理任务时，拥有部分模型的边缘节点依次完成对应的推理任务，从而减轻每个边缘节点的计算压力，同时能够充分提高边缘计算资源的利用效率。

2）分布式模型训练。边缘节点拥有大量的异构数据，直接用异构数据训练模型难以收敛，并会导致较为严重的精度损失，出于保护隐私数据的考虑，边缘之间在数据共享上难以达成一致，从而会形成"数据孤岛"，不利于人工智能业务的进一步发展。利用分布式模型训练技术，主要是联邦学习技术，将各个边缘内训练得到的模型通过一些方式聚合成全局模型，能够实现在保证数据不互通前提下的模型信息共享，打破数据壁垒。

（3）边端协同

在物联网领域，端侧设备主要由智能穿戴设备、传感器设备、摄像头设备等组成，这些设备的计算能力较弱，只能够承担一些简单的数据处理任务，而更多地负责实时数据的采集与上传任务。在处理端侧推理任务时，利用边端协同，将推理数据卸载至边缘侧进行AI模型推理，能够大大提高响应速度，对于一些具有实时性要求的业务（如地下矿井环境检测等）具有重大意义。

5.1.3 边缘智能的应用

边缘智能主要应用在以下方面。

1）目标检测。目标检测是一种计算机视觉技术，用于识别图像或视频中的对象。边缘智能在数据产生的地点（即边缘设备）上进行数据的处理和分析，而不是将数据发送到远程服务器，从而使目标检测更加高效和实时。例如，智能安防摄像头可以在本地边缘服务器实时识别人脸，而不需要将视频流发送到远程服务器进行分析。这样不仅加快了识别速度，同时由于敏感图像数据不必离开本地网络，还增强了数据的隐私性。

2）AI大模型。AI大模型，如GPT-3和BERT（Bidirectional Encoder Representations from Transformers），通常要有巨大的计算资源才能进行训练和推理。边缘智能通过在边缘节点部署模型的简化版本或特定部分，使这些大模型的应用变得更加快速和高效。例如，在一个语音识别系统中，在云端训练一个大型的语音到文本模型，而将模型的推理部分部署在边缘，从而降低时延，提供更快的用户反馈。

3）强化学习。强化学习模型可在边缘设备上运行，提供对即时数据的快速反馈，使自动化系统能够在不断变化的环境中进行自我优化。在工业自动化中，生产线上的机器人可以实时调整其行为以优化生产流程。在自动驾驶汽车中，边缘设备可以快速处理传感器数据，实时调整车辆的行驶策略以应对复杂的道路条件。

4）自然语言处理（Natural Language Processing，NLP）。通过在边缘设备上部署自然语言处理模型，可以极大地降低语音到文本转换的时延，提供更加流畅的用户体验。智能助手和聊天机器人可以更快地解析用户的查询并给出答案。在多语言环境中，边缘设备上的实时翻译功能可以帮助消除语言障碍，促进沟通。

5）神经科学启发的边缘 AI。神经科学启发的算法在边缘设备上的应用允许更自然的人机交互和决策。例如，可穿戴设备通过模拟神经反馈机制，实时监测和响应用户的生理状态，用于健康跟踪和情绪识别。在教育技术中，神经科学启发算法可以帮助设计个性化学习计划，根据学生的认知模式调整教学内容和进度。

6）联邦学习。联邦学习在本地训练模型并仅共享模型更新，而非原始数据，以此保护用户隐私。这在医疗领域尤其重要，各个医疗设备可以在不共享敏感患者数据的情况下共同改进诊断模型。

7）AI 安全。在边缘设备上进行 AI 处理可以加强数据安全，因为数据的传输距离更短，从而减少了数据泄露或被截获的风险。例如，安全监控系统可以在摄像头内部分析视频流，仅当检测到异常活动时才发出警报。

5.2　边缘智能中的资源管理方法

在边缘智能中，资源管理对于系统的效率和性能至关重要，尤其在处理 AI 任务时，它与传统边缘计算中的资源管理显著不同，这是由于边缘智能系统不仅涉及常规的数据处理，更需要在 AI 模型的训练、推理及优化和部署等阶段进行特别考虑和优化。

5.2.1　模型训练阶段

传统的机器学习模型训练通常是在强大的中央服务器或云端完成的，训练过程需要大量的计算资源及用户数据来不断更新模型的参数，这个过程往往存在着隐私泄露的风险，并需要高昂的通信成本。为了解决这一问题，模型训练逐渐由云端卸载至边缘端完成，利用边缘服务器距离终端物理距离近的特点，能够有效减少通信成本；同时，数据传输被限制在边缘内部，在一定程度上减小了隐私泄露风险。谷歌于 2016 年首次提出的联邦学习（Federated Learning，FL）作为一种新兴的分布式机器学习架构，可以很好地保护数据隐私，同时，能够缓解由数据的非独立同分布性导致的模型精度恶化等问题，因此受到了业界的广泛关注。将联邦学习与云边端架构融合，充分发挥联邦学习强隐私保护的优点以及云边端架构的灵活性，是联邦学习发展的一大趋势，这种趋势也符合智能计算系统逐渐向分布式、边缘化的整体发展。

5.2.1.1　云边端架构下的联邦学习

传统的云端架构联邦学习的工作流程分为以下 5 个步骤。

1）参与者选择。云服务器根据一定条件筛选出适合参与训练的终端设备，在筛选时考虑的因素主要有设备的计算能力与通信效率、设备所采集数据的质量等，以集合 $\mathcal{N}$ 表示参与训练的设备。

2）模型初始化。云服务器初始化神经网络模型结构及其参数 w^0，并下发至参与模型训练的各个终端设备。

3）本地训练。终端设备利用本地数据训练部署在本地的神经网络模型，并将训练好的模型参数传输至云服务器，对于设备 n，每次本地训练的目标是找到使得损失函数 $F\left(w_n^t\right)$ 最小的模型参数 w_n^{t*}，其中 t 为训练轮数：

$$w_n^{t*} = \arg\min_{w_n^t} F_n\left(w_n^t\right)$$

一般地，终端在训练时使用梯度下降法更新模型参数，η 为学习率：

$$w_n^t = w_n^{t-1} - \eta\nabla F\left(w_n^{t-1}\right)$$

4）全局模型聚合。云服务器根据聚合算法（如 FedAvg[2]）将来自各个终端的模型参数 w_n^t 以所使用的训练数据集的大小为权重，聚合成一个全局模型 w_g^t：

$$w_g^t = \sum_{n\in\mathcal{N}} \frac{D_n}{\sum_{n\in\mathcal{N}} D_n} w_n^t$$

其中 D_n 为每个设备的数据集大小，即以 D_n 为权重，来评估每个设备所提供模型参数的精确性（一般可近似认为，用于训练的数据越多，所得到的模型精度越高）。

5）重复步骤3）和4），直至达到收敛条件。在整个训练过程中，终端设备需要不断向云服务器传输每轮更新的模型参数 w_n^{t*}，对应的通信成本也会随着训练参与者规模的扩大而急剧增加，难以应用于大规模的训练场景。而边缘侧距离终端近，通信成本相对低廉，为了利用这一优势，可将联邦学习与云边端架构融合在一起，将终端设备分成多个边缘区域，每个边缘区域内有相应的边缘服务器负责聚合区域内的本地模型，形成边缘聚合模型，云服务器再将边缘模型聚合成全局模型，从而减少与骨干网长距离的数据交换，降低通信成本。

云边端架构下的联邦学习工作流程如图 5-1 所示。

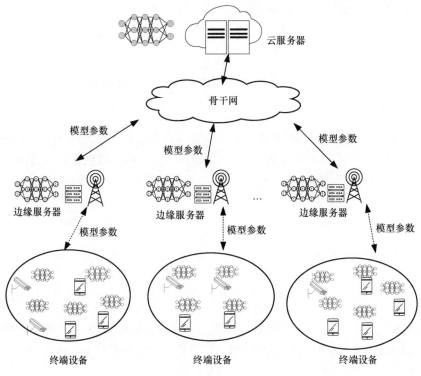

图5-1　联邦学习工作流程

1）参与者选择。根据一定条件筛选出参与训练的终端设备，这个过程可由边缘服务器完成。以 $\mathcal{M}$ 表示整个系统中的边缘区域集合，$\mathcal{N}_m$ 表示边缘服务器 $m \in \mathcal{M}$ 内部参与训练的设备集合。

2）模型初始化。云服务器初始化全局机器学习模型 w^0，并下发至参与模型训练的各个终端设备。

3）本地训练。在每个基站区域内，终端设备利用本地数据训练本地模型，并将训练好的模型参数传输至对应的基站下部署好的边缘服务器。与云端架构相同，本地训练的目标是找到使得损失函数最小的模型参数 $w_{mn}^{t^*}$：

$$w_{mn}^{t^*} = \arg\min_{w_n^t} F_n\left(w_n^t\right)$$

其中 $m \in \mathcal{M}$ 表示边缘服务器 m 所属基站，$n \in \mathcal{N}_m$ 表示边缘服务器 m 所属基站覆盖范围内的终端。终端在训练时使用梯度下降法更新模型参数，η 为学习率：

$$w_{mn}^t = w_{mn}^{t-1} - \eta \nabla F\left(w_{mn}^{t-1}\right)$$

4）边缘侧模型聚合。边缘服务器将对应区域内的本地模型参数聚合成边缘侧模型，并将聚合后的模型下发至对应区域内的终端设备。对于边缘服务器 m，聚合后的模型可表示为（使用 HierFAVG 算法[3]）：

$$w_m^t = \sum_{n \in \mathcal{N}_m} \frac{D_{mn}}{\sum_{n \in \mathcal{N}_m} D_{mn}} w_{mn}^t$$

其中 D_{mn} 表示边缘服务器 m 所在区域内的设备 n 的训练数据集大小，w_{mn}^t 为设备 n 提供的本地模型参数。

5）全局模型聚合。重复步骤 3）和 4），完成一定次数的边缘侧模型聚合后，各个边缘服务器将最新聚合得到的模型参数 w_m^t 传输至云服务器，云服务器将边缘侧模型参数聚合成全局模型 w_g^t，并下发至各个终端设备，准备开始新一轮训练。

$$w_g^t = \sum_{m \in \mathcal{M}} \frac{\sum_{n \in \mathcal{N}_m} D_{mn}}{\sum_{m \in \mathcal{M}} \left(\sum_{n \in \mathcal{N}_m} D_n\right)} w_m^t$$

对于边缘服务器 m，其模型参数 w_m^t 在全局聚合过程中的权重取决于该边缘服务器所在区域内的所有设备的训练数据集大小 $\sum_{n \in \mathcal{N}m} D_{mn}$，云服务器根据这些权重来对各边缘侧模型参数进行加权平均求和。若用 $\mathcal{N}$ 表示整个系统中参与训练的设备集合，则上述全局模型聚合过程等价于直接聚合所有终端设备上的最新模型参数：

$$w_g^t = \sum_{n \in \mathcal{N}} \frac{D_n}{\sum_{n \in \mathcal{N}} D_n} w_n^t$$

其中，D_n 表示终端设备 n 上的训练数据集大小。

6）重复步骤 3）和 5），直至达到收敛条件。

5.2.1.2 联邦学习中的资源管理

在应用联邦学习训练机器学习模型的过程中，涉及大量拥有异构算力及异构数据的设备，同时，不同设备的能耗开销预算及参与意愿不同，如何解决这些问题是联邦学习当下的主要研究方向。例如，为了解决数据异构问题，可以通过筛选数据质量满足一定要求的参与者来缓解由数据异构导致的模型精度的恶化；为了降低训练过程中的通信成本及能耗，可优化分配的计算频率和通信带宽；为了避免由于设备、网络故障导致的等待时间过长问题，可以在参与者选择阶段，筛选出网络、硬件状况良好的设备参与训练。以下是联邦学习中资源管理相关的主要研究方向。

（1）计算、通信资源联合管理

通过优化本地设备在每次本地模型训练过程中分配的计算频率，以及每次通信过程中占用的带宽、分配的发射功率等，来达到降低时延、减少能耗等目的。

1）本地训练过程中的时延与能耗。

以 c_{mn} 表示在边缘服务器 m 所属基站覆盖范围内的终端 n 上，单位数据在训练过程中所需要的 CPU 工作周期，以 f_{mn}^{local} 表示边缘服务器 m 所属基站范围内终端 n 分配的计算频率，以 D_{mn} 表示边缘服务器 m 所属基站覆盖范围内终端 n 上参与训练的数据集大小，则终端设备 n 利用本地数据集完成一次本地训练的时延可表示为：

$$t_{mn}^{\text{local}} = \frac{c_{mn} D_{mn}}{f_{mn}^{\text{local}}}$$

以 κ_{mn} 表示边缘服务器 m 所属基站覆盖范围内终端 n 上的有效电容系数，对应的计算功率 $p_{mn}^{\text{local}} = \kappa_{mn} \left(f_{mn}^{\text{local}} \right)^3$，则可将该终端在训练过程中产生的能耗表示为：

$$e_{mn}^{\text{local}} = p_{mn}^{\text{local}} t_{mn}^{\text{local}} = \kappa_{mn} c_{mn} D_{mn} \left(f_{mn}^{\text{local}} \right)^2$$

2）本地参数上传过程中的时延与能耗。

以 p_{mn}^{d2b} 表示边缘服务器 m 所属基站覆盖范围内终端设备 n 分配的发射功率，无线信道采用 OFDMA 进行通信，对应的上行带宽用 W_{mn} 表示，信道增益以 h_{mn}^{d2b} 表示，根据香农公式，设备 n 的上行传输速率（比特/秒）可表示为：

$$r_n^{\text{d2b}} = W_{mn} \log \left(1 + \zeta_{mn} \right)$$

$$\zeta_{mn} = \frac{p_{mn}^{\text{d2b}} h_{mn}^{\text{d2b}}}{N_0 W_{mn} + \chi}$$

其中，N_0 为噪声频谱密度，χ 为同信道干扰功率。

对于具有相同结构的神经网络模型，其参数量大小一般可视为定值，以 S_w 表示模型的参数量大小，则在一轮边缘模型聚合过程中，终端利用无线通信模式将模型参数传输至边缘服务器所需的通信时延为：

$$t_{mn}^{\mathrm{d2b}} = \frac{S_w}{r_n^{\mathrm{d2b}}}$$

该过程产生的通信能耗为：

$$e_{mn}^{\mathrm{d2b}} = t_{mn}^{\mathrm{d2b}} \, p_{mn}^{\mathrm{d2b}}$$

3）边缘侧模型聚合时延。

由于模型聚合需要收集所有训练好的本地模型参数，故对于边缘服务器 m，完成一次边缘聚合所需的时间 t_m^{edge} 取决于边缘内部的掉队节点（straggler），即最晚完成本地训练的设备：

$$t_m^{\mathrm{edge}} = \max_{n \in \mathcal{N}_m} \left\{ K_l t_{mn}^{\mathrm{local}} + t_{mn}^{\mathrm{d2b}} \right\} + t_m^{\mathrm{b2d}}$$

其中，K_l 表示每轮边缘模型聚合执行前需要完成的本地模型训练次数，t_m^{b2d} 为边缘服务器 m 聚合模型参数并将参数下发至各个终端所需的时间，记作常数。

4）全局模型聚合时延。

完成一轮全局模型聚合同样需要等待所有边缘服务器完成最后一次边缘侧聚合，设每 K_e 次边缘侧聚合后，触发一次全局模型聚合，则一次全局聚合的时延 t^{global} 可表示为：

$$t^{\mathrm{global}} = \max_{m \in \mathcal{M}} \left\{ K_e t_m^{\mathrm{edge}} + t_m^{\mathrm{b2c}} \right\} + t_g^{\mathrm{c2b}}$$

其中，t_m^{b2c} 表示边缘服务器 m 将最新聚合的模型参数传输至云服务器的时延，t_g^{c2b} 表示云服务器聚合全局模型并下发至各个基站的时延，视为常数。

5）系统能耗。

服务器通常需要持续通电工作，故服务器所产生的能耗可忽略不计，主要考虑终端设备所产生的能耗。完成一轮全局聚合，总能耗由终端训练能耗与通信能耗构成：

$$e^{\mathrm{total}} = \sum_{m \in \mathcal{M}} \sum_{n \in \mathcal{N}_m} \left(K_e K_l e_{mn}^{\mathrm{local}} + K_e e_{mn}^{\mathrm{d2b}} \right)$$

由能耗、时延与计算、通信资源的关系式可知，分配的计算、通信资源越多，总时延越小，但总能耗增加，因此，合理地分配计算、通信资源，对系统总体效率的提升有着显著的影响。

对于低时延要求型训练任务，优化目标可定义为最小化完成每轮全局聚合所需的时延，

同时考虑各个终端的能耗约束,即

$$\underset{f_{mn}^{\text{local}},p_{mn}^{\text{d2b}}}{\text{minimize}} \quad t^{\text{global}} = \max_{m\in\mathcal{M}}\left\{K_e t_m^{\text{edge}} + t_m^{\text{b2c}}\right\} + t_g^{\text{c2b}}$$

subject to

C1：$f_{mn}^{\min} \leqslant f_{mn}^{\text{local}} \leqslant f_{mn}^{\max}$ $\qquad\qquad\qquad \forall n\in\mathcal{N}_m, \forall m\in\mathcal{M}$

C2：$p_{mn}^{\min} \leqslant p_{mn}^{\text{d2b}} \leqslant p_{mn}^{\max}$ $\qquad\qquad\qquad \forall n\in\mathcal{N}_m, \forall m\in\mathcal{M}$

C3：$K_g K_l e_{mn}^{\text{local}} + K_g e_{mn}^{\text{d2b}} \leqslant e_{mn}^{\text{th}}$ $\qquad\qquad \forall n\in\mathcal{N}_m, \forall m\in\mathcal{M}$

C1、C2 将分配的资源限制在合理范围内,C3 限制终端设备完成一轮全局聚合的能耗不超出阈值 e_{mn}^{th}。

对于低能耗要求型任务,优化目标可定义为最小化完成每轮全局聚合所需的能耗,同时考虑时延约束,即

$$\underset{f_{mn}^{\text{local}},p_{mn}^{\text{d2b}}}{\text{minimize}} \quad e^{\text{total}}$$

subject to

C1：$f_{mn}^{\min} \leqslant f_{mn}^{\text{local}} \leqslant f_{mn}^{\max}$ $\qquad\qquad\qquad \forall n\in\mathcal{N}_m, \forall m\in\mathcal{M}$

C2：$p_{mn}^{\min} \leqslant p_{mn}^{\text{d2b}} \leqslant p_{mn}^{\max}$ $\qquad\qquad\qquad \forall n\in\mathcal{N}_m, \forall m\in\mathcal{M}$

C3：$t^{\text{global}} \leqslant t_g^{\text{th}}$

C1、C2 将分配的资源限制在合理范围内,C3 限制该联邦学习系统完成一轮全局聚合的时延不超出阈值 t_g^{th}。

（2）参与者选择

选择合适的模型训练参与者,可以达到加速模型训练的目的。在进行参与者选择上的优化时,主要考虑两个因素:设备性能（计算、通信）和数据源分布质量。

1）根据设备性能选择参与者。

筛选出具有良好计算与通信性能的设备参与训练,可以有效规避由设备、通信故障而导致的训练时长延缓等问题,这类问题通常需要在每轮训练开始前,根据一定筛选规则来判断设备是否满足要求,或者根据历史训练信息来评估设备的可靠性。一般地,这类优化问题可表示为:

$$\underset{a_{mn}}{\text{minimize}} \ \left(\omega^{\text{time}} t^{\text{global}} + \omega^{\text{energy}} e^{\text{total}} \right)$$

subject to

$$\text{C1：} \quad a_{mn} \in \{0,1\} \qquad\qquad\qquad \forall n \in \mathcal{N}$$

上述优化问题的优化目标是优化总时延 t^{global} 与总能耗 e^{total} 的加权和，具体时延与能耗的表达式取决于具体应用场景，ω^{time} 和 ω^{energy} 分别表示时延与能耗在优化时的权重，优化变量 a_{mn} 为二进制变量，表示边缘服务器 m 所属基站覆盖范围内的设备 n 是否参与训练。

2）根据数据源分布质量选择参与者。

选择具有良好分布状况的数据源，可使得模型训练结果更精确，从而加速模型的收敛。一般地，可以根据历史更新记录中本地模型参数 w_{mn} 与初始模型参数 w_{init} 的偏离程度 $\|w_{mn} - w_{\text{init}}\|_2$ 来衡量数据源质量，并结合设备的数据量，为每个设备的模型参数 w_{mn} 制定一个权重 p_{mn}，再进行模型聚合：

$$w_g = \sum_{n \in \mathcal{N}_m} p_{mn} w_{mn}$$

合理地设计权重分配方案，能够有效减小数据异构对模型精度产生的影响，从而加速模型训练收敛。

（3）聚合频率优化

设计模型聚合发生的频率，可在保证模型精度的前提下，减少训练时间。在云边端架构的联邦学习中，边缘侧与云侧都需要进行模型聚合，边缘侧模型聚合频率定义为触发一次边缘模型聚合需要完成的本地训练次数 K_l，云侧模型聚合频率定义为触发一次全局模型聚合需要完成的边缘侧聚合次数 K_e，聚合频率与模型收敛率之间存在一定的关联关系 $\zeta(K_l, K_e)$ [4]，则优化问题可表示为：

$$\underset{K_l, K_e}{\text{minimize}} \ t_g^{\text{a}} = \max_{m \in \mathcal{M}} \left\{ K_e \max_{n \in \mathcal{N}_m} \left\{ K_l t_n^{\text{local}} + t_n^{\text{d2b}} \right\} + t_m^{\text{b2d}} + t_m^{\text{b2c}} \right\} + t_g^{\text{c2b}}$$

subject to

$$\text{C1：} \quad K_l, K_e \in N^+$$

$$\text{C2：} \quad \zeta(K_l, K_e) \geqslant \zeta^{\text{th}}$$

C1 限制模型聚合频率为正整数，C2 限制模型最终精度大于阈值 ζ^{th}。

（4）模型分割

在联邦学习中，终端设备在每一轮都需要训练一个完整的模型，而一些复杂模型的训练受限于终端设备有限的计算资源，可能导致模型训练周期过于漫长。同时，在一些对模型隐私安全有需求的场景中，AI 模型完整参数可能会泄露。为了解决上述问题，可利用神经网络可分割的特性，将神经网络模型分成前后两部分，模型的前半部分（输入层到中间第 *l* 层）部署在终端设备上，后半部分（第 *l*+1 层到输出层）部署在云服务器或者边缘服务器上，从而将本地训练的计算量分摊至边缘服务器上，同时使得用户只能获取部分模型参数，以达到加速训练及保护模型参数隐私的目的。

图 5-2 所示为分割联邦学习（Split Federated Learning，SFL）中的模型分割工作流程图。

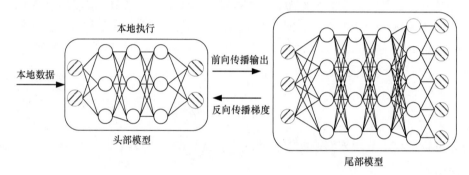

图5-2　模型分割工作流程图

1）工作流程。

a. 终端利用本地数据在头部模型上进行前向传播，得到第 *l* 层的输出。

b. 终端将第 *l* 层输出数据发送至服务器上，服务器对尾部模型进行前向传播。

c. 服务器计算损失函数，并执行反向传播，逐层计算梯度，并更新模型参数，最终得到第 *l*+1 层处的中间梯度。

d. 服务器将中间梯度返回至终端，终端再在头部模型上执行反向传播，更新模型参数。

e. 训练一定次数后，进行模型聚合，得到全局模型。

2）优化问题。

令 $t_{mn}^{localFP}(l)$ 表示边缘服务器 m 所属基站覆盖范围内的设备 n 在本地模型上进行前向传播的计算时延，$t_{mn}^{edgeFP}(l)$ 表示边缘服务器 m 所属基站上部署的边缘服务器在设备 n 对应的后半部分模型上前向传播的计算时延，$t_{mn}^{\text{localBP}}(l)$、$t_{mn}^{\text{edgeBP}}(l)$ 分别代表设备和边缘服务器在各自模型上反向传播的计算时延，$t_{mn}^{\text{Md2b}}(l)$ 表示设备发送中间层输出数据至基站的时延，$t_{mn}^{\text{Gb2d}}(l)$ 表示基站将边缘服务器计算得到的反向传播梯度中间数据传输回设备的时延，$t_{mn}^{\text{Pd2b}}(l)$ 表示设备发送本地模型参数至基站的时延，边缘端模型聚合与参数下发时延忽略不计。边缘服务器 m 完成一次边缘模型聚合的时延可表示为：

$$t_m^{\text{a}} = \max_{n \in \mathcal{N}_m} \left\{ K_l \left[t_{mn}^{\text{localFP}}(l) + t_{mn}^{\text{Md2b}}(l) + t_{mn}^{\text{edgeFP}}(l) + t_{mn}^{\text{edgeBP}}(l) + t_{mn}^{\text{Gb2d}}(l) + t_{mn}^{\text{localBP}}(l) \right] + t_{m,n}^{\text{Pd2b}}(l) \right\}$$

由于模型分割并未改变模型的结构与数据（不考虑传输过程中引入的噪声），因此模型精度与未分割时的模型精度基本一致。找到一个最优的分割策略 l，可使得训练时延最短，从而加速模型训练过程，该优化问题可表示为：

$$\underset{l}{\text{minimize}} \quad t_m^{\text{a}}(l)$$

subject to

C1：$l \in \{1,2,3,\cdots,L\}$

C1 表示分割策略 l 为模型的某一层。

另外，模型分割策略还与隐私性有一定关联。部署在本地上的模型层数越少，中间数据与原始数据的偏差也越小，意味着越容易从中间数据中恢复出原始数据。因此，在设计分割策略时，还需要根据隐私性要求限制分割得到的头部模型不少于一定层数。

5.2.2 模型推理阶段

5.2.2.1 联合任务推理

（1）端-边缘-云合作

边缘智能中的任务推理在哪里进行是一个核心问题。在终端侧执行方案中，由于资源稀缺，物联网设备只能支持轻型深度神经网络（Deep Neural Network，DNN）的局部部署，其神经元和层数较少，主要通过模型压缩等技术进行优化。云计算辅助方案可以在资源丰富的云服务器上部署大型深度神经网络，它们具有更多的神经元和层，为所有物联网设备的任务提供推理服务。然而，由于传感器和云之间的距离较远，性能受到任务传输时延的影响。边缘方案通过在基站上配置边缘服务器，使基站具备边缘计算能力，支持近距离大型深度神经网络部署，提供任务推理服务。然而，由于资源有限，边缘服务器只能支持少量深度神经网络的部署或中型神经网络的部署，并且随着任务推理请求的增加，其服务时延会恶化。因此，这些方案都不能独立地为所有任务提供高精度和低时延的任务推理。

联合任务推理利用物联网设备、边缘服务器和云服务器上独立任务推理服务的合作称为端-边缘-云合作，被认为是解决上述问题的有效方案。在联合任务推理中，如图 5-3 所示，任务可以在物联网设备上进行本地推理，也可以卸载到边缘服务器上或云服务器上进行推理。高效的资源管理方案可以使系统性能最大化[5]。

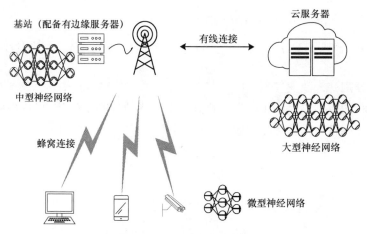

图5-3　联合任务推理网络架构

1）终端。网络中终端物联网设备用集合 $\mathcal{N}$ 表示，$\mathcal{N} = \{1,2,3,\cdots,N\}$，在一个时隙中，终端可以处理 K 种类型的任务，任务属性可以描述为 $S_{nk} = \{t_{nk}^{\max}, d_{nk}, c_{nk}, \lambda_{nk}, \xi_{nk}^{\min}\}$，其中 $t_{nk}^{\max}$ 表示 S_{nk} 的最大时延，d_{nk} 表示 S_{nk} 的数据输入量，c_{nk} 表示 S_{nk} 的计算量，λ_{nk} 表示 S_{nk} 的生成速率，$\xi_{nk}^{\min}$ 表示 S_{nk} 的推理精度要求。物联网设备 n 的计算资源为 F_n，可部署一些微型神经网络，针对任务 S_{nk} 的推理精度记为 ξ_{nk}^{local}，以满足低精度任务推理需求。

2）边缘服务器。边缘侧场景为一个配备有边缘服务器的基站，边缘服务器总计算资源表示为 F^{edge}，在边缘服务器部署中型的神经网络模型，针对任务 S_{nk} 的推理精度记为 ξ_{nk}^{edge}。

3）云服务器。云中心计算资源最为丰富，在云服务器部署大型神经网络模型，可为网络中所有任务提供推理服务，针对任务 S_{nk} 的推理精度记为 ξ_{nk}^{cloud}，云服务器总计算资源表示为 F^{cloud}。

（2）联合任务推理场景下任务卸载和计算资源分配流程

系统根据无线网络条件、DNN 模型的推理精度、边缘服务器和云服务器的计算资源等信息进行优化，决定由物联网设备生成的任务应该由谁（控制台、边缘服务器或云服务器）处理。此外，为了进一步提高任务处理的性能，应该将边缘服务器和云服务器的计算资源最优地分配给卸载给它们的任务。注意，对于大部分基于机器学习的物联网应用，如视频分析、目标检测、语音识别等，任务输出数据（推理结果）数据量非常小，远远小于任务（图片或视频）输入数据量，因此，输出数据从边缘服务器或云服务器传输到物联网设备的时延可以忽略。系统中终端与边缘服务器通过 5G 无线链路进行通信，边缘服务器与云中心通过有线骨干网链接。

1）任务卸载。采用 $\alpha = \{\alpha_{nk}\}_{n \in \mathcal{N}, k \in \mathcal{K}}$ 和 $\beta = \{\beta_{nk}\}_{n \in \mathcal{N}, k \in \mathcal{K}}$ 表示任务 S_{nk} 的卸载策略。如果 $\alpha_{nk} = 1$，表示任务 S_{nk} 卸载到边缘服务器进行处理，否则 $\alpha_{nk} = 0$；如果 $\beta_{nk} = 1$，表示任务 S_{nk} 卸载到云服务器进行处理，否则 $\beta_{nk} = 0$；$1 - \alpha_{nk} - \beta_{nk} = 1$ 表示任务 S_{nk} 进行本地处理。

2）物联网设备、边缘服务器和云服务器的计算资源分配。将物联网设备、边缘服务器和云服务器的总计算资源分别定义为 F_n、F^{edge} 和 F^{cloud}（以 FLOPS 表示），对于本地处理的任务 S_{nk}，所分配到的计算资源为 $f_{nk}^{\text{local}} \in (0, F_n]$，我们用集合 $\mathcal{F}^{\text{dev}} = \{f_{nk}^{\text{dev}}\}_{n \in \mathcal{N}, k \in \mathcal{K}}$ 来表示物联网设备的计算资源分配策略；对于卸载到边缘服务器进行处理的任务 S_{nk}，所分配到的计算资源为 $f_{nk}^{\text{edge}} \in (0, F^{\text{edge}}]$，我们用集合 $\mathcal{F}^{\text{edge}} = \{f_{nk}^{\text{edge}}\}_{n \in \mathcal{N}, k \in \mathcal{K}}$ 来表示边缘服务器的计算资源分配策略；同样，对于卸载到云服务器进行处理的任务 S_{nk}，所分配到的计算资源为 $f_{nk}^{\text{cloud}} \in (0, F^{\text{cloud}}]$，我们用集合 $\mathcal{F}^{\text{cloud}} = \{f_{nk}^{\text{cloud}}\}_{n \in \mathcal{N}, k \in \mathcal{K}}$ 来表示云服务器的计算资源分配策略。

（3）任务处理时延数学建模

任务处理时延包括物联网设备、边缘服务器或云服务器推理任务时延及任务上行数据传输时延，任务推理结果的数据量非常小，因此，推理结果从边缘服务器或云服务器传输到物联网设备的时延可以忽略。下面对任务处理时延进行数学建模。

1）任务本地处理。

$$t_{nk}^{\text{local}} = \frac{c_{nk}}{f_{nk}^{\text{local}}}$$

其中，t_{nk}^{local} 表示任务本地处理时延，c_{nk} 表示任务 S_{nk} 计算量，f_{nk}^{local} 表示 S_{nk} 被分配到的计算资源。

2）任务卸载到边缘服务器。

我们采用 OFDMA 作为基站的传输方案，对于任务 S_{nk}，终端设备 n 的传输速率表示为 r_{nk}，根据香农公式可得：

$$r_{nk} = W \log(1 + \zeta_{nk})$$

$$\zeta_{nk} = \frac{p_{nk} h_n}{N_0 W + \chi}$$

其中，ζ_{nk} 代表终端设备 n 此时的信噪比，p_{nk} 为发射功率，h_n 为信道增益，N_0 为信道噪声密度，W 代表信道带宽，χ 为同信道干扰功率，功率分配策略表示为 $\mathcal{P} = \{ p_{nk} \mid n \in \mathcal{N},$ $k \in \mathcal{K} \}$，$0 < p_{nk} < p^{\max}$。

任务传输时延为 t_{nk}^{d2e}：

$$t_{nk}^{\mathrm{d2e}} = \frac{d_{nk}}{r_{nk}}$$

边缘服务器推理时延为 t_{nk}^{edge}：

$$t_{nk}^{\mathrm{edge}} = \frac{c_{nk}}{f_{nk}^{\mathrm{edge}}}$$

其中，c_{nk} 为任务 S_{nk} 的计算量，f_{nk}^{edge} 表示 S_{nk} 被分配到的计算资源。

3）任务卸载到云服务器。

任务传输时延包括从物联网设备到边缘服务器传输时延和从边缘服务器到云服务器传输时延，边缘服务器与云服务器之间通过有限骨干网连接，我们定义 r^{e2c} 表示边缘服务器和云服务器之间的传输速率，传输时延为 t_{nk}^{e2c}：

$$t_{nk}^{\mathrm{e2c}} = \frac{d_{nk}}{r^{\mathrm{e2c}}}$$

云服务器推理时延为 t_{nk}^{cloud}：

$$t_{nk}^{\mathrm{cloud}} = \frac{c_{nk}}{f_{nk}^{\mathrm{cloud}}}$$

综上，任务处理时延可表示为 t_{nk}：

$$t_{nk} = \left(1 - \alpha_{nk} - \beta_{nk}\right) t_{nk}^{\mathrm{local}} + \alpha_{nk} \left(t_{nk}^{\mathrm{d2e}} + t_{nk}^{\mathrm{edge}}\right) + \beta_{nk} \left(t_{nk}^{\mathrm{d2e}} + t_{nk}^{\mathrm{e2c}} + t_{nk}^{\mathrm{cloud}}\right)$$

终端设备 n 产生推理任务的总处理时延为 t_n：

$$t_n = \sum_{k \in \mathcal{K}} \left(\lambda_{nk} t_{nk}\right)$$

系统能耗包括任务推理能耗及传输能耗，通常我们认为边缘服务器和云服务器的能量资源充足，仅考虑物联网设备的能耗及物联网设备向边缘服务器的传输能耗。

1）推理能耗。

终端设备 n 处理任务 S_{nk} 的能耗用 e_{nk}^{lcoal} 表示：

$$e_{nk}^{\text{local}} = \kappa_n c_{nk}^{\text{local}} \left(f_{nk} \right)^2$$

其中 κ_n 为设备 n 的有效电容系数，c_{nk}^{local} 为任务 S_{nk} 在本地处理的计算量。

2）传输能耗。

任务 S_{nk} 上行传输到边缘服务器的能耗用 e_{nk}^{d2e} 表示：

$$e_{nk}^{\text{d2e}} = p_{nk} t_{nk}^{\text{d2e}} = p_{nk} \frac{d_{nk}}{r_{nk}}$$

综上，任务 S_{nk} 的能耗表示为 e_{nk}，终端设备 n 的能耗为 e_n：

$$e_{nk} = \left(1 - \alpha_{nk} - \beta_{nk} \right) e_{nk}^{\text{local}} + \left(\alpha_{nk} + \beta_{nk} \right) e_{nk}^{\text{d2e}}$$

$$e_n = \sum_{k \in \mathcal{K}} \left(\lambda_{nk} e_{nk} \right)$$

任务推理精度表示为 ξ_{nk}：

$$\xi_{nk} = \left(1 - \alpha_{nk} - \beta_{nk} \right) \xi_{nk}^{\text{local}} + \alpha_{nk} \xi_{nk}^{\text{edge}} + \beta_{nk} \xi_{nk}^{\text{cloud}}$$

精度作为区别于人工智能业务和普通业务的重要属性，在物联网场景下，在优化问题中应考虑任务推理失败所造成的损失。损耗因子定义为 π_{nk}，因此由推理失败所造成的损失可以描述为 u_{nk}^{loss}：

$$u_{nk}^{\text{loss}} = \pi_{nk} \left(1 - \xi_{nk} \right)$$

在满足能耗约束条件下，将最小化任务推理时延及推理失败所造成的损失问题描述为：

$$P0 : \underset{\alpha, \beta, \mathcal{P}, \mathcal{F}^{\text{dev}}, \mathcal{F}^{\text{mec}}, \mathcal{F}^{\text{cloud}}}{\text{minimize}} \sum_{n \in \mathcal{N}} \sum_{k \in \mathcal{K}} \lambda_{nk} \left(t_{nk} + u_{nk}^{\text{loss}} \right)$$

subject to

C1: $\alpha_{nk} + \beta_{nk} = 1$ $\qquad\qquad\qquad \forall n \in \mathcal{N}, k \in \mathcal{K}$

C2: $0 < p_{nk} < p^{\text{max}}$ $\qquad\qquad\qquad \forall n \in \mathcal{N}, k \in \mathcal{K}$

$$C3: \sum_{k \in \mathcal{K}} \left(\lambda_{nk} f_{nk}^{\text{lcoal}} \right) \leqslant F_n \qquad\qquad \forall n \in \mathcal{N}, k \in \mathcal{K}$$

$$C4: \sum_{n=1}^{N} \sum_{k=1}^{K} \left(\lambda_{nk} f_{nk}^{\text{edge}} \right) \leqslant F^{\text{edge}} \qquad\qquad \forall n \in \mathcal{N}, k \in \mathcal{K}$$

$$C5: \sum_{n=1}^{N} \sum_{k=1}^{K} \left(\lambda_{nk} f_{nk}^{\text{cloud}} \right) \leqslant F^{\text{cloud}} \qquad\qquad \forall n \in \mathcal{N}, k \in \mathcal{K}$$

$$C6: e_n \leqslant E_n \qquad\qquad \forall n \in \mathcal{N}$$

约束 C1 表示任务卸载方式只有一种，C2 限制了发送功率，C3～C5 表示任务处理所分配的计算资源应不高于总计算资源，C6 限制了物联网设备能耗要求。

5.2.2.2　模型分割

边缘智能中的模型分割技术通过将深度神经网络模型划分为两部分，并分别部署在物联网设备和边缘服务器上，从而有效地降低 AI 任务处理时延、均衡负载算力，并保护用户隐私。这种方法的核心在于，将模型的中间参数代替原始任务数据从物联网设备传输到边缘服务器。这样做的优势包括：首先，由于中间参数通常比原始数据体积小，数据传输量减少，因而降低了网络时延；其次，将计算任务分布在设备和服务器上，有助于充分利用边缘设备的计算能力，从而均衡整体的负载；最后，由于原始数据未离开本地设备，增强了数据的隐私保护。这种在物联网和边缘计算环境中的模型分割策略为实现高效且安全的智能计算提供了一种切实可行的解决方案[6]。

（1）模型分割数学表示

不同类型的深度学习任务需要不同的 DNN 模型来提供相应的服务。DNN 模型由不同类型的层（卷积层、池化层和全连接层等）组成，这些层是实现 DNN 模型分割的自然分割点。例如，选择合适的分割点，可以将 DNN 模型分为前端和后端。前者由 DNN 模型的前端层组成，后者包含其余层。如图 5-4 所示，在端边架构中，我们可以将前者部署在终端设备上，而将后者部署在边缘服务器上。设备的任务经由终端处理前半部分后，将中间参数传输给边缘服务器进行后续处理。

对于不同的分割点，终端设备和边缘服务器处理任务的计算量以及在终端和边缘之间传输的中间数据的大小是不同的。DNN 模型的理想分割点选择不仅取决于模型的拓扑结构，而且取决于系统的通信和计算资源。因此，在端边的物联网环境中，高效的资源分配策略与 DNN 模型分割策略是分不开的。

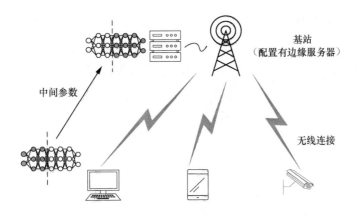

图5-4   模型分割网络架构

在边缘智能辅助下的网络架构中，物联网设备生成任务后，将其中间参数传输到与其相关的边缘服务器。用 S_{nk} 表示终端设备 n 生成的第 k 型任务，$S_{nk} = \left\{ t_{nk}^{\max}, d_{nk}, \lambda_{nk} \right\}$，$t_{nk}^{\max}$ 表示 S_{nk} 的最大时延，d_{nk} 表示 S_{nk} 的数据输入量，λ_{nk} 表示终端设备 n 上第 k 型任务的到达率。

DNN 模型由多个顺序的处理层连接组成，每层都可成为 DNN 模型的分割点。假设 DNN 模型包含 L 层结构，可将 DNN 模型抽象表示为 $\mathcal{L} = \{1, 2, 3, \cdots, L\}$，DNN 模型每层的计算量集合表示为 $\mathcal{C} = \{c_1, c_2, c_3, \cdots, c_L\}$，DNN 模型每层的输出数据量集合表示为 $\mathcal{D} = \{d_1, d_2, d_3, \cdots, d_L\}$。

模型分割策略用 Φ 表示，$\Phi = \left\{ \varphi_{nkl} \mid n \in \mathcal{N}, k \in \mathcal{K}, l \in \mathcal{L} \right\}$，对于 $\varphi_{nkl} \in \{0,1\}$，$\varphi_{nkl} = 1$ 代表处理 S_{nk} 的 DNN 模型从第 l 层进行分割，否则，$\varphi_{nkl} = 0$。终端设备计算量用 C_{nk}^{local} 表示，边缘服务器计算量用 C_{nk}^{edge} 表示，端边传输数据量为 d_{nk}^{d2e}，其中

$$C_{nk}^{\text{local}} = \sum_{l \in \mathcal{L}} \sum_{i=0}^{l} \left(\varphi_{nkl} c_i \right)$$

$$C_{nk}^{\text{edge}} = \sum_{l \in \mathcal{L}} \sum_{i=l+1}^{L} \left(\varphi_{nkl} c_i \right)$$

$$d_{nk}^{\text{d2e}} = \sum_{l \in \mathcal{L}} \left(\varphi_{nkl} d_l \right)$$

任务处理时延由终端设备处理时延、物联网设备到边缘服务器传输时延、边缘服务器处理时延 3 部分组成，以下对每部分时延分别建模。

1）终端设备处理时延。

终端设备 n 计算资源用 F_n 表示，对任务 S_{nk} 分配计算资源为 f_{nk}，处理时延为 t_{nk}^{local}，终端设备计算资源分配策略表示为 $\mathcal{F}^{\text{local}} = \left\{ f_{nk} \mid n \in \mathcal{N}, k \in \mathcal{K} \right\}$，其中

$$\sum_{k \in \mathcal{K}} \left(\lambda_{nk} f_{nk} \right) \leqslant F_n$$

$$t_{nk}^{\text{local}} = \frac{C_{nk}^{\text{local}}}{f_{nk}}$$

2）数据传输时延。

我们采用 OFDMA 作为基站的传输方案，对于任务 S_{nk}，终端设备 n 的传输速率表示为 r_{nk}，根据香农公式可得：

$$r_{nk} = W \log \left(1 + \zeta_{nk} \right)$$

$$\zeta_{nk} = \frac{p_{nk} h_n}{N_0 W + \chi}$$

其中，ζ_{nk} 代表终端设备 n 此时的信噪比，p_{nk} 为发射功率，h_n 为信道增益，N_0 为信道噪声密度，W 代表信道带宽，χ 为同信道干扰功率，功率分配策略表示为 $\mathcal{P} = \left\{ p_{nk} \mid n \in \mathcal{N}, k \in \mathcal{K} \right\}$，$0 < p_{nk} < p^{\max}$。

任务传输时延为 t_{nk}^{d2e}：

$$t_{nk}^{\text{d2e}} = \frac{d_{nk}^{\text{d2e}}}{r_{nk}}$$

3）边缘服务器处理时延。

边缘服务器计算资源总和为 F^{edge}，对终端设备 n 产生的第 k 型任务分配计算资源用 f_{nk}^{edge} 表示，边缘服务器计算资源分配策略表示为 $\mathcal{F}^{\text{edge}} = \left\{ f_{nk}^{\text{edge}} \mid n \in \mathcal{N}, k \in \mathcal{K} \right\}$，满足限制：

$$\sum_{n=1}^{N} \sum_{k=1}^{K} \left(\lambda_{nk} f_{nk}^{\text{edge}} \right) \leqslant F^{\text{edge}}$$

边缘服务器处理时延表示为 t_{nk}^{edge}：

$$t_{nk}^{\text{edge}} = \frac{C_{nk}^{\text{edge}}}{f_{nk}^{\text{edge}}}$$

4）总时延。

任务 S_{nk} 总处理时延由终端处理时延、数据传输时延和边缘服务器处理时延 3 部分组成，用 t_{nk}^{total} 表示：

$$t_{nk}^{\text{total}} = t_{nk}^{\text{local}} + t_{nk}^{\text{d2e}} + t_{nk}^{\text{edge}}$$

任务处理的能耗包括任务从物联网设备传输到边缘服务器的传输能耗及边缘服务器能耗。

1）计算能耗。

终端设备 n 处理任务 S_{nk} 的能耗用 e_{nk}^{local} 表示，终端设备 n 的计算能耗为 e_n^{local}：

$$e_{nk}^{\text{local}} = \kappa_n C_{nk}^{\text{local}} \left(f_{nk} \right)^2$$

$$e_n^{\text{local}} = \sum_{k \in \mathcal{K}} \left(\lambda_{nk} e_{nk}^{\text{local}} \right)$$

2）传输能耗。

任务 S_{nk} 上行传输的能耗用 e_{nk}^{d2e} 表示：

$$e_{nk}^{\text{d2e}} = p_{nk} t_{nk}^{\text{d2e}} = p_{nk} \frac{d_{nk}^{\text{d2e}}}{r_{nk}}$$

终端设备 n 传输能耗为 e_n^{d2e}：

$$e_n^{\text{d2e}} = \sum_{k \in \mathcal{K}} \left(\lambda_{nk} e_{nk}^{\text{d2e}} \right)$$

3）总能耗。

终端设备 n 的总能耗用 e_n^{total} 表示：

$$e_n^{\text{total}} = e_n^{\text{local}} + e_n^{\text{d2e}}$$

本节优化目标为最小化任务处理时延，数学表示如下：

$$P0: \underset{\Phi, \mathcal{P}, \mathcal{F}^{\text{edge}}, \mathcal{F}^{\text{cloud}}}{\text{minimize}} \sum_{n \in \mathcal{N}} \sum_{k \in \mathcal{K}} \left(\lambda_{nk} t_{nk}^{\text{total}} \right)$$

subject to

C1:　$0 < p_{nk} < p^{\text{max}}$ 　　　　　　　　　　　$\forall n \in \mathcal{N}, k \in \mathcal{K}$

195

C2：$\sum_{l\in\mathcal{L}}\varphi_{nkl}=1$　　　　　　　　$\forall n\in\mathcal{N},k\in\mathcal{K}$

C3：$\sum_{n=1}^{N}\sum_{k=1}^{K}\left(\lambda_{nk}f_{nk}^{\text{edge}}\right)\leqslant F^{\text{edge}}$　　$\forall n\in\mathcal{N},k\in\mathcal{K}$

C4：$\sum_{k\in\mathcal{K}}\left(\lambda_{nk}f_{nk}\right)\leqslant F_{n}$　　　　　$\forall n\in\mathcal{N}$

C5：$e_{n}^{\text{total}}\leqslant E_{n}$　　　　　　　　$\forall n\in\mathcal{N}$

约束 C1 限制发射功率范围，约束 C2 表示每个任务只有一层可以作为分割点，约束 C3 和 C4 表示所有任务分配到的计算资源总和不可超过总计算资源，约束 C5 对系统能耗进行了限制。

（2）瓶颈注入

模型分割技术未改变神经网络模型结构，其可以减少任务处理总时延的主要原因为模型的中间参数量小于任务原始输入量，进而可大幅度降低任务传输时延，我们将这个层结构称为瓶颈（bottleneck）。由于神经网络模型种类众多，不同模型之间的结构存在差异，AlexNet、VGG、DenseNet 等模型，其结构中含有瓶颈层；但 ResNet、Inception-V3、Faster R-CNN 等并没有自然瓶颈层，或者仅在模型最后几层数据量减少，此时采用模型分割技术所获收益不明显。为此，我们需要改变模型结构，引入瓶颈层，从而更好地利用模型分割技术，优化资源分配来提升系统性能。

在引入瓶颈时，我们需要考虑瓶颈层在头部模型中的位置，以及尽可能保持未改变原始模型的准确性。通常，我们在卷积层处创建瓶颈，因为卷积层允许我们根据通道、高度和宽度来控制它们的输出张量形状，并在瓶颈层之后引入反卷积层，以便匹配后续层所期望的张量形状。

瓶颈注入使得头部模型结构发生改变，采用网络蒸馏等技术重新训练头部模型结构，可减少头部模型的参数量和计算量。网络蒸馏同时可以减少由于瓶颈层引入所造成的精度损失，在训练过程中可进一步选择冻结尾部网络，降低模型训练时间。

5.2.3　模型优化和部署阶段

5.2.3.1　模型优化

模型优化技术主要聚焦于优化深度学习模型的内部结构，而不涉及边缘计算中的资源管理。因此只做简要介绍。

在深度学习中，处理复杂问题通常需要构建复杂的神经网络，随着深度学习的不断发展，神经网络变得愈发复杂，模型的训练与运行需要很大的计算量以及密集的内存占用，同时也伴随着大量的能源消耗，这些问题使得模型的部署面临巨大的挑战。利用模型优化技术，如剪枝、量化、蒸馏、神经网络架构搜索（Neural Architecture Search，NAS），可降低模型算法的复杂度及内存占用，从而使得机器学习模型能够更好地部署在硬件平台上，尤其是资源受限的设备。在进行模型优化的过程中，同时需要注意优化技术对于模型精度的影响，应当保证在满足一定精度需求的情况下，对模型进行合理的优化。

1）剪枝。在神经网络中，通常会有大量的参数，存在一些参数，其对模型的性能贡献较小。模型剪枝通过识别和删除冗余的参数，以达到模型轻量化、提高推理速度、减小模型存储需求的目的，同时尽量保持模型的性能。

2）量化。通常神经网络中的权重和激活值被存储为浮点数，而模型量化的目标是将这些浮点数表示转换为更小范围的整数或更短的浮点数。量化模型的主要优势在于可以显著减小模型的存储需求，提高推理速度，并降低对硬件的要求。

3）蒸馏。模型蒸馏的基本思想是通过训练一个简单的小模型（称为学生模型）来拟合原始大模型（称为教师模型）的输出。学生模型通过拟合教师模型的输出概率分布，以捕捉教师模型中包含的知识和特征，从而能够在保留相似性能的同时减小模型的存储需求和计算复杂性。

4）神经网络架构搜索。神经网络架构搜索是一种自动化的方法，用于发现最优的神经网络结构，而不是由人工设计。使用搜索算法，可以探索大量可能的神经网络结构，并找到在给定任务上表现良好的结构，从而提高神经网络的性能和效率。

5.2.3.2　模型部署

模型部署是指将人工智能模型部署到云中心、边缘侧和终端设备上的过程。根据模型部署层次，部署方法可划分为云端部署、边缘部署和终端部署 3 类，各自的特点如下。

1）云端部署。云服务器拥有庞大的资源池与存储空间，能够部署各类模型与算法，同时支持大规模的数据处理。但是由于数据需要通过网络传输，可能会引入较高的时延，难以适用于实时性要求较高的 AI 应用；同时，在云端处理敏感数据可能引发隐私性和安全性的顾虑。

2）边缘部署。边缘服务器距离数据源物理距离更近，能够有效降低数据传输的时延与通信成本，适合对实时性要求较高的应用。但是边缘服务器计算资源有限，不适合运行大规模的人工智能模型；同时边缘服务器存储空间有限，难以同时满足边缘区域内所有用户的应用需求。

3）终端部署。终端设备处理能力较弱，只能支持较小规模神经网络模型的运行，但是相比于其他两种部署方案，省去了数据传输的过程，具有非常低的响应时延，且支持离线处理，适用于需要实时响应的 AI 应用，同时也避免了数据隐私泄露问题。

在模型部署的过程中，需要考虑到模型的规模、性能、存储需求以及目标应用的特点，从而充分利用云边端协同的优势。如大规模 AI 模型可部署在云端，对于实时性要求较高的应用，如智能交通管理、智能工业生产等，可考虑将模型部署在边缘侧或者终端侧，以提高响应速度。在边缘侧部署模型时，还需要考虑到边缘内部的应用需求差异，把访问更频繁的 AI 模型部署在边缘服务器上，从而充分利用边缘侧的存储空间，提高系统整体效率。

下面简要给出模型部署的数学模型与优化问题。

假设在一个云边端协同模型部署系统中，所有待部署的 AI 模型集合为 $\mathcal{S}$，第 s 类 AI 模型 $s \in \mathcal{S}$ 占用的存储空间大小为 b^s 系统由一个云服务器 C、边缘服务器集合 $\mathcal{M}$、每个边缘区域内部的设备集合 $\mathcal{N} = \{\mathcal{N}_m, m \in \mathcal{M}\}$ 组成。

每个基站下配有一台边缘服务器。

1）模型推理时延。

对于边缘服务器 m 所属基站覆盖范围内的设备 n 上的模型推理任务 k_{mns}，s 表示处理该任务需要调用的 AI 模型类型，共存在 3 种可能的处理模式：云侧处理、边缘侧处理和本地处理。具体处理模式取决于该类模型的部署位置。假设推理任务优先在本地进行处理，若本地未部署相应的 AI 模型，则尝试访问所连接基站下的边缘服务器来处理推理任务，若边缘服务器上也未部署相应的模型，则访问云端来完成处理。非本地处理模式需要设备将待处理数据传输至边缘服务器或云服务器上处理，返回的推理结果数据大小可忽略不计。假设在该设备上需要调用 AI 模型 $s \in \mathcal{S}$ 来完成处理的待处理数据量大小为 D_{mns}，对应的单位数据量处理所需 CPU 周期数在本地、边缘上分别用 c_{mns} 和 c_{ms} 表示，用 f_{mns}^{local} 和 f_{ms}^{edge} 分别表示设备与边缘服务器分配给处理 AI 任务 k_{mns} 的计算频率。假设云服务器处理速度足够快，处理时延忽略不计，则设备 $n \in \mathcal{N}_m$ 上的 s 类待处理推理任务的处理时延可表示为：

$$d_{mns} = \alpha_{mns} \frac{c_{mns} D_{mns}}{f_{mns}^{\text{local}}} + \left(\beta_{ms} - \alpha_{mns}\right) \frac{c_{ms} D_{mns}}{f_{ms}^{\text{edge}}}$$

其中 α_{mns} 和 β_{ms} 为模型 s 的部署策略，$\alpha_{mns} = 1$ 表示将模型 s 部署在设备 $n \in \mathcal{N}_m$ 本地，

$\beta_{ms}=1$ 表示将模型 s 部署在边缘服务器 m 上，若本地部署有模型，则优先在本地处理。云服务器上存储有全部的 AI 模型，只有当本地、边缘服务器上均未部署相应的 AI 模型时，设备才会将数据传输至云服务器上进行处理。

需要注意的是，在实际应用场景中，设备将数据卸载至边缘或者云上处理时往往需要考虑额外的排队等待时延，具体时延取决于实际边缘服务器的工作模式，本书为方便示意，未对等待时延进行建模。

2）数据传输时延。

假设整个系统利用 OFDMA 技术进行通信，设备 $n \in \mathcal{N}_m$ 分配的上行传输发射功率用 p_{mn}^{d2b} 表示，设备与基站之间的上行带宽用 B_{mn}^{d2b} 表示，基站云服务器之间的上行带宽用 B_m^{b2c} 表示，基站分配的发射功率用 p_m 表示，上述两个上行通信的信道增益分别用 h_{mn}^{d2b} 与 h_m^{b2c} 表示，则设备将访问模型类型为 s 的数据 D_{mns} 卸载至边缘或云上处理的时延为：

$$d_{mns}^{\text{up}}=(\beta_{ms}-\alpha_{mns})\frac{D_{mns}}{B_{mn}^{\text{d2b}}\log\left(1+\dfrac{h_{mn}^{\text{d2b}}p_{mn}^{\text{d2b}}}{N_0}\right)}+(1-\alpha_{mns}-\beta_{ms})\frac{D_{mns}}{B_m^{\text{b2c}}\log\left(1+\dfrac{h_m^{\text{b2c}}p_m}{N_0}\right)}$$

则设备 m 上的所有 AI 推理任务处理总时延可表示为：

$$d_{mn}=\sum_{s\in\mathcal{S}}\left(d_{mns}+d_{mns}^{\text{up}}\right)$$

考虑优化所有设备任务的平均处理时延，可将优化问题表示为：

$$\underset{\pi}{\text{minimize}}\quad d^{\text{avg}}=\frac{1}{N}\sum_{\forall m\in\mathcal{M},\forall n\in\mathcal{N}_m}d_{mn}$$

subject to

C1： $\alpha_{mns}\in\{0,1\}$ $\qquad\qquad\qquad\qquad m\in\mathcal{M},n\in\mathcal{N}_m,s\in\mathcal{S}$

C2： $\beta_{ms}\in\{0,1\}$ $\qquad\qquad\qquad\qquad m\in\mathcal{M},s\in\mathcal{S}$

C3： $\sum_{s\in\mathcal{S}}\beta_{ms}b^s\leqslant b_m$ $\qquad\qquad\qquad m\in\mathcal{M}$

C4： $\sum_{s\in\mathcal{S}}\beta_{ms}b^s\leqslant b_{mn}$ $\qquad\qquad\qquad m\in\mathcal{M},n\in\mathcal{N}_m$

C1 和 C2 限制部署策略为二进制数，C3 表示部署在边缘服务器 m 上的模型占用的总存储空间不超过边缘服务器 m 的最大存储空间 b_m，C4 表示部署在设备 $n\in\mathcal{N}_m$ 上的模型占用的总存储空间不超过最大存储空间 b_{mn}。

5.3　研究工作

以"Edge Intelligence"为关键词在 IEEE Xplore 上搜索边缘智能领域的论文,结果如表 5-1 所示。注意,表中的数据主要反映增长趋势,很多关于边缘智能的论文并未使用该关键词,故实际的论文数量应大于表中的数据。这些论文主要集中在模型训练、推理和部署等方面。值得注意的是,自 2019 年以来,相关论文的数量才呈现显著上升趋势。下文将从 3 个方面介绍本领域的研究工作。

表 5-1　边缘智能领域论文数量

年份/年	2018及之前	2019	2020	2021	2022	2023
文献数量/篇	285	264	447	737	933	1273

5.3.1　关于模型训练的研究

文献[7]:基于边缘计算的智能交通领域中的联邦学习在实际部署中由终端异构导致训练效率低下。因此,本文研究了如何优化参与者选择方案,来达到提高交通流量预测模型的训练效率的目的。本文提出了一个关于参与者选择的带约束优化问题,优化目标为在满足训练时延约束的前提下,最大化参与训练的客户端数量,并提出一种基于 K-means 和动态规划的优化算法来解决这一问题。经实验评估,所提出的算法在真实数据集上的表现相较于随机策略与贪心算法,显著提高了参与训练的客户端数量及最终模型预测准确率。

文献[8]:边缘计算中的联邦学习参与者选择及终端设备的资源将影响模型训练性能。因此,本文考虑了边缘计算中终端设备的自主性与资源有限性,设计了有效的激励机制来鼓励客户端参与边缘联邦学习的训练过程,并开发了一个用于边缘联邦学习的终端自主参与决策框架 AutoFL(Auto Federated Learning)。在该框架中,终端不能够知道全局完整信息,因此本文将终端参与问题建模成具有不完全信息的贝叶斯博弈问题,其中每个终端都根据网络条件来与一种分组类型相关联,并根据贝叶斯规则估算出群体动态性来优化单个终端的参与决策。实验结果表明,AutoFL 实现了更高的模型精度,以及更低的能耗成本,同时还具有优越的长期公平性。

文献[9]:从运营商角度出发,分级联邦学习(Hierarchical Federated Learning,HFL)中参与训练的客户端选择将影响模型的性能及训练成本。因此,本文强调了使用边缘服务器作为中介执行模型聚合的潜在优势,即减少通信开销,尤其适用于具有低时延要求的联邦学习应用场景。本文进一步展开了分级联邦学习中客户端选择问题的系统性研究，并考虑了网络运营商的预算限制及传输信道的时变性等因素。为了解决这一问题，提出了一种基于上下文组合多臂老虎机的在线策略，即基于上下文感知的在线客户选择（Context-aware Online Client Selection，COCS）。COCS 通过观察客户端–边缘服务器对的本地计算性能和传输性能等信息，在有限预算内做出参与者选择决策，以最大化运营商的效用。理论上，COCS 在强凸和非凸 HFL 上相较于理想 Oracle 策略实现了亚线性遗憾，并通过仿真结果证明了 COCS 策略在实际数据集上的有效性。

文献[10]：异构计算资源的管理影响边缘计算系统性能。因此，本文聚焦于联邦边缘学习，提出了一种基于 CPU-GPU 异构计算的能源高效资源管理策略。在这一框架下，通过协调边缘服务器和连接的设备，设计了联合计算和通信资源管理方案，以提升系统性能和能源效率；通过多维度控制，包括带宽分配、CPU-GPU 工作负载划分、设备速度缩放及链路的计算与通信时分，以最小化设备总能耗。该方案的关键点在于找到能耗与训练速率之间的一组平衡点，并证明了在设备之间或每个设备的处理单元之间存在这样的平衡。研究结果可应用于设计更为高效的算法，以更快速地计算最优的资源管理策略。实验证明该策略在提升联邦边缘学习系统的能源效率方面具有显著效果。

文献[11]：设置合理的移动设备数据隐私保护策略正在成为当下的难点。在此背景下，本文尝试通过引入联邦学习来解决移动设备数据隐私问题，为了进一步提升联邦学习的综合性能，该研究将模型聚合工作从云端迁移到边缘服务器，构建了一种创新的分层联邦边缘学习（Hierarchical Federated Edge Learning，HFEL）框架。在 HFEL 框架下，该研究关注了终端设备的计算和通信资源联合分配及边缘–终端关联问题，以实现系统开销的最小化。为了解决这一优化问题，该研究提出了一种高效的资源调度算法，该算法将原问题分解为两个子问题：为每个边缘服务器所关联的设备集进行资源分配，以及边缘–终端关联分配问题。该算法通过迭代优化的方式，利用单个边缘服务器下设备集的凸资源分配子问题的最优策略，来求解高效的边缘关联策略，使得系统开销降低，并证明了该策略能够收敛到稳定的系统点。广泛的性能评估结果表明，相较于传统联合学习，HFEL 框架在全局成本节省和训练性能方面表现更为出色。因此，该研究为解决移动设备数据隐私问题提供了一种高效的框架和资源管理策略。

文献[12]：在现有的边缘计算分割学习方案中，模型在设备间顺序执行训练过程会增加训练时延。因此，本文利用联邦学习参数聚合的特点，提出了一种基于分簇的并行分割学习方案（Custer-based Parallel Split Learning，CPSL），将设备划分为多个集群，并行执行分割学习中的训练过程，从而降低训练时延。同时，本文考虑了无线网络中的设备异构性和网络动态性，提出了一种资源管理算法，通过优化分割点选择策略、设备聚类方案及无线资源分配，最小化 CPSL 的训练时延。仿真结果表明，所提出的 CPSL 方案相较于现有的分割学习方案，能够极大地降低训练时延。

文献[13]：在多接入边缘计算中的多任务联邦学习新模式，终端在本地训练时分配的计算资源和在模型信息交换过程中分配的无线通信资源，以及在训练过程中的超参数学习率会对联邦学习收敛过程产生影响，因此，本文提出了一种关于联合优化移动设备能耗与系统总训练时延的资源分配问题及超参数学习率控制问题。为了解决这一问题，本文设计了一种基于块坐标下降法的集中式算法和一种分布式算法来解决所提出的联合优化问题。在所提出的分布式算法中，每个联邦学习任务能够在不泄露具体联邦学习任务信息的情况下独立管理本地资源与学习过程。仿真结果证明了所提出算法的收敛性能，以及与其他启发式算法相比的优越性。

文献[14]：在边缘计算环境中，终端资源异构性会导致由等待较慢节点所引起的同步时延问题，严重影响训练效率。因此，本文提出了一种弱同步的分级联邦学习解决方案，允许处于同一分级的设备具有不同的本地更新或模型聚合频率，并设计了一种基于资源的聚合频率控制方法（Resource-based Aggregation Frequency，RAF），根据异构资源确定边缘设备的最佳聚合频率，以最小化损失函数，并充分利用边缘设备的资源，以缩短弱同步联邦学习的等待时间。此外，所提出的 RAF 方法还能够在模型训练的不同阶段动态地调整聚合频率，从而实现快速收敛和高精度。所提出的算法在基于自主开发的边缘计算测试平台上展开的实验表明，RAF 在模型准确率与收敛速度方面都优于基准方法。

文献[15]：工业物联网领域资源管理策略会影响模型训练性能。因此，本文提出了一种基于深度强化学习的联合资源分配与 IIoT 设备协调策略，使用非正交多址接入来搭建更精确的数学模型，减少基于边缘协同的工业物联网联邦学习系统开销。在此基础上。本文提出了一个多目标优化问题，设计了一种基于深度确定策略梯度的深度强化学习（Deep Reinforcement Learning，DRL）算法，在工业物联网设备的计算能力与传输功率的约束下，同时最小化系统训练时延、能耗，并提高最终模型精度。仿真结果表明，所提出的算法优于其他算法。

5.3.2　关于模型推理的研究

文献[16]：边缘智能环境中任务类型众多、需求各异。在此背景下，本文提出了一种创新的多任务、多服务场景联合资源管理方案，系统由多个传感器、配备边缘服务器的基站和云服务器组成。在该方案中，传感器采用微型神经网络模型，而边缘服务器和云服务器则部署大型神经网络模型。研究者引入了一种集成了深度神经网络部署、数据大小控制、任务卸载、计算资源分配和无线信道分配的时隙系统模型。具体而言，深度神经网络的部署是在边缘服务器上根据总资源约束选择适当的 DNN，而数据大小控制通过调整任务数据大小来在任务推理精度和任务传输时延之间进行权衡。该方案的优化目标是最小化总成本，包括总任务处理时延和总错误推理惩罚，同时确保长期任务队列稳定性和所有任务推理精度要求。通过利用李雅普诺夫（Lyapunov）优化，原始问题首先被转化为每个时隙的确定性问题。接着，研究者设计了一种基于深度确定性策略梯度的深度强化学习算法，以近似求解问题。为了降低深度强化学习模型的训练复杂性，研究者还设计了一种快速数值方法来解决数据大小控制子问题，并引入了惩罚机制以防止频繁优化 DNN 部署。他们通过大量实验，并比较该方案与其他 3 种方案的效果，证明了其优越性。这一工作在多任务、多服务场景中的资源管理方面取得了显著的成果。

文献[17]：解决工业物联网网络中的协同深度神经网络推理问题是当下研究热点。本文将未压缩的神经网络模型部署在边缘侧，而将压缩过的模型部署在物联网设备上。同时指出采样率自适应是最大限度降低服务时延的关键因素，系统根据网络条件的动态变化调整工业物联网设备的采样率。为了有效地捕捉信道变化和任务到达的随机性，研究者将问题形式化为约束马尔可夫决策过程（Constrained Markov Decision Process，CMDP）。具体而言，采样率自适应、推理任务卸载和边缘计算资源分配被联合考虑，以在保证不同推理服务的长期准确性要求的同时，最大限度地降低平均服务时延。由于长期约束的处理较为困难，通常的强化学习算法难以直接应用于 CMDP。因此，研究者首先利用 Lyapunov 优化技术将 CMDP 转换为马尔可夫决策过程。接着，研究者提出了一种基于深度强化学习的MDP 算法。为了加速训练过程，研究者在提出的算法中嵌入了一个优化子程序，以直接获得最优的边缘计算资源分配。大量的仿真结果表明，所提出的基于 RL 的算法显著降低了平均服务时延，同时保持了高概率的长期推理精度。这项研究为解决工业物联网中的 DNN推理问题提供了创新的方法。

文献[18]：模型分割和资源分配的联合优化是当下难点。本文致力于同时优化深度神经网络划分和计算资源分配，以在长期内最大限度降低多种类型深度学习任务的平均端到端时延，确保边缘服务器和中心云的能耗在其能源预算范围内。通过应用 Lyapunov 优化技术和强化学习，研究者设计了一种基于深度确定性策略梯度的深度神经网络划分和资源分配（Deep Deterministic Policy Gradient based DNN Partition and Resource Allocation，DDPRA）算法。该算法通过观察环境动态来训练策略，以决定深度神经网络的划分。此外，DDPRA算法嵌入了启发式计算资源分配（Heuristic Computing Resource Allocation，HCRA）算法，通过解耦和分别优化计算资源分配，有效降低了策略训练的复杂性。研究者对算法复杂性做了分析，并进行了大量的模拟。数值结果表明，在多种场景下，DDPRA 算法相较于其他5 种方案具有显著的优越性。这项研究提供了一种有效的方法，以在资源有限的环境中优化分层边缘云系统的深度神经网络划分和计算资源分配。

文献[19]：边缘系统中资源分配和模型分割点的选择问题是边缘智能中的重点问题。本文为了应对网络动态变化对深度神经网络划分性能的不利影响，以及有向无环图特征导致的 DNN 划分复杂性提出了动态自适应深度神经网络手术（Dynamic Adaptive DNN Surgery，DADS）方案。该方案可在不同网络条件下实现深度神经网络的最优划分。研究者还深入研究了在成本约束系统下的分区问题，其中云资源用于推理是有限的。通过在自动驾驶汽车视频数据集上实现的原型，研究结果显示，DNN 分割技术显著降低了时延和提高了吞吐量。资源管理和模型分割在这一过程中发挥了关键作用，为支持室内入侵检测和校园交通监控等应用提供了高吞吐量和低时延。

文献[20]：DNN 推理吞吐量是衡量系统性能的重要指标。本文旨在通过联合探索 DNN 划分和多线程执行并加速每个 DNN 推理，以最大化接受的时延感知的 DNN 服务请求数量。具体而言，研究者考虑了离线场景下和在线请求到达场景下的问题：分别在预先给定一组 DNN 推理请求的情况下及一系列 DNN 推理请求逐一到达而无法预知未来到达的情况下。首先，研究者证明了定义的问题是 NP 困难问题。然后，研究者设计了一个用于离线设置下的新型常数逼近算法。最后，通过实验模拟评估了所提算法的性能。实验结果表明，所提算法是有前景的。

文献[21]：如何保证卷积神经网络的速度及精度是当前边缘计算中的热点问题。本文提出了一种名为 CNNPC（Partitions and Compresses CNN）的系统框架，旨在通过联合划分和压缩实现端-边缘-云系统中快速而准确的卷积神经网络推理。CNNPC 利用划分技术将计算负载从弱端/边缘设备卸载到强大的云服务器上，同时采用传输驱动的压缩技术有效减轻端-边缘-云系统之间的传输开销。通过在不同应用场景下选择合适的划分和压缩策略，CNNPC 成功实现了基于 EEC 协同的快速而准确的 CNN 推理。在广泛的实际应用场景中，CNNPC 推理相对于单端和最先进的协同方法分别提高了 1.6 倍和 5.6 倍推理，同时在相同准确性约束下仅需 4.30%和 6.48%的数据传输，展现了出色的性能。研究者还实现了 CNNPC，并通过各种任务、数据集、CNN 模型、系统组成、网络条件和性能要求的综合评估证明了其有效性。

文献[22]：边缘计算的重要功能之一为提高神经网络在分布式系统中的推理性能。因此，本文提出了一种名为 SplitPlace 的新型神经网络拆分和放置策略，旨在增强边缘的分布式神经网络推理。SplitPlace 充分利用移动边缘计算平台，以实现低时延服务，并允许集成模块化神经模型，以获得仅云端部署才能提供的最佳结果准确性。作为首个能够动态选择语义和逐层拆分以优化推理准确性和服务水平协议（Service Level Agreement，SLA）违规率的拆分策略，SplitPlace 的决策针对每个传入任务进行，直至该任务的所有拆分片段执行完成。该拆分策略的核心思想是为每个传入任务基于其 SLA 需求决定是使用语义还是逐层拆分策略。由于其快速适应性，SplitPlace 采用多臂老虎机来模拟每种应用类型的决策策略，通过检查 SLA 截止时间是否高于或低于层拆分决策响应时间的估计，来选择合适的拆分策略。此外，SplitPlace 通过拆分决策感知的替代模型来优化模块化神经网络片段的放置决策。研究人员还提出了一些动态适应非平稳工作负载和移动环境的技术，并引入了一种基于梯度的优化方法，用于根据拆分决策进行任务放置决策。在真实的边缘测试平台上进行的实验证明，相比基线方法，SplitPlace 方法在降低 SLA 违规率和提高平均推理准确性方面表现优异。

文献[23]：在边缘计算中设计合理的分布式框架去支持模型推理是热点问题。本文提出了一种支持 CNN 在异构设备上进行细粒度划分的分布式协同推理框架（OfpCNN）。首先，该框架使用基于浮点运算和 CPU 负载的层时延预测模型（Prediction Model based on Floating-point Operations and CPU Load，FCPM）来准确预测不同设备上 CNN 每个层的计算时延。随后，OfpCNN 利用水平和垂直划分方法（Horizontal and Vertical Partitioning Methods，HVPM）根据网络条件和计算能力划分输入特征图和 CNN 结构，然后将它们分配到多个设备上进行执行。HVPM 总体上考虑了层的执行位置、并行性以及负责数据聚合和分发的设备位置，从而可以获得更细粒度的划分方案。实验结果显示，FCPM 能够达到最低 88% 的准确性，而 HVPM 相较于其他先进的方法可以将推理速度提高 1～2.54 倍。

文献[24]：调查在边缘计算中执行多出口 DNN 的瓶颈，并建立了一个新颖的推理加速模型，包括退出选择、模型划分和资源分配。为了解决难以处理的耦合子问题，研究者提出了基于多维优化的多出口 DNN 推理加速框架（Multi-exit DNN inference Acceleration framework based on Multi-dimensional Optimization，MAMO）。在 MAMO 中，首先从原始问题中提取了退出选择子问题。然后，采用双向动态规划来确定任意多出口 DNN 的最佳退出设置。最后，基于最佳退出设置，开发了基于深度强化学习的策略，学习模型划分和资源分配的联合决策。研究者在一个真实的测试平台上部署了 MAMO，并在各种场景中评估了其性能。广泛的实验证明，相较于其他先进技术，它能够适应异构任务和动态网络，并将 DNN 推理加速高达 13.7 倍。

5.3.3　关于模型部署的研究

文献[25]：实时执行深度神经网络推理对工业物联网网络构成了巨大挑战。因此，本文引入了一种云边端编排架构，将该挑战融入了推理任务分配和 DNN 模型放置的灵活协调中，以有效管理网络资源。具体来说，训练并预存储在云中的 DNN 模型被适当地放置在末端和边缘，以执行 DNN 推理。为了实现高效的 DNN 推理，研究者提出了一个多维资源管理问题，以最大限度地提高平均推理精度，同时满足推理任务的严格时延要求。由于决策变量为混合整数，很难直接求解公式化问题。因此，研究者将公式化的问题转化为可以有效求解的马尔可夫决策过程，此外，还提出了一种基于深度强化学习的资源管理方案，以实时做出最优资源分配决策。仿真结果表明，与深度确定性策略梯度基准相比，该方案能够有效地分配可用频谱、缓存和计算资源，并将平均推理精度提高 31.4%。

文献[26]：智能纤维驱动的 6G 织物计算网络，该网络整合了传感单元和织物纤维，以感知用户数据，旨在最小化获取数据的延迟，同时确保数据的准确性。本文提出了智能自适应感知与计算（Intelligent Adaptive Sensing and Computating，IASC）方案，主要解决问题：①织物感应问题，即如何设置织物传感器的采样率和采样密度以实现低时延数据感知；②DNN 模型放置问题，即如何在边缘云中的织物代理上部署 DNN 模型以实现准确的决策。作者首先使用马尔可夫决策过程重新定义了问题，然后通过设计状态空间、动作空间和奖励函数，使用深度强化学习算法来求解，对 IASC 方案进行了性能评估。仿真结果表明，与几种基准算法相比，本文提出的方案能够实现最优的感知和计算。

参考文献

[1] GONG T Y, ZHU L, YU F R, et al. Edge Intelligence in Intelligent Transportation Systems: A Survey[J]. IEEE Transactions on Intelligent Transportation Systems, 2023, 24(9):8919-8944.

[2] MCMAHAN B, MOORE E, RAMAGE D, et al. Communication-Efficient Learning of Deep Networks from Decentralized Data[C]//Artificial Intelligence and Statistics. PMLR, 2017:1273-1282.

[3] LIU L M, ZHANG J, SONG S H, et al. Client-Edge-Cloud Hierarchical Federated Learning[C]//ICC 2020-2020 IEEE International Conference on Communications (ICC). IEEE, 2020:1-6.

[4] DINH C T, TRAN N H, NGUYEN M N H, et al. Federated Learning over Wireless Networks: Convergence Analysis and Resource Allocation[J]. IEEE/ACM Transactions on Networking, 2020, 29(1):398-409.

[5] FAN W H, LI S M, LIU J, et al. Joint Task Offloading and Resource Allocation for Accuracy-Aware Machine-Learning-Based IIoT Applications[J]. IEEE Internet of Things Journal, 2023, 10(4):3305-3321.

[6] FAN W H, GAO L, SU Y, et al. Joint DNN Partition and Resource Allocation for Task Offloading in Edge–Cloud-Assisted IoT Environments[J]. IEEE Internet of Things Journal, 2023, 10(12):10146-10159.

[7] ZHANG W W, CHEN Y X, JIANG Y F, et al. Delay-Constrained Client Selection for Heterogeneous

Federated Learning in Intelligent Transportation Systems[J]. IEEE Transactions on Network Science and Engineering, 2024, 11(1), 1042-1054.

[8] HU M, YANG W Z, LUO Z X, et al. AutoFL: A Bayesian Game Approach for Autonomous Client Participation in Federated Edge Learning[J]. IEEE Transactions on Mobile Computing, 2024, 23(1):194-208.

[9] QU Z, DUAN R, CHEN L X, et al. Context-Aware Online Client Selection for Hierarchical Federated Learning[J]. IEEE Transactions on Parallel and Distributed Systems, 2022, 33(12):4353-4367.

[10] ZENG Q S, DU Y Q, HUANG K B, et al.Energy-Efficient Resource Management for Federated Edge Learning With CPU-GPU Heterogeneous Computing[J]. IEEE Transactions on Wireless Communications, 2021, 20(12), 7947-7962.

[11] LUO S Q, CHEN X, WU Q, et al. HFEL: Joint Edge Association and Resource Allocation for Cost-Efficient Hierarchical Federated Edge Learning[J]. IEEE Transactions on Wireless Communications, 2020, 19(10), 6535-6548.

[12] WU W, LI M S, QU K G, et al. Split Learning over Wireless Networks: Parallel Design and Resource Management[J]. IEEE Journal on Selected Areas in Communications, 2023, 41(4):1051-1066.

[13] NGUYEN M N H, TRAN N H, TUN Y K, et al. Toward Multiple Federated Learning Services Resource Sharing in Mobile Edge Networks[J]. IEEE Transactions on Mobile Computing, 2023, 22(1):541-555.

[14] YANG L, GAN Y Q, CAO J N, et al. Optimizing Aggregation Frequency for Hierarchical Model Training in Heterogeneous Edge Computing[J]. IEEE Transactions on Mobile Computing, 2023, 22(7):4181-4194.

[15] ZHAO T T, LI F, HE L J. DRL-Based Joint Resource Allocation and Device Orchestration for Hierarchical Federated Learning in NOMA-Enabled Industrial IoT[J]. IEEE Transactions on Industrial Informatics, 2023, 19(6):7468-7479.

[16] FAN W H, CHEN Z Y, HAO Z B, et al. DNN Deployment, Task Offloading, and Resource Allocation for Joint Task Inference in IIoT[J]. IEEE Transactions on Industrial Informatics, 2022, 19(2):1634-1646.

[17] WU W, YANG P, ZHANG W T, et al. Accuracy-Guaranteed Collaborative DNN Inference in Industrial IoT via Deep Reinforcement Learning[J]. IEEE Transactions on Industrial Informatics, 2020, 17(7):4988-4998.

[18] SU Y, FAN W H, GAO L, et al. Joint DNN Partition and Resource Allocation Optimization for Energy-Constrained Hierarchical Edge-Cloud Systems[J]. IEEE Transactions on Vehicular Technology, 2022, 72(3):3930-3944.

[19] LIANG H H, SANG Q L, HU C, et al. DNN Surgery: Accelerating DNN Inference on the Edge through Layer Partitioning[J]. IEEE Transactions on Cloud Computing, 2023, 11(3):3111-3125.

[20] LI J, LIANG W F, LI Y C, et al. Throughput Maximization of Delay-Aware DNN Inference in Edge Computing by Exploring DNN Model Partitioning and Inference Parallelism[J]. IEEE Transactions on Mobile Computing, 2021, 22(5):3017-3030.

[21] YANG S S, ZHANG Z H, ZHAO C, et al. CNNPC: End-Edge-Cloud Collaborative CNN Inference with Joint Model Partition and Compression[J]. IEEE Transactions on Parallel and Distributed Systems, 2022, 33(12):4039-4056.

[22] TULI S, CASALE G, JENNINGS N R. SplitPlace: AI Augmented Splitting and Placement of Large-Scale Neural Networks in Mobile Edge Environments[J]. IEEE Transactions on Mobile Computing, 2023, 22(9):5539-5554.

[23] YANG L, ZHENG C, SHEN X Y, et al. OfpCNN: On-Demand Fine-Grained Partitioning for CNN Inference Acceleration in Heterogeneous Devices[J]. IEEE Transactions on Parallel and Distributed Systems, 2023, 34(12):3090-3103.

[24] DONG F, WANG H T, SHEN D, et al. Multi-Exit DNN Inference Acceleration Based on Multi-Dimensional Optimization for Edge Intelligence[J]. IEEE Transactions on Mobile Computing, 2023, 22(9):5389-5405.

[25] ZHANG W T, YANG D, PENG H X, et al. Deep Reinforcement Learning Based Resource Management for DNN Inference in Industrial IoT[J]. IEEE Transactions on Vehicular Technology, 2021, 70(8):7605-7618.

[26] HAO Y X, HU L, CHEN M, et al. Joint Sensing Adaptation and Model Placement in 6G Fabric Computing[J]. IEEE Journal on Selected Areas in Communications, 2023, 41(7):2013-2024.

第**6**章

多无线接入网中的边缘计算资源管理技术

随着 Wi-Fi、5G 等无线接入网的迅速发展,多无线接入网技术已渗透到各个领域,并且在创新领域被广泛应用,如多无线接入网融合智能家居、工业物联网、智能交通、智慧医疗等应用场景。然而以上场景会大量生成时延敏感型和数据密集型任务,这需要充分利用网络通信、计算、存储等资源以保障以上任务的性能。而基于云计算的多无线接入网场景无法满足任务低时延需求,同时海量数据传输会导致网络拥塞。

为了解决上述问题,边缘计算技术在未来将更多地与多无线接入网技术相融合。多无线接入网为边缘计算的终端和网络边缘侧设备提供多种通信方式,有效融合了无线接入网通信资源、边缘服务器计算资源和存储资源。多无线接入网环境可满足用户的低时延、低能耗、低成本等多样性需求,提高了网络传输容错能力,为缓解网络拥塞提供了基础,并为实现通信链路负载均衡和计算资源负载均衡提供了解决方法。多无线接入网共存场景中的边缘计算提供了多网协同传输模式。终端任务数据不仅可以通过多个无线接入网传输到边缘服务器,还可以通过利用每个无线接入网中的边缘计算资源来提高任务计算能力。如何充分利用多无线接入网的通信资源和计算资源满足用户需求、缓解网络拥塞并实现负载均衡,是多无线接入网中边缘计算的关键。

多无线接入网中的边缘计算资源管理和任务卸载策略与无线接入网的网络架构和终端设备有关。无线接入网和终端设备接口是否配套,终端设备任务是否可切分为子任务,以及终端设备是否支持并行传输,这些问题直接影响了边缘计算系统下的资源分配和任务卸载模式。

多无线接入网中的边缘计算资源管理技术根据无线接入网的网络架构和终端设备特征提供最优的资源分配策略(包括各节点计算资源和各接入网通信资源分配策略),并制定最优的任务卸载策略(包括部分卸载和完全卸载),以充分利用多无线接入网的全部资源。本章将介绍多网共存环境中边缘计算的定义、意义、技术挑战和网络架构,并着重介绍在不同网络架构下如何制定最优任务卸载和资源分配策略，最后对多无线接入网中的边缘计算资源管理相关研究工作进行总结。

6.1　多无线接入网中的边缘计算

6.1.1　多无线接入网

无线接入网即无线电接入网（Radio Access Network，RAN），是指在无线通信系统中，用于连接移动用户设备与核心网络之间的网络。它通过无线信号传输数据，为移动设备提供接入互联网和其他通信服务的功能。无线接入网通常包括基站、信道资源管理、接入控制等组成部分。

在通信系统中，多无线接入网（Multi-Radio Access Network，MRAN）通过多种不同的无线接入技术来连接移动设备与核心网络。这些无线接入技术包括但不限于各类无线广域网、无线局域网、无线个域网技术。多无线接入网的设计旨在提供更大的覆盖范围、更高的数据传输速率和更好的网络容量，以满足不同场景下用户对通信服务的需求。通过整合多种无线接入技术，多无线接入网能够实现更灵活和高效的数据传输方式，从而为用户提供更好的通信体验。

无线接入网包含多种类型，可根据覆盖范围进行分类。

1）无线广域网：覆盖广阔的地理区域，如蜂窝网络（4G、5G、6G）、低功耗广域网（LoRa、Sigfox、NB-IoT、eMTC）等。

2）无线局域网：通常覆盖局部范围的地理区域，如 Wi-Fi。

3）无线个域网：用于连接个人设备或物联网设备，通常使用低功耗、短距离技术，如蓝牙、ZigBee 等。

目前多无线接入网已被应用于各种场景，如智能家居、工业物联网、智能交通、智慧医疗等。这些应用场景展示了多无线接入网技术在改善生活、提高工作效率、推动创新和智能化等各个方面的重要作用。多无线接入网技术相较于单一无线接入网有许多优势，以下是多无线接入网技术在不同场景中的优势。

1）多样性和灵活性。不同网络接入技术可以在同一区域内共存，这为终端设备网络连接提供了更多的选择，不同的网络用户设备对于网络连接有不同需求，如用户在公共场所，可以根据需求选择免费的 Wi-Fi 接入网或者相对安全的蜂窝接入网。

2）冗余和容错能力。多网络共存环境为网络传输提供了冗余路径和备用连接方式，如果一个网络发生故障或者受到较大干扰，用户可以即时选择连接其他网络，这保证了网络容错能力。

3）网络负载均衡。相较于单一网络，多网络共存环境中，用户任务可以通过不同网络传输，从而减轻单一网络负担，减少网络拥塞可能性，平衡各网络性能，达到网络传输负载均衡的效果。

4）更广的覆盖范围。多无线接入网技术可以通过使用不同的频段、协议和设备，实现更广泛的网络覆盖范围。尤其是在大型建筑物遮蔽区域、高密度区域和城市环境中，多无线接入网技术可以尽可能保证终端能够连接到无线接入网。

5）高容量和低时延。多无线接入网技术可以有效提高网络容量和传输性能，因为它允许多个终端设备同时连接到网络，这对于满足大量终端设备高并发访问网络的需求及支持高带宽应用非常重要。同时终端可选择低时延接入网络传输任务或同时利用多无线接入网并行传输任务，这可以大大降低任务处理时延。

6.1.2　多无线接入网中的边缘计算

多无线接入网中的边缘计算是 MEC 关键技术。MEC 原指移动边缘计算（Mobile Edge Computing），主要面向于蜂窝网络中的边缘计算，随着 Wi-Fi 等无线接入网的发展，多种无线网络在同一地区或场所内共存，边缘计算的范围也扩大到支持多种无线网络接入技术，多接入边缘计算使设备可以通过多种接入网与边缘服务器通信，这使得边缘计算可以利用更多的通信资源并满足多样化的应用需求，而 MEC 也由 Mobile Edge Computing 扩展为 Multi-access Edge Computing。

多无线接入网边缘计算是一种结合了无线通信和边缘计算的技术架构。在这个架构中，多个无线接入技术被整合到边缘计算环境中，以提供高效、低时延的服务。这种融合使得移动设备和传感器能够更好地利用边缘计算资源，同时实现更灵活可靠的无线连接。

随着 5G 网络和工业物联网的发展，多接入边缘计算技术逐渐应用到增强现实、智能城市、工业自动化等应用场景。在这些应用场景中，设备可以通过多种无线接入网与边缘服务器通信。在多接入边缘计算场景中，设备和接入网有各自的特性。

设备。在多接入边缘计算场景中，终端设备有多种通信接入接口，如智能手机和笔记本电脑可以通过 Wi-Fi 接口或者蜂窝网络接口连接无线局域网或移动通信网络。部分设备在一个时刻只能打开一个通信接口与边缘服务器通信，另一部分设备可以同时利用多个通信接口与边缘服务器通信，应用这些设备的并行传输性质，终端设备任务可以利用多接入网络资源部分卸载到多个计算节点同时处理。

无线接入网。不同无线接入网有不同的覆盖范围和可用性，设备在某无线接入网覆盖范围内且设备具有此接入网的接口或协议时，才可通过此接入网传输任务。且不同接入网的性能、特点不同，如不同无线接入网带宽、容量、传输距离、可用频段范围和成本不同，用户需要考虑自身需求来选定接入网传输任务。多无线接入网可以支持多样性的用户需求。

6.1.3　研究价值

随着无线网络不断发展，多种无线网络在同一区域共存的场景极其常见。并且终端设备的接入网接口也呈现多样化，海量设备有多无线网络接口。于是研究多无线接入网中的边缘计算有着重要价值。

与单一接入网边缘计算不同，多网络共存环境中的边缘计算使设备能够通过多接入网连接边缘服务器，提供了冗余传输路径，这首先确保了网络传输的容错能力。在单接入网边缘计算过程中如果某个边缘节点损坏或者网络链路故障，则无法在边缘服务器上处理任务，但是在多网络共存环境中边缘计算可以通过冗余链路特性选择其他链路完成任务传输和处理。其次多接入网可以为用户提供更多的选择，同一片区域的不同用户任务需求不同，用户可根据自己的需求选择接入网，这为用户提供了更好的服务质量。多网络共存环境中的边缘计算也能帮助网络实现负载均衡，设备配备了多接入网接口与边缘服务器通信，能够合理利用网络资源和计算资源。当海量设备同时发出任务请求时，任务传输过程可以合理分配各接入网流量资源，以达到任务传输的负载均衡，减小网络拥塞的可能性。此外终端设备任务可以完成部分卸载，多接入网为部分卸载提供多样性卸载方式，大大提高了通信资源和计算资源的利用率，从而达到边缘服务器的负载均衡，并且降低了时延、能耗或成本等影响用户体验感的指标。

总之，多网络共存环境中边缘计算可以提供更好的网络性能、边缘服务器计算性能、更低的任务处理时延、更小的用户成本。多网络共存环境中的边缘计算有助于满足多样化的通信需求，适应不断发展的技术和应用要求，提高系统整体的性能和韧性。

6.1.4　技术挑战

在多无线接入网中，如何部署边缘服务器是边缘计算的一大技术挑战。移动互联网数据流量呈持续增长趋势，需要利用多无线接入网同时传输任务数据的方式来缓解无线接入网通信压力，而多无线接入网传输任务则需要多网络基础设施，如基站（Base Station，BS）、Wi-Fi 接入网点（Access Point，AP）等，与终端设备通信。如何部署边缘服务器以进一步提高边缘节点部署的灵活性、更快速协调分配资源管理、实现负载均衡、降低用户成本等，是多无线接入网边缘计算所面临的挑战。

在多无线接入网的环境下，网络架构较为复杂，计算资源分配与服务放置成为一个难题。在边缘资源有限的情况下，多个移动用户同时接入同一个 MEC 服务器时，必然会引起无线带宽和计算资源的竞争。在边缘资源充足的情况下，多接入边缘计算为用户提供了更多的卸载机会，但其多接入的特点给边缘网络中的服务部署带来了额外的挑战。

多无线接入网中边缘计算在考虑多边缘服务器场景协同卸载时，边缘服务器负载均衡和通信链路负载均衡是必须考虑的问题。用户之间因为缺乏有效沟通，盲目选择边缘服务器很容易造成边缘服务器负载不均，同时因为服务器分散部署在无线接入网边缘的不同区域，移动用户数量分布差异性会造成与之关联服务器之间的通信负载不均衡，需要优化用户卸载决策和资源分配策略，才能够提升任务执行性能，并减少边缘服务器负载不均和网络通信负载不均的情况。

在多无线接入网环境中，选择通信链路卸载任务时，服务质量和通信成本是用户需要权衡的因素。对于用户来说，不同的网络资源对应的网络资源单价不同，且网络覆盖范围、带宽、服务质量等因素也不同，因此用户在使用多网络接入边缘时需要考虑这些因素，以便在保证服务质量的同时，尽可能降低成本。

边缘计算中有两种卸载方式，分别是完全卸载和部分卸载，选择哪种卸载方式是多无线接入网中边缘计算的重中之重。完全卸载将任务全部卸载到某个计算节点，这种卸载方式无须考虑终端是否可以同时开放多个接口、终端任务是否可以被切分为多个子任务及子任务之间关联性强弱等因素。但是因为它不能分割，所以灵活性较差，无法并行传输和处理同一个用户任务，导致终端用户无法充分利用多无线接入网资源和计算资源。部分卸载将任务切割为子任务，再通过不同无线接入网或者本地卸载的方式将多个子任务卸载到不同计算节点上执行，还可以根据网络条件和任务需求动态调整卸载的比例。但是在多无线接入网边缘计算中，服务器与终端设备通过无线链路通信，其通信速率会受到竞争用户、环境噪声等因素的影响，时变性变大，这导致设备使用部分卸载的计算难度提升。并且有些设备存在某一时刻无法同时连接多个网络进行数据传输的情况。另外，有些任务由于其内在的独特特性而无法被分割成多个子任务，或者分割后的子任务关联性极强，即某些子任务需要其他子任务的计算结果才可继续处理，例如计算密集型任务可能由于分割而使计算结果不准确。上述原因会导致部分卸载的难度变大或者无法使用部分卸载策略。与此同时，网络异构性、负载均衡和通信资源计费不同都会导致两种卸载方式均需要先考虑网络的拥塞情况、边缘服务器的负载情况及计费成本再去制定卸载策略。

6.2　网络架构

多无线接入网中边缘计算网络架构复杂多变，本节介绍常见的网络架构。在不同场景下，多无线接入网中边缘计算网络架构不同，根据不同场景下边缘计算资源是否充足、网络节点是否配备边缘节点，以及无线接入网覆盖范围差距，网络架构可分为各接入网拥有独立边缘资源、所有接入网共享边缘资源和仅部分接入网拥有边缘资源 3 种类型。本节的多接入网以常见的蜂窝+Wi-Fi 接入网作为代表，在此基础上介绍上述 3 种常见网络架构。

6.2.1　各接入网拥有独立边缘资源网络架构

该网络架构适合于边缘资源充足、接入网点地理位置分布分散且接入网点都配备边缘服务器的场景。因为边缘资源充足，所以每个接入网点都可以配备边缘服务器，且接入网点在该区域分布分散，不适合将所有接入网点连接到同一个边缘服务器。因此采用多无线接入网连接多边缘服务器的网络架构。

各接入网拥有独立边缘计算资源网络架构如图 6-1 所示。本小节考虑了蜂窝+Wi-Fi 接入网的MEC 网络，其中 Wi-Fi 接入网点和蜂窝基站各自配备了一个边缘服务器，所有的用户都在 Wi-Fi和蜂窝网络的重叠覆盖范围内，每个边缘服务器都连接到云服务器，且每个设备都有计算能力，任务可以选择在本地执行。任务卸载方案有 5 种，分别是任务通过 Wi-Fi 传输到边缘服务器处理、任务通过蜂窝网络传输到边缘服务器处理、任务通过 Wi-Fi 网络传输然后卸载到云服务器、任务通过蜂窝网络然后传输卸载到云服务器和任务本地卸载。

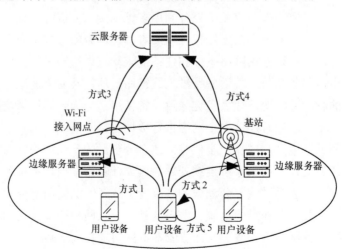

图6-1　各接入网拥有独立边缘资源网络架构

在此架构中,不仅需要考虑通信资源分配实现接入网网络的负载均衡,还要考虑计算资源分配以实现边缘服务器的负载均衡。

6.2.2 所有接入网共享边缘资源网络架构

该网络架构适合于边缘接入网点分布集中的场景。因为接入网点分布集中,所以将接入网点连接同一边缘服务器是更加经济实用的网络架构。

该网络架构如图 6-2 所示,本小节考虑了蜂窝+Wi-Fi 接入网的 MEC 网络,其中 Wi-Fi 接入网点和蜂窝基站配备同一个边缘服务器,所有的用户都在 Wi-Fi 和蜂窝网络的重叠覆盖范围内。边缘服务器连接到云服务器,且每个设备都有计算能力,任务可以选择在本地执行。任务卸载方案有 5 种。

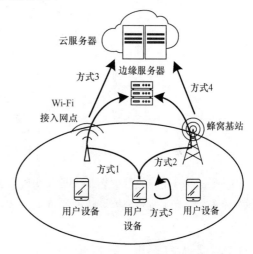

图6-2　所有接入网共享边缘资源网络架构

此架构中只有一个边缘服务器,所以无法实现边缘服务器之间的负载均衡,只能将任务卸载到云服务器来减轻边缘服务器的负担。

6.2.3 仅部分接入网拥有边缘资源网络架构

该网络架构适用于接入网点分布分散、边缘资源不足且边缘服务器没有连接云服务器的场景。因为接入网点分散且边缘资源不足,所以无法为所有接入网点配备边缘服务器,一些接入网覆盖范围大,接入用户数量多,需要的计算资源较多,则将该接入网点与云服务器连接,覆盖范围小的接入网需要的计算资源较少,可为该接入网点配备边缘服务器。

仅部分接入网拥有边缘资源网络结构如图 6-3 所示,本小节考虑了蜂窝+Wi-Fi 接入网的 MEC 网络,其中 Wi-Fi 接入网点配备了边缘服务器,蜂窝基站没有配备边缘服务器而直接连接到云服务器。所有的用户都在 Wi-Fi 和蜂窝网络的重叠覆盖范围内。边缘服务器没有连接到云服务器,且每个设备也有计算能力,任务可以选择在本地执行。任务卸载方案有 3 种,分别是任务通过 Wi-Fi 传输到边缘服务器处理、任务通过蜂窝网络传输到云服务器处理和任务本地卸载。

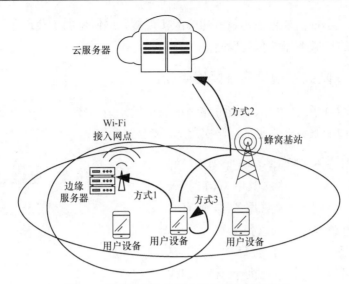

图6-3　仅部分接入网拥有边缘资源网络架构

此架构无法实现边缘服务器之间的负载均衡，且如果需要将重叠覆盖范围内的任务传输到云服务器以减轻边缘服务器负担，还需考虑蜂窝网络的拥塞状况。

6.3　系统模型

传统的云边端边缘计算架构中，终端设备与边缘服务器之间一般通过单一接入网（如蜂窝网络）通信，在海量任务数据同时传输时，此通信过程通常存在着网络拥塞的问题。为了解决这一问题，边缘计算需要充分利用多网络共存环境中的网络资源。多无线接入网中的边缘计算通过将多种无线技术整合到边缘计算当中，充分利用了多网络共存环境中的网络资源丰富的特点，有效缓解了网络拥塞问题。在此模型架构下，由于多无线接入网的传输模式不同，需要根据不同接入网的特点建立不同的通信模型。同时，多无线接入网共同传输终端任务会为任务卸载和资源分配带来更多的选择方式。充分挖掘蜂窝+Wi-Fi 接入网环境中任务卸载和资源分配方案是本系统模型的关键。

6.3.1　定义

6.3.1.1　主要参数定义

1）云服务器（Cloud Server，CS）。定义云服务器的总计算资源为 F^{cloud}，总存储容量无限。云服务器连接了所有的边缘服务器，并且云服务器上拥有所有类型的服务和内容缓存，可以处理由边缘服务器转发的所有服务请求。

2）边缘服务器（Edge Server，ES）。定义在不同网络架构中共有两个边缘服务器，BS 配备的边缘服务器简称为 ESB，其总计算资源为 F^{esb}，Wi-Fi AP 配备的边缘服务器简称为 ESA，其总计算资源为 F^{esa}。BS 和 Wi-Fi AP 分别用于接收来自蜂窝和 Wi-Fi 接入网传输的用户任务数据并转发到边缘服务器。并且由于边缘服务器计算资源的限制，可以将无法处理的任务转发到云服务器上。

3）终端。定义终端设备自身有计算能力 F_n^{local}，终端一定被 BS 蜂窝网络覆盖，可能被 Wi-Fi 同时覆盖。在本节不同的模型中，终端可能是部分卸载的卸载方式，也可能是完全卸载的卸载方式。所以在一个时隙内，终端可能与多个接入网连接并传输数据，也可能只与一个接入网连接。

4）终端任务。假定在一个时隙内，有 N 个终端任务同时生成，终端任务集合可表示为 $\mathcal{N} = \{1, 2, \cdots, N\}$。终端任务数据大小为 d_n，计算量大小为 c_n。

5）接入网。本节主要有两种接入网形式，分别是蜂窝网络和 Wi-Fi 网络。蜂窝网络和 Wi-Fi 网络可以连接边缘服务器或者将任务转发到云服务器。

6.3.1.2　网络架构定义

不同应用场景对应的模型网络架构不同，本小节选择典型网络架构（各接入网拥有独立边缘资源网络架构）作为下文各模型的网络架构。本小节使用的网络架构如图 6-1 所示。

6.3.1.3　性能评估指标定义

1）任务处理时延。任务处理时延直接影响用户的使用体验，关系到服务质量，尤其是对时延敏感性任务必须保证低时延要求，以保证任务正常处理。所以对任务处理时延的优化是多网络共存环境中边缘计算的一大重点。

任务处理时延通常包括数据传输时延和任务计算时延两种。评估任务处理时延即评估数据传输时延和任务计算时延的总时延。

2）终端能耗。在边缘计算中，能耗也是用户重视的一大指标，尤其对于移动设备更有必要进行能耗优化，以延长终端设备的电池寿命、降低能源成本、提高用户的使用体验。

任务处理过程中所产生的能耗主要由计算能耗与通信能耗组成。评估终端能耗即评估计算能耗与通信能耗的加权和。

3）用户经济开销。在多网络共存环境中的边缘计算下，用户经济开销直接影响用户的任务卸载方式。

在本章中，用户经济开销仅考虑对接入网的使用开销，即使用该接入网传输数据所需花费的成本。

6.3.2　多接入网通信传输技术

本小节根据不同接入网的特性对通信传输速率和通信成本建立典型的数学模型，具体建模如下。

6.3.2.1　蜂窝网络

1）传输速率。本章假设蜂窝系统的无线接入技术基于正交频分多址（Orthogonal Frequency Division Multiple Access，OFDMA）。因此，如果任务 n 在蜂窝网络上传输，蜂窝接入网传输速率由香农公式表示：

$$r_n^c = B\log\left(1 + \text{SINR}\right)$$

在不同通信场景下信噪比（ SINR ）表达方式不同。本章考虑噪声仅为白噪声的通信场景（其他通信场景下信噪比的表达式可见第 4 章）：

$$r_n^c = B\log\left(1 + \frac{p_n^c H_n}{\sigma^2}\right)$$

其中 B 是蜂窝接入网的信道带宽，p_n^c 是用户的任务 n 使用蜂窝接入网传输时的发射功率，H_n 是用户任务 n 的信道增益，σ^2 是白噪声功率。

2）计费成本。在不同场景下，用户使用蜂窝接入网的计费成本不同。本章使用典型的计费成本模型，设蜂窝网络传输每比特任务数据收取的费用是 φ^c。

6.3.2.2　Wi-Fi 网络

1）传输速率。Wi-Fi 网络基于 CSMA/CA （Carrier Sense Multiple Access with Collision Avoidance）机制传输数据，用户通过竞争 Wi-Fi 信道（感知可用信道、随机回退等）传输数据。因此，通过 Wi-Fi 网络传输的用户数量越多，每个用户的数据传输机会就越小，传输速率就越慢；反之亦然。设通过 Wi-Fi 网络传输用户数为 Λ，使用典型 Wi-Fi 传输模型，可以表示 Wi-Fi 网络的系统吞吐量：

$$R^w = \frac{P^t P^s \overline{d}}{\left(1 - P^t\right)\xi + P^t P^s T^s + P^t \left(1 - P^s\right)T^c}$$

其中 $\overline{d}$ 是 Wi-Fi 接入网传输的所有任务平均数据大小，ξ 是一个时隙的持续时间，T^s 是

Wi-Fi 信道由于传输任务而处于繁忙状态的平均时间，T^c 是信道由于冲突而占线的平均时间，$P^t = 1 - (1-\zeta)\Lambda$，表示在该时隙中至少有一个用户任务在 Wi-Fi 信道传输的概率，ζ 表示每个用户的传输概率。$P^s = \Lambda\zeta(1-\zeta)^{\Lambda-1}/P^t$。

长期来看，Wi-Fi 网络为所有用户提供了平等的通道接入机会。因此如果用户通过 Wi-Fi 网络传输子任务，则任务 n 的 Wi-Fi 传输速率为：

$$r_n^w = \frac{R^w}{\Lambda}$$

2）计费成本。在不同场景下，用户使用 Wi-Fi 接入网的计费成本不同。本章使用典型的计费成本模型，设 Wi-Fi 接入网传输每比特任务数据收取的费用是 φ^w，在一些场景中使用 Wi-Fi 接入网是免费的，但是为了模型的完整性，本章依然考虑此费用。

6.3.3　任务完全卸载

此模型适用于任务不可被分割为多个子任务或终端不可同时与多接入网连接并传输数据的场景[3,4]。

6.3.3.1　建模

1）任务定义模型。终端任务基础属性按照 6.3.1.1 小节终端任务定义，在本模型中，用一个向量组表示任务卸载选择，$\mathcal{O}_n = \{\alpha_n, \beta_n, \gamma_n, \delta_n\}$，$\mathcal{O}_n$ 的具体解释如下。

a. $\alpha_n = 1$ 或 0，表示任务是否传输到 ESA，如果 $\alpha_n \neq 0$ 则任务 n 传输到了 ESA，并在 ESA 上计算处理。

b. $\beta_n = 1$ 或 0，表示任务是否传输到 ESB，如果 $\beta_n \neq 0$ 则任务 n 传输到了 ESB，并在 ESB 上计算处理。

c. $\gamma_n = 1$ 或 0，表示任务是否通过 Wi-Fi 网络传输卸载到 CS，如果 $\gamma_n \neq 0$ 则任务 n 传输到了 CS，并在 CS 上计算处理。

d. $\delta_n = 1$ 或 0，表示任务是否通过蜂窝网络传输卸载到 CS，如果 $\delta_n \neq 0$ 则任务 n 传输到了 CS，并在 CS 上计算处理。

e. $1 - \alpha_n - \beta_n - \gamma_n - \delta_n = 1$ 或 0，表示任务是否卸载到终端，如果 $1 - \alpha_n - \beta_n - \gamma_n - \delta_n \neq 0$ 则任务 n 将在本地进行计算处理。

因为任务只有这 5 种卸载方式，所以这里存在约束：

$$\alpha_n, \beta_n, \gamma_n, \delta_n \in [0,1], n \in \mathcal{N}$$

$$\alpha_n + \beta_n + \gamma_n + \delta_n \in [0,1], n \in \mathcal{N}$$

2）任务计算模型。根据 5 种任务处理方式，任务 n 可以在 4 个计算节点（终端 n、ESA、ESB 和 CS）上计算。它们的任务计算模型如下。

a. 终端节点上的任务计算。根据前文可知，终端 n 的最大计算资源为 F_n^{local}，其中终端 n 分配给任务 n 的计算资源为 f_n^{local}，终端 n 处理任务的计算量为 $(1 - \alpha_n - \beta_n - \gamma_n - \delta_n)c_n$。因此在终端 n 上的计算时延为：

$$t_n^{\text{local}} = \frac{(1 - \alpha_n - \beta_n - \gamma_n - \delta_n)c_n}{f_n^{\text{local}}}$$

f_n^{local} 一定不能超过最大计算资源 F_n^{local}，所以约束：

$$f_n^{\text{local}} \in \left[0, F_n^{\text{local}}\right], n \in \mathcal{N}$$

本书设 κ_n 为表示终端 n 有效开关电容的能耗因子，因此计算此任务的能耗为：

$$e_n^{\text{local}} = (1 - \alpha_n - \beta_n - \gamma_n - \delta_n)c_n \kappa_n \left(f_n^{\text{local}}\right)^2$$

b. ESA 上的任务计算。根据前文可知，ESA 的总计算资源为 F^{esa}，为了计算卸载到 ESA 的任务 n，ESA 将从其总计算资源中分配 f_n^{esa} 的计算资源，并且 f_n^{esa} 一定不能超过总计算资源 F^{esa}，所以约束：

$$f_n^{\text{esa}} \in \left[0, F^{\text{esa}}\right], n \in \mathcal{N}$$

从所有用户终端卸载到 ESA 的任务分配的所有计算资源不能超过总计算资源 F^{esa}，所以约束：

$$\sum_{n \in \mathcal{N}} f_n^{\text{esa}} \leqslant F^{\text{esa}}$$

$\alpha_n c_n$ 为从终端 n 卸载到 ESA 的任务计算量，因此这一部分计算时延表示为：

$$t_n^{\text{esa}} = \frac{\alpha_n c_n}{f_n^{\text{esa}}}$$

c. ESB 上的任务计算。根据前文可知，ESB 的总计算资源为 F^{esb}，为了计算卸载到 ESB 的任务 n，ESB 将从其总计算资源中分配 f_n^{esb} 的计算资源，并且 f_n^{esb} 一定不能超过总计算

资源 F^{esb} ，所以约束：

$$f_n^{\mathrm{esb}} \in \left[0, F^{\mathrm{esb}}\right], n \in \mathcal{N}$$

从所有用户终端卸载到 ESB 的任务分配的所有计算资源不能超过总计算资源 F^{esb} ，所以约束：

$$\sum_{n \in \mathcal{N}} f_n^{\mathrm{esb}} \leqslant F^{\mathrm{esb}}$$

$\beta_n c_n$ 为从终端 n 卸载到 ESB 的任务计算量，因此这一部分计算时延表示为：

$$t_n^{\mathrm{esb}} = \frac{\beta_n c_n}{f_n^{\mathrm{esb}}}$$

d. CS 上的任务计算。对于任务 n 卸载到 CS 上，有两种计算情况：第一种是任务通过 Wi-Fi 网络卸载到 CS，计算量为 $\gamma_n c_n$ ；另一种情况是任务通过蜂窝网络卸载到 CS 上，计算量为 $\delta_n c_n$ 。根据前文可知，CS 的总计算资源为 F^{cloud} ，CS 分别为两种计算情况对应的任务分配了计算资源 f_n^{ac} 和 f_n^{bc} 。与前文一样， f_n^{ac} 和 f_n^{bc} 分别满足约束：

$$f_n^{\mathrm{ac}} \in \left[0, F^{\mathrm{cloud}}\right], n \in \mathcal{N}$$

$$f_n^{\mathrm{bc}} \in \left[0, F^{\mathrm{cloud}}\right], n \in \mathcal{N}$$

$$\sum_{n \in \mathcal{N}} f_n^{\mathrm{ac}} + f_n^{\mathrm{bc}} \leqslant F^{\mathrm{cloud}}$$

对于上述两种情况的任务，对应的计算时延为：

$$t_n^{\mathrm{ac}} = \frac{\gamma_n c_n}{f_n^{\mathrm{ac}}}$$

$$t_n^{\mathrm{bc}} = \frac{\delta_n c_n}{f_n^{\mathrm{bc}}}$$

3）任务传输模型。当任务 n 卸载到 ESA、ESB 或 CS 时，任务的传输将经历某种情况，分别是终端到 Wi-Fi AP 的传输、终端到蜂窝 BS 的传输、终端到 Wi-Fi AP 到 CS 的传输和终端到蜂窝 BS 到 CS 的传输。接下来对这 4 种情况下的任务传输模型进行介绍。

a. 终端到 Wi-Fi AP 的传输。对于任务 n 被卸载到 ESA，有 $\alpha_n d_n$ 的任务数据被传输到 Wi-Fi AP。如前所述， α_n 和 γ_n 分别表示任务 n 是否通过 Wi-Fi 网络卸载到 ESA 和 CS。因此，如果 $\alpha_n + \gamma_n > 0$ ，则任务 n 将通过 Wi-Fi 网络传输，否则 $\alpha_n + \gamma_n = 0$ 。因此定义：

$$\lambda_n = \begin{cases} 1, \alpha_n + \gamma_n > 0 \\ 0, \alpha_n + \gamma_n = 0 \end{cases}$$

因此，Wi-Fi 网络传输用户数 Λ 为：

$$\Lambda = \sum_{n \in \mathcal{N}} \lambda_n$$

根据 6.3.2.2 小节对 Wi-Fi 网络传输速率建模为 r_n^{w}，此过程传输时延可表示为：

$$t_n^{\mathrm{u2a}} = \frac{\alpha_n d_n}{r_n^{\mathrm{w}}}$$

设 P_n^{w} 为任务 n 的任务发射功率，则可以得到此过程传输该任务的能耗：

$$e_n^{\mathrm{u2a}} = P_n^{\mathrm{w}} t_n^{\mathrm{u2a}}$$

根据 6.3.2.2 小节对 Wi-Fi 网络传输每比特任务数据收取的费用建模为 φ^{w}，可以得到此过程传输该任务的用户开销为：

$$\Phi_n^{\mathrm{u2a}} = \varphi^{\mathrm{w}} \alpha_n d_n$$

b. 终端到蜂窝 BS 的传输。对于任务 n 被卸载到 ESB，则有 $\beta_n d_n$ 的任务数据被传输到蜂窝 BS 配备的边缘服务器。根据 6.3.2.1 节对蜂窝网络传输速率建模为 r_n^{c}，此过程传输时延可表示为：

$$t_n^{\mathrm{u2b}} = \frac{\beta_n d_n}{r_n^{\mathrm{c}}}$$

r_n^{c} 中的 p_n^{c} 变量不能超过终端的最大蜂窝发射功率 P_n，即

$$p_n^{\mathrm{c}} \in \left[0, P_n\right], n \in \mathcal{N}$$

与前文相似，此过程传输能耗为：

$$e_n^{\mathrm{u2b}} = p_n^{\mathrm{c}} t_n^{\mathrm{u2b}}$$

根据 6.3.2.1 小节对蜂窝网络传输每比特任务数据收取的费用建模为 φ^{c}，可以得到此过程传输该任务的用户开销为：

$$\Phi_n^{\mathrm{u2b}} = \varphi^{\mathrm{c}} \beta_n d_n$$

c. 终端到 Wi-Fi AP 到 CS 的传输。任务 n 通过 Wi-Fi 被卸载到 CS，有 $\gamma_n d_n$ 的任务数

据传输到 Wi-Fi AP 再向 CS 传输。与前文类似，任务数据传输到 Wi-Fi AP 过程的时延为 $\gamma_n d_n / r_n^{\mathrm{w}}$，设从 AP 到 CS 的端到端传输通过有线链路连接，其传输速率为 v^{a2c}，因此，从 AP 到 CS 的传输时延为 $\gamma_n d_n v^{\mathrm{a2c}}$，结合这两阶段的传输时延可得，终端到 Wi-Fi AP 到 CS 的传输时延为：

$$t_n^{\mathrm{u2a2c}} = \frac{\gamma_n d_n}{r_n^{\mathrm{w}}} + \gamma_n d_n v^{\mathrm{a2c}}$$

同理，此过程能耗为：

$$e_n^{\mathrm{u2a2c}} = p_n^{\mathrm{w}} \frac{\gamma_n d_n}{r_n^{\mathrm{w}}}$$

同理，此过程用户开销为：

$$\Phi_n^{\mathrm{u2a2c}} = \varphi^{\mathrm{w}} \gamma_n d_n$$

d. 终端到蜂窝 BS 到 CS 的传输。任务 n 通过蜂窝网络被卸载到 CS，有 $\delta_n d_n$ 的任务数据传输到蜂窝 BS 再向 CS 传输。与前文类似，任务数据传输到蜂窝 BS 过程的时延为 $\delta_n d_n / r_n^{\mathrm{b2c}}\left(p_n^{\mathrm{b2c}}\right)$，式中 p_n^{b2c} 为此过程任务卸载时的蜂窝发射功率，$r_n^{\mathrm{b2c}}\left(p_n^{\mathrm{b2c}}\right)$ 表示是关于 p_n^{b2c} 的函数，是此过程中第一阶段的蜂窝传输速率，r_n^{b2c} 也由 6.3.2.1 小节传输速率建模计算得到。设从蜂窝 BS 到 CS 的端到端传输通过有线链路连接，其传输速率为 v^{b2c}，因此，从 BS 到 CS 的传输时延为 $\delta_n d_n v^{\mathrm{b2c}}$，结合这两阶段的传输时延可得，终端到 BS 到 CS 的传输时延为：

$$t_n^{\mathrm{u2b2c}} = \frac{\delta_n d_n}{r_n^{\mathrm{b2c}}} + \delta_n d_n v^{\mathrm{b2c}}$$

并且 $p_n^{\mathrm{c\_b2c}}$ 需要满足约束：

$$p_n^{\mathrm{c\_b2c}} \in \left[0, P_n\right], n \in \mathcal{N}$$

同理，此过程能耗为：

$$e_n^{\mathrm{u2b2c}} = p_n^{\mathrm{c\_b2c}} \frac{\delta_n d_n}{r_n^{\mathrm{c\_b2c}}}$$

同理，此过程用户开销为：

$$\Phi_n^{\mathrm{u2b2c}} = \varphi^{\mathrm{c}} \delta_n d_n$$

4）任务处理时延、能耗和用户开销模型。可根据前文总结出任务处理总时延、总能耗和总用户开销。下面讨论 5 种卸载模式下的总时延、总能耗和总用户开销。

a. 任务 n 完全卸载到 ESA。在这种卸载模式下，任务 n 全部的任务数据被传输到 ESA，并在 ESA 上计算处理，所以总时延为传输时延与计算时延之和：

$$t_n^{(1)} = t_n^{\mathrm{u2a}} + t_n^{\mathrm{esa}}$$

终端能耗和用户开销仅在传输过程中产生，即

$$e_n^{(1)} = e_n^{\mathrm{u2a}}$$

$$\Phi_n^{(1)} = \Phi_n^{\mathrm{u2a}}$$

b. 任务 n 完全卸载到 ESB。在这种卸载模式下，任务 n 全部的任务数据被传输到 ESB，并在 ESB 上计算处理，所以总时延为传输时延与计算时延之和：

$$t_n^{(2)} = t_n^{\mathrm{u2b}} + t_n^{\mathrm{esb}}$$

终端能耗和用户开销仅在传输过程中产生，即

$$e_n^{(2)} = e_n^{\mathrm{u2b}}$$

$$\Phi_n^{(2)} = \Phi_n^{\mathrm{u2b}}$$

c. 任务 n 通过 Wi-Fi 网络完全卸载到 CS。在这种卸载模式下，任务 n 全部的任务数据被传输到 CS，并在 CS 上计算处理，所以总时延为传输时延与计算时延之和：

$$t_n^{(3)} = t_n^{\mathrm{u2a2c}} + t_n^{\mathrm{ac}}$$

终端能耗和用户开销仅仅在传输过程中产生，即

$$e_n^{(3)} = e_n^{\mathrm{u2a2c}}$$

$$\Phi_n^{(3)} = \Phi_n^{\mathrm{u2a2c}}$$

d. 任务 n 通过蜂窝网络完全卸载到 CS。在这种卸载模式下，任务 n 全部的任务数据被传输到 CS，并在 CS 上计算处理，所以总时延为传输时延与计算时延之和：

$$t_n^{(3)} = t_n^{\mathrm{u2b2c}} + t_n^{\mathrm{bc}}$$

终端能耗和用户开销仅在传输过程中产生，即

$$e_n^{(4)} = e_n^{\mathrm{u2b2c}}$$

$$\Phi_n^{(4)} = \Phi_n^{\mathrm{u2b2c}}$$

e. 任务 n 在本地计算。在这种卸载模式下，任务 n 全部计算量的任务在本地计算，所以总时延仅为计算时延：

$$t_n^{(5)} = t_n^{\mathrm{local}}$$

终端能耗在计算时产生：

$$e_n^{(5)} = e_n^{\mathrm{local}}$$

因为在此阶段用户没有传输数据，所以没有产生开销。

综上所述，任务 n 都是在本地处理或同时卸载到计算节点上，因此任务 n 的总任务处理时延、任务的能耗和开销分别为所有时延之和、所有能耗之和及所有开销之和，它们可以表示为：

$$t_n = t_n^{(1)} + t_n^{(2)} + t_n^{(3)} + t_n^{(4)} + t_n^{(5)}$$

$$e_n = e_n^{(1)} + e_n^{(2)} + e_n^{(3)} + e_n^{(4)} + e_n^{(5)}$$

$$\Phi_n = \Phi_n^{(1)} + \Phi_n^{(2)} + \Phi_n^{(3)} + \Phi_n^{(4)}$$

6.3.3.2 优化问题

本模型的优化目标是最小化所有用户的任务处理成本。任务处理成本定义为任务处理时延、任务处理能耗和用户开销 3 者的加权和。

$$u_n = t_n + \eta_n e_n + \mu_n \Phi_n$$

其中 η_n 和 μ_n 分别是任务处理能耗和用户开销的权重值。

所以本模型将优化问题表述为：

$$\underset{\mathcal{O},\ \mathcal{F}^{\mathrm{esa}},\ \mathcal{F}^{\mathrm{esb}},\ \mathcal{F}^{\mathrm{ac}},\ \mathcal{F}^{\mathrm{bc}},\ \mathcal{F}^{\mathrm{local}},\ \mathcal{P}}{\mathrm{minimize}} \sum_{n \in \mathcal{N}} u_n$$

subject to

C1： $\alpha_n, \beta_n, \gamma_n, \delta_n \in [0,1]$ $\qquad\qquad \forall n \in \mathcal{N}$

C2： $\alpha_n + \beta_n + \gamma_n + \delta_n \in [0,1]$ $\qquad\qquad \forall n \in \mathcal{N}$

C3：$f_n^{\text{local}} \in \left[0, F_n^{\text{local}}\right]$ $\qquad\qquad\qquad\qquad$ $\forall n \in \mathcal{N}$

C4：$f_n^{\text{esa}} \in \left[0, F^{\text{esa}}\right]$ $\qquad\qquad\qquad\qquad$ $\forall n \in \mathcal{N}$

C5：$\sum_{n \in \mathcal{N}} f_n^{\text{esa}} \leqslant F^{\text{esa}}$

C6：$f_n^{\text{esb}} \in \left[0, F^{\text{esb}}\right]$ $\qquad\qquad\qquad\qquad$ $\forall n \in \mathcal{N}$

C7：$\sum_{n \in \mathcal{N}} f_n^{\text{esb}} \leqslant F^{\text{esb}}$

C8：$f_n^{\text{ac}} \in \left[0, F^{\text{cloud}}\right]$ $\qquad\qquad\qquad\qquad$ $\forall n \in \mathcal{N}$

C9：$f_n^{\text{bc}} \in \left[0, F^{\text{cloud}}\right]$ $\qquad\qquad\qquad\qquad$ $\forall n \in \mathcal{N}$

C10：$\sum_{n \in \mathcal{N}} f_n^{\text{ac}} + f_n^{\text{bc}} \leqslant F^{\text{cloud}}$

C11：$p_n^{\text{c}} \in \left[0, P_n\right]$ $\qquad\qquad\qquad\qquad$ $\forall n \in \mathcal{N}$

C12：$p_n^{\text{b2c}} \in \left[0, P_n\right]$ $\qquad\qquad\qquad\qquad$ $\forall n \in \mathcal{N}$

其中约束 C1～C12 在前文已经说明，优化变量分别为 $\mathcal{O} = \{\mathcal{O}_n\}_{n \in \mathcal{N}}$，$\mathcal{F}^{\text{esa}} = \left\{f_n^{\text{esa}}\right\}_{n \in \mathcal{N}}$，$\mathcal{F}^{\text{esb}} = \left\{f_n^{\text{esb}}\right\}_{n \in \mathcal{N}}$，$\mathcal{F}^{\text{ac}} = \left\{f_n^{\text{ac}}\right\}_{n \in \mathcal{N}}$，$\mathcal{F}^{\text{bc}} = \left\{f_n^{\text{bc}}\right\}_{n \in \mathcal{N}}$，$\mathcal{F}^{\text{local}} = \left\{f_n^{\text{local}}\right\}_{n \in \mathcal{N}}$，$\mathcal{P} = \left\{p_n, p_n^{\text{bc}}\right\}_{n \in \mathcal{N}}$。

6.3.4　任务部分卸载

此模型适用于任务可以被分割为多个子任务且终端可以同时与多接入网连接并传输数据的场景[5,6]。

6.3.4.1　建模

（1）任务分割

部分卸载需要将任务分割为多个子任务，然后将任务同时卸载到多个计算节点（终端、边缘服务器和云服务器）。终端任务基础属性按照 6.3.1.1 小节终端任务定义，在本模型部分卸载中，用一个向量组表示任务部分卸载比例，$\mathcal{O}_n = \{\alpha_n, \beta_n, \gamma_n, \delta_n\}$，具体解释如下。

$\alpha_n \in [0,1], n \in \mathcal{N}$，$\alpha_n$ 是任务传输到 Wi-Fi AP 配备的 ESA 的卸载比例，如果 $\alpha_n \neq 0$ 则任务 n 的部分子任务传输到了 ESA，并在 ESA 上计算处理。

$\beta_n \in [0,1], n \in \mathcal{N}$，$\beta_n$ 是任务传输到蜂窝 BS 配备的 ESB 的卸载比例，如果 $\beta_n \neq 0$ 则任务 n 的部分子任务传输到了 ESB，并在 ESB 上计算处理。

$\gamma_n \in [0,1], n \in \mathcal{N}$，$\gamma_n$ 是任务通过 Wi-Fi 网络传输卸载到 CS 的卸载比例，如果 $\gamma_n \neq 0$ 则任务 n 的部分子任务传输到了 CS，并在 CS 上计算处理。

$\delta_n \in [0,1], n \in \mathcal{N}$，$\delta_n$ 是任务通过蜂窝网络传输卸载到 CS 的卸载比例，如果 $\delta_n \neq 0$ 则任务 n 的部分子任务传输到了 CS，并在 CS 上计算处理。

$1 - \alpha_n - \beta_n - \gamma_n - \delta_n \in [0,1], n \in \mathcal{N}$ 是任务卸载到终端的卸载比例，如果 $1 - \alpha_n - \beta_n - \gamma_n - \delta_n \neq 0$ 则任务 n 的部分子任务将在本地进行计算处理。

综上所述，任务 n 的任务处理有以上 5 种方式。一个任务最多可以分割成 5 个子任务，因此，还有另一个约束 $\alpha_n + \beta_n + \gamma_n + \delta_n \in [0,1], n \in \mathcal{N}$。

（2）计算模型

根据 5 种任务处理方式，任务 n 的一个子任务可以在 4 个计算节点（终端 n、ESA、ESB 和 CS）上计算。接下来给出它们的任务计算模型。

1）终端节点上的任务计算。根据前文可知，终端 n 的最大计算资源为 F_n^{local}，其中终端 n 分配给子任务的计算资源为 f_n^{local}，终端 n 处理子任务的计算量为 $(1 - \alpha_n - \beta_n - \gamma_n - \delta_n)c_n$。因此在终端 n 上的计算时延为：

$$t_n^{\text{local}} = \frac{(1 - \alpha_n - \beta_n - \gamma_n - \delta_n)c_n}{f_n^{\text{local}}}$$

f_n^{local} 一定不能超过最大计算资源 F_n^{local}，所以约束：

$$f_n^{\text{local}} \in [0, F_n^{\text{local}}], n \in \mathcal{N}$$

本书设 κ_n 为表示终端 n 有效开关电容的能耗因子，因此计算此部分子任务的能耗为：

$$e_n^{\text{local}} = (1 - \alpha_n - \beta_n - \gamma_n - \delta_n)c_n\kappa_n(f_n^{\text{local}})^2$$

2）ESA 上的任务计算。根据前文可知，ESA 的总计算资源为 F^{esa}，为了计算任务 n 卸载到 ESA 的子任务，ESA 将从其总计算资源中分配 f_n^{esa} 的计算资源，并且 f_n^{esa} 一定不能超过总计算资源 F^{esa}，所以约束：

$$f_n^{\text{esa}} \in [0, F^{\text{esa}}], n \in \mathcal{N}$$

从所有用户终端卸载到 ESA 的子任务分配的所有计算资源不能超过总计算资源 F^{esa}，所以约束

$$\sum_{n \in \mathcal{N}} f_n^{\mathrm{esa}} \leqslant F^{\mathrm{esa}}$$

其中 $\alpha_n c_n$ 为从终端 n 卸载到 ESA 的子任务计算量，因此这一部分计算时延表示为：

$$t_n^{\mathrm{esa}} = \frac{\alpha_n c_n}{f_n^{\mathrm{esa}}}$$

3）ESB 上的任务计算。根据前文可知，ESB 的总计算资源为 F^{esb}，为了计算任务 n 卸载到 ESB 的子任务，ESB 将从其总计算资源中分配 f_n^{esb} 的计算资源，并且 f_n^{esb} 一定不能超过总计算资源 F^{esb}，所以约束：

$$f_n^{\mathrm{esb}} \in \left[0, F^{\mathrm{esb}} \right], n \in \mathcal{N}$$

从所有用户终端卸载到 ESB 的子任务分配的所有计算资源不能超过总计算资源 F^{esb}，所以约束：

$$\sum_{n \in \mathcal{N}} f_n^{\mathrm{esb}} \leqslant F^{\mathrm{esb}}$$

因此这一部分计算时延表示为：

$$t_n^{\mathrm{esb}} = \frac{\beta_n c_n}{f_n^{\mathrm{esb}}}$$

其中 $\beta_n c_n$ 为从终端 n 卸载到 ESB 的子任务计算量。

4）CS 上的任务计算。对于任务 n 卸载到 CS 上的子任务，有两种计算情况：一种是子任务通过 Wi-Fi 网络卸载到 CS，计算量为 $\gamma_n c_n$；另一种是子任务通过蜂窝网络卸载到 CS，计算量为 $\delta_n c_n$。根据前文可知，CS 的总计算资源为 F^{cloud}，CS 分别为两种计算情况对应的子任务分配了 f_n^{ac} 和 f_n^{bc} 的计算资源。与前文一样，f_n^{ac} 和 f_n^{bc} 分别满足约束：

$$f_n^{\mathrm{ac}} \in \left[0, F^{\mathrm{cloud}} \right], n \in \mathcal{N}$$

$$f_n^{\mathrm{bc}} \in \left[0, F^{\mathrm{cloud}} \right], n \in \mathcal{N}$$

$$\sum_{n \in \mathcal{N}} f_n^{\mathrm{ac}} + f_n^{\mathrm{bc}} \leqslant F^{\mathrm{cloud}}$$

对于上述两种情况的子任务，对应的计算时延为：

$$t_n^{\mathrm{ac}} = \frac{\gamma_n c_n}{f_n^{\mathrm{ac}}}$$

$$t_n^{\mathrm{bc}} = \frac{\delta_n c_n}{f_n^{\mathrm{bc}}}$$

（3）任务传输模型

当任务 n 的子任务卸载到 ESA、ESB 或 CS 时，子任务的传输将经历下面一种或多种情况，分别是终端到 Wi-Fi AP 的传输、终端到蜂窝 BS 的传输、终端到 Wi-Fi AP 到 CS 的传输和终端到蜂窝 BS 到 CS 的传输。接下来对这 4 种情况下的任务传输模型进行介绍。

1）终端到 Wi-Fi AP 的传输。对于任务 n 的子任务被卸载到 ESA，则 $\alpha_n d_n$ 的任务数据被传输到 Wi-Fi AP。如前所述，α_n 和 γ_n 分别表示任务 n 通过 Wi-Fi 网络卸载到 ESA 和 CS 的比例。因此，如果 $\alpha_n + \gamma_n > 0$，则任务 n 将通过 Wi-Fi 网络传输，否则 $\alpha_n + \gamma_n = 0$。因此定义：

$$\lambda_n = \begin{cases} 1, \alpha_n + \gamma_n > 0 \\ 0, \alpha_n + \gamma_n = 0 \end{cases}$$

因此，Wi-Fi 网络传输用户数为 Λ 为：

$$\Lambda = \sum_{n \in \mathcal{N}} \lambda_n$$

根据 6.3.2.2 小节对 Wi-Fi 网络传输速率建模为 r_n^{w}，此过程传输时延可表示为：

$$t_n^{\mathrm{u2a}} = \frac{\alpha_n d_n}{r_n^{\mathrm{w}}}$$

设 P_n^{w} 为任务 n 的任务发射功率，则可以得到此过程传输该子任务的能耗为：

$$e_n^{\mathrm{u2a}} = P_n^{\mathrm{w}} t_n^{\mathrm{u2a}}$$

根据 6.3.2.2 小节对 Wi-Fi 网络传输每比特任务数据收取的费用建模为 φ^{w}，则可以得到此过程传输该子任务的用户开销为：

$$\Phi_n^{\mathrm{u2a}} = \varphi^{\mathrm{w}} \alpha_n d_n$$

2）终端到蜂窝 BS 的传输。对于任务 n 的子任务被卸载到 ESB，则 $\beta_n d_n$ 的任务数据被

229

传输到蜂窝 BS 配备的边缘服务器。根据 6.3.2.1 小节对蜂窝网络传输速率建模为 r_n^{c}，此过程传输时延可表示为：

$$t_n^{\mathrm{u2b}} = \frac{\beta_n d_n}{r_n^{\mathrm{c}}}$$

其中公式 r_n^{c} 中的 p_n^{c} 变量不能超过终端的最大蜂窝发射功率 P_n，即

$$p_n^{\mathrm{c}} \in [0, P_n], n \in \mathcal{N}$$

与前文相似，此过程传输能耗为：

$$e_n^{\mathrm{u2b}} = p_n^{\mathrm{c}} t_n^{\mathrm{u2b}}$$

根据 6.3.2.1 小节对蜂窝网络传输每比特任务数据收取的费用建模为 φ^{c}，则可以得到此过程传输该子任务的用户开销为：

$$\varPhi_n^{\mathrm{u2b}} = \varphi^{\mathrm{c}} \beta_n d_n$$

3）终端到 Wi-Fi AP 到 CS 的传输。对于任务 n 的子任务通过 Wi-Fi 被卸载到 CS，则 $\gamma_n d_n$ 的任务数据传输到 Wi-Fi AP 再向 CS 传输。与前文类似，任务数据传输到 Wi-Fi AP 过程的时延为 $\gamma_n d_n / r_n^{\mathrm{w}}$，设从 AP 到 CS 的端到端传输通过有线链路连接，其传输速率为 v^{a2c}（比特每秒），因此，从 AP 到 CS 的传输时延为 $\gamma_n d_n v^{\mathrm{a2c}}$，结合这两阶段的传输时延可得，终端到 Wi-Fi AP 到 CS 的传输时延为：

$$t_n^{\mathrm{u2a2c}} = \frac{\gamma_n d_n}{r_n^{\mathrm{w}}} + \gamma_n d_n v^{\mathrm{a2c}}$$

同理，此过程能耗为：

$$e_n^{\mathrm{u2a2c}} = p_n^{\mathrm{w}} \frac{\gamma_n d_n}{r_n^{\mathrm{w}}}$$

同理，此过程用户开销为：

$$\varPhi_n^{\mathrm{u2a2c}} = \varphi^{\mathrm{w}} \gamma_n d_n$$

4）终端到蜂窝 BS 到 CS 的传输。对于任务 n 的子任务通过蜂窝网络被卸载到 CS，则 $\delta_n d_n$ 的任务数据传输到蜂窝 BS 再向 CS 传输。与前文类似，任务数据传输到蜂窝 BS 过程的时延为 $\delta_n d_n / r_n^{\mathrm{b2c}}(p_n^{\mathrm{b2c}})$，式中 p_n^{b2c} 为此过程任务卸载时的蜂窝发射功率，$r_n^{\mathrm{b2c}}(p_n^{\mathrm{b2c}})$ 表示是关于 p_n^{b2c} 的函数，是此过程中第一阶段的蜂窝传输速率。r_n^{b2c} 也由 6.3.2.1 小节传输速率

建模计算得到。设从蜂窝 BS 到 CS 的端到端传输通过有线链路连接，其传输速率为 v^{b2c}（比特每秒），因此，从 BS 到 CS 的传输时延为 $\delta_n d_n v^{\text{b2c}}$，结合这两阶段的传输时延可得终端到 BS 到 CS 的传输时延为：

$$t_n^{\text{u2b2c}} = \frac{\delta_n d_n}{r_n^{\text{b2c}}} + \delta_n d_n v^{\text{b2c}}$$

并且 p_n^{b2c} 需要满足约束：

$$p_n^{\text{b2c}} \in [0, P_n], n \in \mathcal{N}$$

此过程能耗为：

$$e_n^{\text{u2b2c}} = p_n^{\text{b2c}} \frac{\delta_n d_n}{r_n^{\text{b2c}}}$$

此过程用户开销为：

$$\Phi_n^{\text{u2b2c}} = \varphi^{\text{c}} \delta_n d_n$$

（4）任务处理时延、能耗和用户开销模型

此子模型可根据前文总结出任务处理总时延、总能耗和总用户开销。下面讨论以下 5 种卸载模式下的任务处理时延、能耗和用户开销。

1）任务 n 部分卸载到 ESA。在这种卸载模式下，$\alpha_n d_n$ 的任务数据被传输到 ESA，并在 ESA 上计算处理，所以总时延为传输时延与计算时延之和：

$$t_n^{(1)} = t_n^{\text{u2a}} + t_n^{\text{esa}}$$

终端能耗和用户开销仅在传输过程中产生，即

$$e_n^{(1)} = e_n^{\text{u2a}}$$

$$\Phi_n^{(1)} = \Phi_n^{\text{u2a}}$$

2）任务 n 部分卸载到 ESB。在这种卸载模式下，$\beta_n d_n$ 的任务数据被传输到 ESB，并在 ESB 上计算处理，所以总时延为传输时延与计算时延之和：

$$t_n^{(2)} = t_n^{\text{u2b}} + t_n^{\text{esb}}$$

终端能耗和用户开销仅在传输过程中产生，即

$$e_n^{(2)} = e_n^{\mathrm{u2b}}$$

$$\Phi_n^{(2)} = \Phi_n^{\mathrm{u2b}}$$

3）任务 n 通过 Wi-Fi 网络部分卸载到 CS。在这种卸载模式下，$\gamma_n d_n$ 的任务数据被传输到 CS，并在 CS 上计算处理，所以总时延为传输时延与计算时延之和：

$$t_n^{(3)} = t_n^{\mathrm{u2a2c}} + t_n^{\mathrm{ac}}$$

终端能耗和用户开销仅仅在传输过程中产生，即

$$e_n^{(3)} = e_n^{\mathrm{u2a2c}}$$

$$\Phi_n^{(3)} = \Phi_n^{\mathrm{u2a2c}}$$

4）任务 n 通过蜂窝网络部分卸载到 CS。在这种卸载模式下，$\delta_n d_n$ 的任务数据被传输到 CS，并在 CS 上计算处理，所以总时延为传输时延与计算时延之和：

$$t_n^{(3)} = t_n^{\mathrm{u2b2c}} + t_n^{\mathrm{bc}}$$

终端能耗和用户开销仅在传输过程中产生，即

$$e_n^{(4)} = e_n^{\mathrm{u2b2c}}$$

$$\Phi_n^{(4)} = \Phi_n^{\mathrm{u2b2c}}$$

5）任务 n 在本地部分计算。在这种卸载模式下，$(1-\alpha_n-\beta_n-\gamma_n-\delta_n)c_n$ 计算量的任务在本地计算，所以总时延仅为计算时延：

$$t_n^{(5)} = t_n^{\mathrm{local}}$$

终端能耗在计算时产生：

$$e_n^{(5)} = e_n^{\mathrm{local}}$$

因为在此阶段用户没有传输数据，所以没有产生开销。

综上所述，任务 n 的所有子任务都在本地处理或同时卸载到计算节点上，因此任务 n 的总任务处理时延为上述 5 种情况中时延的最大值，可以表示为：

$$t_n = \max\left\{ t_n^{(1)}, t_n^{(2)}, t_n^{(3)}, t_n^{(4)}, t_n^{(5)} \right\}$$

而任务的能耗和开销分别为所有能耗之和与所有开销之和：

$$e_n = e_n^{(1)} + e_n^{(2)} + e_n^{(3)} + e_n^{(4)} + e_n^{(5)}$$

$$\Phi_n = \Phi_n^{(1)} + \Phi_n^{(2)} + \Phi_n^{(3)} + \Phi_n^{(4)}$$

6.3.4.2 优化问题

本模型的优化目标是最小化所有用户的任务处理成本，任务处理成本定义为任务处理时延、任务处理能耗和用户开销 3 者的加权和。

$$u_n = t_n + \eta_n e_n + \mu_n \Phi_n$$

其中 η_n 和 μ_n 分别是任务处理能耗和用户开销的权重值。

所以本模型将优化问题表述为：

$$\underset{\mathcal{O},\ \mathcal{F}^{\text{esa}},\ \mathcal{F}^{\text{esb}},\ \mathcal{F}^{\text{ac}},\ \mathcal{F}^{\text{bc}},\mathcal{F}^{\text{local}},\mathcal{P}}{\text{minimize}} \sum_{n \in \mathcal{N}} u_n$$

subject to

C1： $\alpha_n \in [0,1]$ $\qquad\qquad\qquad \forall n \in \mathcal{N}$

C2： $\beta_n \in [0,1]$ $\qquad\qquad\qquad \forall n \in \mathcal{N}$

C3： $\gamma_n \in [0,1]$ $\qquad\qquad\qquad \forall n \in \mathcal{N}$

C4： $\delta_n \in [0,1]$ $\qquad\qquad\qquad \forall n \in \mathcal{N}$

C5： $\alpha_n + \beta_n + \gamma_n + \delta_n \in [0,1]$ $\qquad \forall n \in \mathcal{N}$

C6： $f_n^{\text{local}} \in \left[0, F_n^{\text{local}}\right]$ $\qquad\qquad \forall n \in \mathcal{N}$

C7： $f_n^{\text{esa}} \in \left[0, F^{\text{esa}}\right]$ $\qquad\qquad \forall n \in \mathcal{N}$

C8： $\sum_{n \in \mathcal{N}} f_n^{\text{esa}} \leqslant F^{\text{esa}}$

C9： $f_n^{\text{esb}} \in \left[0, F^{\text{esb}}\right]$ $\qquad\qquad \forall n \in \mathcal{N}$

C10： $\sum_{n \in \mathcal{N}} f_n^{\text{esb}} \leqslant F^{\text{esb}}$

C11： $f_n^{\text{ac}} \in \left[0, F^{\text{cloud}}\right]$ $\qquad\qquad \forall n \in \mathcal{N}$

C12：　$f_n^{\text{bc}} \in \left[0, F^{\text{cloud}}\right]$　　　　　　　　　　$\forall n \in \mathcal{N}$

C13：　$\sum_{n \in \mathcal{N}} f_n^{\text{ac}} + f_n^{\text{bc}} \leqslant F^{\text{cloud}}$

C14：　$p_n^{\text{c}} \in \left[0, P_n\right]$　　　　　　　　　　　　$\forall n \in \mathcal{N}$

C15：　$p_n^{\text{b2c}} \in \left[0, P_n\right]$　　　　　　　　　　　$\forall n \in \mathcal{N}$

其中约束 C1～C15 在前文已经说明，优化变量分别为 $\mathcal{O} = \{\mathcal{O}_n\}_{n \in \mathcal{N}}$，$\mathcal{F}^{\text{esa}} = \{f_n^{\text{esa}}\}_{n \in \mathcal{N}}$，$\mathcal{F}^{\text{esb}} = \{f_n^{\text{esb}}\}_{n \in \mathcal{N}}$，$\mathcal{F}^{\text{ac}} = \{f_n^{\text{ac}}\}_{n \in \mathcal{N}}$，$\mathcal{F}^{\text{bc}} = \{f_n^{\text{bc}}\}_{n \in \mathcal{N}}$，$\mathcal{F}^{\text{local}} = \{f_n^{\text{local}}\}_{n \in \mathcal{N}}$，$\mathcal{P} = \{p_n, p_n^{\text{bc}}\}_{n \in \mathcal{N}}$。

6.4　研究工作

笔者在 IEEE Xplore 上检索与多无线接入网相关的论文，共计 753 篇，如表 6-1 所示。论文研究主要包括卸载策略和资源管理，其中卸载策略又可以分为任务部分卸载和任务完全卸载两类，下面将从这两个方面展开介绍相关的研究工作。

表 6-1　多无线接入网计算相关论文数量

年份/年	2018及以前	2019	2020	2021	2022	2023
数量/篇	89	91	136	131	131	175

6.4.1　关于任务部分卸载的研究

文献[7]：基于 5G 多路无线接入技术的部分卸载和多接入边缘计算资源分配，满足超可靠低时延通信和增强型移动宽带对服务质量的严格要求，提出了一种深度强化学习控制方案。在该方案中，优化主要分为用户设备端视角和服务端视角。对于用户端，每个用户通过调整资源参数（包括发射功率、本地频率和卸载比）来执行卸载决策，以最小化能耗为目标，做出最优的卸载决策。为了将用户卸载结果实现到深度强化学习的状态空间中，本文提出了一种任务窗口方法，同时为了增强传统的强化学习算法，将多重处理器强化学习等增强方案应用于深度强化学习系统。对于多接入边缘计算服务器端，尝试优化资源分配，以最大限度地提高系统效用，使用深度强化学习技术，根据多个终端的卸载请求动态调整服务器资源。该方案的目的是在最大限度地降低终端能耗的同时，最大限度地提高系统效用性能。此外，采用多智能体分布式学习技术和最佳经验推送技术提高深度强化学习框架的学习效率。与基准卸载方案相比，该方案具有更高的系统效用性能和能耗性能，支持 5G 服务质量的严格要求。

　　文献[8]：在车辆驾驶过程中，环境中收集的大量数据一般有两种处理途径，分别是车载处理和卸载到云上处理。但是车载处理会增加车辆成本，卸载到云上进行计算无法满足低时延需求。因此设计了一个边缘云协同空间，以处理自动驾驶汽车附近的数据，同时最大限度地降低处理时间。边缘云协同空间使用亲和传播，亲和传播是一种在无线接入网控制器中实现的无监督机器学习算法，根据边缘云的相似性和可用性将边缘云放入边缘云协同空间中。在自动驾驶汽车的应用场景中，结合无监督机器学习、无线多接入技术和开放无线接入网中的边缘计算技术，我们可以实现基于处理需求的计算任务卸载。此外，考虑到网络状态会随时间的变化而导致卸载时延的波动，提出了一种新的通信规划方法，使车辆能够预选可用的接入，如 Wi-Fi、4G LTE（Long Term Evolution，长期演进技术）或 5G，以便车辆在本地资源不足时将任务卸载到边缘云。同时基于阶段卸载制定了一个优化问题，该问题最大限度地减少了生成任务和接收计算输出所花费的时间。在这种卸载方法中，边缘云的协同空间保证了车辆的任务计算尽可能接近车辆。为了处理这些非凸问题，开发了一个代理问题，使用拉格朗日方法将代理问题转化为无约束优化问题，并应用对偶分解方法。最终经过模拟仿真，所提方法可以通过最小化处理时间来满足计算需求，并且计算资源的利用率、卸载和计算时延等参数均得到了显著的提升。

　　文献[9]：在支持多接入边缘计算的 Wi-Fi 增强型异构网络中，通过协同计算卸载获得性能提升。该网络不仅依赖于边缘/云服务器的计算能力，还依赖于设备侧有限的本地计算资源。更具体地说，该研究目标是设计一个支持双层多接入边缘计算的 Wi-Fi 增强型异构网络架构，利用移动设备和边缘服务器协同卸载计算任务，以实现更短的平均响应时间。对前传/回传以及边缘/云服务器进行精确建模，在设计方法中考虑通信和计算限制的关键方面，同时关注移动用户和边缘服务器及边缘服务器和远程云之间的决策卸载，提出了一种简单而高效的卸载策略。Wi-Fi 增强型异构网络因为用户移动性产生时变特性，需要利用不断调整移动设备本地计算能力的功能来确保提高用户体验质量。可以通过一种自组织框架设计方法，在给定其目标、功能和约束的情况下对移动用户进行自适应重新配置来实现用户体验质量的提升。应用动态电压频率缩放技术使其自适应地调整卸载概率和计算能力，在给定的能耗和时延约束下进行适当的能耗时延权衡，最小化平均执行时间和能量消耗。

　　文献[10]：一些现有的自适应任务卸载问题，一般认为智能设备任务是由单一的某种无线接入技术卸载的，忽略了智能设备之间的公平性。为了提高任务卸载效率，文献提出利用多重无线接入技术多样性来并行卸载智能设备任务。基于此，文献专注于网络的公平任务卸载和资源分配。多重无线接入技术融合被认为是提高 5G 及以后网络的网络吞吐量和服务可靠性的关键技术之一。在多无线接入技术网络中，智能设备可以配备多无线接入技术（如 Wi-Fi、LTE、5GNR 等），并将这些异构无线接入技术集成到不同的协议层中。这样一来，智能设备可以同时维护多个无线接入链路，并将其任务/业务流拆分为多个子流，使用不同的无线接入技术链路传输这些子流，提高网络吞吐量和服务可靠性。很多文献和标准化机构已经讨论了支持多无线接入技术互操作性的新型网络框架，为了促进 LTE 和 Wi-Fi 的共存，第三代合作伙伴还规定了 LTE 辅助接入和 LTE Wi-Fi 链路的聚合。即便如此，多无线接入技术一直在独立于多接入边缘计算环境中发展。为了将这两种先进技术融合在一起，需要一个新的集成网络。文献研究了一种集成的多无线接入技术和多接入边缘计算网络，同时为了保证资源在有限动态网络环境下的智能设备公平性，还研究了公平性保证机制，其中智能设备卸载效用被定义为卸载任务的长期时间平均量，称为长期最大-最小公平性。此外，文献为多无线接入技术和多接入边缘计算一体化网络设计了一种长期的最大-最小公平性保证机制，通过自适应任务拆分和资源分配算法设计，在智能设备之间卸载效用方面实现无差别服务质量的提升。

文献[11]：基于多接入边缘计算的车载边缘计算网络和车载云可实现任务卸载，但如何实现及时性和最佳可访问性是一个挑战。传统的无线技术可能不足以满足此类应用所需的超低时延和严格的成本限制，使用不同无线技术的组合可以提高网络性能并满足这些要求。针对车载边缘计算网络的计算效率，探讨了有关车辆中计算密集型和时延敏感型的应用程序的服务质量和体验质量。文献提出了一种针对异构车载边缘计算网络的移动性、接触性和计算负载感知分任务卸载方案。计算负载感知方案动态考虑车辆的移动性、接触性和计算负载，以做出任务卸载决策。同时提出了一种混合启发式移动、接触和负载感知方案，以最大限度地降低传输时延、处理时延以及相关成本。卸载决策过程在车辆上以分布式方式运行，同时与基站控制器协调。计算负载感知算法利用车辆的机动性、车头时距、V2V 和 V2I 的接触点和持续时间，以及从基站控制器中提取的计算负载信息，施行最优卸载决策。为了优化性能，计算负载感知方案集成了 1G-NR-V2X 标准的 Mode-5、Mode-2 及毫米波通信。计算负载感知方案在这些模式和异构无线接入技术之间提供了一种机会性切换机制，以降低通信时延和成本。此外，计算负载感知方案利用附近的公共车辆的计算能力来管理计算时延和成本，从乘客的移动设备收集可共享的 CPU 周期，使用公共车辆作为高容量处理单元，将总线变成移动电源处理单元，在其通信范围内为附近的资源需求车辆提供计算共享功能。此外，它还考虑了公共车辆内乘客移动设备的可共享计算，以提高公共车辆的计算能力。

文献[5]：多无线接入技术服务已被公认为是一种很有前途的解决方案，用于支持物联网场景中吞吐量要求高的任务的传输。多无线接入技术服务通过在异构无线网络中使用不同的接入点，使一个用户设备（或物联网设备）能够在多接入边缘计算服务器和用户设备之间保持多个同步网络路径。此外，用户设备的任务流可以拆分为多个不同大小的子流，这些子流可以自适应地映射到多个并行无线接入通道上。数据速率是发射功率的对数函数，因此功耗随数据速率呈指数增长。然而，目前所有现有的工作都主要集中在以吞吐量为导向的目标上，无法满足任务计算对低时延和低能耗的要求。只有单一访问无线接入的多接入边缘计算服务器会使整体网络性能的利用率欠佳。在 5G 无线网络场景中，用户设备可能会暴露在无线网络中的多接入环境中。凭借集成的多接入支持（Wi-Fi、LTE 和 5G）的额外优势，在考虑能源成本和服务时延要求的限制的同时，应充分考虑多无线接入网中的任务卸载方式。文献考虑了一种任务计算卸载多接入边缘计算架构，该架构将多接入技术集成到物联网网络中，用于具有大规模任务和低时延要求的二层服务链应用。此外，借助动态电压缩放技术，调节本地计算频率，以平衡时延和能耗。对于任务规模大、时延要求低的终端设备来说，多接入任务卸载是一种高效的策略。同时文献研究了多接入边缘计算增强型多无线接入技术中二层服务链服务的节能任务卸载问题，还考虑了严格的时延和剩余电池能量的限制。为了充分挖掘多接入边缘计算和多无线接入技术的优势，通过联合优化本地计算频率、任务拆分和发射功率，将任务部分卸载的能耗-时延权衡问题表述为时延成本和能耗优化问题的加权和。

文献[12]：多接入网与传统网络不同，文献的目标是提供一个全面的异构 MEC 框架，利用所有可能的计算和通信资源。通过稳定请求者队列来最大化已完成任务的数量，同时最大限度地减少受时延、计算和无线电资源限制影响的能源消耗和货币成本。此外，还提出了准入控制方案，以在被允许的任务生成之前验证计算资源的可用性，决定是否允许或拒绝新生成的任务。文献针对异构边缘计算网络提出了一个全面的以用户为中心的、实时的、部分计算卸载和资源分配方法，并开发了一种智能准入控制方案，在执行高潜力任务时，请求者可以将其按位独立计算的数据部分卸载到多个节点进行并行处理，包括移动终端、边缘服务器和云。同时利用多个异构网络的共存优势，允许请求者同时使用不同的无线技术卸载其计算数据任务到不同部分，例如通过蓝牙卸载到其他终端，通过 Wi-Fi 卸载到边缘服务器，通过蜂窝网络卸载到云服务器。文献提出了基于李亚普诺夫优化的实时多目标计算卸载和资源分配解决方案，以满足稳定请求者队列积压，最小化能源消耗及受时延和资源限制的货币成本。

6.4.2　关于任务完全卸载的研究

文献[3]：来自移动设备的数据流量呈指数级增长，导致需要集成多种无线接入技术的异构网络以快速协调分配任务卸载，因此提出了一种新型移动边缘计算架构用于多无线接入异构网络和一种以移动边缘计算为中心的卸载决策机制，来决定通过哪个无线接入技术卸载任务，以及是执行（计算）还是中继任务。每个决策都基于对 5G 和 Wi-Fi 使用情况的全面比较，即在服务质量和成本之间进行权衡。通过将预期任务视为多臂老虎机问题，继而开发了一种能够处理网络状态信息不确定性和不对称性的前传感知置信上限算法，该算法能够在回传信息的不确定性下实现可靠的任务卸载。该算法充分利用了前传状态信息，减小了不确定性范围，提高了精度和收敛性。结果表明，前传感知置信上限算法在一段时间内的回程时延是独立且同分布的，并在具有完全先验知识的情况下，从离线最优基准中实现了有界的亚线性遗憾。此外，在不稳定的马丁格尔老虎机条件下，提出了一种广义的马丁格尔前传感知置信上限算法，该算法即使在非平稳网络动力学下也能实现次线性遗憾边界。

文献[4]：移动边缘计算与多种无线接入技术的集成是满足智能物联网应用日益增长的低时延计算需求的一种有前途的技术。在无线映射-归约执行功能框架下，文献研究了多无线接入系统中中间值的空口聚合的联合及无线接入选择和收发器设计，同时考虑了本地计算和每个无线设备的中间值传输的能量预算约束，以适应多个无线接入网中的瞬时通信和动态计算任务负载。为了提高映射-归约在多无线接入网上的计算性能，共同优化多无线接入选择、无线设备的发射系数以及基站/接入点的接收波束成形矢量。在优化问题中专注于移动边缘计算特定的性能指标，同时为了提供完整的帕累托最优解，最小化了基站/接入点上聚合中间值的均方误差的加权及多无线接入系统中中间值的空口聚合通信成本/时延。使用所提出的设计，基站/接入点接收波束成形矢量可以适应信道状态信息和中间值的数量。这样的解决方案可以更好地利用 5G 无线接入和 Wi-Fi 无线接入中的各种传输机会，从而以更少的通信资源实现更好的计算性能。中间值的空口聚合的无线接入选择和收发器联合设计问题是一个非凸混合整数问题，为此开发了一种通过连续松弛约束和交替优化来解决的低复杂度算法。具体而言，基站/接入点处的最佳接收波束成形矢量显示为最小均方误差滤波器，利用剩余子问题的隐凸性，通过交替使用无线接入选择和传输系数变量进行中间值的空口聚合，得到一种高效的迭代算法。最终通过数值结果验证所提出的无线接入联合选择和收发器设计对多无线接入网中中间值的空口聚合的有效性。所提设计能够达到接近最优分支和边界方案的性能，同时明显优于现有方案的单无线接入或中间值数字传输。

文献[13]：下一代异构无线网络的主要目标是通过无处不在的接入网，在速率、覆盖范围和可靠性方面实现新兴无线应用的服务质量要求。另外，新兴的用户边缘设备配备了先进的多址物理接入功能，能够同时聚合各种无线电资源，以保证其正在运行的应用可以获得增强的可靠通信。但是针对下一代异构无线网络对无线电资源分配的迫切需求、传统无线电资源分配方法的不足及深度强化学习技术在解决复杂无线电资源分配优化问题中的效率等问题，文献提出了一种基于深度强化学习的下一代异构无线网络无线电资源分配框架。特别是提出了一种基于分层深度 Q 网络和多智能体深度确定性策略梯度的方案，为深度无线接入算法分层求解问题，并使用基于值和基于策略的深度强化学习算法的混合来学习系统动力学，以此研究下一代异构无线网络中多归属用户边缘设备的自适应多无线接入分配和连续下行链路功率分配等问题。主要目标是在满足用户边缘设备的服务质量需求和无线接入的电力资源限制的同时，共同优化整个网络的总和速率、货币成本和功率分配。文献仿真结果表明，深度无线接入算法能够高效地学习最优策略，在满足优化问题目标方面优于贪婪算法、随机算法和固定算法。

文献[14]：过多的任务卸载会导致无线传输拥塞、基站过载、蜂窝网络的服务质量下降。可以通过部署 Wi-Fi 网络，利用无线局域网的额外带宽资源，来保证高传输效率和服务质量。将任务卸载和服务缓存引入由 Wi-Fi 网络和蜂窝网络组成的异构网络中，提出了一种 Wi-Fi 蜂窝异构网络中多接入边缘计算的资源管理方案。对任务卸载、业务缓存和蜂窝信道分配进行联合优化，可使 Wi-Fi 及蜂窝网络覆盖的所有移动终端的能耗效益最大化，同时保证每个移动终端的任务处理时延约束。每个移动终端的任务卸载从以下 5 个选项确定：由移动终端本地处理、卸载到基站、卸载到 Wi-Fi 接入点、通过 Wi-Fi 网络由云处理、通过蜂窝网络由云处理。就每台移动设备而言，可根据其存储容量及服务的资源占用情况，将其服务缓存在移动设备或无线接入点上；优化问题是一个变量高度耦合的混合整数非线性规划问题，文献中设计了一种基于交替优化技术的迭代算法来高效求解该问题。该算法将原问题分解为任务卸载子问题、服务缓存子问题和蜂窝信道分配子问题，并分别采用基于分支定界算法、带惩罚函数的变量松弛法、凸函数差分规划法和 Kuhn-Munkres 算法等多种方法进行迭代优化，得到最优卸载方案。

文献[15]：移动设备正在快速生产，无线应用正在不断发展，这促使人们使用多种无线接入技术来开发无线频谱、开发创新的网络选择技术以应对密集的需求，同时提高用户服务质量。文献提出了一个分布式框架，用于边缘级的动态网络选择和无线接入网级别的资源分配，利用边缘智能来优化超密集异构网络中的网络选择决策，并在网络侧优化边缘的资源分配。具体来说，提出了一种方法，该方法明确地模拟了两个相互作用的异构代理组，以同时学习和优化整体系统性能。第一组代理由致力于网络选择的自主终端用户组成，第二组代理则由专注于解决资源分配问题的自主无线接入网组成。文献中的框架采用了深度多智能体强化学习算法，旨在最大限度地提高边缘节点的体验质量的同时利用自适应数据方案延长节点的电池寿命。文献中制定了一个多目标优化问题，问题描述了整个系统为每个用户边缘节点获得最佳的数据压缩比，选定用于数据传输的无线接入网以及分配每个选定的无线接入网的过程。文献中的框架能够以经济高效的方式将数据从网络的边缘节点传输到云端，同时满足不同应用程序的服务质量。文献实验结果表明，此解决方案在能耗、时延和成本方面优于其他网络选择技术。

　　文献[16]：随着车联网的不断发展，车联网可以通过 V2X 技术和各种车载应用来支持无处不在的服务。然而，车载应用的爆炸式增长极大地增加了车载任务的复杂性。此外，大多数车辆资源有限，无法满足计算密集型任务的各种需求，甚至会降低用户体验。多接入边缘计算通过将计算和存储资源扩展到网络边缘，提供强大的计算能力。如何有效地满足这样的通信和计算需求，对车联网来说是一个严峻的挑战。首先，仅选择基于 Wi-Fi 的多接入边缘计算或基于第五代蜂窝的云计算进行任务卸载和处理是不够的。如果所有车载用户只访问一个网络来卸载计算任务，将导致高时延。因此，为了应对访问单一网络来卸载车载任务的局限性，文献将 Wi-Fi 和蜂窝技术集成起来使其更加灵活和高效。其次，不同的车辆可能对信道质量、传输时延和计算能力有不同的偏好，如果缺乏有效的资源管理方案，就很难满足用户的要求。文献为车联网设计了一个基于 Wi-Fi 的多接入边缘计算和基于蜂窝的云计算的边缘智能辅助模型。在所设计的边缘智能辅助模型中，提出了一种资源管理方案，该方案通过监控本地车辆、多接入边缘计算辅助 Wi-Fi 的链路和云辅助蜂窝网络的状态，在通信和计算之间进行权衡，能够支持车辆用户自适应、灵活地做出卸载和传输决策。

参考文献

[1]　CHEN Q M, YU G D, SHAN H G, et al. Cellular Meets WiFi: Traffic Offloading or Resource Sharing[J]. IEEE Transactions on Wireless Communications, 2016,15(5):3354-3367.

[2]　CHAI R, LIN J L, CHEN M L, et al. Task Execution Cost Minimization-Based Joint Computation Offloading and Resource Allocation for Cellular D2D MEC Systems[J]. IEEE Systems Journal, 2019, 13(4): 4110-4121.

[3]　WU B, CHEN T, YANG K, et al. Edge-Centric Bandit Learning for Task-Offloading Allocations in Multi-RAT Heterogeneous Networks[J]. IEEE Transactions on Vehicular Technology, 2021, 70(4):3702-3714.

[4]　WANG F, LAU V K N. Dynamic RAT Selection and Transceiver Optimization for Mobile-Edge Computing Over Multi-RAT Heterogeneous Networks[J]. IEEE Internet of Things Journal, 2022, 9(20):20532-20546.

[5]　QIN M, CHENG N, JING Z W, et al. Service-Oriented Energy-Latency Tradeoff for IoT Task Partial Offloading in MEC-Enhanced Multi-RAT Networks[J]. IEEE Internet of Things Journal, 2021, 8(3):1896-1907.

[6]　ALI M A, ZENG Y, JAMALIPOUR A, et al. Software-Defined Coexisting UAV and WiFi: Delay-oriented Traffic Offloading and UAV Placement[J]. IEEE Journal on Selected Areas in Communications, 2020, 38(6):

988-998.

[7] YUN J, GOH Y, YOO W, et al. 5G Multi-RAT URLLC and eMBB Dynamic Task Offloading With MEC Resource Allocation Using Distributed Deep Reinforcement Learning[J]. IEEE Internet of Things Journal, 2022, 9(20):20733-20749.

[8] NDIKUMANA A, NGUYEN K K, CHERIET M. Age of Processing-Based Data Offloading for Autonomous Vehicles in MultiRATs Open RAN[J]. IEEE Transactions on Intelligent Transportation Systems, 2022, 23(11):21450-21464.

[9] EBRAHIMZADEH A, MAIER M. Cooperative Computation Offloading in WiFi Enhanced 4G HetNets Using Self-Organizing MEC[J]. IEEE Transactions on Wireless Communications, 2020, 19(7):4480-4493.

[10] JING Z W, YANG Q H, QIN M, et al. Long-Term Max-Min Fairness Guarantee Mechanism for Integrated Multi-RAT and MEC Networks[J]. IEEE Transactions on Vehicular Technology, 2021, 70(3):2478-2492.

[11] MIRZA M A, YU J S, RAZA S, et al. MCLA Task Offloading Framework for 5G-NR-V2X-Based Heterogeneous VECNs[J]. IEEE Transactions on Intelligent Transportation Systems, 2023, 24(12):14326-14329.

[12] ABBAS N, FAWAZ W, SHARAFEDDINE S, et al. SVM-Based Task Admission Control and Computation Offloading Using Lyapunov Optimization in Heterogeneous MEC Network[J]. IEEE Transactions on Network and Service Management, 2022, 19(3):3121-3135.

[13] ALWARAFY A, ÇIFTLER B S, ABDALLAH M, et al. Hierarchical Multi-Agent DRL-Based Framework for Joint Multi-RAT Assignment and Dynamic Resource Allocation in Next-Generation HetNets[J]. IEEE Transactions on Network Science and Engineering, 2022, 9(4):2481-2494.

[14] FAN W H, HAN J T, SU Y, et al. Joint Task Offloading and Service Caching for Multi-Access Edge Computing in WiFi-Cellular Heterogeneous Networks[J]. IEEE Transactions on Wireless Communications, 2022, 21(11): 9653-9667.

[15] ALLAHHAM M S, ABDELLATIF A A, MHAISEN N, et al. Multi-Agent Reinforcement Learning for Network Selection and Resource Allocation in Heterogeneous Multi-RAT Networks[J]. IEEE Transactions on Cognitive Communications and Networking, 2022, 8(2):1287-1300.

[16] WANG D, SONG B, LIN P, et al. Resource Management for Edge Intelligence (EI)-Assisted IoV Using Quantum-Inspired Reinforcement Learning[J]. IEEE Internet of Things Journal, 2021, 9(14):12588-12600.

第 **7** 章

车辆边缘计算资源管理技术

车联网（Internet of Vehicles，IoV）产业是汽车、电子、信息通信、道路交通运输等行业的深度融合，是一种新的产业形态。近年来，IoV 产业在关键技术攻关、标准体系构建、基础设施部署、应用服务推广及安全保障体系建设等方面已经取得了显著成果。IoV 产业正依托信息通信行业的新技术，如 5G、C-V2X（Cellular Vehicle-to-Everything）直连通信、人工智能等，来推动测试验证与应用示范，并逐渐进入以汽车和交通运输行业实际应用需求及市场发展趋势为牵引的新阶段。

传统上，车辆上的计算任务主要由车载计算设备完成，但随着 IoV 产业的发展，车辆需要更强大的计算能力来支持各种应用。车辆边缘计算（Vehicular Edge Computing，VEC）是一种利用网络边缘算力来增强车辆性能并辅助 IoV 应用的计算模型。与云计算方案相比，它带来了更快的任务处理能力、更低的响应时间、更好的可扩展性和灵活性，对于需要实时信息交换和决策的 IoV 应用具有重要价值。

VEC 中的资源管理是实现高效、可靠的 IoV 服务的关键。与一般的边缘计算资源管理相比，VEC 中的资源管理具有多种鲜明特征：①车辆是典型的移动性终端，边缘服务需考虑车辆的跨区移动所导致的通信和计算环境的波动；②车辆具有基于 V2X 的多种通信方式，使任务卸载具有多种模式；③部分停泊和移动车辆自身具有闲置算力，可以引申出新的反向算力服务，即车辆借助网络为终端设备提供算力服务；④车联网中边缘节点更侧重于以分布式方式部署，因此，边缘间协同被广泛使用。

本章将主要介绍 VEC 中的资源管理技术。首先，概述 VEC 的定义、意义、挑战、需求及特点；其次，阐述 VEC 中的多种通信模式和资源分配模式；再次，分别分析车辆移动性管理、车辆跨区切换、V2V 和 V2I 通信等方面的资源管理数学建模方法；最后，介绍 VEC 领域的相关研究工作。

7.1 车辆边缘计算概述

7.1.1 车辆边缘计算的定义

车辆边缘计算是一种支持智能交通服务、智慧城市应用和城市计算的新型计算范例，可以提供和管理更加接近车辆和用户的计算资源，以较低时延处理终端任务，满足各种任务服务类型的执行要求，是车联网和边缘计算等一系列技术的聚合。

根据中国信息通信研究院发布的《车联网白皮书（2023 年）》，车辆边缘计算的现状可以概括如下。

1）全球竞争加强。各国政府和企业充分认识到了车联网新型基础设施的重要赋能作用，不断加大在智能联网汽车领域的投入，推动相关技术和基础设施的发展。在技术方面，通信技术（如 5G）、数据处理技术和安全技术等正在快速发展；在市场动态方面，新兴和成熟市场对智能联网汽车的需求不断增长；同时，政策和法规也在不断修改，以支持车联网技术的推广和应用。

2）产品与商业模式创新。整车产品正不断提升智能化和网联化能力，重点集中在"智能驾驶"和"智能座舱"领域。这一发展趋势推动了技术架构的不断更新和迭代，构建了高性能计算平台、操作系统和功能软件的新生态，使得智能网联汽车成为继智能手机之后的又一个全新智能终端。数据驱动的服务通过车联网提供个性化服务，跨界合作助推技术架构不断演进，5G 和 C-V2X 直连通信推动了辅助驾驶功能的发展，汽车、信息通信和交通运输等产业生态正在向基于数据的新价值链延伸。

3）新基础设施服务与模式。我国车联网领域已经在重点城市和区域实现了大规模的部署，并逐渐向常态化运营过渡。这一发展倚重了"路-网-云"新型基础设施，为个人、行业和政府等不同类别的用户提供了越来越深入的应用场景。随着商业化的不断加深，"建设-运营"的价值闭环模式及城市级辐射效应成为各方关注的焦点。

4）数据成为基础要素。业务贯通-数智决策-流通赋能的多维数据要素及它们在各种应用场景中的类型变得越来越清晰，这一转变围绕着数据的生产、流通和应用这 3 个关键环节展开，新的技术手段正在推动数据要素的价值得以安全而有效地释放。与此同时，支持数据全生命周期的安全管理、公共数据的授权运营及企业数据交易的变现能力的体系正在初步形成。

5）协同发展方面存在挑战。车联网产业横跨汽车、信息通信、交通运输等多个行业，并涉及技术创新、产业经济、社会治理等多方面考量，面临着企业间、行业间、区域间的多层级协同挑战，是一个复杂的系统工程。因此，产业界各方仍需继续坚持智能网联协同发展的战略方向，寻找共同的价值基准，共同迎接产业发展新阶段带来的挑战，携手推动车联网产业的创新发展。

车辆边缘计算在车联网产业中的应用和发展呈现多元化特征，正处于快速发展阶段，并在国际标准制定中发挥重要作用。同时，车联网产业也面临着多重挑战，需要在多个领域进行深入的研究与创新。

边缘由资源聚合而成，这些资源属于车辆集群，边缘节点可以将车辆资源与路侧单元（Road Side Unit，RSU）资源聚合。因此边缘节点比 VEC 其他单个元素具有更强的计算能力，因为它可以聚合来自不同 VEC 设备的闲置计算资源。在现有研究中，边缘节点主要有两种，分别是车辆边缘节点和静止边缘节点。

1）车辆边缘节点。车辆边缘节点由一些智能车辆组成，这些车辆通过协作通信为其覆盖区域内的用户提供服务和应用，智能汽车具有一组可以聚合的闲置计算资源，形成可以满足用户请求的资源池，从而充当车辆服务提供者。图 7-1 展示了车辆边缘节点组成的场景，中心车辆充当服务提供者，图中箭头表示设备间的无线连接（下同）。

2）静止边缘节点。静止边缘节点是计算能力大于智能汽车能力的计算系统，这种节点位于交通基础设施中，通过无线网络连接，如图 7-2 所示，其中 VEC 协助管理靠近其的车辆和移动设备的通信和计算资源。这些节点可以连接到车辆云或 SDN 控制器，在资源管理和数据传播方面具有独特优势。静止边缘节点提供的资源池可以降低实施车辆云的成本。

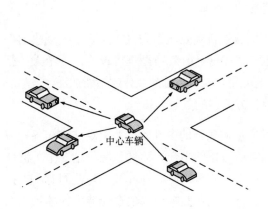

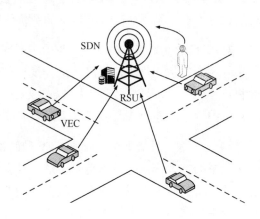

图7-1　车辆边缘节点抽象示意　　　　　图7-2　静止边缘节点抽象示意

7.1.2 车辆边缘计算的意义

集中式车载云计算是指将车辆的计算需求集中到云服务器上进行处理的模式，但它面临一些算力问题，这些问题可以影响车辆联网系统的性能和可用性。以下是集中式车载云计算中的一些算力问题。

1）时延问题。车辆到云服务器之间的通信通常需要利用移动网络，这可能导致数据传输的时延增加。

2）带宽受限。车辆连接到云服务器的带宽通常有限，尤其是在高峰时段或拥挤地区。这可能导致数据传输速率变慢，影响数据的实时性和准确性。

3）数据隐私性和安全性。将车辆数据传输到远程云服务器可能会引发数据隐私性和安全性问题。数据在传输过程中容易受到攻击或被泄露，特别是当大量敏感数据需要传输到云端时，这将会成为潜在的风险。

4）云服务器性能问题。在面临大规模请求或故障时，云服务器的性能和可用性可能会受到影响，从而导致服务时延或中断，影响车辆联网系统的稳定性。

5）网络拥塞。大量车辆同时连接到云服务器可能会导致网络拥塞，降低数据传输的效率和可靠性。

与集中式车载云计算服务不同，VEC 将云计算服务的优势延伸到网络边缘，以更好地满足车辆环境的计算需求。边缘计算被视为提高车辆计算性能的更为适宜的解决方案。在边缘计算环境中，数据的处理和分析发生在终端设备附近，边缘充当了云和车辆之间的桥梁。为支持这一模式，具备计算和存储能力的边缘服务器被部署在车辆附近，并利用强大的通信和计算基础设施来支持车辆网络中的各种应用。车辆传感器负责数据采集，这些数据在边缘服务器上进行进一步处理和存储。这一架构可确保低时延通信和更高的感知性能。车联网与边缘计算的结合推动了以下应用的发展。

1）车辆自动驾驶系统。车辆边缘计算能够实时处理来自车辆传感器的大量数据，如摄像头、雷达和激光扫描仪的输入。这种快速处理能力对于自动驾驶汽车做出快速、准确决策至关重要。

2）车联网 V2X 通信。车辆边缘计算可以优化 V2V、V2I 及 V2N 之间的通信。在边缘处理这些交互数据，可以降低时延，提高通信效率和安全性。

3）车辆维护和诊断。车辆边缘计算可以实时分析车辆的运行数据，提前识别潜在的故障和维护需求。这样不仅可以减少车辆故障率，还可以延长车辆寿命，降低维修成本。

4）个性化驾驶体验。利用边缘计算，车辆可以根据驾驶者的行为和偏好提供个性化的服务，如调整座椅、空调、音乐选择等，增强驾驶体验。

5）车辆能效管理。车辆边缘计算可以优化车辆的能源使用，如更有效地管理电动汽车的电池使用，优化燃油车辆的燃油效率。

6）安全驾驶。车辆边缘计算可以增强安全驾驶系统，如自动紧急制动、车道保持辅助、盲点检测等，通过实时处理车辆周围环境的数据来提高驾驶安全。

7）交通管理。车辆边缘计算可以帮助车辆实时处理交通信息，优化路线选择，减少交通拥堵，提高整体交通流的效率。

总体而言，车辆边缘计算通过提供快速、高效、安全的算力服务，为智能交通系统和自动驾驶技术的发展提供了强大的支持。

7.1.3　车辆边缘计算的挑战与需求

车联网和边缘计算的结合推动了智能交通和智能车辆的发展。然而，它也在许多方面面临着挑战。

网络方面，相关挑战对车辆场景中的计算卸载产生了重大影响。如果网络非常拥塞，存在大量争用、碰撞、噪声和干扰，计算卸载可能无法进行或无法成功进行。这可能是由同时发生大量卸载、数据交换、广播风暴、位于同一地理区域的车辆/控制数据或信令消息/大数据传输（例如电影）等因素引起的。因此，定期监测网络的状态非常重要。

管理得当的异构通信可以增加网络带宽。例如，使用 WAVE（Wireless Access in Vehicular Environments）标准的设备可能具有与蜂窝技术不同的范围。此外，一些技术需要演进以完全适应车载场景，例如 5G/mmWave 和 IEEE 802.11bd（被视为 IEEE 802.11p 的演进）。这些与网络相关的挑战需要在未来进行更深入的研究，以在车辆自组网中获得更好的计算卸载性能。

移动性方面，车辆的移动性也带来了一系列挑战。例如，节点的快速移动使无线连接和路径不断中断或碎裂，致使车辆超出其通信范围。此外，网络可能只有少数节点空闲，而在几秒或几分钟内有大量节点加入，因此可能存在可扩展性问题，无论网络中的节点数量如何，都难以保持良好的性能。此外，由于车辆拓扑结构的频繁变化及节点密度的可变性，在密度较高时会出现因无线通道上的争用增加而导致高丢包率，而在密度较小时也会因连通性较差而导致丢包率增加。如果存在多跳传输，传输成功的概率最终较低，因为路径中的所有节点保持连接的概率较小。

应对这些挑战的一种思路是预测网络节点移动性,通过估计链接的持续时间来预测它们将保持活动状态的时间。然而,因为驾驶员的行为通常不可预测,所以这些估计并不总是准确的。另一种方法是使用预定义的公共路线信息(例如,公共汽车)。然而,这些信息仅适用于网络中极少部分的车辆,即使是这样,它也不完全可靠,因为车辆可能会随时停靠或有其他意外行为。因此,车辆的随机性移动资源管理仍然是一个待解决的问题。

安全和隐私方面,云计算的安全和隐私原则也适用于网络边缘设备。计算卸载可能会将敏感数据发送到不受信任的服务器,再加上缺乏中央控制点,这使得创建集成的安全和隐私政策变得困难。一种解决思路是只卸载非机密任务,然而,大多数任务都是机密的,卸载少数任务在提高性能方面不会带来太大改善。另一种解决思路是添加加密或授权/认证证书,但由于这样需要更多的计算资源或更多的时间来处理任务,会影响卸载效率、体验质量(Quality of Experience,QoE)和系统可扩展性。

此外,服务器可能会拒绝向没有授权/认证的客户提供服务,这会导致卸载失败或网络资源浪费。另外,恶意节点可能上传包含病毒的任务。还可能存在分布式拒绝服务(Distributed Denial of Service,DDoS)的风险,其中节点感染后停止提供计算服务。因此,还需要确保安全通信,防止病毒或虚假信息的传播。由于安全和隐私是首要问题,因此在这个领域需要更多的研究成果、解决方案和机制。

资源共享机制方面,车辆可以使用自己的计算资源执行另一车辆的任务或将数据转发给网络中的其他节点,传输和接收这些信息以及保持无线网络接口连接会消耗能量,网络节点可能会变得自私,拒绝在没有任何补偿的情况下分享资源。因此,如何激励网络节点共享他们的资源是一种挑战。尽管已有奖励节点分享资源的激励机制和设备所有者自愿决定的可能性分析,但仍需要更多适用于不同场景并真正具有吸引力的共享机制。

算法方面,确保网络上所有设备之间的负载平衡是一个重大挑战,主要是避免将所有任务处理请求集中在少数设备上。算法的设计需充分利用计算和网络资源,以防止少数设备过载和许多设备闲置,从而影响网络和应用的性能。在执行计算卸载之前,可能需要进行任务分割,关键在于如何以最优或接近最优的方式进行划分,以优化远程设备的上传、下载和处理时间。此外,由于车载网络具有动态拓扑结构,设备间的连接可能不断变化,从而影响计算卸载过程。故障处理机制和算法的设计需要确保应用程序能够适应这些问题。

应对这些挑战需要去深入地研究和创新,包括改进网络协议、开发更为高效的计算卸载算法、加强安全和隐私保护措施及设计有效的资源共享和激励机制。只有这样,车联网和边缘计算的结合才能真正实现其潜在的革命性改变，为智能交通和智能车辆的发展铺平道路。

7.1.4　车辆边缘计算的特点

车辆边缘计算将 MEC 扩展到了车联网，将设备层扩展到所有的联网车辆，车辆同时还配备了各种各样的车载传感器，如摄像头、雷达等，这种多样性会导致产生大量数据，特别是激光雷达和高清摄像头，它们分别会在每秒产生 20～100 Mb 和 500～3500 Mb 的数据。车辆边缘计算不只是对终端设备性质的重新定义，而且联网车辆能够利用其短程传输接口与其他车辆进行通信，就像它们可以与比蜂窝基站更接近它们的 RSU 进行通信一样。这种车对车的接口使这些设备能够共享数据。和 MEC 相比，车辆之间交换数据的能力是 VEC 的第一个贡献。第二个贡献是在必要的时候可以使用相同的短程结构和路边单元进行通信。这些单元是最靠近道路的基础设施元素，因此可以作为具有短程接口车辆的可用网络接入点。以下是车辆边缘计算的一些特点。

1）实时数据处理和响应。车辆用户可以通过单跳无线连接访问计算资源，无须穿越广域网来获取云计算资源。

2）带宽和网络效率高。通过在边缘处理数据，车辆边缘计算可以减少对中央数据中心的依赖，从而减小了大量数据传输所需的带宽，这有助于提高整体网络效率。

3）安全性和隐私性强。处理敏感数据（如位置信息）时，边缘计算可以提供更好的安全性和隐私保护，因为数据不需要通过网络传输到远程服务器。

4）数据局部化。处理的数据主要来源于车辆本身或其周围环境，因此更加专注于局部环境的信息处理。

5）分布式计算架构。该架构不依赖于集中的数据中心，而是利用网络中的多个边缘节点进行数据处理，提高了系统的鲁棒性。

6）可拓展性强。车辆边缘计算将处理能力下沉到网络边缘，运营商可以向第三方开放无线接入网，使其能够快速、灵活地部署创新应用。

VEC 单元构成了确定资源管理算法粒度的体系结构，使用 VEC 作为基础的架构可以分为多个层，现有工作中对于 VEC 的分层架构主要有 3 种，分别是两层架构、三层架构、四层架构。下面分别进行简单介绍。

7.1.4.1　两层架构

由两层组成的架构定义了一个纯 VEC，因为该架构由 RSU、车辆和其他设备位于同一位置的服务器组成，图 7-3 描述了这种架构，其中既有车辆边缘节点，也有固定节点。两层架构主要为固定层和车辆边缘层，其中固定层主要负责控制和车辆边缘之间建立通信、捕捉信息和管理可用资源，因此，其主要专注于最大限度地降低设备和最终用户之间的通信时延，提供低时延、本地存储、内容快速发现等功能及由于靠近请求车辆而做出响应的机制。因为这种接近性，它从本质上提高了服务体验质量。此外，该层可以通过 4G/5G、无线网络等技术与车辆连接，对车辆的信息进行汇总，最大限度地减少传输数据量，协助管理提供服务的可用资源，扮演控制者的角色，负责整个架构的决策。而车辆边缘层聚合了智能汽车的闲置资源，提供可以与固定组件共享的资源池及通信覆盖区域内的其他智能车辆。它使用队列编队和集群方法，允许车辆分组，促进资源聚合。

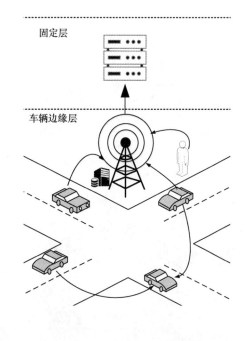

图7-3 两层架构的VEC抽象描述

7.1.4.2 三层架构

三层架构的 VEC 使用不同的控制器来支持聚合和管理。因此架构由控制器层、固定层和车辆边缘层组成，与固定层执行系统控制和决策功能的两层架构不同，三层架构增添了具有执行类功能的控制器层，负责复杂的数据存储、聚合、分析、计算和批量处理，这些需要比边缘节点拥有更强的计算能力，因此该层指向为用户提供服务、管理和可用资源的数据中心。这些数据中心相互连接，为直接连接到数据中心的请求者提供多种软件和应用程序，通过 SDN 控制器远程执行。图 7-4 描述了这种架构。

7.1.4.3 四层架构

四层架构的 VEC 主要由应用层、控制器层、固定层和车辆边缘层组成，图 7-5 描述了这种架构。四层架构遵循软件定义网络范式的前提，且与数据平面共享控制平面。与三层架构不同，四层设计将资源分配、服务提供和应用支持分配给应用层。随着工作和职责的进一步划分，四层架构使控制器层专注于组成 VEC 的组件之间的流量管理和数据转发。因此，第四层允许更好地模块化，使新设备和技术能够包含在架构中，更好地管理数据流和分配的服务。

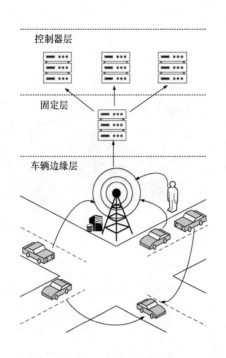

图7-4 三层架构的VEC抽象描述

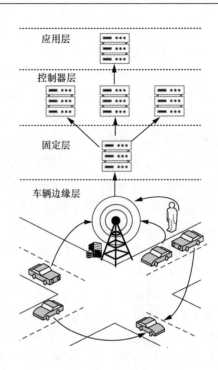

图7-5 四层架构的VEC抽象描述

7.2 通信模式

本节将重点介绍车辆边缘计算中的两种通信模式：直接通信和网络通信。

7.2.1 直接通信

直接通信，顾名思义，就是车辆直接和其环境中的其他组成部分进行通信，例如基础设施和其他车辆，没有或很少依赖于外部网络基础设施的通信。在这种类型的通信中，信息传输是直接从一个实体到另一个实体，通常是点对点的。本小节重点介绍车辆到基础设施通信和车辆到车辆通信。

7.2.1.1 车辆到基础设施通信

车辆到基础设施（Vehicle-to-Infrastructure，V2I）通信是车联网的一种通信方式，允许车辆和周围的交通基础设施保持通信，例如与交通信号灯、道路标志等交通设施进行信息交换，实现车辆和环境之间的交互，以提高道路的安全性和交通效率，如图 7-6 所示。

车辆配备了多种传感器，包括 GPS、惯性测量单元（Inertial Measurement Unit，IMU）、摄像头、雷达和激光雷达等。这些传感器收集丰富的信息，如车辆的位置、速度、方向及周围环境的数据等。同时，道路上的路边单元也装备了传感器，用于监测交通流量、路面状况、气象条件、道路标志和信号灯状态等。这些数据是 V2I 通信的基础，为其他应用提供了重要的输入。

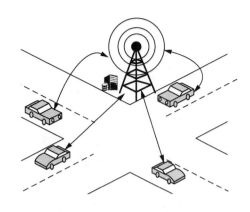

图7-6　V2I通信

V2I 利用无线通信技术，如 Wi-Fi、5G 或其他无线连接，建立车辆与道路基础设施之间的通信链路。车辆通过这个通信链路将关键数据，如车速、位置、方向和状态，传输给道路基础设施。基础设施的边缘计算节点负责处理和分析车辆传输的数据，以支持实时交通管理和决策。这一过程使 V2I 通信技术能够提供高效、可靠的数据通信和处理能力。

路边单元作为 V2I 通信的关键部分，可以装备边缘计算能力。这样，车辆传送到路边单元的数据可以立即在本地处理和分析。这不仅加快了数据处理速度，还减轻了网络负载，提高了系统的整体性能。

在 V2I 通信中，车辆不断生成大量数据，包括位置、速度和车况等。通过在路边单元部署边缘计算设施，这些数据可以在被接收时立即进行处理。此外，边缘计算还能提高路边单元的能源效率，保证在有限的物理空间和电力供应下路边单元能稳定运行。

边缘计算与路边单元的结合还为智能交通系统的扩展提供了支持。这种结合可以实现分布式智能交通系统，允许更多的路边单元和车辆参与，以适应不断增长的交通需求和城市规模的变化。

V2I 通信技术与边缘计算的结合发展至今已扩展出众多应用场景，主要有实时交通管理和自动驾驶两方面。

在实时交通管理中，边缘计算赋予了路边单元自主决策的能力，道路基础设施可以实时监测交通数据，评估交通状况，从而通过本地的边缘服务器进行交通管理，自主地预测各种状况的发生，并提前采取改变信号灯时序、引导车辆分流等措施，以优化交通。

自动驾驶方面，道路基础设施中的大量传感器和边缘服务器可以通过与车辆中部署的服务器联动，为自动驾驶程序提供完备的道路数据和额外的计算与通信支持，帮助自动驾驶车辆更好地运行。

7.2.1.2　车辆到车辆通信

车联网不断发展，车辆网络技术已经相对成熟，尤其是车辆到车辆（Vehicle-To-Vehicle，V2V）通信技术，如图 7-7 所示。每辆车都有一组资源，这些资源可以用于车辆网络上的其他车辆。每辆车都必须调查其环境，以识别通过 V2V 连接的可用的服务和资源，当车辆被视为网络边缘节点时，数据传播协议成为车辆间传递请求最有效的策略。这种策略不仅提高了通信效率，还提高了整个车辆网络的协同和智能化水平。

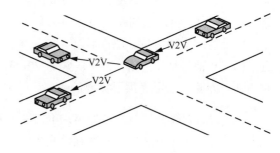

图7-7　V2V通信

边缘计算允许在数据产生的地点（即车辆）附近处理数据，减少了数据传输到远程服务器的时间，从而显著降低时延。V2V 通信产生的大量数据可以通过边缘计算设备实时处理，无须依赖中央服务器。这不仅提高了数据处理的速度，还增强了车辆在复杂环境中做出决策的能力。由于数据在本地处理，减少了大量数据传输到云端的需求，从而节省了带宽并降低了通信成本，并且边缘计算服务器能够支持车辆实现部分功能的自主决策。

在 V2V 通信场景中，边缘计算节点可以部署在车辆自身。这些节点通常具备高性能的计算能力和存储资源，用于处理车辆产生的大量数据。车辆产生大量的传感器数据，包括摄像头、雷达、LIDAR（Light Detection and Ranging）等信息。在边缘节点上计算时，可以进行数据预处理和过滤，将重要的数据提取出来，减少需要传输的数据量，这有助于降低网络负载和时延。边缘计算网络还应具备弹性，以适应不同的流量和连接条件。采用自适应的网络架构，可以在高负载时提供更多资源，同时在低负载时节省能源。

与此同时，边缘计算节点可以提供端到端的安全性，包括数据加密和身份认证等。这些措施可以保护车辆间通信不受恶意攻击和数据泄露的威胁。

V2V 通信是一种网状网络，网络中的节点可以发射、捕获和转发信号，V2V 技术允许车辆广播和接收全方位消息，从而对附近的其他车辆产生全方位感知。发展至今，V2V 通信技术已经有了多种应用场景。

1）事故预防。V2V 通信允许车辆共享道路状况和潜在危险信息（如紧急刹车、交通事故或道路滑冰）。边缘计算可快速处理这些信息，及时警告司机或自动驾驶系统，从而预防事故。

2）交通优化。通过将 V2V 通信与边缘计算结合，道路上的车辆可以组成一个灵活的通信网络，实时共享道路和行驶信息。这些数据可以用来优化交通流量，减少拥堵，提高道路使用效率。

3）自动驾驶。在自动驾驶场景中，边缘计算可以帮助车辆更有效地相互通信和协调动作，同时 V2V 通信技术允许不同的自动驾驶车辆进行通信，强化了自动驾驶车辆的组织性和协调性。

4）紧急响应系统。在紧急情况下，可以利用搭载边缘服务器的车辆进行信号中转，通过 V2V 通信技术传播消息，通过大面积部署的车辆中转信号可以实现信号中断情况下的通信重建。

5）停泊车辆管理。车辆能够通过 V2V 通信共享停车位的信息，边缘计算能够协调整个停车场的运行，并且 V2V 通信技术结合边缘计算进行停泊车辆资源管理，能够最大限度地利用闲置资源。

边缘计算与 V2V 通信技术的融合正开辟着智能交通系统的新纪元。这种技术融合不仅极大地提升了道路安全，减少了交通事故，还为高效的交通管理和快速通信重建提供了强大的支持。

7.2.2　网络通信

车联网中的网络通信涉及更广泛的通信网络和服务。这种通信并非局限于直接的实体对实体的交互，而是延伸到更广泛的网络环境，更多关注于信息的集成和多样化服务，通常依赖于稳定的网络连接。

7.2.2.1　车辆到网络通信

车辆到网络（Vehicle to Network，V2N）通信作为蜂窝车联网（C-V2X）的一种连接形式，使车辆能够使用蜂窝网络和互联网进行通信。使用 V2N，车辆能够通过互联网与路灯、交通信号灯、行人等其他物体相互通信，实现更好的交通效率并保证车辆安全。如图 7-8 所示，随着蜂窝技术的发展，V2N 网络成为现实。5G 技术带来了 V2N 网络成功运行所需的许多功能。基于 5G 蜂窝技术的 V2N 网络称为 5G V2N。

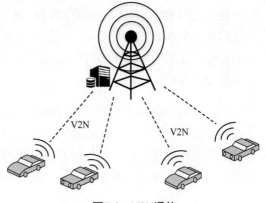

图7-8　V2N通信

253

车辆边缘计算与 V2N 通信技术的结合将计算能力进一步下放到了距离车辆更近的边缘侧，这种算力的云向边缘的偏移进一步促进了通信时延的降低，同时，移动边缘计算的应用减少了车辆对远程云服务器的大规模数据传输，有助于减轻网络负担，这在车辆密集的城市区域显得尤为重要。车辆边缘计算的应用降低了 V2N 中的网络拥塞风险，确保车辆通信的稳定性和可靠性，因此，我们可以将车辆与边缘计算的结合看作移动边缘计算在车联网中的应用。

同时，车辆领域目前的发展趋势之一是越来越依赖高级计算和决策能力来支持自动化功能。移动边缘计算提供了更多的计算资源，允许在车辆及其周边设施中实现边缘智能，更好地处理和分析感知数据并警醒复杂的决策过程，提高驾驶安全性并推动自动驾驶车辆的发展。

算力由云向边缘的偏移减少了车辆与服务器之间的通信距离和通信环节，有效降低了通信时延，进一步从根源上遏制了信号中断的发生，保证了车辆的实时响应和车辆系统运行的连续性。此外，在更贴近终端的地方进行运算服务，可以节省大量带宽和通信成本，从而降低运营成本并提高通信效率。

同时，运营商提供的 V2N 平台化服务具有极大的灵活性，可以根据不同的需求部署各种各样的边缘节点，使得车辆能够支持客制化的应用，这为车辆远程服务、车载娱乐和车载信息系统的发展提供了无限可能。

7.2.2.2　车辆到一切通信

以上介绍的通信方式各有其侧重点。

V2V 通信和 V2I 通信更侧重于车辆与其直接环境中的其他车辆或基础设施的直接通信。这些通信模式的重点是在车联网基础设施建设中实现标准化、互联互通的环境。V2V 通信侧重于车辆间的安全通信，如碰撞预警，而 V2I 通信则侧重于车辆与道路基础设施之间的互动，如通过交通信号灯信息来指导交通流量。这些通信方式对于确保车辆在行驶过程中的安全性和效率至关重要。

V2N 专指车辆与更广泛的网络系统（如云服务、远程数据中心）的连接。V2N 的侧重点是在构建"物理分立、逻辑协同"的车联网体系架构中，提供连续稳定的服务，以及跨区域业务的连续性。这包括各种车联网系统之间的数据互通，如红绿灯信息的共享。V2N 需要保证各个区域之间的互联互通，确保车辆在不同区域行驶时接收信息的一致性。

在这里，我们要介绍一种更加具有综合性的车辆通信模式：车辆到一切（Vehicle to

Everything，V2X）通信。V2X 表示的是车辆与周围所有可能实体的通信，包括其他车辆、道路基础设施、网络、行人等。这种通信模式的侧重点是在智能化与网联化协同发展的主线下，推动跨行业的深度融合创新。V2X 通信要求车辆能够与不同类型的实体交流，包括非传统的通信对象，如行人和云服务。这需要一种多维度、高价值应用的规模化部署，并需在不断变化的环境中保持灵活性和适应性。

V2X 也叫作车联万物。V2X 作为一种车辆通信系统，支持从车辆到交通系统中可能影响车辆移动的信息传输，达成提高道路安全性和交通效率的目的。图 7-9 所示为 V2X 通信类型，通常为双向的。

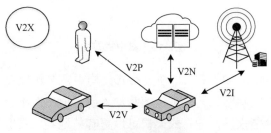

图7-9　V2X通信类型

边缘计算和 V2X 通信技术的结合，充分集成了 5G、IoT、AI 和区块链等前沿技术。5G 网络为边缘计算提供了高速、低时延和可靠的通信基础设施，支持大规模的数据交换；物联网技术允许车辆和设备互相连接，形成高度智能化的交通系统；边缘 AI 的部署允许车辆和路边单元实时分析交通数据，强化系统的感知能力并提升运行效率；区块链的应用增加了数据的安全性和不可篡改性。通过创建一个去中心化的数据记录系统，确保了移动边缘计算通信中的完整性和透明度，从而提高了用户信任和系统可靠性。

目前 V2X 组网主要使用的架构有 3 种，分别是集中式架构、分布式架构和混合式架构。

1）集中式架构。集中式架构延续了传统的通信网络模型，如图 7-10 所示，车辆节点利用路边设施（RSU 或基站）进行车与车的通信连接。RSU 或基站掌管着整个通信网络，一旦中心节点宕机，该区域内的网络都会陷入瘫痪，从而影响车辆的安全行驶。通过引入边缘计算，整个系统可以更加智能和自主，边缘服务器的部署允许系统中的每个组成部分都在边缘执行一些计算任务，减少了对中心节点的依赖。这不仅有助于提高通信的实时性，还能够降低中心节点故障带来的影响。同时，边缘计算也提供了更灵活、更节省资源的方式来支持通信，减少了集中式架构缺点的影响。

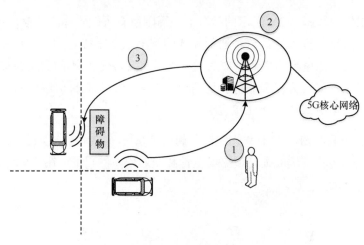

图7-10　集中式架构

2）分布式架构。如图 7-11 所示，在分布式架构中，车辆以自组织的形式灵活地组建网络。车辆节点在分布式网络架构中可以随时加入或者退出而不会对网络的整体性能造成影响。同时，从通信性能来讲，分布式架构可以更有效地利用带宽资源。但是这种架构缺少中心节点的管理，整个系统在协调性方面面临着许多问题。边缘计算可以帮助解决这些问题。首先，它有助于保持群体的智能，通过边缘服务器协调和传递信息，车辆节点可以实现智能的群体行为。其次，边缘计算可以支持分布式架构中的共识算法，以协调车辆节点的行为，确保它们在不同情境下能够达成共识。最后，边缘服务器可以处理高并发量的基本安全消息（Basic Safety Message，BSM）传递，以确保及时的车辆间通信。它们可以智能地处理和过滤 BSM，以降低网络负载。

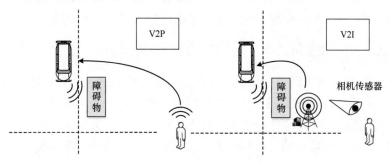

图7-11　分布式架构

3）混合式架构。目前 5G 标准下 C-V2X 所采用的网络架构大多是混合式架构，既有基站和 RSU 作为区域的中心节点去统一调控，又允许车辆通过 PC5 接口点对点地直接连接，可以有效利用一部分分布式架构的优点，降低整个网络的部署成本，如图 7-12 所示。

同时，边缘计算推动了点对点的直接连接，这为网络带来了更大的灵活性和效率。边缘服务器可以在路边设施附近部署，减轻中心节点的负担，降低整个网络的部署成本。混合式架构与边缘计算的融合能够促进智能交通系统的发展，提高通信性能和可靠性，同时降低网络部署的复杂性和成本。

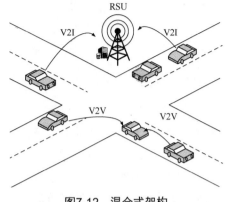

图7-12　混合式架构

7.3　资源分配模式

在车辆边缘计算中，资源的分配有两种形式，一种是车辆作为资源接收者从外界获得资源，另一种是车辆作为资源提供者向外界提供资源。本节将介绍这两种资源分配形式。

7.3.1　车辆获得资源

7.3.1.1　概述

在车辆边缘计算这个场景中，车辆自身资源有限且具有移动性，所以通常是作为资源接收者向外部云服务器、边缘服务器或其他车辆请求计算资源，以满足特定的计算需求，出发点主要有以下方面。

1）多样化的计算任务。现代汽车具备越来越多的智能功能和自动化能力，需要执行多样化的计算任务。这些任务的计算需求各不相同，有时需要更大的计算能力，有时则需要专门的算法或模型。通过获取额外的计算资源，车辆可以在需要时获得所需的计算能力，以满足这些多样化的任务需求。

2）处理复杂数据。现代汽车配备了各种传感器和摄像头，用于感知周围环境。处理这些传感器数据，进行实时的物体检测、识别和跟踪，需要大量的计算资源。额外的计算资源可以帮助车辆在处理复杂数据时获得更高的性能，从而提高安全性和驾驶体验。

3）实时性要求。某些汽车应用需要极低的时延，例如自动驾驶系统需要在毫秒级别内做出决策和控制。在这种情况下，车辆可能需要外部资源来执行计算任务，以确保及时响应和高效的实时性能。

4）资源节约和优化。车辆索取计算资源可以帮助节约车辆内部的能源和计算资源。根据需求灵活获取外部资源，车辆可以减少自身的资源消耗，提高车辆的能效。

5）协同处理和智能互联。车联网中的协同处理可以通过获取计算资源来实现。例如，多辆车可以共享计算资源以执行协同规划或车队操作，提高整体效率。此外，与基础设施的互联也可以通过索取计算资源来实现更高级别的智能互联功能。

作为一种更加常见的资源分配模式，车辆在许多场景中都扮演着资源索取者的角色。

自动驾驶与辅助驾驶系统需要大量的计算资源来实时处理传感器数据、分析路况、做出决策和车辆控制，这就需要车辆能够在需要时索取额外的计算资源，以确保实时性和安全性；另外，V2V 和 V2I 通信需要计算资源来支持通信协议、数据处理和交通协同。在高密度交通区域，车辆可能需要索取计算资源以维持通信和协同操作的可靠性，娱乐和信息系统也需要计算资源以提供高质量的用户体验，车辆可以索取资源来支持这些功能。

这些场景突出了车辆索取计算资源的多样性和必要性，同时也突显了车辆边缘计算在未来智能交通系统中的重要作用。

7.3.1.2　资源索取模式

车辆作为资源索取者通常有以下 4 种模式。

1）V2N 通信资源索取。在这种模式下，车辆可以连接到网络或者云服务器来索取计算资源。云服务器通常拥有强大的计算能力和存储资源，车辆可以通过互联网或车载通信连接请求云服务器上的计算资源。这种方式适用于需要大规模计算的任务，如车载 AI 和传感器数据分析。

2）V2I 通信资源索取。在这种模式下，车辆连接到路边单元来获得数据和算力等资源，路边单元一般具有当前场景下的详备的实时数据和一些算力资源，能够在拓展车辆数据来源的同时帮助车辆完成一些计算任务。这种形式适用于交通协同等方面。

3）V2V 通信资源索取。在一些基建缺少、条件恶劣的山区或者受灾地区，可以通过部署通信保障车辆等提供应急服务，区域内的车辆可以通过 V2V 通信的形式向紧急保障车辆索取通信资源、数据信息和计算资源等。这种形式适用于紧急情况下的车辆运行保障。

4）V2X 通信资源索取。车辆索取计算资源是指车辆与周围环境中的各种实体（包括其他车辆、基础设施、云服务器等）进行通信和互联，以请求并获取所需的计算资源，并满足车辆的特定计算需求。这一概念强调了车辆与周边世界的广泛互联，并不拘泥于某一种通信模式。这种形式适用于需要多方参与的复杂任务以及以车辆为核心的场景。

根据不同的索取模式，车辆可以在不同的场景中完成不同类型的任务。从 V2N 通信资源索取的高效云计算能力到 V2I 通信模式下的实时数据和算力获取，再到 V2V 通信和 V2X

通信模式在特殊环境和复杂场景下的应用,这些模式共同构成了车辆边缘计算的丰富生态。每种模式针对特定的需求和环境,提供了优化的解决方案,展现了车辆通信技术的进步和多功能性。通过这些不同的通信和资源索取模式,车辆能够更加智能地适应其所在的环境。

7.3.1.3　支撑技术

在车辆获得资源的过程中,实现有效稳定的通信是一切的基础,在此过程中,5G、专用短程通信(Dedicated Short Ranging Communication,DSRC)、C-V2X 等技术组成了有效的通信支持,拓展了不同的 VEC 应用场景。

5G 网络作为关键技术,以其高速传输能力和极低的时延特性,为车联网通信提供了坚实的基础。它使车辆能够与远程服务器或云服务器进行无缝且实时的数据交换。而 DSRC,一项基于 WLAN 标准设计的技术,专门适用于高速行驶的车辆间的迅速数据传递,特别适合于 V2V 和 V2I 通信。另外,C-V2X 技术通过蜂窝网络,不仅提供了比 DSRC 更广泛的覆盖范围,还提高了数据传输的效率。

除了这些主要技术,Wi-Fi 和蓝牙在车辆通信中也发挥着重要作用。Wi-Fi 通常用于停车场和服务区的车辆网络连接,而蓝牙则主要用于车辆与驾驶员个人设备之间的连接。

在实现了通信之后,车辆需要进一步利用获取的资源。通过高效利用索取到的外部资源,车辆可以显著提升其数据处理能力、通信效率和能源管理,从而在智能交通系统中发挥更加重要的作用。这不仅增强了车辆的功能和性能,也为实现更安全、高效和可持续的交通环境作出了贡献。

7.3.2　车辆输出资源

7.3.2.1　概述

车辆向外界提供资源的应用场景与资源类型涉及多种创新方式,其中车辆不仅能从外界获得资源,还可以扮演资源供应者的角色。以下是一些主要的共享类型和应用场景。

1)车联网数据共享。车辆通过传感器和摄像头收集实时交通数据、环境信息、道路状况等,这些数据被共享给交通管理系统、其他车辆或基础设施,以优化交通流量并应对紧急情况。

2)网络带宽共享。车辆的无线网络连接能力是车联网的关键资源。在网络覆盖不均或车辆密集的区域,单个车辆的网络连接可能受限,影响数据传输效率和通信可靠性,可以利用通信保障车辆搭建移动热点,缓解通信拥堵地区的压力或进行紧急响应。

3）计算资源管理。一些特种车辆和高级车辆具有强大的处理器和充足的计算资源，这些资源通常有一部分处于闲置状态，可以共享给其他车辆或者设备，在一些基础设施缺乏的地方，可以利用特种车辆搭建临时算力中心。

4）停泊车辆资源共享。这些停泊的车辆在较长时间内位置会相对不变，因此其通信链路会更加稳定。停泊车辆具有数量多、停留时间长、地理分布广、位置特定等特点，在适当的通信条件下连接在一起时，它们可以相互协作以完成大型的计算任务。

车辆可以通过多种形式将其闲置资源提供给需要的系统和个体，这些共享资源的策略和应用也为停泊车辆管理带来了新的机遇，使其成为车辆边缘计算发展中不可或缺的一部分。

7.3.2.2　停泊车辆资源管理

城市内存在着大量的停泊车辆（Parked Vehicle，PV），如图 7-13 所示，它们广泛分布在街道停车场、室外停车场和室内停车场。和不断移动的车辆不同，这些停泊车辆可成为计算基础设施，提供大量的计算资源，更好地解决单个车辆计算资源有限的问题，在更短的时间内完成计算任务，效率更高。

在边缘计算中，停泊的车辆可以被视为潜在的计算和存储资源。这些车辆搭载了计算设备和传感器，通常在停泊时处于空闲状态。停泊车辆资源管理的目标是充分利用这些潜在的计算资源，以满足网络和应用的需求。

算力配置是停泊车辆资源管理的一个关键方面。它将特定的计算任务分配给空闲的车辆，以确保任务能够在边缘计算环境中有效执行。算力配置需要考虑到任务的性质、优先级、计算要求和车辆的可用资源。

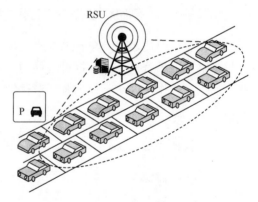

图7-13　停泊车辆

在算力配置的过程中需要进行资源租借。资源租借是一种机制，通过该机制，边缘计算任务可以租用或借用停泊车辆上的计算和存储资源。这种租借可以是临时性的，以满足特定任务的需求。资源租借通常涉及与车辆之间的协商、合同制定、任务分配和资源释放等流程。

资源租借允许边缘计算任务在没有资源所有权的情况下有效地利用停泊车辆的资源。这提高了资源的利用率，因为边缘计算任务可以根据需要临时租用适当的车辆资源，而无须一直占用它们；资源租借则允许根据需求动态选择可用的车辆资源，这种动态性使得边缘计算可以更灵活地适应不同任务的要求。

资源租借和区块链的完美结合可以提高资源租借的透明性、安全性和可追溯性。区块链可以监督资源租借协议的执行，同时确保交易的安全和可信，并提供共享信息和数据隐私保护机制。这种联动构建了更安全和可信的资源租借生态系统，为边缘计算和车联网应用提供了更强大的支持。

停泊车辆资源管理与边缘计算的结合具有以下重要意义和优点。

1）资源利用最大化。停泊车辆通常处于闲置状态，将它们纳入边缘计算资源池，可以最大限度地利用这些未被充分利用的资源，提高资源利用率。

2）支持分布式计算。停泊车辆的分布性质使其成为分布式计算的理想节点。边缘计算可以将计算任务分散到多个车辆上，实现并行计算，提高计算效率。

3）减轻中心服务器负担。边缘计算将计算任务下放到闲置的车辆上，减轻了中心服务器的负担，降低了云端数据中心的压力和运营成本。

4）支持多样化应用。不同类型的边缘计算应用可能需要不同类型的资源，停泊车辆资源管理可以根据应用需求动态分配资源，以最大化地利用闲置资源。

停泊车辆资源管理作为一个有前景的研究方向，为资源最大化利用提供了一种新的思路，为车辆边缘计算提供了一个新的角度，为减轻中心服务器负担提供了一个新的方向，是分布式计算的一种现实应用。将停泊车辆纳入边缘计算资源池，拓展了边缘计算的范围，使其更加多样化和灵活，提高了整个车联网的可拓展性和稳定性。

7.3.2.3　挑战与解决策略

作为一项较为冷门的研究，停泊车辆资源管理有许多痛点。

1）资源识别与注册。识别可用的停泊车辆并将其注册到资源管理系统中是一项挑战。车辆的停泊位置、计算能力、网络连接状态等信息需要及时更新和管理。

2）资源动态性。车辆的状态和可用性可能随时变化，例如，车辆可能在任何时刻启动并离开停车位。管理这种动态性需要实时监测和调整资源。

3）用户分配和调度。停泊车辆执行的任务通常不是自己的，所以需要协调车主，并进行资源的定价与交易，这种应用的商业价值尚未凸显，缺乏研究。

4）数据安全和隐私。任务通常是在其他车辆上执行的，因此数据的安全性和隐私性问题尤为凸显。数据泄露或不当处理可能会导致隐私问题和安全漏洞。

5）通信成本。车辆资源丰富的停车场通常位于繁华地区或者地下，通信密度大，可能需要部署额外的支持设施，成本较高。

6）协作和共享。多辆车之间需要协作共享资源，确保车辆之间的协作和资源共享效率是一个复杂的问题。

7）监督和管理。监督和管理停泊车辆资源需要一个有效的管理系统，能够实时监测车辆状态、资源利用率和任务执行情况。

有效管理停泊车辆资源需要多方面的策略和技术：需要利用物联网技术自动识别并注册车辆资源，通过实时监控系统跟踪车辆状态和可用性；动态定价和智能调度算法有助于提高资源分配的效率；在数据安全和隐私方面，必须强化加密和保护措施，以保障数据传输的安全；优化网络设计和共享基础设施可以有效降低通信成本；建立集中监控系统并实施用户反馈机制，可以确保资源管理的有效性和透明度，从而提升停泊车辆资源管理的整体效能。

7.4　数学模型

7.4.1　定义

用离散时隙模型 $T = \{1, \cdots, t, \cdots, T\}$ 来描述时间，每个时隙的持续时间定义为 δ。在具体的网络结构中，假设路边布置有 V 个 RSU 或者 BS，每个 RSU 或者 BS 都配备一个车辆边缘计算服务器，所以共有 V 个边缘服务器，表示为 $\mathcal{V} = \{1, \cdots, v, \cdots, V\}$，每个边缘服务器都与由 $\mathcal{K}_v = \{1, \cdots, k, \cdots, K\}$ 表示的一组车辆相关联，使用 S_n 表示边缘服务器在 BS 中的最大存储大小 $n = \{1, 2, \cdots, N\}$。

在每个时隙的开始，每辆车都会生成一个计算任务。用 D 来表示车辆 k 与服务器 v 之间生成的计算任务的大小，它能容忍的最大时延用 τ 来表示。

假设信号传输都是在正交信道上完成的，用 $p_k(t)$ 表示车辆 k 的无线传输功率，其最大值为 $p_k^{\max}(t)$，底噪功率为 σ^2。同时定义 $g_{vk}(t) = G_{vk}^{-l}(t)$ 为服务器 v 与车辆 k 之间的信道增益，$G_{vk}(t)$ 表示边缘服务器 v 与车辆 k 之间的距离，信道带宽用 B 表示，l 表示路径损耗因数的常数。

同时，我们做出以下假设：车辆一旦进入 VEC 服务区域就视作参与 VEC 系统；车辆可以同时传输和处理数据并且车载能源能够满足需求；车辆能够定期向边缘服务器更新其状态信息（速度、位置、任务队列长度、当前计算状态和资源等）。

同时，经验表明，返回的数据通常明显小于上传的数据，因此在计算中忽略了返回数据的传输时间。

7.4.2 系统模型

7.4.2.1 移动性资源管理模型

本小节将主要讨论由于车辆的高移动性，在车辆行驶过程中如何衡量任务是否可在基站覆盖范围内进行处理。

（1）确定性车辆移动

在系统建模方面，考虑 1 个 BS 和 K 个车辆共同组成双向车辆网络，如图 7-14 所示。公路由位于道路沿线的 RSU 覆盖，RSU 配备了边缘服务器[1]。

我们认为 RSU 的覆盖范围是一个半径为 r 的圆形区域，RSU 与道路之间的垂直距离为 d。假设有 K 辆车在 RSU 的覆盖下，在道路上向道路的两个方向行驶。我们将 RSU 和车辆的 ID 集表示为 $\mathcal{K} = \{1, \cdots, k, \cdots, K\}$，其中 RSU 由元素 0 表示，其余元素 1~$K$ 表示车辆。

图7-14 双向车辆网络结构

车辆在城市高速公路上的位置由表示道路的线上的一维坐标表示，原点 $x_0 = 0$ 是 RSU 投影在道路上的坐标，对于车辆 k，$1 \leqslant k \leqslant K$，我们将 x_k 定义为其初始位置。x_0 右侧和左侧的车辆坐标值分别为正值和负值。车辆 k 的行驶速度由 v_k 表示。如果车辆 k 从道路的左侧向右行驶，则 v_k 的值为正，否则，其值为负。将车辆 k 在超出 RSU 覆盖范围之前的剩余距离定义为 s_k，有公式如下：

$$s_k = \sqrt{r^2 - d^2} - \frac{v_k}{|v_k|} x_k$$

其中 r、d 和 $\sqrt{r^2 - d^2}$ 分别表示 RSU 覆盖半径、RSU 到道路的垂直距离和 RSU 在道路上覆盖长度的一半。$\frac{v_k}{|v_k|}$ 表示车辆 k 的行驶方向，因此，在车辆驶出 RSU 的覆盖范围之前，设车辆 k 可以保持其与 RSU 之间的 V2I 通信的时间为 t_{k0}^{hold}，其由下式表示：

263

$$t_{k0}^{\text{hold}} = \frac{s_k}{|v_k|}$$

假设任意两辆车在 V2V 通信中可以保持的最大距离是固定的，并定义为 L，因此可以将公式中车辆 k 和车辆 m 之间的通信保持时间 t_{km}^{hold} 表示如下：

$$t_{km}^{\text{hold}} = \begin{cases} \left|\dfrac{L-|x_k-x_m|}{v_m-v_k}\right|, & L-|x_k-x_m| \geqslant 0, \dfrac{x_k-x_m}{v_k-v_m} \geqslant 0 \\ 0, & L-|x_k-x_m| < 0 \\ \left|\dfrac{2L-|x_k-x_m|}{v_m-v_k}\right|, & L-|x_k-x_m| \geqslant 0, \dfrac{x_k-x_m}{v_k-v_m} < 0 \end{cases}$$

分段函数中的第一项和第三项分别表示两辆汽车的初始位置均在 V2V 通信范围内，第一项表示两辆汽车之间的速度差和位置具有相同符号；第二项表示两辆汽车之间的速度差和位置差具有相反符号；第三项表示两辆车的初始位置在 V2V 通信范围之外，因此两辆车不能通过 V2V 模式进行通信。

（2）不确定性车辆移动

车辆区域转换具有随机性，行驶路径不固定，很难预测车辆未来的行驶区域。但车辆运动具有规律性，其区域转换仅与其以前所在的区域有关，在地理位置上是相邻的，位置分布不会随着时间推移发生变化。可以认为车辆在区域之间的转换具有马尔可夫无记忆性质。因此，车辆从区域 e_i 到 e_j 的概率与其经过基站无关[2]。

将基站覆盖通信区域视为马尔可夫状态，表示为 e_i，$i \in [1, V]$。车辆在两个基站覆盖区域之间移动也可以被视为马尔可夫过程中的状态转换。系统建模方面，将车辆的轨迹视为其经过基站的记录，记录遵循一个序列，车辆在基站之间转换的概率定义为：

$$x_{ij} = P\left(S_{t+1} = e_j \mid S_t = e_i\right) = \frac{\text{Num}\left(e_i, e_j\right)}{\text{Num}\left(e_i\right)}$$

$\text{Num}\left(e_i, e_j\right)$ 是轨迹的数量，前一个基站位于 e_i（基站 e_i），下一个基站位于 e_j（基站 e_j）。$\text{Num}\left(e_i\right)$ 表示轨迹的数量，前一个基站位于 e_i，下一个基站不在 e_i。

车辆在进入基站 e_i 的通信区域后将行驶一段时间，这段时间被定义为在 e_i 的居住时间 st_i，从基站 e_i 移动到下一个基站 e_j 并在基站 e_i 停留时间不超过 t 的概率被定义为：

$$y_{ij}^t = P\left(st_i \leq t \mid S_t = e_i, S_{t+1} = e_j\right)$$

$$= \sum_{\sigma=1}^{t} P\left(st_i = \sigma \mid S_t = e_i, S_{t+1} = e_j\right)$$

车辆在基站 e_i 停留时间不超过 t，然后移动到基站 e_j 的概率表示为：

$$z_{ij}^t = P\left(st_i \leq t, S_t = e_i \mid S_{t+1} = e_j\right)$$

$$= \frac{P\left(st_i \leq t \mid S_t = e_i, S_{t+1} = e_j\right) P\left(S_t = e_i, S_{t+1} = e_j\right)}{P\left(S_t = e_i\right)}$$

$$= P\left(st_i \leq t \mid S_t = e_i, S_{t+1} = e_j\right) \cdot P\left(S_{t+1} = e_j \mid S_t = e_i\right)$$

$$= y_{ij}^t x_{ij}$$

上述过程可以获得车辆从特定区域到其他区域的状态转换概率矩阵。根据车辆的轨迹，上层节点可以根据提出的算法决定将任务缓存在哪些基站对应的边缘服务器中。

假设车辆 k 以 sp_i 的平均速度从 e_i 移动到 e_j，其转换概率可以表示为：

$$o_{ij} = P\left(S_{t+1} = e_j \mid S_t = e_i, S_p = sp_i\right)$$

$$= \frac{P\left(S_p = sp_i \mid S_t = e_i, S_{t+1} = e_j\right) P\left(S_{t+1} = e_j \mid S_t = e_i\right)}{P\left(S_p = sp_i \mid S_t = e_i\right)}$$

$$= \frac{\sum_{\mu=sp_i-\varepsilon}^{sp_i+\varepsilon} P\left(S_p = \mu \mid S_t = e_i, S_{t+1} = e_j\right) \cdot V d_{ij}}{\sum_{\mu=sp_i-\varepsilon}^{sp_i+\varepsilon} P\left(S_p = \mu \mid S_t = e_i\right)}$$

ε 是平均速度的自适应偏差函数，可以假设车辆的速度在偏差范围内具有更高的概率，并且在该范围内增加松弛几乎没有影响，d_{ij} 表示基站 e_i 和基站 e_j 之间的距离，V 表示模拟区域内部基站覆盖的最大数量。

估计车辆在一个区域内以不同速度行驶的停留时间的概率，可以表示为车辆 k 以平均速度 sp_i 行驶时，前一个经过的是基站 e_i，下一个经过的是基站 e_j，并且停留时间不大于 t 的概率，表示为：

$$l_{ij}^t = P\left(st_i \leq t \mid S_t = e_i, S_{t+1} = e_j, S_p = sp_i\right)$$

$$= \frac{P\left(st_i \leq t, S_p = sp_i \mid S_t = e_i, S_{t+1} = e_j\right)}{P\left(S_p = sp_i \mid S_t = e_i, S_{t+1} = e_j\right)}$$

$$= \frac{\sum_{\sigma=1}^{t} \sum_{\mu=sp_i-\varepsilon}^{sp_i+\varepsilon} P\left(st_i \leq \sigma, S_p = \mu \mid S_t = e_i, S_{t+1} = e_j\right)}{\sum_{\mu=sp_i-\varepsilon}^{sp_i+\varepsilon} P\left(S_p = \mu \mid S_t = e_i, S_{t+1} = e_j\right)}$$

车辆 k 在基站 e_i 通信区域内停留的时间不超过 t，然后移动到基站 e_j 的概率可以表示为：

$$g_{ij}^t = P\left(st_i \leqslant t, S_{t+1} = e_j \mid S_t = e_i, S_p = sp_i\right)$$

$$= \frac{P\left(st_i \leqslant t \mid S_t = e_i, S_{t+1} = e_j\right)P\left(S_t = e_i, S_{t+1} = e_j, S_p = sp_i\right)}{P\left(S_t = e_i\right)}$$

$$= P\left(st_i \leqslant t \mid S_t = e_i, S_{t+1} = e_j, S_p = sp_i\right) \cdot P\left(S_{t+1} = e_j \mid S_t = e_i, S_p = sp_i\right)$$

$$= l_{ij}^t o_{ij}$$

7.4.2.2　V2V 通信模型

如图 7-15 所示，考虑一种 VEC 场景，其中多个 BS 沿道路分布，每个 BS 配备一个边缘服务器，负责计算车辆之间的资源分配。当车辆由于车载计算资源有限而无法执行所有本地任务时，它可以将计算任务卸载给 BS 或相同方向行驶的相邻车辆。在这项工作中，主要关注 VEC 中的 V2V 通信计算卸载问题[3]。

如果一辆车由于车载计算资源有限需要卸载其部分计算任务，它首先向附近的 BS 发送服务请求，可以将该车称为任务车辆 k，并将任务车辆通信范围内的车辆称为服务车辆 s。然后，BS 执行车辆任务分配，并从任务车中选择一些

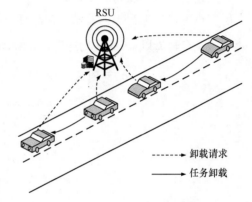

图7-15　V2V通信系统模型

服务车来执行计算任务。在车辆任务分配过程中，为了激励服务车辆贡献其空闲的计算资源，任务车辆为每个卸载任务支付服务费用，被选择的服务车辆根据服务费用为卸载任务分配其部分计算资源。

1）计算模型。假设任务车中的所有卸载任务都是计算密集型的，并且在 VEC 中独立卸载，则 D_n 表示任务的数据大小，C_n 表示完成任务所需的 CPU 周期的计算大小，也就是任务计算量。任务的处理时延为：

$$t_n = \frac{D_n}{r_{ts}} + \frac{C_n}{f_n}$$

其中 r_{ts} 是任务车辆和服务车辆之间的 V2V 通信链路的传输速率，f_n 是服务车辆中用于卸载任务分配的计算资源。类似地，可以用信道容量公式来估计 V2V 通信的传输速率，r_{ts}

表示为：

$$r_{ts} = B\log\left(1 + \frac{P_k d_{mk}^{-l}(t) h_{ts}^2}{\sigma^2 + I_{ts}}\right)$$

P_k 是任务车辆的传输功率，$d_{mk}(t)$ 表示车辆 m、k 之间的距离，l 表示路径损耗因子，h_{ts} 表示 V2V 通信链路的信道增益，I_{ts} 表示由其他的 V2V 通信传输引入的干扰，σ^2 表示高斯白噪声功率。本模型在任务卸载过程中没有考虑排队时间，即如果在任务卸载过程中发生 V2V 通信链路中断，任务卸载将被视为失败，任务效用为负作为惩罚。然后，任务车辆需要为该任务向 BS 重新提交新的服务请求。

2）任务车辆与服务车辆模型。当任务车辆 k 将任务卸载到服务车辆 s 时，它需要向服务车辆提供服务费用，我们假设在服务车中执行计算任务的服务费用与任务的计算量成正比，表示为 $p_n C_n$，其中 p_n 表示单价。对于计算任务 ϕ_n，效率与任务的完成时间有关，可以表示为：

$$U_n = \begin{cases} \log(1 + \tau_n - t_n), & t_n \leqslant \tau_n \\ -P, & t_n > \tau_n \end{cases}$$

其中，$-P < 0$ 表示卸载失败的惩罚常数，U_n 表示任务服务费用，t_n 是任务卸载的时延，τ_n 是任务容忍的最大时延。因此，卸载任务车辆卸载效率可以表示为：

$$H_n^t = U_n - p_n C_n$$

在任务卸载过程中，一旦服务车辆收到服务请求和相应的服务费用，就将为卸载任务贡献其部分计算资源。我们考虑一辆服务车辆的情况，并假设执行计算任务的成本与能量消耗成正比，将分配给任务 ϕ_n 的计算资源记为 f_n。执行任务 ϕ_n 的能耗计算如下：

$$E_n = kf_n^3 \frac{C_n}{f_n} = kf_n^2 C_n$$

其中 $k > 0$ 为一个常数。用于执行任务 ϕ_n 的服务车辆利用效率可以表示为：

$$H_n^s = p_n C_n - \varpi k f_n^2 C_n$$

这里 ϖ 代表的是单位能源消耗价格的系数。服务车辆的效用必须是非负的，因此 f_n 的范围为 $\left[0, \ \min\left\{F_s, \sqrt{P_n / k}\right\}\right]$，其中 F_s 是最大可用计算资源，$\sqrt{P_n / k}$ 是服务车辆的效用非负的情况下获得的 f_n 的上界。

7.4.2.3　RSU 协作模型

本小节主要介绍 RSU 协作下的车辆边缘计算中的资源管理要素，其 V2I 通信网络架构如图 7-16 所示[4]。

采用二进制卸载方法来处理计算任务，用 $\lambda_{vk} \in \{0,1\}$ 表示卸载决策，$\lambda_{vk} = 0$ 表示任务在本地处理，$\lambda_{vk} = 1$ 表示任务将被卸载至其他地方进行计算。

车辆与 RSU 的传输速率表示为：

$$R_{vk}(t) = B\log\left(1 + \frac{p_{vk}(t)g_{vk}(t)}{\sigma^2}\right)$$

其中，$p_{vk}(t)$ 表示在时刻 t 车辆到 RSU 的传输功率，$g_{vk}(t)$ 表示在时刻 t 的信道增益，σ^2 表示噪声功率。

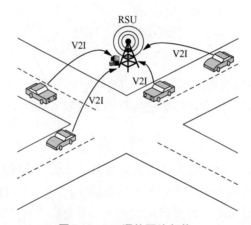

图7-16　V2I通信网络架构

在车载网络中，用 b_{vk} 表示计算 1 bit 计算任务所需的 CPU 周期数，$D_{vk}(t)$ 表示计算任务的数据量大小，$f_{vk}^1(t)$ 表示车辆分配的计算资源，在本地计算中，计算任务是使用车辆的计算资源来处理的，本地计算时间 $\tau_{vk}^1(t)$ 定义为：

$$\tau_{vk}^1(t) = \frac{b_{vk}(1 - \lambda_{vk}(t))D_{vk}(t)}{f_{vk}^1(t)}$$

要在 VEC 中执行任务，车辆 k 必须首先将任务上传到目标 VEC 服务器 v，VEC 服务器分配的计算资源表示为 $f_v(t)$。数据上传时间由以下公式给出：

$$\tau_{vk}^{o}\left(t\right)=\frac{\lambda_{vk}\left(t\right)D_{vk}\left(t\right)}{R_{vk}\left(t\right)}$$

其中，$R_{vk}\left(t\right)$ 表示任务传输的传输速率。此外，边缘服务器中的计算时间如下：

$$\tau_{vk}^{c}\left(t\right)=\frac{b_{vk}\lambda_{vk}\left(t\right)D_{vk}\left(t\right)}{f_{v}\left(t\right)}$$

车辆边缘计算系统的通信和处理时延如下：

$$\tau_{vk}^{tot}\left(t\right)=\tau_{vk}^{o}\left(t\right)+\tau_{vk}^{c}\left(t\right)$$

每辆车在本地维护两个队列：用于本地计算的队列 $Q_{vk}^{l}\left(t\right)$，用于卸载任务到边缘服务器 v 进行处理的队列 $Q_{vk}^{o}\left(t\right)$。此外，每个边缘服务器 v 还为每个连接的车辆创建一个队列 $Q_{vk}^{c}\left(t\right)$。

在每个时隙中，每辆车本地计算的计算任务大小由 $D_{vk}^{l}\left(t\right)$ 表示（单位：bit），它可以表示为：

$$D_{vk}^{l}\left(t\right)=\frac{\tau_{vk}^{l}\left(t\right)f_{vk}^{l}\left(t\right)}{b_{vk}}$$

其中 $f_{vk}^{l}\left(t\right)$ 可以根据任务需求进行调整，同时受车辆最大计算能力 $f_{max}^{l}\left(t\right)$ 的限制，因此本地的计算队列可以表示为：

$$Q_{vk}^{l}\left(t+1\right)=\max\left\{Q_{vk}^{l}\left(t\right)-D_{vk}^{l}\left(t\right),0\right\}+\left(1-\lambda_{vk}\left(t\right)\right)D_{vk}\left(t\right)$$

利用 $D_{vk}^{o}\left(t\right)$ 表示卸载任务的大小，那么能被传送至边缘服务器计算的任务量需要满足以下条件：

$$D_{vk}^{o}\left(t\right)\leqslant R_{vk}\left(t\right)\tau_{vk}^{o}\left(t\right),\forall k\in\mathcal{K}_{v},\forall v\in\mathcal{V}$$

同时，本地的卸载队列 $Q_{vk}^{l}\left(t\right)$ 为：

$$Q_{vk}^{o}\left(t+1\right)=\max\left\{Q_{vk}^{o}\left(t\right)-D_{vk}^{o}\left(t\right),0\right\}+\lambda_{vk}\left(t\right)D_{vk}\left(t\right)$$

对于边缘服务器 v，它为与其连接的每辆车辆 k 创建了一个队列，并为这些车辆分配计算资源。用 $f_{v}\left(t\right)$ 表示边缘服务器 v 分配的计算资源。假设计算资源是以时间共享的方式分配的，计算大小 $D_{vk}^{c}\left(t\right)$ 可以表示为：

$$D_{vk}^{c}(t) = \frac{\tau_{vk}^{c}(t) f_{v}(t) \varphi_{vk}(t)}{b_{vk}}$$

其中，$\varphi_{vk}(t)$ 代表边缘服务器 v 分配给车辆 k 的计算资源的比例，因此有：

$$\sum_{k=1}^{K} \varphi_{vk}(t) \leqslant 1, \forall k \in \mathcal{K}_{v}, \forall v \in \mathcal{V}$$

接下来，定义 Q_{vk}^{c} 为边缘服务器 v 中车辆 k 积压的计算。因此，Q_{vk}^{c} 可以表示为：

$$Q_{vk}^{c}(t+1) = \max\left\{Q_{vk}^{c}(t) - D_{vk}^{c}(t), 0\right\} + D_{vk}^{o}(t)$$

系统中的能耗包含 3 个部分：本地计算能耗、通信能耗和边缘服务器能耗。本地计算能耗为：

$$E_{vk}^{l}(t) = \xi_{k} f_{vk}^{l}(t)^{3} \tau_{vk}^{l}(t)$$

其中，ξ_{k} 是计算能耗系数，传输能耗 $E_{vk}^{o}(t)$ 可以表示为：

$$E_{vk}^{o}(t) = p_{vk}(t) \tau_{vk}^{o}(t)$$

类似地，可以定义边缘服务器 v 完成车辆 k 的任务能耗为：

$$E_{vk}^{c}(t) = \zeta_{v} f_{v}(t)^{3} \varphi_{vk}(t) \tau_{vk}^{c}(t)$$

其中 ζ_{v} 代表计算能耗效率。因此，时隙 t 中整个系统的能耗可以表示为以上三者的总和：

$$E(t) = \sum_{v=1}^{V} \sum_{k=1}^{K} \left[E_{vk}^{l}(t) + E_{vk}^{o}(t) + E_{vk}^{c}(t) \right]$$

7.4.2.4　停泊车辆卸载模型

道路上停泊的车辆之间通常距离很短，可以建立通信连接，一个停泊车辆簇会确定一个地理位置位于中间的车辆作为簇头，负责管理维护整个停车簇，包括簇内资源的管理，为具体的任务分配卸载车辆，管理车辆的加入和离开等。簇内车辆成员会周期性地向簇头发送信息，包括其 ID 号、位置、剩余电量和资源等。

车辆产生的计算任务有本地计算和卸载计算两种方式，如果任务在本地计算的完成时间小于其最大容许时延，则直接在本地计算，否则就卸载至服务器执行。由上面的分析可以知道，服务器分为两种类型：与 RSU 直接相连的边缘服务器和由停泊车辆簇构成的虚拟边缘服务器[5]。

假设车辆产生的计算任务可以用一个三元组表示，车辆 k 产生的计算任务表示为 $T_k = \{D_k, C_k, \tau_k\}$，其中 D_k 表示任务 T_k 的数据大小，C_k 表示完成任务 T_k 所需的计算资源量，τ_k 表示任务 T_k 的最大容许时延。在 RSU 覆盖范围内有一个边缘服务器和停泊车辆簇构成的虚拟边缘服务器，将边缘服务器表示为 V_1，停泊车辆簇表示为 V_2，则服务器集合 $V = V_1 \cup V_2$。

当车辆产生的计算任务选择卸载计算方式时，首先会将任务数据上传，再由服务器分配计算资源对任务进行计算，最后得到任务结果，并将结果返回给车辆。因为计算结果的数据大小通常很小，所以回传计算结果的时延忽略不计。

1）卸载到边缘服务器执行。

当车辆将计算任务卸载到边缘服务器执行时，整个过程的时延包括上传和处理两个过程的时延，即总时延 t_{totalemc} 可以表示为：

$$t_{\text{totalemc}} = t_{\text{tranemc}} + t_{\text{procemc}}$$

其中，t_{tranemc} 表示上传任务数据到边缘服务器的时延，t_{procemc} 表示边缘服务器处理计算任务的时延。

$$t_{\text{tranemc}} = \frac{D_k}{r_{vk}}$$

$$t_{\text{procemc}} = \frac{C_k}{f_{\text{emc}}}$$

其中，r_{vk} 表示车辆和边缘服务器之间的传输速率，f_{emc} 表示边缘服务器分配给车辆 k 的计算资源。根据香农公式，r_{vk} 可以表示为：

$$r_{vk} = B\log_2\left(1 + \frac{P_k g_{vk}}{I + \sigma^2}\right)$$

其中，B 表示信道带宽，P_k 表示车辆的传输功率，g_{vk} 表示车辆和 RSU 之间的信道增益，I 表示最大干扰功率，σ^2 表示高斯白噪声功率。

2）卸载到虚拟服务器执行。

当车辆将计算任务卸载到由停泊车辆簇构成的虚拟服务器时，也包括两部分时延，即总时延 $t_{\text{totalvemc}}$ 可以表示为：

$$t_{\text{totalvemc}} = t_{\text{tranvemc}} + t_{\text{procvemc}}$$

其中，t_{tranvemc} 表示上传任务数据到停泊车辆簇的时延，t_{procvemc} 表示停泊车辆簇处理计算任务的时延，t_{procvemc} 可以表示为：

$$t_{\text{procvemc}} = \frac{C_k}{f_{\text{vemc}}}$$

其中，f_{vemc} 表示边缘服务器分配给车辆 k 的计算资源。

当车辆可以直接与停泊车辆簇进行通信时，t_{tranvemc} 可以表示为：

$$t_{\text{tranvemc}} = \frac{D_k}{2r_{kk}} \cdot \frac{L_{V_2}}{2R}$$

其中，r_{kk} 表示车辆到停泊车辆的通信速率，L_{V_2} 表示停泊车辆簇的长度，R 表示车辆的通信范围，$\dfrac{D_k}{2r_{kk}}$ 表示一跳数据传输的平均传输时延，$\dfrac{L_{V_2}}{2R}$ 表示数据传输到指定停泊车辆的平均通信跳数。

如果车辆不能直接和停泊车辆簇进行通信，就需要借助 RSU 的帮助将任务数据传输到停泊车辆簇，此时 t_{tranvemc} 可以表示为：

$$t_{\text{tranvemc}} = \frac{D_k}{r_{vk}} + \frac{D_k}{K \times \overline{r_{kk}}}$$

其中，$\dfrac{D_k}{r_{vk}}$ 表示任务数据从车辆传输到 RSU 的时延，K 表示参与处理任务的停泊车辆数量，$\overline{r_{kk}}$ 表示所有停泊车辆与 RSU 之间的平均传输速率，$\dfrac{D_k}{K \times \overline{r_{kk}}}$ 表示任务数据从 RSU 传输到停泊车辆簇的时延。$\overline{r_{kk}}$ 可以表示为：

$$\overline{r_{kk}} = B\log\left(1 + \frac{P_k g_{kk}}{I + \sigma^2}\right)$$

其中，g_{kk} 表示车辆和 RSU 之间的信道增益。

7.4.3　优化目标

车辆边缘计算的数学建模本质上是建立一个优化问题，其思路是将想要优化的因素表述为目标函数，与之相关的各种限制条件则用相关约束来表述。例如，如果目标是提高任务处理速度，则限制条件一般是能耗的大小和 CPU 的最大计算性能等。VEC 中的优化问题一般有以下 3 类。

（1）效用最大化

以 7.4.2.2 小节中的 V2V 通信系统模型为例。

在 VEC 系统中，考虑将任务车辆表示为 V_t。V_t 通信范围内的服务车辆表示为 $S=\{V_1,\cdots,V_s,\cdots,V_S\}$，当 V_t 向 BS 发送任务卸载请求时，BS 开始分配卸载任务。假设在一个周期内 V_t 有 N 个卸载任务，表示为 $\Phi=\{\phi_1,\cdots,\phi_n,\cdots,\phi_N\}$。对于每个卸载任务，BS 动态地选择服务车辆，并通过观察车辆环境来确定相应的服务价格。服务车辆完成任务后，将执行结果发送给任务车辆 V_t 和 BS，BS 对执行结果进行验证，并将结果的有效性发送给 V_t。如果执行结果有效，并且卸载时延在任务的最大可容忍时延之内，则任务车辆 V_t 将向服务车辆支付服务费用。否则，服务车辆将不会从 V_t 获得收益。在整个 V2V 计算卸载中，BS 中的车辆任务分配问题被描述为一个优化问题，目标是使 V_t 的效用最大化，同时考虑车辆的机动性、计算能力和可靠性。优化问题的公式如下：

$$\underset{A}{\text{maximize}}\quad \frac{1}{N}\sum_{n=1}^{N}\sum_{s=1}^{S}x_n^s H_n^t$$

subject to

C1:　$x_n^s \in \{0,1\}$ $\qquad\qquad\qquad\qquad \forall n\in\Phi, s\in S$

C2:　$\sum_{s=1}^{S}x_n^s=1$ $\qquad\qquad\qquad\qquad\quad \forall n\in\Phi$

其中 $A=\{a_1,\cdots,a_n,\cdots,a_N\}$，同时 $a_n=\{x_n^1,\cdots,x_n^s,\cdots,x_n^S;p_n\}$。在约束条件 C1 中，$x_n^s=1$ 意味着任务 ϕ_n 被卸载到服务车辆 V_s，$x_n^s=0$ 则不会被卸载。约束 C2 保证计算任务只卸载到一辆服务车辆上。此外，还应添加一些约束来保证卸载任务的完成时间小于 V_t 和 V_s 之间的 V2V 通信链路时长，再添加一个约束确保所选服务车辆的可靠性高于阈值。

（2）能耗最小化

以 7.4.2.3 小节中的 RSU 协作模型为例。

优化问题以队列稳定性和资源为限制条件，通过组合任务卸载策略和资源分配策略来实现能量最小化。可以提出如下的优化问题：

$$\underset{\Omega(t)}{\text{minimize}}\ E = \lim_{T \to \infty} \frac{\sum_{t=0}^{T-1} \mathbb{E}\{E(t)\}}{T}$$

subject to

C1：$\lambda_{vk}(t) \in \{0,1\}$ $\qquad\qquad \forall k \in \mathcal{K}_v, \forall v \in \mathcal{V}$

C2：$0 \leqslant p_{vk}(t) \leqslant P_{\max}^1(t)$ $\qquad\qquad \forall k \in \mathcal{K}_v, \forall v \in \mathcal{V}$

C3：$0 \leqslant f_{vk}^1(t) \leqslant f_{\max}^1(t)$ $\qquad\qquad \forall k \in \mathcal{K}_v, \forall v \in \mathcal{V}$

C4：$D_{vk}^o(t) \leqslant R_{vk}(t)\tau_{vk}^o(t)$ $\qquad\qquad \forall k \in \mathcal{K}_v, \forall v \in \mathcal{V}$

其中 $\Omega(t) = \{\lambda_{vk}, f_{vk}^1(t), p_{vk}(t), D_{vk}^0(t)\}$ 在这里，约束条件 C1 表示任务要么被卸载，要么在本地执行；约束条件 C2 表示在卸载任务时无线传输功率必须小于预定义的最大值；C3 表示 CPU 周期频率的约束条件；C4 表示卸载速率有限制。

此外，还应考虑以下方面的约束：①队列长度不能为负；②队列的平均速率应该是稳定的；③VEC 服务器资源状况；④到达的任务能否按时完成。

（3）时延最小化

以 7.4.2.4 小节中的停泊车辆卸载模型为例。考虑该场景下的最小化时延问题，假设车辆集合为 $C = \{C_1, C_2, \cdots, C_N\}$，在一个时间周期内，每辆车有 S 个计算任务，车辆的卸载决策集合为 $\lambda = \{\lambda_1, \lambda_2, \cdots, \lambda_N\}$。则优化问题可以表述为：

$$\underset{C,\lambda,V}{\text{minimize}}\ \frac{1}{N}\sum_{n=1}^{N}\sum_{s=1}^{S} t_{\text{total}}$$

subject to

C1：$\lambda_i \in \{0,1\}$ $\qquad\qquad \forall \lambda_i \in \lambda$

C2：$f_{\text{vemc}} \leqslant f_{\text{vemc}}^{\max}$ $\qquad\qquad \forall V_2$

C3：$f_{\text{emc}} \leqslant f_{\text{emc}}^{\max}$ $\qquad\qquad \forall V_1$

C4：$P_v \leqslant P_i^{\max}$ $\qquad\qquad \forall C$

约束条件 C1 表示任务要么卸载至边缘服务器，要么卸载至停泊车辆组成的虚拟边缘服务器；约束条件 C2、C3 表示边缘服务器和边缘服务器提供的计算资源不能超过其计算资源最大值；C4 表示车辆发射功率的限制。

7.5   研究工作

笔者在 IEEE Xplore 上检索了与车辆边缘计算相关的论文，共计 3041 篇，且随时间呈上升趋势，如表 7-1 所示。车辆边缘计算是边缘计算范式的重点应用场景之一。论文研究方向主要可以分为 RSU 负载均衡、车辆计算资源反向利用、V2I 和 V2V 协同卸载 3 类。下面将从这 3 个方面展开介绍相关的研究工作。

表 7-1   车辆边缘计算相关论文数量

年份/年	2018及以前	2019	2020	2021	2022	2023
数量/篇	342	276	421	516	647	839

7.5.1   关于 RSU 负载均衡的研究

车辆边缘计算能够将任务从车辆卸载到部署在路边单元 RSU 上的边缘服务器上，从而提高车辆的任务处理性能。但是在车辆边缘计算场景中，车辆的地理分布不均匀，会导致边缘服务器之间负载不平衡，在车辆密集地区边缘服务器会发生过载和性能下降，在车辆稀疏地区边缘服务器会有大量闲置资源。如何解决边缘服务器之间负载均衡的问题是车辆边缘计算的重大挑战之一。

文献[1]：为了实现车辆边缘计算中 RSU 的负载均衡，需要对从车辆、边缘服务器和网络获取的信息进行集中管理。在软件定义网络（SDN）中，数据平面和控制平面是相互分离的，因此可以将 SDN 引入车辆边缘计算网络，采用集中式 SDN 控制器来集中管理车辆和网络的信息。因此，本文提出的基于 SDN 的任务卸载架构采用 V2V 和 V2I 两种通信模式，将所有边缘服务器作为某辆车的候选卸载服务器，通过对卸载问题进行建模，将卸载问题表述为约束优化问题。为了实现边缘服务器之间计算资源的负载均衡，文中提出了一种基于 SDN 的负载均衡任务卸载方案，旨在将所有计算任务的处理时延降至最低。同时文中还提出了两种基于博弈论的方案，即最近卸载算法和预测卸载算法，以验证负载均衡任务卸载方案的有效性。文章最后设计了仿真实验，将负载均衡任务卸载方案和两种基于博弈论的卸载方案进行比较，实验结果表明，随着车辆总数的增加，负载均衡任务卸载方案在边缘服务器的负载均衡和总任务处理时延方面都有更优秀的表现。

文献[7]：在车辆边缘计算场景中，越来越多的终端设备争夺 MEC 服务，MEC 服务器在计算能力、通信频谱和存储方面的资源限制可能会成为瓶颈。本文中考虑到终端设备任务生成的动态性和 MEC 服务器的资源可用性，以及在实际的排队模型中，由于服务需求激增及缺乏通信和计算资源，任务可能不得不放置在缓冲区中，所以一次性优化方法无法捕获这些资源。因此，针对上述情况，本文中引入存储-携带-转发中继，促进 MEC 系统中的任务上传，以最大限度地降低端到端服务时延为目标，建立了一个单队列多服务器模型，并开发了一个马尔可夫链来表征队列动态和 MEC 服务器上车辆中继和资源可用性的不确定性。本文中设计了一种中继方案，来决策服务器选择和任务卸载。最后文中设计了仿真实验，将所提出的中继策略与基线调度策略进行了比较，后者是无中继策略直接将任务卸载到 MEC 服务器。比较两种策略在不同平均任务到达时间、平均任务到达率下的平均时延，可以得出使用中继的策略更具优势，且可以有效解决边缘服务器负载均衡的问题。

文献[8]：车辆边缘计算环境下任务卸载可以大大增强车辆的计算能力，但是在高度动态的环境下，想要设计一个基于卸载的稳定系统是十分困难的。特别是由于车辆边缘系统上的计算和网络资源是异构的，变化非常快，且随着车辆数量的增加，资源会变得拥堵。文中认为基于 ML 的预测是在这种高度动态的环境中可以使用的有效方法之一。本文中提出了一种基于机器学习的两阶段车辆边缘编排器，它不仅考虑了任务是否能够完成，还考虑了服务时间。在第一阶段，分类器模型预测每个目标设备的卸载选项结果是否成功。在第二阶段，回归模型估计相关选项的服务时间。最后，选择承诺最短服务时间的目标设备。文中还设计了仿真实验，综合考虑了车辆应用程序的特征、上传/下载大小、任务的计算足迹、LAN、城域网和广域网模型及车辆的移动性，评估了所提出的编排器对车辆边缘计算负载和拥堵相关的通信和计算时延。仿真结果表明，基于 ML 的工作负载编排器在平均任务失败率和体验质量（包括服务时间）方面表现良好。

文献[9]：在许多车辆边缘计算场景中，车辆地理分布不均会造成边缘服务器之间负载不平衡，并导致热点地区边缘服务器的过载和性能下降问题。因此，本文中提出了一种 RSU 协同联合任务卸载和资源分配算法，可以将卸载到高负载边缘服务器的任务进一步卸载到其他低负载边缘服务器。本文中综合考虑了任务部分卸载模式、每个 RSU 边缘服务器上的任务排队和负载均衡、每个车辆的任务处理时延容限及每个车辆在其 RSU 覆盖下的保持时间，在保证每辆车的任务处理时延容忍度和所有车辆保持时间约束的同时，最小化所有车辆的总任务处理时延。为了平衡所有 RSU 上卸载任务的负载，文中使用博弈论来模拟基于 RSU 协同的任务卸载竞争过程，建模得到混合整数非线性规划优化问题。文中设计了一种两阶段迭代算法，将该问题分解为任务部分卸载和信道分配子问题，以及 RSU 负载均衡子问题，然后迭代求解。最后文中在 7 个场景下通过改变不同的关键参数进行了广泛模拟，包括不同数量的 RSU、不同数量的高负载 RSU、边缘服务器的不同计算资源、不同的车辆计算资源、不同的信道带宽、不同的车辆任务数据大小、不同的车辆任务处理时延容限，以及车辆的不同保持时间。仿真结果表明，文中所提算法相比于其他参考方案更具有优势。

7.5.2 关于车辆计算资源反向利用的研究

在车辆边缘计算中，由于基础设施建设不足和边缘服务器计算资源瓶颈，车辆产生的大量计算密集型任务无法在容许时延内得到处理。针对这一问题，一种可行的解决方案就是，利用车辆携带的计算资源辅助 RSU 等边缘计算设备，共同参与计算任务的处理。下面将介绍利用闲置车辆的计算资源为其他车辆提供边缘服务的部分相关研究工作。

文献[10]：针对车辆边缘计算场景下计算资源有限、计算时延严格、实时任务需求统计未知等关键挑战，又提出可以将移动车辆看作潜在的边缘服务器，为车辆边缘计算应用提供计算资源。因此，本文中提出了一种分布式聚类策略，根据可用的计算资源、有效连接时间和任务的预期截止时间分布，将车辆分类为多个协作边缘服务器。然后，为了实现系统服务收益最大化，提出了"小于或等于"广义分配问题（LEGAP），并在此基础上提出了一种基于离线边界的最优（BBO）算法，以全局视图对任务的需求统计进行周期性调度，通过遵循贪婪解进行快速分支，并通过求解多项选择背包问题推导出每个分支的上限。文中还提出了一种在线启发式算法，该算法可以做出实时卸载决策，并保证所有计算服务器的资源容量永远不会因新任务的到来而超出。最后文中设计了仿真实验，将所提出的BBO 算法与在线 DRL 算法、在线随机算法、在线 Revenue_First 算法和在线 R2C_First 算法 4 种在线算法进行比较，得出 BBO 算法可以以更低的时延卸载任务并获得最高的服务收益，在线启发式算法在提高服务比率方面表现最好，证明了所提方法的有效性。

文献[3]：车辆之间共享闲置的计算资源是提高车辆边缘计算中任务处理效率的有效方法，但是由于车辆的高机动性，缺乏适应动态车辆环境的最优任务卸载策略，而且车辆计算卸载经常发生在不熟悉的车辆之间，如何在激励车辆共享其计算资源的同时保证任务卸载中资源分配的可靠性是一个重大挑战。因此，本文中提出了一个基于区块链的车辆边缘计算架构，以确保 V2V 任务卸载的可靠性和效率，其中边缘服务器用于维护区块链，区块链负责根据历史交易评估车辆的可靠性，并进一步激励车辆进行适当的资源分配，同时区块链中的智能合约通过自动运行车辆计算卸载算法，促进车辆计算资源按需共享。文中开发的基于智能合约的车辆任务卸载方案利用动态定价和深度强化学习来激励车辆贡献其闲置的计算资源，为了使所提方案适应动态车辆环境，在任务卸载中考虑了车辆的计算能力、V2V 通信链路状态和服务车辆的可靠性。最后设计了仿真实验，将文中所提的任务卸载算法与贪婪任务卸载算法和随机任务卸载算法进行比较，结论表明文中所提方案在平均效用、卸载任务完成率、卸载任务平均时延方面都有更佳的表现。

文献[11]：为了促进网络资源的高效利用，车辆可以通过协同计算卸载的方式将任务转移到邻近资源丰富的车辆上，但是车辆之间的协同计算卸载面临着安全性和服务器车辆信

277

息不足等挑战。区块链作为一种去中心化的数据存储技术,具有分布式处理、多方共识和防篡改等特点,可以实现多方之间的数据安全同步和共享,并保证信息的可信度。因此,本文中认为可以将区块链技术集成到车载边缘计算网络中,从而在 MEC 服务器之间建立高效、安全的数据共享机制,提高系统的协作性和安全性。文中提出了一种基于区块链技术的车辆协同计算方法,并提出了一种结合服务证明和实用拜占庭容错(Practical Byzantine Fault Tolerance,PBFT)的共识机制,以实现 MEC 网络之间的数据同步,防止恶意攻击。为了帮助用户在卸载计算任务时做出正确的卸载决策,文中提出了一个用于协同计算卸载场景的卸载模型,其中用户车辆可以选择具有不同卸载概率的路边 MEC 服务器或邻近资源丰富的车辆来执行应用程序并实现纳什均衡。最后文中设计了仿真实验,比较了所提出的卸载策略和其他几种不同的卸载策略在时延、卸载概率等方面的结果,证明了所提方法的有效性。

文献[12]:车辆边缘计算涉及大量时延敏感型和计算密集型任务,这些任务很难仅由资源受限的车辆单独处理,也无法完全卸载到边缘设施(如路边单元),因为它们的覆盖不完整。因此将任务部分卸载到其他车辆上,充分利用车辆的闲置和冗余资源是一种可行的方法,称为车辆协同边缘计算。因此,本文中总结提出车辆协同边缘计算面临的三大重要挑战,分别是短期决策加上长期队列时延约束、信息不确定性和任务卸载冲突。文中针对这 3 个问题应用 Lyapunov 优化将原始问题解耦为 3 个子问题,然后逐一解决:第一个是用户车辆侧的联合任务拆分和局部资源分配,采用拉格朗日乘子法得到最优结果;第二个是任务卸载选择,为此文中开发了一种基于 UCB 算法学习匹配的方法来估计每个任务卸载候选任务的性能;第三个是协同车辆的边缘计算资源分配,通过精心设计的贪婪方法解决。最后文中利用无波动的场景和具有真实车辆交通的真实道路拓扑来评估所提出的解决方案,结果表明,文中所提出的解决方案在能耗、任务积压和端到端时延方面具有优越的性能。

文献[13]:随着车辆数量的不断增加,边缘计算能力有限,VEC 服务器无法承担海量计算密集型任务的计算需求。因此本文中提出了一种反向卸载框架,可以充分利用车辆计算资源来减轻 VEC 服务器的负担,并进一步降低系统时延。在所提出的卸载框架下,针对非分区任务和分区任务设计了二进制反向卸载(BRO)和部分反向卸载(PRO)策略。文中通过优化反向卸载决策以及通信和计算资源分配来制定系统时延最小化问题。非凸变量和现有变量的耦合,将原始问题转化为等效加权和优化问题。在备择优化的基础上,将加权和优化问题解耦为两个子问题,推导了车辆和 RSU 的传输功率和计算频率的闭式表达式。针对 BRO 和 PRO 策略,分别提出了基于低复杂度贪婪的高效搜索(GES)算法和基于联合备择优化的双截面搜索(JAOBSS)算法。最后文中设计了仿真实验,将所提出的算法与穷举搜索方案、仅边缘服务器卸载方案、仅车辆反向卸载方案、固定决策方案进行了比较,探究了各算法下不同车辆数量和边缘服务器计算能力对平均时延的影响,最终结果显示文中所提算法比其他方案更具优势。

文献[14]：由于计算资源有限，升级成本高昂，仅靠车载处理器无法满足新兴且不断升级的车载应用的服务质量要求，计算卸载是解决过多计算密集型任务的可行解决方案之一，当特定路段的任务密度突然增加时，可以充分利用周围车辆的闲置计算资源。但是车辆的高移动性和车辆网络的自组织性使得车辆边缘计算的卸载性能不够稳定，因此，本文中提出了一个用于未来网络状态预测的移动性预测模型，来为车辆任务卸载决策提供重要参考信息。文中将计算资源不足的车载网络卸载问题作为马尔可夫决策过程，设计了一种基于主动调整（PATO）的自适应任务卸载方案，以保持稳定的任务卸载性能。该方案包括状态处理模型和基于深度强化学习的任务卸载算法。最后文中通过大量的仿真实验将 PATO 方案与现有的基于深度强化学习的方案和另外两种传统方案进行了比较，实验结果表明在计算资源不足的高动态车载网络下，PATO 方案平均卸载效用可提高 95.4%，完成率提高 15.8%，PATO 方案在任务卸载性能方面的稳定性和适应性都比其他方案更具优势。

文献[15]：考虑了车辆边缘计算中车辆的能耗情况，本地执行繁重的工作负载可能会消耗车辆的大量能源，提高能源效率的一个可行方法是在车辆之间共享和协调计算资源。如何决定哪些车辆参与资源共享及它们共享资源的时间，以便所有参与者都能从资源共享中受益是文中主要想解决的问题。因此，本文中提出了一个用于车辆边缘计算系统中能源感知资源管理的框架，称为 VECMAN，该框架由两种算法组成：一是资源选择器算法，该算法在本地 RSU 上周期运行并确定参与车辆（即共享资源车辆）的集合及资源共享的持续时间；二是能量管理器算法，该算法在每个资源共享时间段内以更细化的时间段周期运行，并确定每个参与车辆（即任务卸载车辆和共享资源车辆）的状态、任务卸载车辆工作负载的副本数量及要卸载的工作负载量，以便将所有参与车辆的能源消耗降至最低。最后文中使用在德国科隆市收集的真实车辆移动性数据集测试了所提出的 VECMAN 架构，结果表明与在本地执行工作负载的方案相比，VECMAN 实现了 7%～18%的节能，与仅将工作负载卸载到 RSU 的基线相比，平均节省了 13%的能源。

7.5.3　关于 V2I 和 V2V 协同卸载的研究

在车辆边缘计算场景下，车辆产生的计算任务可以在本地执行，但是由于本地资源的限制，通常会考虑将计算任务卸载。常见的卸载方式主要有两种：一种是基于 V2I 连接的任务卸载至 RSU 等边缘服务器，另一种是基于 V2V 连接的任务卸载至其他能提供计算资源的车辆。如何制定合理有效的卸载策略是车辆边缘计算的主要挑战之一，下面将介绍有关 V2I 和 V2V 协同卸载的部分研究工作。

文献[16]：静态的边缘服务器部署可能会导致车辆边缘计算中服务质量降低，因此，本文中探索了一种车辆边缘计算网络架构，其中车辆可以作为移动边缘服务器，为附近的用户提供计算服务。因为车辆边缘服务器和固定的静态边缘服务器共存于同一网络中，所以需要合适的任务卸载策略和资源分配方案。文中针对这一情况提出了一个优化问题，以最大限度地提高车辆边缘计算网络的长期效用，考虑随机车辆交通、动态计算请求和时变通信条件，进一步将该问题表述为半马尔可夫过程，并提出了两种强化学习方法：基于 Q 学习的方法和深度强化学习方法，以获得计算卸载和资源分配的最优策略。最后文中设计了仿真实验，将所提出的两种方法与其他两种方法（仅车辆卸载和仅静态边缘服务器卸载）进行了比较，通过改变车辆数目和计算任务所需的资源大小，比较了 4 种方法的时延和成本，结果表明，文中所提方法具有更好的性能。

文献[1]：车辆和路边单元 RSU 可以相互协同来提高车辆的任务处理能力，并针对车辆边缘计算的资源管理提出了一种任务卸载和资源分配联合方案，通过任务调度、通道分配、车辆和 RSU 的计算资源分配等方式，将所有车辆的总任务处理时延降至最低。因此，本文中创新性地考虑了数据大小、计算量、时延容许和任务类型等多个属性对卸载决策的影响，同时根据车辆是否有任务卸载需求和提供任务处理服务，将车辆分为 4 组。每辆车可以在本地执行任务处理，还可以通过 V2I 连接将任务卸载到 RSU 进行任务处理，也可以通过 V2V 连接将任务卸载到其他车辆进行任务处理。文中提出了一种基于广义弯曲分解和重构线性化方法的算法，以求解最优解，还设计了一种启发式算法，用于提供计算复杂度较低的次优解。最后通过设计仿真实验，将文中所提算法和仅本地计算、仅 RSU 辅助、固定任务卸载、等计算资源分配和随机信道分配方案进行比较，并改变车辆数目、信道带宽、RSU 计算资源大小、任务数据大小、车辆行驶速度，最后的结果显示所提方案的性能明显优于其他 4 种方案。

文献[17]：在车辆边缘计算下，服务缓存决策和计算卸载决策高度相关，车载网络的高度动态拓扑结构和资源受限的边缘服务器有限的缓存空间具有很大的局限性。因此，本文中设计了一种边缘服务缓存和计算卸载架构，该架构结合了云服务器、边缘服务器和车辆之间的协同工作，任务车辆通过 V2V/V2I 通信，可以选择性地将计算任务卸载到云端、边缘服务器或者其他车辆进行任务处理。文中所提方案考虑了动态任务请求、卸载和服务缓存，以及每个时隙车辆与边缘服务器之间的动态信道条件，以最小化时隙内累计平均任务的处理时延为目标，并采用了一种基于深度确定性策略梯度的边缘缓存和卸载方案，以有效地做出任务卸载和服务缓存决策。最后文中设计了仿真实验，将所提方法与基于时延最小化的卸载、基于能量最小化的卸载、随机边缘缓存和卸载等方法进行比较，根据实验结果可以看出，文中提出的方法在时延和能耗方面都要优于其他方法。

文献[18]：针对高动态车辆环境的智能任务卸载场景，包括智能车辆和 RSU，它们可以协同进行资源共享，同时也面临着提高 QoS 和 QoE 等挑战，本文中提出了部分卸载策略，允许车辆在距离其位置和环境状态一定距离处搜索合适的服务器，将任务部分卸载到服务器上进行运算。为了能够做出高效的卸载决策，本文中还定义了一个成本函数来计算目标任务的执行成本，同时考虑能耗、传输时延和处理时延等性能指标，将任务卸载问题表述为优化问题，并设计了基于双深度 Q 网络（Double Deep Q-Network，DDQN）的算法。所提出的算法旨在使目标任务相对于卸载车辆优先级（可能是计算时延或能耗）的平均加权计算成本最小化。因此，它允许卸载车辆通过观察环境来了解卸载成本，并在每一步做出最佳决策，选择最佳边缘服务器（无论是车辆还是 RSU）进行卸载。文中所提算法由评估神经网络和目标神经网络组成，前者旨在为每个计算卸载步骤生成动作值，而后者则用于生成目标 Q 值和训练所提算法的参数。最后文中设计了仿真实验，将所提算法与现有的卸载方法进行了比较，仿真结果表明，所提算法在不同情况下的平均卸载成本均能取得较好的性能，验证了所提方法的可行性和有效性。

参考文献

[1] FAN W H, SU Y, LIU J, et al. Joint Task Offloading and Resource Allocation for Vehicular Edge Computing Based on V2I and V2V Modes[J]. IEEE Transactions on Intelligent Transportation Systems, 2023, 24(4): 4277-4292.

[2] YU G H, HE Y X, WU J, et al. Mobility-Aware Proactive Edge Caching for Large Files in the Internet of Vehicles[J]. IEEE Internet of Things Journal, 2023, 10(13):11293-11305.

[3] SHI J M, DU J, SHEN Y, et al. DRL-Based V2V Computation Offloading for Blockchain-Enabled Vehicular Networks[J]. IEEE Transactions on Mobile Computing, 2023, 22(7):3882-3897.

[4] KUMAR A S, ZHAO L, FERNANDO X. Task Offloading and Resource Allocation in Vehicular Networks: A Lyapunov-Based Deep Reinforcement Learning Approach[J]. IEEE Transactions on Vehicular Technology, 2023, 72(10):13360-13373.

[5] 孙麒惠. 停车辅助下车辆边缘计算中的双重任务卸载策略研究[D]. 天津：天津师范大学, 2022.

[6] ZHANG J, GUO H Z, LIU J J, et al. Task Offloading in Vehicular Edge Computing Networks: A Load-Balancing Solution[J]. IEEE Transactions on Vehicular Technology, 2020, 69(2):2092-2104.

[7] DENG Y Q, CHEN Z G, CHEN X H, et al. How to Leverage Mobile Vehicles to Balance the Workload in Multi-Access Edge Computing Systems[J]. IEEE Transactions on Vehicular Technology, 2021, 70(11):

12283-12286.

[8] SONMEZ C, TUNCA C, OZGOVDE A, et al. Machine Learning-Based Workload Orchestrator for Vehicular Edge Computing[J]. IEEE Transactions on Intelligent Transportation Systems, 2021, 22(4):2239-2251.

[9] FAN W H, HUA M Y, ZHANG Y Y, et al. Game-Based Task Offloading and Resource Allocation for Vehicular Edge Computing With Edge-Edge Cooperation[J]. IEEE Transactions on Vehicular Technology, 2023, 72(6):7857-7870.

[10] WANG J H, ZHU K, CHEN B, et al. Distributed Clustering-Based Cooperative Vehicular Edge Computing for Real-Time Offloading Requests[J]. IEEE Transactions on Vehicular Technology, 2022, 71(1):653-669.

[11] LANG P, TIAN D X, DUAN X T, et al. Cooperative Computation Offloading in Blockchain-Based Vehicular Edge Computing Networks[J]. IEEE Transactions on Intelligent Vehicles, 2022, 7(3):783-798.

[12] QIN P, FU Y, TANG G M, et al. Learning Based Energy Efficient Task Offloading for Vehicular Collaborative Edge Computing[J]. IEEE Transactions on Vehicular Technology, 2022, 71(8):8398-8413.

[13] FENG W Y, ZHANG N, LI S C, et al. Latency Minimization of Reverse Offloading in Vehicular Edge Computing[J]. IEEE Transactions on Vehicular Technology, 2022, 71(5):5343-5357.

[14] LIU J H, LIU N, LIU L, et al. A Proactive Stable Scheme for Vehicular Collaborative Edge Computing[J]. IEEE Transactions on Vehicular Technology, 2023, 72(8):10724-10736.

[15] BAHREINI T, BROCANELLI M, GROSU D. A Framework for Energy-Aware Resource Management in Vehicular Edge Computing Systems[J]. IEEE Transactions on Mobile Computing, 2023, 22(2):1231-1245.

[16] LIU Y, YU H M, XIE S L, et al. Deep Reinforcement Learning for Offloading and Resource Allocation in Vehicle Edge Computing and Networks[J]. IEEE Transactions on Vehicular Technology, 2019, 68(11): 11158-11168.

[17] XUE Z, LIU C, LIAO C L, et al. Joint Service Caching and Computation Offloading Scheme Based on Deep Reinforcement Learning in Vehicular Edge Computing Systems[J]. IEEE Transactions on Vehicular Technology, 2023, 72(5):6709-6722.

[18] MALEKI H, BAŞARAN M, DURAK-ATA L. Handover-Enabled Dynamic Computation Offloading for Vehicular Edge Computing Networks[J]. IEEE Transactions on Vehicular Technology, 2023, 72(7): 9394-9405.

第 **8** 章

工业物联网中的边缘计算资源管理技术

工业物联网（Industrial Internet of Things，IIoT）作为第四次科技革命的核心力量之一，与新一代信息技术在工业领域中紧密结合，不仅创造了全新的工业场景，还渗透进了许多传统的制造业，提高了整个行业的生产效率和产品质量，成为现代工业高质量发展的"金钥匙"。IIoT 的发展需要将物联网技术广泛融入生产、运维、监控、物流等领域，涉及大量的数据采集、处理和分析等环节，需要充分的通信、算力、存储等资源支持和统一完整的协同调度模式。

传统工厂中各类设备的通信协议繁杂、接口种类繁多、自动化水平低等大量数字化转型阻碍依然存在，致使产品成本上升和系统效率下降。另外，基于 IIoT 的终端设备资源有限，大多仅支持小规模数据处理，因此难以满足日益增长的大数据分析需求和承载大规模的 AI 应用。为了高效连接传统制造与智能制造，打造现代工业全要素、全产业链、全价值链互联互通的新格局，边缘计算作为一种将数据采集、处理、存储和分析从中心云端向网络边缘移动的新型计算模式，可以实现生产设备、传感设备、网络基础设施及云中心之间的有效协同，支持异构设备大量接入，能够确保数据实时处理，保持计算任务负载均衡，提高整体生产效率，优化制造资源配置，对于 IIoT 未来的发展意义重大。

IIoT 中边缘计算的优势之一在于与各种新型技术相结合：与区块链技术紧密配合，可以为企业和供应链管理提供更高的数据安全性和协同能力；引入工作流调度系统，能够充分利用各类设备数据，精确管理、维护和优化生产流程；应用数据协同缓存技术，可以提高各设备间数据访问效率和系统长期运行的稳定性、可靠性；结合数字孪生技术则为现代制造业打开现实世界与数字世界之间互动、融合的大门。

本章将从 IIoT 的概念与发展现状出发，介绍 IIoT 中边缘计算的意义、未来的需求与挑战、结构特点。然后，分析与之紧密相关的区块链、工作流调度、数据协同缓存、数字孪生中的资源管理技术及其系统模型。最后，介绍近年来 IIoT 边缘计算资源管理技术的相关研究工作。

8.1 工业物联网边缘计算概述

8.1.1 工业物联网的概念

IIoT 是把传统物联网技术延伸至工业领域的新兴概念。它通过将各类传感器或控制器与新型通信技术相融合，感知、管控工业生产过程中各个环节，从而提高工业生产效率，提高产品质量，降低产品成本及资源消耗，促进传统工业向智能化转型。2017 年，中国电子技术标准化研究院等相关单位发布的《工业物联网白皮书（2017 版）》指出：工业物联网是通过工业资源的网络互连、数据互通和系统互操作，实现制造原料的灵活配置、制造过程的按需执行、制造工艺的合理优化和制造环境的快速适应，达到资源的高效利用，从而构建服务驱动型的新工业生态体系。对其定位为：支撑智能制造的一套使能技术体系。

如图 8-1 所示，IIoT 的概念与一些被广泛接受的概念密切相关，如网络物理系统（Cyber Physical System，CPS）、物联网、工业互联网和工业 4.0。CPS 为物理世界和信息世界之间提供了一个基于万物互联的蓝图，代表了上述名词中最广泛的概念。物联网是把所有物品通过信息传感设备与互联网连接起来，进行充分的信息交换，以实现智能化识别和管理。工业互联网由美国五大公司（通用电气公司、美国电话电报公司、IBM、英特尔和思科）发起的工

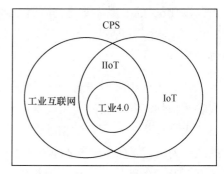

图8-1　与IIoT密切相关的概念

业互联网联盟（Industrial Internet Consortium，IIC）提出，主要关注创新网络的建设、应用和标准化，加强数据流通，实现整个工业领域的数字化转型。同时，物联网和工业互联网交叉，这个交叉点被称为 IIoT。IIoT 被工业互联网包含，但它更注重"物"之间的连接与通信，重点针对工业现场网络接入层终端、设备的连接。工业物联网也是物联网的子集，出发点是实现工业制造领域的转型升级，侧重于提高生产现场的安全性和效率。而德国推出的工业 4.0 是一个面向全球的、基于人工智能信息的 CPS，本质上是 IIoT 的子概念。

尽管 IIoT 是 IoT 的衍生概念，但 IIoT 在概念和实际应用场景方面有其独特的重点。IIoT 以生产为导向，旨在提高工业生产效率。IIoT 的典型应用场景包括智能物流、远程维护和智能工厂。不同于传感器部署规模较小、精度要求较低的物联网应用场景，IIoT 应用场景的系统框架基于传统的工业基础设施构建，因此传感器的部署规模非常大，对精度要求很

高，其终端设备大多位于固定位置，会产生大量感知数据，时延容忍度低。

如图 8-2 所示，工业物联网整个体系架构从下至上包括感知层、通信层、平台层和应用层。感知层主要由各类传感器、摄像头等器件组成，一方面收集各种传感器数据和视频流等信息，传送给通信层，到达上层管理系统，帮助其记录、分析和决策，另一方面收集从上层管理系统下发或已经存在的指令，执行设备动作。通信层由各种网络设备和线路组成，包括光纤、3G、4G、5G、Wi-Fi、LPWAN 等，主要满足不同场景的通信需求。平台层包括通用 PaaS、工业 PaaS 和 IaaS，主要功能是对底层传输的数据进行关联和结构化解析，将其沉淀为平台数据，向上提供统一的可编程接口和服务协议，向下连接感知器件。平台数据可以通过大数据分析和挖掘进行深入处理，为生产效率和设备检测等方面提供数据决策的支持。应用层则根据不同行业和领域的需求，开发并落地专门的垂直化应用软件。这些应用软件整合了平台层沉淀的数据和用户配置的控制指令，实现对终端设备的高效利用。

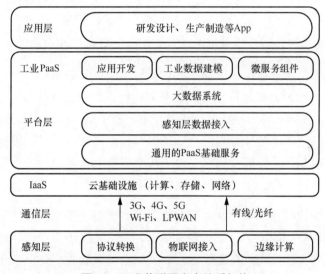

图8-2 工业物联网参考体系架构

工业物联网的价值依赖于一个完整的体系，包括传感器感知、泛在网络连接、边缘计算、云计算、大数据分析、人工智能及工业自动化等。工业物联网实现 OT（Operational Technology）与 IT 的融合，从源头自主感知数据采集开始，到学习、分析、决策和执行闭环，借助其支撑体系的各个要素，打通各个环节，形成数据的流动。

在全球掀起的新一轮工业转型的浪潮中，工业物联网迎来了新的发展机遇。但制约制造业转型的因素依然有很多，其中最为重要的包括：①原有标准和解决方案不再适合未来数字化转型发展的趋势，业内缺乏系统性专业指导；②设备之间缺乏统一的高效互通互联标准，缺少自动化软件的开放式接口，柔性自动化生产线实现程度较低；③某些关键物理数据缺乏有效的传感测量手段，数据整合困难，数据集成应用架构不完整、不完备；④设备自动化水平不平衡，采用第三方专用控制器过多，工厂难以实现工艺、算法的全面掌控和软件的自主迭代升级。

因此，边缘计算作为推动工厂内网进行数字化、一体化升级和连接外部网络设施的关键手段，逐渐成为助力当前制造业转型发展的重要使能技术。

8.1.2　工业物联网中边缘计算的意义

尽管 IIoT 设备在计算能力方面变得越来越强大，但由于物理尺寸的限制，它们所拥有的资源仍然有限，因此无法支持计算密集型应用程序。随着现代化工厂建设的推进，其有限的计算能力和电池寿命不能满足既定 QoS 的要求。在未来，IIoT 系统将由大量异构节点设备通过有线或无线网络互连，使这些分布异构的工业设备组成边缘网络，实时采集工业数据并传输到云端服务器进行计算和控制。在不断发展的过程中，这类网络的规模会越来越大，传统的云数据中心网络将难以满足工业物联网海量数据传输和处理的要求。

例如，在智能工厂场景下，大量的生产设备将产生巨量的感知数据，有时数据量产生速度会达到 Gbit/s 的水平。如果将所有数据都上传到云平台进行处理，会消耗过多的带宽资源，运营成本高，数据处理的整体时延也会增加。由于很多工业现场数据的保鲜期很短，监测设备在处理一些时间敏感任务时，传输到云端而产生的时延是不能被接受的。而网络状况不稳定又会造成系统整体的可用性变差、可靠性降低。甚至当云服务供应商出现问题时，整个系统都会停转，给企业生产带来巨大影响。

工业物联网中的边缘计算是在靠近工业设备或数据源头的网络边缘侧构建融合网络、计算、存储、应用等核心能力的分布式开放体系，形成崭新的工业生态模式，就近提供边缘智能服务，满足各类工业场景在敏捷连接、实时业务、数据优化、应用智能、安全与隐私保护等方面的关键需求。它能有效解决离散制造系统的连接性问题，保证底层设备间的实时横向通信；能够提供位于边缘侧的建模能力和 AI 智能工具，为构建数字孪生系统提供坚实的支持；能够为各类设备提供自适性的生产调度和工序的优化，使得新、老工厂具备一致性的生产协助解决方案。工业物联网中边缘计算涉及的领域包括：工业视觉、AR 远程协助、运输车辆自动驾驶、AI 视频监控、工业机器人协作、现场无人机巡检、AGV（Automated Guided Vehicle）仓储物流等。

在目前的工业环境下，能够承担边缘计算任务的设备概括起来主要有 3 类：工业网关、边缘控制器和边缘服务器。工业网关支持常用的工业协议，通过协议转换降低设备接入难度，解决工业通信网络接口种类繁多、协议繁杂的问题，实现访问的统一化。引入边缘计算的工业网关还具备一定的数据处理能力，并且强调和云端的数据对接，支持各种工业平台中的数据直接上云。边缘控制器是专门为工业现场而设计的计算机，与普通工控机相比具备更高的可靠性、更强的适应性和更好的扩展性。新型的边缘智能服务器相比旧式工业服务器，在设计上更多采用云原生思维，边缘与云端紧密协同，由云端全局统一调度边缘节点资源，软件功能随时更新与分发，支持物联网平台连接、数据管理及分析。目前看来，边云协同思想的运用是边缘计算设备区别于传统工业控制设备的关键，前者可以更好地实现对边缘节点的远程可视化管理。

8.1.3 工业物联网边缘计算的挑战与需求

IIoT 中的边缘计算正处于方兴未艾的阶段，与新技术相结合，呈现出多种新形态的应用。但由于现代工业环境的复杂性，其相关技术在高速发展的同时也面临着诸多挑战。以下将从 4 个方面分析工业物联网边缘计算所面临的挑战与需求。

1）与 5G 设备结合。在 IIoT 边缘计算中，边缘设备和边缘服务器之间需要频繁调度和数据交换，高传输速率和低时延是主要的追求目标。作为新一代蜂窝移动通信技术，5G 技术拥有超高速率、超大连接、超低时延三大特点，将对基于边缘计算的 IIoT 系统的网络组织和信息交换起到重要的作用。但 5G 融入基于边缘计算的 IIoT 面临着许多潜在问题：①要满足包括可用性、吞吐量、时延等更高的系统服务质量要求，如达到 3GPP 已经发布的标准化 5G 服务质量指标（5QI）；②5G 的应用可以让 IIoT 中固定的节点逐渐摆脱线缆的束缚，成为可移动的边缘节点，而如何监控和更新移动节点管理信息，以及如何产生数据处理策略成为新的重点；③一些基于边缘计算的新型 5G 相关技术和 IIoT 的融合可以为传统的 IIoT 应用场景带来更多发展势头，如 VANET（Vehicular Ad-hoc Network）、数字孪生、网络切片等，但这些技术在整合和应用过程中仍有许多潜在挑战需要应对。

2）数据分流与负载均衡。一般的 IIoT 系统虽然包含大量的设备，但通常只需要考虑一些大型服务器之间的数据分流，不需要考虑其他各类设备之间的问题。而在基于边缘计算的 IIoT 系统中，需要考虑对所有具有数据处理能力的设备进行数据分流，该问题的难度将以几何级数增加。此外，边缘设备的计算和存储能力有限，为了平衡系统的整体负载，会频繁进行数据分流。这将导致边缘网络吞吐量大，占用大量带宽资源，最终使得任务的总体时延提高。考虑到调度的规模和频率相比其他边缘系统明显更大，有必要对现有的负载均衡算法进行改进，包括完全卸载和部分卸载，充分利用各层的计算和存储资源，避免单一资源的长期过载，适应 IIoT 边缘系统的特点。

3）边缘智能融合。在目前基于边缘计算的 IIoT 系统中，边缘设备只能执行轻量级的计算任务。为了使其能够以更高的数据处理性能和更低的时延执行更复杂的任务，在 IIoT 边缘应用人工智能成为发展趋势。然而，AI 模型的训练需要大量数据和算力资源，边缘设备的计算和存储资源十分有限，训练和利用高效的 AI 模型很难。必须寻找合适的方法，以解决边缘设备的资源有限和 AI 模型的高复杂性之间的冲突问题。解决这个问题有两个基本思路：其一是采用权值剪枝和数据量化等方法，对 AI 模型进行压缩和简化，以适应边缘系统的配置；其二是增加智能处理模块或智能芯片以提升边缘设备的计算能力，定制特定的 AI 处理器以适合特定的边缘设备和应用场景。未来，IIoT 通过和人工智能模型深度融合，将大大提高系统的总体效能。

4）数据共享安全性。IIoT 的优势之一是其具有多个设备、站点和基础设施的海量实时数据，能够充分挖掘数据价值，做出多维商业决策并显著提高工业生产效率。传统的 IIoT 系统以垂直的、封闭的应用程序为主，只专注于维护单个机器或站点的正常运行，不断制造数据孤岛。而在 IIoT 中引入边缘计算可以细分数据，并增强工业场景对其运用的灵活性。但是，也在一定程度上增加了数据安全共享问题的复杂性，边缘网络安全问题迎来新的挑战和机遇。边缘数据安全存在两个主要问题：数据接口不可避免地大大增加，可能会导致更多的入侵和破坏；边缘设备的性能有限，强大的安全算法往往难以在边缘设备上直接运行。同时，在 IIoT 边缘计算中引入区块链技术，在系统中的所有节点都可以查看和验证数据，从而使数据暴露在公众面前，会引发一些严重的隐私问题。而到目前为止，在 IIoT 中将区块链系统地融入边缘计算以确保边缘数据安全共享的细节研究还比较少，仍有大量问题等待解决。

8.1.4　工业物联网中边缘计算的结构特点

工业物联网中的边缘计算还处于发展阶段，未形成统一的标准参考体系结构。由于不同的 IIoT 场景中需求的复杂性，IIoT 中的边缘计算参考体系结构需要在现有的边缘计算参考体系结构的基础上进行改进和提炼，综合考虑不同行业的迫切需求，迎合万物互联的发展趋势。中国信息通信研究院和工业互联网产业联盟于 2020 年 1 月在《离散制造业边缘计算解决方案白皮书》中提出了一套以边缘云、边缘网关、边缘控制器为核心的边缘计算实施架构，给制造业中边缘计算的发展提供了相关理论指导。下面介绍一种比较典型的工业物联网边缘计算结构。

一般来说，该结构由 3 层组成。第一层主要是各种具有感知能力的终端设备，负责收集所需数据，称为设备层。第二层由向云通道传输信息的各种设备组成，同时负责处理部分数据，称为边缘层。第三层由云计算资源组成，负责海量数据处理和决策，称为云应用层，如图 8-3 所示。

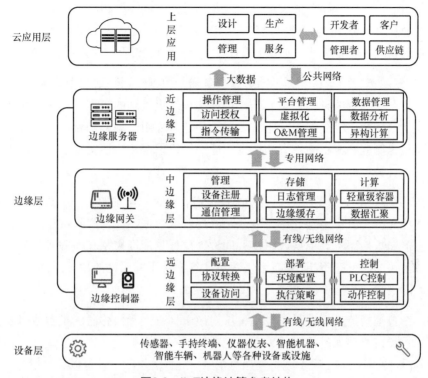

图8-3 IIoT边缘计算参考结构

1）设备层。包括各种传感器、手持终端、仪器仪表、智能机器、智能车辆、机器人等各种设备或设施，通过各种类型的有线网络（现场总线、工业以太网、工业光纤等）或无线网络（Wi-Fi、蓝牙、RFID、NB-IoT、LoRa、5G等）传输数据。这些设备将各种传感器采集的大量数据传输到边缘层，等待边缘层的控制指令，实现设备层和边缘层之间数据流和控制流的连通。

2）边缘层。边缘层是 IIoT 边缘计算参考结构的核心层，主要负责接收、处理和转发来自设备层的数据流，提供边缘数据分析、智能计算、流程实时控制、边缘安全和隐私保护等时间敏感型服务。考虑到边缘层中不同设备的数据处理能力，可以将边缘层分为 3 个子层：近边缘层、中边缘层和远边缘层。

● 远边缘层包含一些边缘控制器，这些控制器从设备层收集数据，执行初步阈值判断或数据过滤，并将控制流从边缘层或云应用层向下传输到设备层。远边缘层的边缘控制器必须能够向下兼容各种协议，访问各种设备，并具备极快的反应速度和多设备协同能力。

● 中边缘层主要包含一些边缘网关，通过有线网络或无线网络从远边缘层采集数据并缓存。与远边缘层只执行简单的阈值判断或数据过滤不同，中边缘层拥有更多的存储和计算资源来处理从 IIoT 收集的数据。此外，中边缘层还具有管理模块和边缘网关协同模块，具备多种管理功能（设备注册、通信管理等），能够真正实现多层次、多设备的协同。

● 近边缘层包含一些功能强大的边缘服务器，根据专用网络从中边缘层收集的数据，负责执行更复杂和关键的异构数据处理，推理和训练更精确的模型，产生更优秀的边缘网络生产调度决策。近边缘层的边缘服务器应具备业务应用管理、平台运营和虚拟化管理等功能，以及边缘侧业务应用的部署和调度功能，统筹整个边缘层资源的合理配置和任务正常交付。

3）云应用层。主要负责从海量数据中挖掘潜在价值，实现跨企业、跨区域，甚至跨国家的资源优化配置。云应用层通过公网从边缘层获取数据，支持产品或工艺设计、企业综合管理、生产和售后服务等上层应用，并向边缘层提供反馈模型和微服务。此外，云应用层可以通过云协同，在管理者、供应链开发者、客户等不同属性的群体之间共享关键数据，实现多元、深层次的数据价值挖掘。

例如，在典型智能工厂情景中，设备层对应于拥有大量传感器的机器或机器人，远边缘层对应于机器或机器人的控制器单元，中边缘层对应于智能网关，远边缘层对应于企业级边缘服务器，云应用层对应于通用云计算平台。这样的层次设计可以让系统能够以前所未有的方式监控、收集、交换和分析数据，实时提供高水平决策，加强工厂对生产各环节的把控力，推进生产车间走向无人化、智能化，让未来的工业生产比以往任何时候都更高效。

8.2　系统模型

在工业互联网的迅速发展中，关键技术的研究和应用至关重要。本节将深入探讨工业互联网中的关键技术，聚焦于数据协同缓存、任务调度、区块链及数字孪生等核心领域。通过对这些关键技术的深入研究，我们可以更好地理解工业互联网的技术基础，为实现智能、高效的工业系统打下坚实的基础。

8.2.1　区块链

工业物联网和区块链技术的紧密结合为制造业和供应链管理提供了新的发展方向，为企业提供了更高的数据安全性、可信度、智能化和协同合作的能力，推动了工业 4.0 的实现。

区块链技术允许建立去中心化的信任网络，这使得跨组织之间的数据共享和合作更容易实现，减少了不必要的中间环节。在工业物联网中，区块链的核心作用是确保数据的安全、建立去中心化信任、智能合约、提供数据追溯和管理供应链。这种融合为工业和供应链管理提供了更高效、更可靠和更安全的解决方案，推动了工业领域的现代化和智能化发展。

在本小节中，我们将介绍区块链的定义，并从区块链辅助边缘计算和边缘计算辅助区块链两种角度出发进行具体的建模，探讨区块链技术、IIoT、边缘计算相结合的具体应用。

8.2.1.1 定义

区块链是一种分布式数据库，最初是为支持加密货币（如比特币）而设计。它通过将数据以区块的形式链接在一起，构建起一个不断增长的链式结构。每个区块包含了一定数量的数据，以及与上一个区块相关的信息，形成了一个去中心化的、不可篡改的账本。

区块链技术与 IIoT 的融合为工业领域带来了显著的变革，主要体现在以下方面。

1）分布式存储。引入区块链使得 IIoT 系统的数据不再依赖于单一的中央服务器，而是通过边缘服务器集群共同构建区块链，实现数据的分布式存储，提高系统的鲁棒性。

2）防篡改。区块链采用时间戳、哈希函数和非对称加密等技术，确保数据的完整性和正确性。这样可以有效防止数据被篡改或丢失，为 IIoT 系统的数据提供更高的安全性。

3）去中心化信任。区块链在 IIoT 中有助于建立跨领域协同制造的信任环境。通过实现真实的可信性，不同工业企业能够在确保数据所有权和隐私的同时实现跨领域、跨平台甚至跨行业的数据互联。

4）稳定高效的基础服务。区块链为 IIoT 提供了稳定和高效的 IT 基础设施服务。引入智能合约的访问控制方案，可以有效抵御第三方的恶意干扰，提高访问控制效率，从而确保系统稳定性。

区块链与 IIoT 结合能够推动制造业的数字化转型，提高生产效率、数据安全性和跨领域合作的信任水平。

区块链和边缘计算的结合在工业物联网场景下主要有两方面的优势：一是边缘计算辅助区块链，通过将区块链挖矿过程的计算密集型任务卸载到边缘服务器上，解决边缘设备计算能力不足的问题；二是区块链辅助边缘计算，通过区块链的分布式账本记录交易信息，保证边缘计算过程中的交易可信度。

8.2.1.2 边缘计算辅助区块链

在图 8-4 所示的工业物联网系统架构中，共有 N 个边缘设备和 M 个边缘服务器，边缘设备集合表示为 $\Phi_n = \{U_1, U_2, \cdots, U_n\}$，边缘服务器集合表示为 $\Phi_m = \{S_1, S_2, \cdots, S_m\}$。每个边缘服务器可以为边缘设备提供计算服务器，而每个边缘设备连接多个工业物联网传感器，可以接收来自传感器的数据，并产生计算任务，这些计算任务可以在边缘设备本地执行，也可以卸载到边缘服务器上进行处理[1]。

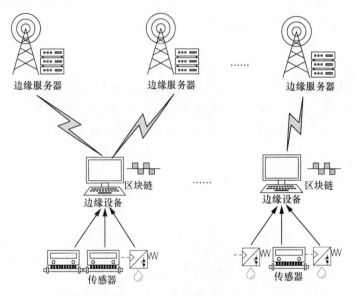

图8-4　工业物联网系统架构

为了保证数据安全，将每个边缘节点作为区块链节点，可以通过挖矿过程产生区块，并记录交易记录。将边缘设备产生的挖矿任务记作 A_n，每个挖矿任务可以表示为一个元组 $\langle D_n, C_n, t_n^{\max} \rangle$。其中，$D_n$ 表示任务 A_n 的输入数据大小（单位：bit）；C_n 表示该任务的计算负载（即所需的 CPU 周期数）；$t_n^{\max}$ 表示该任务允许的最大时延。假设边缘设备 U_n 和边缘服务器 S_m 的最大计算能力分别为 f_n 和 F_m，在边缘服务器上等待处理的任务的计算负载为 W_m。

边缘设备在处理挖矿任务时，可以选择在本地计算，也可以选择将其卸载到边缘服务器计算。用 $d_{nm} \in [0,1]$ 表示边缘设备 U_n 的卸载比例，当 $d_{nm} = 0$ 时，表示挖矿任务全部在本地执行；当 $d_{nm} = 1$ 时，表示挖矿任务全部卸载到边缘服务器 S_m；当 $d_{nm} \in (0,1)$ 时，表示挖矿任务部分卸载到边缘服务器 S_m。

假设边缘服务器为每个边缘设备分配的计算资源是并行且平均的，边缘设备的最大服务能力为 K_m，边缘服务器需要满足 $\sum_{n=1}^{N} \lceil d_{nm} \rceil \leqslant K_m$，$\lceil \cdot \rceil$ 为向上取整函数。所以边缘服务器分配给每个边缘设备的计算资源 $f_{mn} = \dfrac{F_m}{K_m}$。用 $d_n \in \{0,1\}$ 表示边缘设备 U_n 是否在本地计算挖矿任务，如果 $d_n = 1$，则挖矿任务在边缘设备 U_n 本地处理，否则挖矿任务将会卸载。

那么，有 $\sum_{m=1}^{M} d_{nm} + d_n = 1$。

当边缘设备 U_n 进行挖矿时，整个过程的时延 T_n 和能耗 E_n 可以表示为：

$$T_n = d_n T_n^{\text{loc}} + 1 - d_n T_n^{\text{off}}$$

$$E_n = d_n E_n^{\text{loc}} + 1 - d_n E_n^{\text{off}}$$

其中，T_n^{loc}、E_n^{loc} 表示挖矿任务本地计算的时延和能耗；T_n^{off}、E_n^{off} 表示挖矿任务卸载计算的时延和能耗。

（1）本地计算

当边缘设备选择本地计算时，挖矿任务的输入数据存储在本地，不需要传输，所以该过程的时延和能耗可以表示为：

$$T_n^{\text{loc}} = \frac{C_n}{f_n}$$

$$E_n^{\text{loc}} = P_n^{\text{loc}} \frac{C_n}{f_n}$$

其中，P_n^{loc} 表示边缘设备 U_n 本地计算时的功率。

（2）卸载计算

当边缘设备选择卸载计算时，任务处理过程包括任务数据上传、边缘服务器处理任务和排队，总体时延 T_n^{off} 为挖矿任务所有卸载部分的最大值，即

$$T_n^{\text{off}} = \max \left\{ t_{nm}^{\text{tran}} + t_{nm}^{\text{que}} + t_{nm}^{\text{proc}} \right\}, \quad m \in [0, M]$$

整个过程的能耗主要产生在任务数据上传过程，即

$$E_n^{\text{off}} = \sum_{m=1}^{M} t_{nm}^{\text{tran}} P_{nm}$$

其中，P_{nm} 表示边缘设备 U_n 到边缘服务器 S_m 的发射功率，并且满足 $\sum_{m=1}^{M} P_{nm} \leqslant P_n$，$P_n$ 为边缘设备 U_n 的最大发射功率。

任务数据上传速率 r_{nm} 可以表示为：

$$r_{nm} = W \log \left(1 + \frac{P_{nm} g_{nm}}{\sigma^2} \right)$$

其中，W 表示边缘设备 U_n 上传数据到边缘服务器 S_m 的信道带宽；g_{nm} 表示边缘设备 U_n 和边缘服务器 S_m 之间的信道增益；σ^2 表示噪声功率。

则任务数据上传的时延 t_{nm}^{tran} 可以表示为：

$$t_{nm}^{\text{tran}} = \frac{d_{nm} D_n}{r_{nm}}$$

卸载任务到达边缘服务器后的排队时延 t_{nm}^{que} 可以表示为：

$$t_{nm}^{\text{que}} = d_{nm} \frac{W_m}{f_{mn}}$$

卸载任务在边缘服务器的处理时延 t_{nm}^{proc} 可以表示为：

$$t_{nm}^{\text{proc}} = \frac{d_{nm} C_n}{f_{mn}}$$

用 λ 表示时延和能耗之间的权衡系数，并且满足 $\lambda \in (0,1)$，$\boldsymbol{d} = \{d_1, \cdots, d_n, d_{11}, \cdots, d_{nm}\}$ 表示边缘设备的卸载决策，$\boldsymbol{P} = \{P_{11}, \cdots, P_{nm}\}$ 表示边缘设备分配的功率，故优化问题可以表述为：

$$\underset{\lambda, \boldsymbol{d}, \boldsymbol{P}}{\text{minimize}} \sum_{n=1}^{N} \lambda T_n + (1-\lambda) E_n$$

subject to

C1：$T_n \leqslant t_n^{\max}$　　　　　　　　　　　　　　$\forall n \in \{1, 2, \cdots, N\}$

C2：$\sum_{n=1}^{N} d_{nm} \leqslant K_m$　　　　　　　　　　$\forall m \in \{1, 2, \cdots, M\}, \forall n \in \{1, 2, \cdots, N\}$

C3：$\sum_{m=1}^{M} d_n + d_{nm} = 1$　　　　　　　　　$\forall n \in \{1, 2, \cdots, N\}$

C4：$d_n \in \{0, 1\}$　　　　　　　　　　　　　　$\forall n \in \{1, 2, \cdots, N\}$

C5：$d_{nm} \in [0, 1]$　　　　　　　　　　　　　$\forall n \in \{1, 2, \cdots, N\}$

C6：$P_{nm} \geqslant 0$　　　　　　　　　　　　　　$\forall m \in \{1, 2, \cdots, M\}, \forall n \in \{1, 2, \cdots, N\}$

C7：$\sum_{m=1}^{M} P_{nm} \leqslant P_n$　　　　　　　　　　$\forall n \in \{1, 2, \cdots, N\}$

8.2.1.3　区块链辅助边缘计算

考虑一个具有端边云合作的区块链安全物联网环境。有一个云服务器（Cloud Server，CS）和 B 个基站（Base Station，BS），每个 BS 配备一个边缘服务器（Edge Server，ES），覆盖多个物联网设备。所有的 BS 和 CS 通过它们之间的有线网络相互连接。BS 的集合 $\mathcal{B}=\{1,2,\cdots,B\}$。CS 的指数表示为 0。因而集合 $\mathcal{B}\cup\{0\}$ 包含了所有 BS 和 CS 的索引[2]。

所有 BS 的 ES 及 CS 都可以提供任务卸载服务，计算从设备上卸载的任务。为了保证任务卸载过程的可信度，运行在每个 ES 和 CS 上的区块链服务记录当前区块中的每一次任务卸载交易，并以分布式的方式挖掘新区块。

对于某个 BS $j\in\mathcal{B}$，其覆盖的设备包含在集合 A_j 中。为避免冗长，将某个设备 $i\in A_j$ 称为设备 ij。整个网络采用分时段管理。表示一个时隙 $\tau\in\mathcal{T}=\{1,2,\cdots,T\}$。$\mathcal{T}$ 包含了所有的时隙，时隙长度为 l。

设备 ij 在时隙 τ 中的任务由二元向量 $\langle d_{ij}(\tau),c_{ij}(\tau)\rangle$ 描述，其中 $d_{ij}(\tau)$ 为传输任务的任务数据量，$c_{ij}(\tau)$ 为处理任务所需的计算量。设备 ij 的任务可以在设备本地处理，也可以卸载到覆盖该设备 BS_j 的 ES 上，或者卸载到另一个 BS $k\in\mathcal{B}/j$ 的 ES 上，或者卸载到 CS 上。使用向量 $\langle \alpha_{ij}(\tau),\beta_{ijk}(\tau),\gamma_{ij}(\tau)\rangle$，$j,k\in\mathcal{B}$，$i\in A_j$ 来表示时隙 τ 中的任务处理选项。其中，$\alpha_{ij}(\tau)$ 表示本地处理设备 ij 的任务（$\alpha_{ij}(\tau)=0$）或不处理（$\alpha_{ij}(\tau)=1$）；$\beta_{ijk}(\tau)$ 表示将设备 ij 的任务卸载到覆盖该设备的 BS j 的 ES（$\beta_{ijj}(\tau)=1$），进一步将这些任务卸载到另一个 BS $k\in\mathcal{B}/j$（$\beta_{ijk}(\tau)=1$）的 ES，或都不卸载（$\beta_{ijk}(\tau)=0$）；$\gamma_{ij}(\tau)$ 表示是否将设备 ij 的任务卸载到 CS（$\gamma_{ij}(\tau)=1$）或不卸载（$\gamma_{ij}(\tau)=0$）。

（1）任务传输模型

任务的传输是任务卸载所需要的，对于不同的任务处理选项，任务卸载可能包括 D2B（Device to BS）传输、B2B 传输和 B2C（BS to CS）传输，如图 8-5 所示。

1）D2B 传输。

假设所有 BS 的无线接入系统都基于 OFDMA，同时假设所有的信道都有相等的带宽，用 W 表示。基于 OFDMA 系统的特性，由于信道的正交性，每个 BS 的信道之间不存在信道间干扰，但在所有相邻 BS 的同一信道上存在同信道干扰。因此，可以根据香农公式给出时隙 τ 中从设备 ij 到 j 的传输速率：

$$r_{ij}^{\mathrm{d2b}}(\tau)=W\log\left(1+\frac{p_{ij}(\tau)h_{ij}(\tau)}{\sigma^2(\tau)+\mathcal{X}(\tau)}\right)$$

其中，$p_{ij}(\tau)$ 为器件发射功率；$h_{ij}(\tau)$ 为信道增益；$\sigma^2(\tau)$ 为高斯白噪声平均功率；同信道干扰平均功率用 $\mathcal{X}(\tau)$ 表示。我们可以调整 $p_{ij}(\tau)$ 来在传输速率和设备 ij 的能量消耗之间进行权衡。

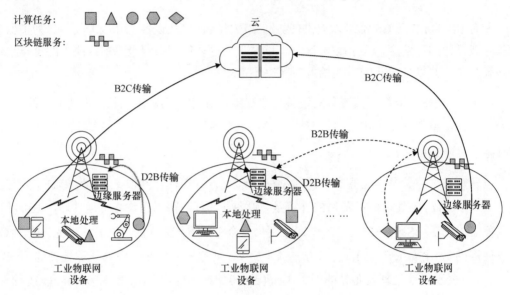

图8-5　工业物联网传输模型

$d_{ij}(\tau)$ 表示为传输任务的任务数据，将设备 ij 的任务传输到 j 的数据传输时延为：

$$t_{ij}^{\mathrm{d2b}}(\tau)=\frac{d_{ij}(\tau)}{r_{ij}^{\mathrm{d2b}}(\tau)}$$

上述过程中设备 ij 的能耗为：

$$e_{ij}^{\mathrm{d2b}}(\tau)=p_{ij}(\tau)t_{ij}^{\mathrm{d2b}}(\tau)$$

2）B2B 和 B2C 传输。

对于时隙 τ，设 R_{jk}^{b2b} 和 R_{j}^{b2c} 分别为 BS $j\in\mathcal{B}-$BS $k\in\dfrac{\mathcal{B}}{j}$ 和 BS $j\in\mathcal{B}-$CS 连接的总可用传输速率。SDN/NFV 技术可以为 BS j 覆盖的每个设备分配 R_{jk}^{b2b} 和 R_{j}^{b2c}，实现灵活的 B2B 和 B2C 传输控制。

将 $r_{ijk}^{b2b}(\tau)$ 表示为在时隙 τ 中分配给设备 ij 的 BS j – BS k 传输速率，则设备 ij 的任务从 BS j 传输到 BS k 的数据传输时延可由下式给出：

$$t_{ijk}^{b2b}(\tau) = \frac{d_{ij}(\tau)}{r_{ijk}^{b2b}(\tau)}$$

同样，将 $r_{ij}^{b2c}(\tau)$ 定义为 BS j 覆盖的设备 ij 在时隙 τ 中分配的 B2C 传输速率。然后，将设备的任务从 BS 传输到 BS 的数据传输时延表示为：

$$t_{ij}^{b2c}(\tau) = \frac{d_{ij}(\tau)}{r_{ij}^{b2c}(\tau)}$$

（2）任务计算模型

任务计算主要体现为本地任务处理和任务卸载。前者涉及本地任务计算，而后者可能涉及 BS 或 CS 上的任务计算。

1）本地计算。

如果设备 ij 的任务在本地处理，则分别用 F_{ij}^{dev} 表示设备 ij 的总计算资源，$f_{ij}^{dev}(\tau)$ 表示分配在时隙 τ 中设备 ij 的计算资源，$c_{ij}(\tau)$ 为处理任务所需的计算量。因此，对应的本地任务计算时延为：

$$t_{ij}^{dev}(\tau) = \frac{c_{ij}(\tau)}{f_{ij}^{dev}(\tau)}$$

将 κ 作为关联计算量、计算资源和能耗的因子，我们可以将设备 ij 用于本地任务计算的能耗表述为：

$$e_{ij}^{dev}(\tau) = \kappa \left(f_{ij}^{dev}(\tau)\right)^2 c_{ij}(\tau)$$

2）传输至 BS 计算。

如果将设备 ij 的任务卸载到 BS $k \in \mathcal{B}$，则 BS 的 ES 将在时隙 τ 中分配其总可用计算资源 F_k^{bs} 来计算这些任务。设 $f_{ijk}^{bs}(\tau)$ 为分配在时隙 τ 中的计算资源，则任务计算时延如下：

$$t_{ijk}^{bs}(\tau) = \frac{c_{ij}(\tau)}{f_{ijk}^{bs}(\tau)}$$

3）传输至 CS 计算。

如果将设备 ij 的任务卸载给 CS，则 CS 将在时隙 τ 中分配其总可用计算资源 F^{cs} 来计算这些任务。我们用 $f_{ij}^{cs}(\tau)$ 表示 CS 在时隙 τ 中分配的计算资源，因此 CS 上这些任务的计算时延可表示为：

$$t_{ij}^{cs}(\tau) = \frac{c_{ij}(\tau)}{f_{ij}^{cs}(\tau)}$$

（3）区块链模型

如前所述，所有 ES 和 CS 都运行区块链服务，为每个任务卸载交易提供可信度保证。通过在所有 ES 和 CS 上运行的区块挖掘进程生成新的区块，每台服务器为自己的区块挖掘进程分配计算资源。所有 ES 和 CS 需要为其区块挖掘服务分配相同的计算资源，以使每个节点产生新区块的概率相同，从而保证整个网络的区块挖掘公平性。每个 ES 和 CS 在时隙 τ 中分配的计算资源用 $f^{blk}(\tau)$ 表示。因此有：

$$0 < f^{blk}(\tau) \leqslant \min\left\{F_1^{bs}, F_2^{bs}, \cdots, F_B^{bs}, F^{cs}\right\}$$

其中，$\min\left\{F_1^{bs}, F_2^{bs}, \cdots, F_B^{bs}, F^{cs}\right\}$ 表示所有 ES 和 CS 中可用计算资源的最小总和。这个约束表明分配给块挖掘的计算资源不能超过任何 ES 和 CS 的可用计算资源总和。

新区块的处理时延由两部分组成：区块挖掘时延和区块共识时延。

设 c^{bm} 为挖掘新区块所需的计算量，则在时隙 τ 处的区块挖掘时延如下：

$$t^{bm}(\tau) = \frac{c^{bm}}{f^{blk}(\tau)}$$

设 c^{bc} 为新区块达成共识所需的计算量，$t^{bt}(\tau)$ 为时隙 τ 中新的块信息传输时延，则块共识时延为：

$$t^{bc}(\tau) = \frac{c^{bc}}{f^{blk}(\tau)} + t^{bt}(\tau)$$

考虑到块信息的数据量很小及 BS 和 CS 之间有线网络的高传输速率，$t^{bt}(\tau)$ 非常短，因此在我们的模型中可以忽略不计，即

$$t^{blk}(\tau) = t^{bm}(\tau) + t^{bc}(\tau)$$

可以看出，一个 ES 和 CS 的总可用计算资源是由任务计算和块处理共享的。因此，可得以下约束条件：

$$\sum_{j\in B}\sum_{i\in A_j} f_{ijk}^{bs}(\tau) + f^{blk}(\tau) = F_K^{bs}$$

$$\sum_{j\in B}\sum_{i\in A_j} f_{ij}^{cs}(\tau) + f^{blk}(\tau) = F^{cs}$$

以上两个约束表明，对于 ES 和 CS，分配给任务计算和块处理的所有计算资源的总和必须等于可用计算资源的总和。

块被认为一个分类账，其内容可用于记录有关任务卸载过程的必要信息。设 N 为块中包含的空记录的数目。当设备的任务被卸载到 ES 和 CS 时，将从当前块中消耗一条空记录来存储任务卸载的信息。因此，为了保证整个网络中记录的供给和需求，新块生成的速度必须不低于任务卸载所使用的记录消耗速度。具体来说，区块链服务中的空记录数必须不低于网络中任务卸载进程所需的记录数，即

$$\sum_{j\in B}\sum_{i\in A_j}\left(\sum_{k\in B}\beta_{ijk}(\tau) + \gamma_{ij}(\tau)\right) \leqslant \frac{Nl}{t^{blk}(\tau)}$$

公式左侧表示在时隙 τ 内将其任务卸载给所有 ES 和 CS 的设备数量，即任务卸载过程在该时隙内所需记录的总数，而 $\dfrac{l}{t^{blk}(\tau)}$ 表示每时间单位的记录数，其乘以时隙长度 l，可以将时隙中的空记录数表示为 $\dfrac{Nl}{t^{blk}(\tau)}$。

（4）优化目标

根据以上分析，我们可以得出不同任务处理选项下设备 ij 的任务处理时延和能耗。

1）本地处理。

在时隙 τ 中，当 $\alpha_{ij}(\tau)=1$ 时，设备 ij 的任务处理时延只与设备上的局部计算时延有关，表示为：

$$t_{ij}^{loc}(\tau) = t_{ij}^{dev}(\tau)$$

设备 ij 的能耗是由本地任务计算引起的，表示为：

$$e_{ij}^{loc}(\tau) = e_{ij}^{dev}(\tau)$$

2）任务卸载到覆盖设备的 BS。

在时隙 τ 中，当 $\beta_{ijj}(\tau)=1$ 时，设备 ij 的任务处理时延由设备 ij – BS j 任务传输时延和 BS 上的任务计算时延组成，即

$$t_{ijj}^{\mathrm{o2b}}(\tau)=t_{ij}^{\mathrm{d2b}}(\tau)+t_{ijj}^{\mathrm{bs}}(\tau)$$

设备 ij 对应的能量消耗是由设备向 BS 传递任务引起的，即

$$e_{ijj}^{\mathrm{o2b}}(\tau)=e_{ij}^{\mathrm{d2b}}(\tau)$$

3）任务卸载到另一个 BS。

在时隙 τ 中，当 $\beta_{ijk}(\tau)=1$ 时，设备 ij 的任务处理时延包括设备 ij – BS j 任务传输时延、设备 BS j – BS k 任务传输时延及设备 BS k 上的任务计算时延，即

$$t_{ijk}^{\mathrm{o2b}}(\tau)=t_{ij}^{\mathrm{d2b}}(\tau)+t_{ijk}^{\mathrm{b2b}}(\tau)+t_{ijk}^{\mathrm{bs}}(\tau)$$

设备 ij 对应的能量消耗是由设备向 BS 传递任务引起的，即

$$e_{ijk}^{\mathrm{o2b}}(\tau)=e_{ij}^{\mathrm{d2b}}(\tau)$$

4）任务卸载到 CS。

在时隙 τ 中，当 $\gamma_{ij}(\tau)=1$ 时，设备 ij 的任务处理时延包括设备 ij – BS j 任务传输时延、BS j – CS 任务传输时延和 CS 上的任务计算时延，即

$$t_{ij}^{\mathrm{o2c}}(\tau)=t_{ij}^{\mathrm{d2b}}(\tau)+t_{ij}^{\mathrm{b2c}}(\tau)+t_{ij}^{\mathrm{cs}}(\tau)$$

设备 ij 对应的能量消耗是由设备向 BS 传递任务引起的，即

$$e_{ij}^{\mathrm{o2c}}(\tau)=e_{ij}^{\mathrm{d2b}}(\tau)$$

综上所述，我们可以将设备 ij 的任务处理时延表述为：

$$t_{ij}(\tau)=\alpha_{ij}(\tau)t_{ij}^{\mathrm{loc}}(\tau)+\beta_{ijj}(\tau)t_{ijj}^{\mathrm{o2b}}(\tau)+\sum_{k\in\mathcal{B}/j}\left(\beta_{ijk}(\tau)t_{ijk}^{\mathrm{o2b}}(\tau)\right)+\gamma_{ij}(\tau)t_{ij}^{\mathrm{o2c}}(\tau)$$

设备 ij 的能耗为：

$$e_{ij}(\tau)=\alpha_{ij}(\tau)e_{ij}^{\mathrm{loc}}(\tau)+\sum_{k\in\mathcal{B}}\left(\beta_{ijk}(\tau)e_{ijk}^{\mathrm{o2b}}(\tau)\right)+\gamma_{ij}(\tau)e_{ij}^{\mathrm{o2c}}(\tau)$$

最后，我们可以制定优化问题，旨在最小化所有设备的任务的长期平均总任务处理时

延，同时保证设备的能耗稳定，并且区块挖矿速度与任务卸载匹配。优化问题可表述为：

$$\text{minimize} \lim_{T\to\infty} \frac{1}{T}\sum_{t=0}^{T-1}\sum_{j\in B}\sum_{i\in A_j}\mathbb{E}\left[t_{ij}\left(\tau\right)\right]$$

subject to

C1: $\alpha_{ij}\left(\tau\right),\beta_{ijk}\left(\tau\right),\gamma_{ij}\left(\tau\right)\in\{0,1\}$ $\quad\forall j,k\in\mathcal{B},i\in A_j$

C2: $\alpha_{ij}\left(\tau\right)+\sum_{k\in\mathcal{B}}\beta_{ijk}\left(\tau\right)+\gamma_{ij}\left(\tau\right)=1$ $\quad\forall j,k\in\mathcal{B},i\in A_j$

C3: $0<p_{ij}\left(\tau\right)\leqslant p_{ij}^{\max}\left(\tau\right)$ $\quad\forall j\in\mathcal{B},i\in A_j$

C4: $0<r_{ijk}^{\text{b2b}}\left(\tau\right)\leqslant R_{jk}^{\text{b2b}}$ $\quad\forall j\in\mathcal{B},k\in\mathcal{B}\,/\,j,i\in A_j$

C5: $\sum_{i\in A_j}r_{ijk}^{\text{b2b}}\left(\tau\right)=R_{jk}^{\text{b2b}}$ $\quad\forall j\in\mathcal{B},k\in\mathcal{B}\,/\,j$

C6: $0<r_{ij}^{\text{b2c}}\left(\tau\right)\leqslant R_{j}^{\text{b2c}}$ $\quad\forall j\in\mathcal{B},i\in A_j$

C7: $\sum_{i\in A_j}r_{ij}^{\text{b2c}}\left(\tau\right)=R_{j}^{\text{b2c}}$ $\quad\forall j\in\mathcal{B},i\in A_j$

C8: $0<f_{ij}^{\text{dev}}\left(\tau\right)\leqslant F_{ij}^{\text{dev}}$ $\quad\forall j\in\mathcal{B},i\in A_j$

C9: $0<f_{ijk}^{\text{bs}}\left(\tau\right)\leqslant F_{k}^{\text{bs}}$ $\quad\forall j,k\in\mathcal{B},i\in A_j$

C10: $0<f_{ij}^{\text{cs}}\left(\tau\right)\leqslant F^{\text{cs}}$ $\quad\forall j\in\mathcal{B},i\in A_j$

C11: $0<f^{\text{blk}}\left(\tau\right)\leqslant\min\left\{F_1^{\text{bs}},F_2^{\text{bs}},\cdots,F_B^{\text{bs}},F^{\text{cs}}\right\}$

C12: $\sum_{j\in\mathcal{B}}\sum_{i\in A_j}f_{ijk}^{\text{bs}}\left(\tau\right)+f^{\text{blk}}\left(\tau\right)=F_k^{\text{bs}}$ $\quad\forall k\in\mathcal{B}$

C13: $\sum_{j\in\mathcal{B}}\sum_{i\in A_j}f_{ij}^{\text{cs}}\left(\tau\right)+f^{\text{blk}}\left(\tau\right)=F^{\text{cs}}$

C14: $\sum_{j\in\mathcal{B}}\sum_{i\in A_j}\left(\sum_{k\in\mathcal{B}}\beta_{ijk}\left(\tau\right)+\gamma_{ij}\left(\tau\right)\right)\leqslant\dfrac{Nl}{t^{\text{blk}}\left(\tau\right)}$

C15: $\lim_{T\to\infty}\frac{1}{T}\sum_{t=0}^{T-1}\mathbb{E}\left[e_{ij}\left(\tau\right)\right]<\infty$ $\quad\forall j\in\mathcal{B},i\in A_j$

其中，约束 C3、C4、C6、C8、C9、C10 分别为任务处理选项指标的约束，任务处理选项指标影响发送功率分配、传输速率分配和计算资源分配。该场景下各设备的长期能耗稳定性描述如 C15 所示。

8.2.2　工作流调度

工作流调度与工业物联网的结合是制造和生产领域向智能化和自动化转型的重要一步。工业物联网技术部署在工厂中的各种传感器和其他设备上，它们能够收集和传输大量实时数据。在这种结合中，工业物联网扮演的角色是数据收集和通信的枢纽，这些数据被实时传送到工作流调度系统。

工作流调度系统利用这些来自 IIoT 设备的数据，可以更加精确和高效地管理和优化生产流程。例如，如果系统检测到某个关键设备的性能下降，它可以自动调整生产计划，以防生产瓶颈或故障发生。同样，如果数据显示原材料即将耗尽，系统可以发起采购需求，确保生产不会因缺乏原材料而中断。

这种结合还允许更高级别的数据分析和预测。通过对收集的大量数据进行分析，工作流调度系统能够实现预测性维护，减少生产中断；同时，结合人工智能和机器学习算法，工业物联网中的服务器可以自主调度工作流以实现自主决策；此外，工作流的合理调度可以最大化资源利用率，减少浪费与能耗。

由此可见，工作流调度在工业物联网中的作用至关重要，它不仅能够提高生产效率和质量，还可以降低成本、提高可持续性，使企业更具竞争力。通过有效的工作流调度，企业可以充分利用 IIoT 所提供的大量数据，将其转化为实际业务价值，推动制造业的现代化和智能化发展。

在本小节中，我们将从工作流调度的定义和具体的建模方案出发，探讨如何通过合理的工作流调度来提高 IIoT 的效率。

8.2.2.1　定义

工作流调度指的是一种资源管理策略，旨在有效地分配计算任务到可用的边缘节点。其目标是最大化计算资源的利用效率，确保任务在边缘节点上以最佳方式执行。它涉及将各种计算任务在边缘计算环境的设备（例如，边缘服务器、IIoT 设备等）之间进行分配和调度，以实现各种性能目标，如最小化时延、最大化吞吐量及实现最低能耗等。

相比任务调度，工作流调度更关注如何调度一组相关联的任务，让这些任务以某种方式形成一种"流"的形式。在工作流中，不同的任务更加具有数据依赖性，必须按照特定的顺序执行，或者它们必须要在多个边缘节点之间协同工作。因此，工作流调度需要考虑整个工作流的调配和衔接，配置动态适应这些因素变化的调度策略，以在复杂的边缘计算环境中实现高效的任务处理。

在 IIoT 场景中，工作流规划通常使用有向无环图（Directed Acyclic Graph，DAG）进行建模，如图 8-6 所示。$G=(T,E)$，T 表示一个工厂环境下某些任务或者设备节点的集合，E 表示任务之间的边或依赖关系，其中 $T=\{t_1,t_2,t_3,t_4,\cdots,t_n\}$，$E=\{e_1,e_2,e_3,\cdots,e_n\}$，$n$ 为正整数。

设起始任务为 T_{entry}，最终任务为 T_{end}，对于任务 t_i 而言，完成它的条件是所有前置任务 t_{ipred} 必须被完成。当一个 DAG 拥有多个入口任务或出口任务时，则为其添加没有任何执行时间和能耗的虚拟入口任务或出口任务，使其只有唯一的入口任务和唯一的出口任务，以此来实现 DAG 的标准化[3]。

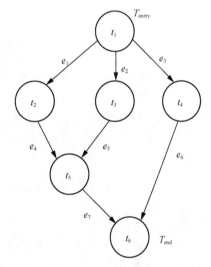

图8-6　有向无环图

8.2.2.2　建模方案

在工业环境中，特别是考虑到多边缘端的异构边缘计算环境时，服务供应商面临的挑战之一是将一段时间内需要执行的多个具有复杂关系的工作流任务有效地部署在资源各异边缘服务器上。理想的模型部署策略将各类模型尽可能多地部署在同一边缘服务器上，从而最大化多负载子任务的并行执行程度及最小化通信代价。为了解决这一问题，在此将工作流建模成有向无环图的部署模型，主要包括 DAG 的数量、DAG 中子任务模型、子任务的负载数量及子任务之间的依赖关系等元素，子任务的负载数量即相对应模型所需的部署数量。模型的目的是最小化部署策略所产生的通信开销，从而降低网络拥塞程度并降低应用执行可能产生的通信时延。

需要部署的工作流集合 $G=\{G_1,G_2,\cdots,G_i,\cdots,G_n\}$，其中 G_i 为所需要部署的工作流，记 $VT_i=\{T_{i1},T_{i2},\cdots,T_{ij}\}$ 为第 i 个 DAG 的节点（即子任务）集合，T_{ij} 为第 i 个 DAG 的节点的第 j 个子任务。定义 EG_i 为计算任务 G_i 中子任务的依赖关系集合，$\overrightarrow{eg}_{T_{ij1},T_{ij2}}$ 为 T_{ij1} 与 T_{ij2} 的数据传输量关系，T_{ij2} 必须要等待计算任务 T_{ij1} 完成后才可以开始执行。T_{ij2} 为 T_{ij1} 的后继任务节点，T_{ij1} 为 T_{ij2} 的前驱任务节点。不存在任何后继任务节点时，称该计算任务为该工作流的

结束节点。为了一般化，假定一个工作流中有且仅有一个开始节点和一个结束节点。设 V 为边缘服务器集合，$V = \{vm_1, vm_2, vm_3, \cdots, vm_n\}$，部署模型容量上限为 $C = \{C_1, C_2, \cdots, C_n\}$。

考虑将两个具有依赖关系的子任务划分成多个负载之后，前驱任务转化为的多个负载与后继任务的负载直接相连，并且此时多个负载形成的新的依赖关系均分子任务间的数据传输量。具体如下，对 $\overrightarrow{eg}_{T_{ij1},T_{ij2}}$ 有：

$$\overrightarrow{eg}_{ld_{ij1k1},ld_{ij2k2}} = \frac{\overrightarrow{eg}_{T_{ij1},T_{ij2}}}{ln_{ij}}, ld_{ij1k1} \in T_{ij1}, ld_{ij2k2} \in T_{ij2}$$

其中，ln_{ij} 为 T_{ij} 负载的数量；ld_{ijk} 为 T_{ij} 的第 k 个负载。对于两个具有依赖关系的负载的部署而言，其代价通常考虑以下两种情况。

1）两个具有依赖关系的负载部署在相同的边缘服务器上。此时，尽管两个负载之间有数据传输的需求，但当两个任务在同一个服务器上执行时，数据不需要通过网络传输给其他服务器，因而数据传输可以忽略。如果 $vm_1 = vm_2$，$pl_{ijk}^{vm_1} = 1$，$pl_{ijk}^{vm_2} = 1$，则：

$$trans_{ld_{ij1k1},ld_{ij2k2}} = 0$$

其中，pl_{ijk}^{vm} 表示是否选择部署在 vm_k 边缘服务器上；$trans_{ld_{ij1k1},ld_{ij2k2}}$ 表示 ld_{ij1k1} 和 ld_{ij2k2} 间部署的通信代价。

2）当两个具有依赖关系的负载部署在两个不同服务器上时，此时用户若使用这两个负载所用的模型执行智能任务，由于子任务之间的依赖关系，两个边缘端需要进行通信，传输的代价即负载之间的数据量。如果 $vm_1 \neq vm_2$，$pl_{ijk}^{vm_1} = 1$，$pl_{ijk}^{vm_2} = 1$，则：

$$trans_{ld_{ij1k1},ld_{ij2k2}} = \overrightarrow{eg}_{ld_{ij1k1},ld_{ij2k2}}$$

接着，子任务之间的通信代价为各个负载的通信代价之和，即

$$trans_{T_{ij1},T_{ij2}} = \sum_{k1 \in j1}\sum_{k2 \in j2} trans_{ld_{ij1k1},ld_{ij2k2}}$$

综上所述，在给定边缘服务器容量限制、服务供应商需要提供的动态负载工作流集合及工作流中各个子任务的属性时，为其确定传输代价最小的子任务中每个负载的部署方案可建模为如下优化模型：

$$minimize \sum_{i \in N}\sum_{j \in T_i} trans_{T_{ij1},T_{ij2}}$$

subject to

C1：$\quad \overrightarrow{eg}_{T_{ij1},T_{ij2}} \in EG_i$ $\qquad\qquad\qquad \forall i \in N, j1 \in T_i, j2 \in T_i$

C2：$\quad pl_{ijk}^{vm} \in \{0,1\}$ $\qquad\qquad\qquad\qquad \forall i \in N, j \in T_i, k \in T_{ij}$

C3：$\quad \sum\limits_{vm \in V} pl_{ijk}^{vm} = 1$ $\qquad\qquad\qquad\quad\; \forall i \in N, j \in T_i, k \in T_{ij}$

C4：$\quad \sum\limits_{i \in N} \sum\limits_{j \in T_i} \sum\limits_{k \in T_{ij}} pl_{ijk}^{vm} \leqslant C$ $\qquad\quad\;\; \forall i \in N, j \in T_i, k \in T_{ij}$

其中，C1 表示计算 $trans_{T_{ij1},T_{ij2}}$ 时，两个子任务必须存在依赖关系，即必须存在 $\overrightarrow{eg}_{T_{ij1},T_{ij2}}$ 使得两个子任务相连；C2 表示每个负载对应模型的部署决策，是以二进制数值为基本单位的矩阵；C3 表示每个负载必须进行部署，并且需要部署在某一个边缘端；C4 表示边缘端部署的模型数量必须小于边缘端的容量限制。其他约束应从任务优先级、任务依赖关系（拓扑图结构）及信道容量等实际条件得出。

8.2.3 数据协同缓存

在基于边缘计算的工业物联网中，数据协同缓存是一项关键策略，旨在在边缘设备上实现智能缓存系统来优化数据处理和传输。

数据协同缓存与工业物联网的结合可以带来多方面的优势。

1）实时性和低时延。数据缓存可以在本地存储关键数据，从而减少对远程服务器的访问次数。这有助于降低数据传输时延，提高实时性。在工业物联网中，实时性对于监测和响应生产过程中的变化至关重要。

2）网络可用性。工业环境可能存在网络不稳定或中断的情况。通过在本地缓存数据，即使在网络断开时，设备仍然能够正常运行，并在网络恢复时将数据上传。这有助于提高系统的稳定性和可用性。

3）降低带宽成本。数据缓存可以减少对网络带宽的需求，因为设备只需在必要时才传输数据。这有助于降低通信费用，并减轻网络负担，特别是在大规模工业物联网系统中。

8.2.3.1 定义

数据协同缓存是指多个终端之间或终端与边缘服务器之间通过共享缓存来协同工作，以提高数据访问效率和整体系统性能。在工业物联网中，各种终端设备产生大量的数据业务，会有大量的实时数据传输需求。同时由于终端数量巨大，在复杂网络中传输也会产生拥塞现象。因此，在提高工业过程的灵活性和过程控制的智能性方面，有效的数据联合缓存策略变得至关重要。

1）终端。在工业物联网场景中，终端之间会通过 D2D 链路进行连接，终端集合表示为 $\mathcal{I} = \{1, 2, \cdots, I\}$。定义终端 i 与 i' 之间的距离为 $d_{ii'}$，D2D 链路的最大距离约束用 d_{max} 表示。当 $d_{ii'} > d_{max}$ 时，终端间无法进行数据传输。

2）内容放置。内容集合表示为 $\mathcal{L} = \{l_1, l_2 \cdots, l_n\}$，我们引入存储编码的概念，即将一个内容分成 k 个原始块，k 个原始块大小相等且不重复。这些块被编码后存储在多个节点中。当需要恢复原始数据时，可以从这些节点中获得 k 个编码块，利用这 k 个数据块进行解码操作，即可恢复原始数据。

8.2.3.2　性能评估指标

在数据协同缓存性能评估中，时延是数据协同缓存性能评估的关键指标。时延是数据从源到目的地所需的时间，主要为传输时延。在工业物联网中，特别是在实时应用中，低时延是至关重要的，因为它直接关系到系统对于实时性要求的满足程度，时延用 T_i 来表示。此外还有安全性、通用性、灵活性、能效等评估指标，它们在具体情况下有不同的定义与表达，应结合具体的建模进行数学表述。

8.2.3.3　建模方案

（1）网络模型

我们考虑蜂窝网络模型，其中覆盖区内有密集部署的 AP、一个宏基站和各种终端。设置 $\mathcal{K} = \{1, 2, \cdots, K\}$ 表示聚类，$\mathcal{J} = \{1, 2, \cdots, J\}$ 表示 AP，终端集合表示为 $\mathcal{I} = \{1, 2, \cdots, I\}$。终端之间可以通过 D2D 链路进行数据传输，只有宏基站可以通过可靠的光纤回程链路与核心网交换数据。其架构如图 8-7 所示。

（2）编码缓存放置模型

存储时使用的编码已成为系统的关键问题，在实践中，可以通过最大距离可分（Maximum-Distance Separables，MDS）代码来实现。集合 $\mathcal{L}$ 中的每个文件都被分成大小相等的原始块。将原始块编码作为需要缓存的编码块，当接收到的块数大于或等于原始文件的块数时，在接收端可以恢复原始文件。

基于 MDS 码的对称性前提，考虑在每个集群都部署边缘服务器和终端。在同一个集群中，由于对称性，缓存在边缘服务器中的内容块是相同的。值得注意的是，由于对称性，同一集群中终端的本地缓存也是相同的。

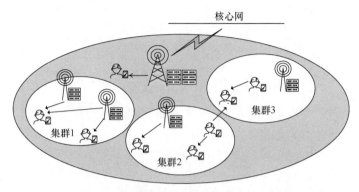

图8-7 蜂窝网络架构

此外，文件的缓存列表是全局已知的。

设 C^{local}、C^d、C^b 分别表示本地服务器、与本地服务器可 D2D 链路连接的设备服务器和 AP 服务器的缓存大小。AP 的存储性能实际上优于本地服务器和与本地服务器可 D2D 链路连接的设备服务器。对于文件 l，其数据量表示为 D_l，令 c_{kl}^{local}、c_{kl}^d、c_{kl}^b、c_l^c 分别表示集群 k 中终端本地存储的缓存块、集群 k 中与本地服务器可通过 D2D 链路存储的缓存块、集群 k 中 AP 的缓存块和远程内容中心存储的缓存块。我们默认远程内容中心会包含所有内容的相应缓存块。

相应约束为：

$$\sum_{l \in L} c_{kl}^{local} < C^{local}, \forall k \in \mathcal{K}$$

$$\sum_{l \in L} c_{kl}^d < C^d, \forall k \in \mathcal{K}$$

$$\sum_{l \in L} c_{kl}^b < C^b, \forall k \in \mathcal{K}$$

（3）内容请求和合作交付模型

在缓存模型中有两个部分需要设计：内容请求和内容交付。

对于内容的请求概率，参照相关缓存工作，通过 Zipf 分布定义内容流行度。θ_l 用于表示内容 l 的终端请求概率，μ 是描述分布的指数特征。具体来说，$\mu = 0$ 表示内容流行度均匀分布。请求概率定义为：

$$\theta_l = \frac{\dfrac{1}{l^{\mu}}}{\sum_{l=1}^{L} \dfrac{1}{l^{\mu}}}$$

需要满足约束：

$$\sum_{l \in L} \theta_l^k = 1, \forall k \in \mathcal{K}$$

在内容交付阶段，提出了终端从 MEC 服务器获取内容的合作交付方案。每个 MEC 服务器缓存编码块且不重复，如下：

$$c_{kl}^{\text{local}} \leqslant D_l, \forall k \in \mathcal{K}, \forall l \in \mathcal{L}$$

$$c_{kl}^{\text{d}} \leqslant D_l, \forall k \in \mathcal{K}, \forall l \in \mathcal{L}$$

$$c_{kl}^{\text{b}} \leqslant D_l, \forall k \in \mathcal{K}, \forall l \in \mathcal{L}$$

$$c_l^{\text{c}} \leqslant D_l, \forall l \in \mathcal{L}$$

设置二进制缓存决策变量 $x \in \{0,1\}$ 来表示内容获取情况。当终端需要获取内容时，下面列出了不同的情况。

第一种：来自本地缓存。$c_{kl}^{\text{local}} = D_l$ 表示终端可以直接从本地服务器获取所需内容，无须与其他终端通信。$x_{il}^{\text{local}} = 1$ 表示终端 i 在本地获取文件 l 的缓存块。相对应的卸载时延 $T^{\text{local}} = 0$。

第二种：来自 D2D 链接。当 $c_{kl}^{\text{local}} < D_l$ 时，终端需要接收来自其他终端的缓存块。如果附近具有 $d_{ii'} < d_{\max}$ 的终端能够提供足够的大于 D_l 的缓存块，则可以建立 D2D 链路。$x_{il}^{\text{d}} = 1$ 表示终端 i 通过 D2D 链路获得文件 l 的缓存块。假设所有通过 D2D 链路的传输速率为 r^{d}，则对应的传输时延表示为 $T^{\text{d}} = \dfrac{c_{kl}^{\text{d}}}{r^{\text{d}}}$。

第三种：来自 AP 边缘服务器。如果前两种方式无法提供足够的数据块来恢复目标文件，终端可以从缓存相关数据块的边缘服务器获取内容。$x_{il}^{\text{b}} = 1$ 表示终端 i 从 AP 获取文件 l 的缓存块。对应的传输时延表示为 $T^{\text{b}} = \dfrac{c_{kl}^{\text{d}}}{r^{\text{b}}}$。

第四种：通过宏基站向远程内容中心下载对应内容，$x_{il}^{\text{c}} = 1$ 表示终端 i 通过宏基站从远程内容中心获取文件 l 的缓存块。对应的传输时延表示为 $T^{\text{c}} = \dfrac{c_{kl}^{\text{d}}}{r^{\text{c}}}$。

因此有约束：

$$x_{il}^{\text{local}} + x_{il}^{\text{d}} + x_{il}^{\text{b}} + x_{il}^{\text{c}} = 1, \forall l \in \mathcal{L}$$

则最终的卸载总时延可以表示为：

$$T_t = x_{il}^{\text{local}} T^{\text{local}} + x_{il}^{\text{d}} T^{\text{d}} + x_{il}^{\text{b}} T^{\text{b}} + x_{il}^{\text{c}} T^{\text{c}}$$

8.2.4　数字孪生

数字孪生（Digital Twin，DT）与工业物联网的融合意味着实体世界与数字世界的无缝连接，它代表着一种变革。数字孪生赋予了 IIoT 更深层次的意义，它不仅是将传感器、其他设备和系统连接到互联网，更是通过数字化的镜像实现了对现实世界的实时模拟与分析。

在这个整合的体系中，数字孪生充当着实体资产的完美复制品，捕捉其每一个细微变化。这意味着，任何在物理世界中发生的变化都可以实时地在其数字对应体中得到反映。这种融合推动了智能工厂的产生，自动化和智能化不仅限于机器和设备，还扩展到了整个生产流程的管理。这一结合为企业带来了巨大的操作优化、预测性维护和即时决策能力，让我们走进了一个能够预见和优化生产流程的全新时代。

在本小节中，我们将介绍数字孪生的定义，并介绍数字孪生结合边缘计算在 IIoT 领域中具体的数学建模，以立体地展示数字孪生这一新兴概念。

8.2.4.1　定义

数字孪生是一种先进的技术概念，它通过在数字环境中创建物理实体的精确虚拟镜像，实现了实体世界与数字世界的深度融合。数字孪生的核心理念在于通过实时数据和仿真模型来实现现实世界的数字化描述，使物理实体在数字空间中存在并与其虚拟表示进行互动。

数字孪生的基本特征如下。

1）实时映射与互动。数字孪生是对物理实体的实时映射，能够准确反映实体的状态、行为和性能，不仅能够接收实体的数据，还能够向实体发送信息，实现双向的实时互动。

2）自适应性。数字孪生能够自动适应其真实对应物的环境和配置变化，以确保持续的高效工作。

3）自调节性。数字孪生在适应真实对应物的环境时能够自行调节，确保系统的运行符合各种实际条件。

4）自监测与自诊断。数字孪生通过监测相关的参数评估自身的运行状况并报告出现异常的原因和时间。

5）现实与数字融合。数字孪生由物理实体和数字实体组成，通过共生关系相互作用。

"数字孪生"这个术语包含两部分：物理实体及其数字对应物体。数字孪生充当了物理世界和数字世界之间的桥梁，使复杂系统能够得到更深入的理解和更好的控制。

8.2.4.2　数字孪生与工业物联网

在工业领域，数字孪生被广泛应用于制造、运营和维护过程中。它通过创建一个实时的动态数字副本来反映物理系统的状态和行为。

以工业 4.0 为例，其愿景是降低生产成本，提高效率，并为产业界提供越来越灵活的生产方法。工厂站点具有直接相互通信的能力，无须通过中央处理控制器进行通信。模块化和物联网的去中心化使生产过程更加灵活、开放和高效。

以下是一些数字孪生和工业 4.0 结合的例子。

1）设备检测与维护。在制造工厂中，生产设备使用数字孪生模型与 IIoT 传感器相结合，实时监测设备的运行状态，使得工厂能够进行预测性维护，提前识别潜在故障并采取措施，以减少设备停机时间，提高生产效率。

2）智能建筑管理。在厂区中，数字孪生与 IIoT 传感器整合，实时监测建筑内部的温度、湿度、光照等环境参数。这种结合可以实现对建筑系统的智能调控，优化能源利用，提高生产效率。

3）供应链可视化与优化。在供应链管理中，数字孪生与 IIoT 整合，实时跟踪货物的运输、存储条件，由此企业可以优化供应链，提高运输效率，降低库存成本，确保产品质量。

4）车间生产优化。数字孪生驱动的调度模式通过虚实映射和协同优化实现了物理车间和虚拟车间的紧密结合。在这种模式下，物理车间感知生产状态，虚拟车间通过自组织和自学习进行智能调度决策，快速响应异常并提高适应能力。

5）车间设备智能控制。数字孪生技术通过虚拟模型仿真调试，减轻实机调试负担，通过虚实映射评估实际控制效果并提供全面感知的物理实时状态，以支持实时自主决策。数字孪生可以全面匹配控制系统和设备。

6）车间人机交互。数字孪生通过构建虚拟车间可以实现高效的人机交互。传统的一对一人机交互演变为数字孪生虚拟车间与车间孪生数据驱动的全要素综合联动，可实现更综合的交互模式。

数字孪生与工业物联网的结合为工业领域带来革命性的变革，可提升生产效率、降低成本，并为未来智能制造提供坚实的基础。这一融合助力着工业界的数字化转型，推动着制造业朝着更加智能和可持续的方向发展。

8.2.4.3　数字孪生的工业应用

图 8-8 所示为基于 DT 辅助的 IIoT 架构。

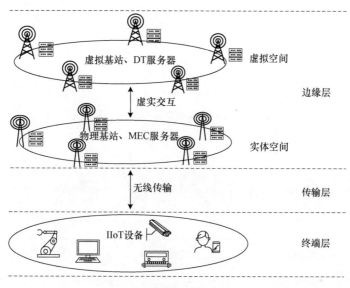

图8-8　DT辅助的IIoT架构

数字孪生辅助的 IIoT 网络架构主要由 3 层组成：终端层、传输层和边缘层。终端层由大量的工业设备组成，如仓储设备、车间设备、传输设备和分析检测设备等。传输层主要采用无线传输，其中，包括多种多址接入技术，如正交多址接入技术和非正交多址接入技术等。边缘层则由两部分组成：实体空间和虚拟空间。其中，实体空间由基站和边缘服务器构成，而虚拟空间则是实体空间的映射，由虚拟基站和 DT 服务器构成。

从 DT 服务器的角度看，MEC 服务器的实时状态可分为两种：空闲和繁忙。空闲状态意味着计算任务仅需 MEC 服务器就可以得到实时处理；繁忙状态意味着 DT 服务器可以辅助进行边缘计算。一旦检测到 MEC 服务器的繁忙状态，DT 服务器将处理迁移任务的处理，从而降低任务完成时延。其中，空闲状态和繁忙状态可以分别用两种假设 H_0 和 H_1 来表示，且满足 $P_r\{H_0\} + P_r\{H_1\} = 1$。此时 MEC 服务器的两种运行状态概率可分别表示为 $P_r\{H_0\} = \dfrac{\xi_0}{\xi_0 + \xi_1}$，$P_r\{H_1\} = \dfrac{\xi_1}{\xi_0 + \xi_1}$，其中 ξ_0 和 ξ_1 分别表示服务器从繁忙到空闲及从空闲到繁忙的转换概率。DT 服务器可以借助孪生平台实时模拟服务器的状态，并通过仿真验证实时更新并优化 MEC 服务器的计算能力从而不断提升孪生系统性能。

图 8-9 所示为 IIOT 场景下 DT 辅助的 MEC 架构。

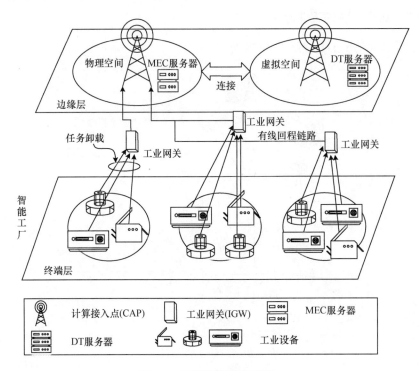

图8-9　DT辅助的MEC架构

终端层中工业设备组 $M = \{1, 2, \cdots, m\}$ 被随机分布在智能工厂。远程工业设备的工业计算任务要么在当地执行，要么迁移至边缘端处理。令第 m 个工业设备的任务由二元组 $D_m = \{\eta_m, \lambda_m\}$ 描述，η_m 是任务总输入字节，λ_m 是完成任务 D_m 所需的服务器 CPU 转数。边缘层 MEC 服务器集成在智能工厂的中央位置并为工业设备提供计算服务，用 CPU 芯片的时钟频率 f_e 描述 MEC 服务器的计算能力。在边缘层和终端层连接处，一组边缘网关集合 $N = \{1, 2, \cdots, n\}$ 作为工业无线接入门户，用于迁移来自工业设备的任务数据，将原始的任务数据汇总到接入点中。

对于工业设备 m 来说，ς_m 表示其任务迁移过程开销，包括数据加密开销和信道编码开销等。R_m 表示在任务迁移过程中可以达到的传输速率。其迁移至网关 n 时实际任务输入比特大小可表示为 $\varsigma_m \eta_m$，所以工业设备 m 的任务 D_m 迁移时延可以表示为：

$$T_m^{\mathrm{u}} = \frac{\varsigma_m \eta_m}{R_m}$$

作为 MEC 服务器的虚拟呈现，DT 服务器实时反映了当前状态下 MEC 服务器的计算性能。预估 DT 服务器 CPU 频率由两部分组成：一部分是理想状态下 MEC 服务器实际的 CPU 频率；另一部分是 MEC 服务器预估状态和实际状态下的实时偏差。基于实时的孪生管道，在 DT 服务器的创建过程中，预估偏差通过模型映射模块实时映射出来，具体表现为：

$$\tilde{f}_e = f_e + \hat{f}_e$$

其中 $\hat{f}_e$ 表示 DT 服务器的预估 CPU 频率偏差，f_e 表示 MEC 服务器的 CPU 频率，$\tilde{f}_e$ 表示 DT 服务器的 CPU 频率。

使用 D_e 来表示 DT 服务器，可表示为：

$$D_e \triangleq \Theta\left(\tilde{f}_e, \hat{f}_e\right)$$

任务在本地计算时：

使用 f_m^{l} 表示工业设备 m 的 CPU 频率，来作为本地计算能力。因此，处理工业设备 m 的任务 D_m 所需要的计算时延可以表示为：

$$T_m^{\mathrm{l}} = \lambda_m \left(f_m^{\mathrm{l}}\right)^{-1}$$

数字孪生辅助的边缘计算：

使用 ϕ 表示在 MEC 服务器上处理 1 bit 原始数据所需的 CPU 转数，因此处理工业设备 m 的任务 D_m 所需要的服务器总 CPU 转数可以写为 $\phi \varsigma_m \eta_m$。假设 DT 服务器与物理实体之间的偏差可以提前获得，则当处理 IIoT 设备 m 的任务 D_m 时，DT 辅助边缘计算与处理任务的 MEC 服务器的实际计算时延差 G_m^{c} 可以表示为：

$$G_m^{\mathrm{c}} = \frac{\phi \varsigma_m \eta_m}{q_m f_e} - \frac{\phi \varsigma_m \eta_m}{q_m \tilde{f}_e} = -\frac{\phi \varsigma_m \eta_m \hat{f}_e}{q_m \tilde{f}_e \left(\tilde{f}_e + \hat{f}_e\right)}$$

其中 q_m 是 MEC 服务器分配给处理工业设备 m 的任务 D_m 的计算容量的比例。用 T_m^{mec} 和 $\tilde{T}_m^{\mathrm{dt}}$ 分别表示处理任务 D_m 时 MEC 服务器实际的计算时延和 DT 辅助边缘计算所需的计算时延，给定计算时延差 G_m^{c}，可以得到：

$$T_m^{\mathrm{mec}} = \tilde{T}_m^{\mathrm{dt}} + G_m^{\mathrm{c}}$$

处理工业设备 m 所需的边缘计算时延可以写作：

$$T_m^{\mathrm{c}} = P_r\{H_0\} T_m^{\mathrm{mec}} + P_r\{H_1\} \tilde{T}_m^{\mathrm{dt}}$$

$$= \frac{\xi_0}{\xi_0 + \xi_1} \frac{\phi \varsigma_m \eta_m}{q_m\left(\tilde{f}_e + \hat{f}_e\right)} + \frac{\xi_1}{\xi_0 + \xi_1}\left(\frac{\phi \varsigma_m \eta_m}{q_m\left(\tilde{f}_e + \hat{f}_e\right)} + \frac{\phi \varsigma_m \eta_m \hat{f}_e}{q_m \tilde{f}_e\left(\tilde{f}_e + \hat{f}_e\right)}\right)$$

$$= \frac{\phi \varsigma_m \eta_m}{q_m\left(\tilde{f}_e + \hat{f}_e\right)} + \frac{\xi_1}{\xi_0 + \xi_1} \frac{\phi \varsigma_m \eta_m \hat{f}_e}{q_m \tilde{f}_e\left(\tilde{f}_e + \hat{f}_e\right)}$$

当工业设备 m 选择在边缘端来处理任务 D_m 时，其任务完成时延由传输时延和边缘计算时延两部分组成，表示如下：

$$T_m^{\mathrm{e}} = T_m^{\mathrm{u}} + T_m^{\mathrm{c}}$$

工业设备 m 的任务 D_m 所需计算时延可以通过本地计算时延和边缘计算总时延两部分之和表示：

$$T_m = T_m^{\mathrm{e}} + T_m^{\mathrm{l}}$$

考虑部分卸载模型，令 $\alpha = \{\alpha_m\}$ 表示任务在本地执行的部分，$\beta = \{\beta_m\}$ 表示工业设备 m 向 MEC 服务器卸载的因子，其中 α_m，$\beta_m \in [0,1]$。

任务在本地计算时：

任务 D_m 中的 α_m 部分在本地执行，速度为 f_m^{loc}，本地执行任务的时间为：

$$\tilde{T}_m^{\mathrm{loc}}\left(\alpha_m, f_m^{\mathrm{loc}}\right) = \frac{\alpha_m \lambda_m}{f_m^{\mathrm{loc}}}$$

处理工业设备 m 任务所需本地计算时延为 T_m^{l}，则本地处理的时间为：

$$T_m^{\mathrm{loc}} = T_m^{\mathrm{l}} + \tilde{T}_m^{\mathrm{loc}}$$

数字孪生辅助的边缘计算：

设 MEC 服务器的预估处理速度为 f_m^{es}，其处理卸载任务的预估时间为：

$$\tilde{T}_m^{\mathrm{es}}\left(\beta_m, f_m^{\mathrm{es}}\right) = \max\left\{\frac{\beta_m \phi \varsigma_m \eta_m}{f_m^{\mathrm{es}}}\right\}$$

处理工业设备 m 所需的边缘计算时延为 T_m^c，则边缘端计算任务的时间为：

$$T_m^{\text{es}} = T_m^c + \tilde{T}_m^{\text{es}}$$

8.3 研究工作

笔者在 IEEE Xplore 上检索与工业物联网边缘计算相关的论文，共计 625 篇，且随时间呈上升趋势，如表 8-1 所示。研究方向主要可以分为任务调度、安全问题、数字孪生 3 类。下面将从这 3 个方向展开介绍相关的研究工作。

表 8-1　工业物联网边缘计算相关论文数量

年份/年	2018及以前	2019	2020	2021	2022	2023
数量/篇	52	49	83	133	141	167

8.3.1　关于任务调度的研究

工业物联网通常包含大量的设备、传感器和控制系统，是一个庞大而复杂的网络系统，任务调度是确保各个设备之间协同运作的关键。工业物联网涉及大量数据的转发并要求能够对实时数据做出快速响应，任务调度可以及时地处理和响应传感器数据、设备状态变化等信息。同时，工业物联网涉及大量的计算、网络、存储资源，任务调度能够最大化利用这些资源，提高设备利用率，降低能源消耗，降低任务处理时延。可见任务调度对于工业物联网具有十分重大的意义。下面是关于工业物联网边缘计算在任务调度方面的部分研究工作。

文献[1]：无服务器（serverless）计算模型允许工业物联网边缘计算在不考虑运行时环境、负载均衡和可扩展性的情况下使用边缘计算资源，从而有效提高边缘资源的利用率，为用户提供更灵活的服务。但是如何在无服务器边缘环境中通过任务调度实现性能优化是一个重要问题，因此文中重点探讨了 IIoT 无服务器边缘计算中的调度。文中基于无服务器计算中的应用程序可以分解为多个相互依赖的无状态函数这一事实，考虑服务的部署，将 IIoT 工作流应用程序建模为有向无环图，并将工作流调度问题表述为一个多目标优化问题，以最小化时间消耗、能耗和成本为优化目标。文中考虑到 IIoT 的动态变化环境和固有的无服务器工作流依赖性，提出了一种基于双深度 Q 网络的深度强化学习工作流调度方案。最后文中进行了大量的仿真实验，验证了学习率、工作流程度大小和权重因子对系统性能的影响，实验结果表明，所提方案相比于其他方案，能够在动态 IIoT 无服务器边缘场景下实现更高效的工作流调度。

文献[6]：随着实时 IIoT 应用的急剧增加，支持快速响应时间、低时延和高效带宽利用是一个巨大的挑战，时间敏感网络（Time-Sensitive Networking，TSN）通过确定性调度可以实现低时延通信。文中从以下两个方面对调度问题进行了分析：一是为了保证时间敏感型应用的严格时延要求，必须严格区分所有时延敏感流，同时满足时延和抖动的性能要求；二是对时间敏感流的带宽进行强制分散预留会导致剩余时隙碎片化，而时间敏感流的静态调度将超帧时隙划分为不规则的碎片会降低带宽利用率，因此需要有适当的调度算法来保证时间敏感流的时延，并提高支持边缘计算的 IIoT 系统的整体带宽利用率。文中首次对多流的可组合性问题进行了分析，并给出了多个时效流非碰撞组合的若干结论。此外，还可以预测不同流之间的冲突数据包，使调度方案易于设计。为了满足时间敏感流的有界低时延和抖动需求，文中提出一种基于多流可组合性的确定性调度方法，该方法可以智能地判断是否支持非冲突调度或时延抖动松弛调度。文中还提出了一种针对非时间敏感流的动态调度方法，以确定转发的最合适的数据包，提高整体带宽利用率。最后文中进行了仿真实验，实验结果表明文中所提的两种算法可以很好地支持超低时延业务，保证高效的带宽利用。

文献[7]：时延和能耗是衡量工业物联网系统性能的两个重要指标，为了降低时延和能耗，需要结合无线信道和计算能力设计卸载策略，将计算任务分配给边缘节点，同时为了增加卸载的覆盖范围并提高传输质量，可以将中继技术集成到 MEC 系统中，用于辅助卸载。文中研究了工业物联网网络中 MEC 的卸载优化问题，为了提高系统性能，综合考虑了系统资源分配，包括卸载、带宽和中继器选择。文中提出了一种新的三层次卸载优化框架，首先提出了 3 种带宽分配策略来优化第二跳中继传输，然后基于离散粒子群优化算法优化计算卸载，进一步提供了 3 个中继器选择标准，考虑系统性能和实现复杂性之间的权衡，选择一个最佳中继器来辅助计算卸载。最后文中设计了仿真实验，将所提的带宽分配策略与 3 种现有带宽分配策略进行比较。同时对所提出的 3 种中继器选择策略进行比较。实验结果表明文中所提的带宽分配策略能显著降低计算复杂度而在时延和能耗方面没有明显的性能损失，且考虑了加权成本最低的最佳中继选择策略具有更好的性能，证明了所提三层次优化框架的有效性。

文献[8]：解决工业物联网边缘计算中存在的"多跳"和"跨层"问题是保证 IIoT 服务质量的关键。多层协同计算卸载是指在实际场景中，IIoT 设备可能会遇到连接性差甚至间歇性的情况，无法直接连接到网络接入点，这时就需要 IIoT 设备相互协同，通过相邻设备将传输的信息转发到边缘服务器或者远程云服务器以进行计算卸载。跨层协同计算卸载指的是基于 IIoT 设备的计算可以处理时延敏感型的实时任务，基于边缘服务器的边缘计算可以提供低时延的计算资源，基于远程云服务器的云计算可以处理计算密集型任务，因此跨层（IIoT-边缘-云）协同计算十分重要。文中综合了这两方面的问题，为了支持跨层协同计算卸载，将卸载策略扩展为本地计算、边缘计算和云计算；为了实现多跳协同计算卸载，提出了一种多跳协同通信模型作为多跳协同计算卸载博弈（MCCG），并提出了一种自由束缚机制，以证明多跳协同计算卸载博弈存在纳什均衡。然后文中开发了两种 QoS 感知的分布式算法，可以通过有限的改进步骤让多跳协同计算卸载博弈在 NE 中终止。最后文中进行了广泛的仿真实验，实验结果表明随着群体规模的增加，所提方案具有良好的扩展性，并且在各种参数设置下比其他算法更有效、更稳定。

文献[9]：部分现有研究仅优化端边云协同任务卸载，忽略了通信和计算资源分配的优化。通信和计算资源分配的研究难点在于现实的 IIoT 环境是动态复杂且不可预测的，当环境状态发生变化时，需要通过迭代方法解决问题，这将无法满足 IIoT 应用的实时决策需求。而且过去的状态和决策对于做出当前的决策很有价值，使得容易在每个时间段都做出贪婪的决定。因此文中综合考虑了端边、边边、边云协同任务部分卸载方案，同时关注通信和计算资源分配以及 IIoT 环境下的复杂动态性和不可预测性，将联合优化问题建模为约束马尔可夫决策过程，此外提出了一个基于 Soft Actor-Critic 的协同任务卸载和资源分配算法，为每个 IIoT 设备做出任务卸载和资源分配决策。该算法创新性地引入分布强化学习的思想，可以有效减少 Q 值高估或低估。同时该算法采用优先经验回放来提高学习效率。最后文中设计了仿真实验，将所提出的协同任务部分卸载和资源分配框架与常见的 3 种协同框架（端边协同框架、端边边协同框架、端边云协同框架）进行了比较，同时将所提出的算法与 DDPG 算法、Double Dueling DDPG 算法和 Soft Actor-Critic 算法进行了比较，最终实验结果表明，文中所提框架和算法能有效降低系统时延成本和能耗成本。

文献[10]：工业物联网中的移动设备需要随时不断地传输数据，然而由于节点移动、信号衰减或物理障碍，数据必须依靠中继节点的传输才能到达最终目的节点。文中将堆叠去噪自编码器（Stacked Denoised Autoencoder，SDAE）模型引入边缘环境，用来提取节点的历史链路信息特征，提出了一种基于 SDAE 模型的协同链路预测模型（CLPM），该模型通过历史链路信息来预测基于边缘环境的未来链路状态，从而选择下一跳进行数据传输。文中考虑到预测性能、执行时延和边缘资源有限，基于 SDAE 模型将预测卸载问题建模为 NP 困难的混合整数线性规划问题，并提出了一种启发式算法，与穷举搜索法相比，该算法复杂度更低。同时文中针对链路通过或中断的数据不平衡问题，提出了一种改进的合成少数过采样技术算法，使数据集中现有和不存在的链路数量几乎相等，以提高链路预测性能。最后文中使用了真实工业园区的数据将所提模型和算法与仅边缘计算卸载和全本地计算两种卸载方案进行了比较，实验结果表明所提出的协同链路预测模型在预测性能和执行时延方面优于其他算法。

文献[11]：IIoT 设备的计算资源有限，无法完成计算密集型任务，需要卸载到边缘服务器进行处理，但是由于 IIoT 场景下存在大量的设备，且任务具有多样性，因此现有边缘计算卸载策略并不适用于 IIoT 边缘计算。对于边缘计算来说，资源利用率和负载均衡是两个重点考虑的问题，因此文中针对 IIoT 中复杂任务的计算卸载和资源分配，提出了一种端边云协同计算卸载方法。文中建立了由科学工作流和并发工作流组成的新任务模式，以表示多个工业设备的复杂任务。科学工作流和并发工作流分别用于描述时间约束任务和顺序约束任务。然后，将计算卸载问题表述为一个多目标问题。将能源消耗、受时间限制的时间消耗、资源利用率及边缘服务器的负载均衡作为优化目标。接着提出了一种端边云协同智能计算卸载方法，以获得上述模式的最优解最佳候选集，且利用熵加权和基于理想解相似性阶次偏好方法对最优卸载策略进行评价和获取。最后文中设计了仿真实验，将所提协同智能计算卸载方法算法与仅卸载至边缘方案、仅卸载至云中心方案、先到先得原则卸载方案进行了比较，实验结果表明协同智能计算卸载方法算法在 4 个优化目标上优于其他 3 种方案。

文献[12]：支持边缘的工业物联网（Edge Industrial Internet of Things，E-IIoT）可以有效处理 IIoT 网络中大量的计算密集型和时延敏感型任务，但是如何合理地调度计算资源是 E-IIoT 网络的一大难题。文中考虑到 E-IIoT 网络中的 IIoT 设备协同监控工业现场，因此处理它们收集的数据的任务会相应地关联起来，这意味着，将高度相关的任务安排在同一设备上处理可以提高计算效率。受此启发，文中研究了 E-IIoT 网络中的相关性感知时延最小化调度问题，并提出了一种近似算法，包括任务的计算模型决策和设备的处理顺序决策。该算法基于任务之间的计算相关性，设计了各设备处理分配任务的顺序，通过这种方式，E-IIoT 网络中的计算冗余被最小化，网络时延也相应地最小化。最后文中设计了仿真实验，将所提算法与随机处理顺序决策、无相关性感知决策、基于随机处理顺序决策的本地计算决策、无相关性感知本地计算决策 4 种方案进行了对比，评估了边缘设备数量、IIoT 设备数量、任务数量和相关系数值对网络时延的影响，实验结果表明文中所提算法具有更优的性能表现。

文献[13]：由于 IIoT 设备中的计算单元和电池容量等资源的限制，计算密集型任务需要在 MEC 服务器中执行，然而任务生成的动态性和连续性给 IIoT 中有限资源的管理带来了严峻的挑战，同时任务卸载将导致额外的传输时延和能量消耗，如何在 MEC 服务器上正确分配计算资源也会影响任务执行时延。文中针对 MEC 通信和计算资源的联合管理问题，采用深度确定性策略梯度方法研究 IIoT 中边缘服务器的功率控制和计算资源分配，将长期平均时滞最小化问题转化为马尔可夫决策过程，并针对该问题提出了一种基于深度强化学习的动态资源管理（Deep Dynamic Resource Management，DDRM）算法。该算法利用了深度确定性策略梯度方法，可以处理动作空间和状态空间的高维连续性。最后文中进行了相应的仿真实验,研究了学习率、贴现因子、对 DDRM 算法收敛性的影响,以找到合适的参数设置,同时文中将所提的 DDRM 算法与其他 3 种现有的资源管理方案进行了比较,实验结果表明 DDRM 算法能够有效降低任务时延。

8.3.2 关于安全与隐私问题的研究

工业物联网边缘计算涉及大量分布式设备之间的通信,增加了数据在传输过程中被截获、篡改或伪造的风险,实时性要求边缘设备快速处理数据,但这也增加了系统受到拒绝服务攻击的风险,同时,边缘计算系统的复杂性使得设计和管理安全机制更为困难。因此,为确保系统的稳定性、数据的保密性,构建工业物联网边缘计算的可信环境及防范各种潜在的威胁显得尤为重要。区块链技术作为一种去中心化的、分布式的账本技术,可以提高数据的安全性和可信度,为构建可信的通信环境提供技术支持。下面将介绍有关工业物联网边缘计算安全问题相关的部分研究工作。

文献[14]:随着工业物联网部署的设备和任务的爆炸式增长,设备之间缺乏互联和协作,导致 IIoT 资源调度的时效性和安全性较差。区块链基于 P2P 组网技术和混合协议处理异构设备的通信问题,其分布式记录模式确保资源调度记录不被篡改和追溯,可以满足安全性和兼容性要求。因此文中设计了一种协同式终端边缘 IIoT 架构,对终端设备之间的资源调度进行管理,支持终端设备的划分并为其配备控制器,并引入调度信息的区块链分布式存储,保证资源调度过程的安全性和透明度。文中提出了一种基于智能合约的多维资源交易模型。它通过划分控制设备来确定资源交易空间,并引入信用账户来衡量控制器的信任程度,运用基于信用的共识和奖惩机制,旨在减少生成区块过程的开销。针对 IIoT 环境下的动态资源调度问题,文中提出了一种分布式事务学习资源调度算法,它利用局部学习和全局迭代的群体智能思想,根据业务需求得到最优调度方案。最后文中设计了仿真实验,将所提算法与现有算法进行对比,实验结果表明文中所提出的分布式事务学习资源调度算法在调度决策时延、事务生成率、安全性等方面都有更佳的表现。

文献[15]:区块链应用于 IIoT 虽然可以保证海量数据的安全性和隐私性,但是也面临 3 个重大问题:一是计算任务的能耗难以接受,二是区块链中共识机制效率低,三是网络系统计算开销大。为了解决上述问题,文中将移动边缘计算集成到支持区块链的 IIoT 系统中,以提升 IIoT 设备的计算能力,提高共识过程的效率。文中综合考虑和分析了设备的能量分配和系统的加权成本,包括能耗和计算开销。文中根据控制器和计算服务器的状态及 IIoT 系统的动态特性,通过定义状态空间、动作空间和奖励函数,将优化问题表述为马尔可夫决策过程。针对所提出的大维数、复杂联合问题,提出了一种基于深度 Q 学习的方法,对主控制器、卸载决策、块大小和计算服务器进行动态选择和调整,以优化设备能效和系统计算开销。最后文中通过仿真实验将所提方案与现有的 4 种方案进行了比较，实验结果表明，所提方案在总工作时间、能耗、计算开销等方面都有更好的表现，证明所提方案能够显著提高系统性能。

文献[16]：并行强化学习（Parallel Reinforcement Learning，PRL）的分布式边缘云协同资源调度方案可以实现对 IIoT 的资源调度，但是大规模分布式边缘计算服务器的计算和通信能力、安全程度是不同的，因此很难让大量边缘服务器运行基于并行强化学习的边缘云协同资源调度方案。文中提出了一种基于图片委托状态证明（Proof of Delegated Proof of Space-Time，pDPoSt）和可疑实用拜占庭容错（Simplified Practical Byzantine Fault Tolerance，sPBFT）共识算法的大规模分布式边云协同资源调度方法。具体而言，文中首先搭建了一种支持海量工业智能任务的边缘云协同工业网络架构，再使用基于分布式 PRL 的资源分配方案。其次，为了提高分布式 PRL 训练的效率和安全性，文件提出了一种基于 pDPoSt 算法的服务器过滤策略，选择高性能的边缘计算服务器进行 PRL 训练，从而提高系统的效率和安全性。然后，提出一种 sPBFT 算法，进一步实现分布式 PRL 的安全参数聚合，避免异常参数对整体训练的影响。最后文中设计了大量的仿真实验，将所提出的 pDPoSt 算法和 sPBFT 算法与其他现有算法进行了比较，实验结果表明，与传统方法相比，所提出的基于 pDPoSt+sPBFT 的 PRL 资源调度方法具有更高的效率和安全性，有助于实现最先进的边缘云协同工业网络。

文献[17]：不同物联网平台之间存在信息孤立的问题，需要建立可信访问系统，实现安全认证和协同共享。文中搭建了一种具有区块链和边缘计算的分布式可信身份验证系统，在区块链网络中，设计了一种优化的实用拜占庭容错共识算法，用于存储认证数据和日志，保证可信认证，实现终端活动溯源。文中利用动态名称解析策略和椭圆曲线密码设计了一种分布式身份认证机制。通过名称解析策略，边缘节点可以及时同步终端数据，同时，可以保护边缘节点和终端之间的身份机密性和通信安全性。文中还提出了一种基于置信传播算法的缓存策略，以提高命中率并最小化时延。相较于无法应对移动终端的传统缓存策略，基于智能合约的策略可以动态优化缓存空间的分配。最后文中进行了仿真实验，实验结果从通信和计算成本的角度评估了文中所提出的认证机制，证明了该机制的适用性。仿真结果也表明所提出的缓存策略在平均时延方面比现有边缘计算策略降低 6%~12%，命中率高出 8%~14%。

文献[18]：IIoT 中包含的众多智能边缘设备具有从感知到的海量数据中挖掘知识的能力，知识驱动的 IIoT 在信息物理系统和工业 4.0 等应用领域发挥着前所未有的作用。然而，知识通常分散在 IIoT 的分布式边缘设备中，为了进一步实现 IIoT 中的边缘智能化，需要一种高效的边缘知识共享方法。文中在 IIoT 中建立了一个平台，支持边缘节点之间的分散知识共享，包括数据感知、知识发现、知识共享和知识智能应用的完整过程。该平台支持在边缘节点之间共享公共和私人知识。文中基于系统动力学建模方法，建立节点间公共知识共享的动态模型，准确描述动态共享过程。在此基础上，文中提出了一种基于最优控制理论的公共知识共享控制方法，鼓励节点积极参与知识共享，实现预算约束下公共知识的可控最大化共享。文中还提出了一种基于区块链技术的私有知识交易控制方法，并提出了一种有效的智能合约，以保证节点之间私有知识的安全共享。特别是，文中开发了更适合边缘节点的轻量级确认机制，节省了计算资源，提高了私有知识共享的效率。

文献[19]：在 IIoT 系统中，IIoT 设备在不需要人工干预的情况下进行相互通信，需要保护数据机密性和设备的真实性。边缘计算可以有效解决 IIoT 设备资源限制的问题，通过在网络边缘处理收集的数据，可以大大缩短设备的响应时间。然而，在边缘服务器的安全通信、网络连接和资源利用方面面临着许多挑战。为了应对这些挑战，文中提出了一种在 IIoT 的基础设施中为边缘计算提供安全通信的方案。该方案采用三层架构，底层是 IIoT 架构层，由用于数据收集和攻击检测的低功耗 IIoT 设备组成；中间层包括边缘服务器，使用文中提出的并行人工蜂群算法进行负载优化和作业迁移；顶层是核心层，包括用于数据积累和存储的工业云。在该架构中，IIoT 设备可以检测入侵者的伪造身份，并与边缘服务器共享，以防止恶意数据的传输，检测到攻击后，每个边缘服务器会执行并行人工蜂群算法，以实现 IIoT 设备的最佳网络配置。每个边缘服务器都会根据其处理和存储能力将作业迁移到其相邻服务器，以实现负载均衡和更好的网络性能。最后文中设计了仿真实验，将所提算法与遗传算法、粒子群优化算法进行比较，实验结果表明所提方案在准确率、灵敏度、特异性和检出率方面均具有更好的表现。

8.3.3　关于数字孪生的研究

数字孪生可以通过一个数字化的虚拟模型或镜像来反映和模拟现实实体的运行、行为和性能。数字孪生与工业物联网边缘计算的结合可以为工业生产带来许多优势，例如基于数字孪生的模型可以实时检测设备的状态、帮助设计和测试优化产品，实现供应链可视化等。然而，因数字孪生模型高度的复杂性和严格的实时性要求，在边缘环境中部署数字孪生需要大量的计算资源，因此如何实现数字孪生的有效部署是一重大挑战。下面将介绍有关数字孪生在工业物联网边缘计算中应用和部署的部分相关研究工作。

文献[20]：IIoT 网络中随机的通信时延和持续增长的运行数据使得 MEC 服务器难以通过收集和分析来自物联网设备的信道状态信息等运行数据来进行在线优化，借助数字孪生技术将物理机器与网络系统连接起来，可以更好地优化制造过程。IIoT 中数字孪生的构建需要同步海量的数据，但系统中的计算和通信资源有限，阻碍了 IIoT 网络中数字孪生的建模，常见方法是利用联邦学习来缓解上述问题。因此文中提出了数字孪生边缘网络的架构，通过将数字孪生与边缘计算相结合，在物联网设备和网络系统之间建立有效的映射，然后采用联邦学习方案构建数字孪生边缘网络模型，可以降低数据传输开销，保护数据隐私。为了提高通信效率，文中提出了一种异步模型更新方案，将降低通信成本的问题表述为优化问题，进一步将优化问题分解为两个子问题，并基于 DNN 模型确定分配通信资源的最优策略。最后文中将所提出的通信资源优化更新方案和常规同步更新方案进行了比较，通过比较累计时间成本、不同数量参与者下的成本，得出文中所提方案可以提高通信效率并降低系统整体能耗成本的结论。

文献[21]：边缘计算能够为 IIoT 提供低时延、低能耗的服务，数字孪生能够实时监控整个工业生产过程的状态，提高工业生产效率。但是如何在保证终端设备的隐私和信息安全的同时，做出计算卸载和资源分配的最优决策是一项重大挑战。为了解决在计算卸载过程中存在的隐私泄露问题，文中引入隐私信息安全投资的概念，即边缘服务提供商为终端设备提供安全的边缘服务。因此文中研究了数字孪生驱动的智能工业物联网中的计算卸载和资源分配问题，其中数字孪生的作用是捕捉计算资源的实时需求，通过整合隐私信息安全投资来协助边缘服务器的计算卸载决策。文中基于 Stackelberg 博弈，设计了一种面向数字孪生驱动的 IIoT 边缘网络的两阶段激励机制。在第一阶段，引入信用概念，由数字孪生之间的相互作用确定最优的资源分配策略。在第二阶段，边缘服务器提供商和终端设备共同制定一个多领导者多追随者互动机制，其中边缘服务提供商是决定服务价格和隐私信息安全投资的领导者，终端设备是做出最佳卸载决策的追随者。最后文中进行了相关的仿真实验，实验结果表明所提出的两阶段激励机制能够实现高效的资源分配和计算卸载，同时确保终端设备的隐私信息安全性。

文献[22]：随着物联网网络规模的不断扩大，如何优化网络并分配有限的资源来提供高质量的服务是一个重要问题，将数字孪生模型集成到边缘网络中，可以缓解随机物联网网络导致的高传输时延和低连接可靠性等问题。传统方案是基于云计算架构在集中式服务器上收集数据并执行机器学习算法来构建数字孪生模型，但是集中式计算方案会产生很大的通信负载，也会导致数据安全问题。因此文中将数字孪生与边缘网络集成，并提出了使用数字孪生边缘网络来填补物理边缘网络和数字系统之间的空白，然后提出了一种基于区块链的联邦学习方案，以加强数字孪生边缘网络的通信安全和数据隐私保护。此外，为了提高集成方案的效率，文中提出了一种异步聚合方案，利用数字孪生赋能的强化学习来调度中继用户并分配频谱资源。最后文中设计了仿真实验，将所提出的联邦学习与传统联邦学习进行了对比，实验结果表明，所提出的异步方案会以最佳方式将参数传输任务中继给一部分用户，并为其分配更多的频谱资源，证明了所提出的集成区块链和联邦学习方案具有更佳的效率、准确性和安全性。

文献[23]：传统云计算处理 IIoT 中的计算任务会导致高时延、低可靠性的问题，边缘计算将内容、数据处理和模型训练带到边缘网络，可以提高数据处理效率并降低数据获取时延，同时基于 D2D 辅助的边缘计算可以有效提高频谱利用效率。数字孪生可以模拟、验证、预测、优化和实时监控其对应的物理实体。文中提出了一种 IIoT 场景下的数字孪生边缘网络，将边缘网络与数字孪生技术相结合，提供对网络和用户设备的高效实时监控和优化。通过引入数字孪生，虚拟空间中的数字孪生网络可以反映真实物理空间中的交互，数字孪生之间可能会发生一些信息交换，从而进行各种决策。通过在数字孪生上探索进一步的网络优化和资源分配策略，然后在真实网络中实现，可以优化物理实体并降低策略探索过程中的通信开销。文中利用 D2D 辅助通信能力受限的物联网设备在所提出的数字孪生边缘网络中实现正常通信。最后进行了大量的仿真实验，实验结果表明，文中所提方案能够帮助通过 D2D 链路进行通信的 IIoT 终端设备根据有限的网络状态动态分配资源，并将对蜂窝链路的影响降至最低。

文献[4]：集成数字孪生和多接入边缘计算是工业物联网的关键使能者。文中搭建了一种用于 IIoT 场景的双层数字孪生辅助的边缘计算架构，其中在边缘层创建数字孪生服务器作为边缘计算服务器的数字模型，终端层的每个工业网关使用非正交多址接入协议为 IIoT 设备提供服务以进行任务卸载。为了实现 MEC 服务器和 DT 服务器之间的交互映射，文中设计了一种特定的实时孪生流水线，用于在 MEC 中实现高保真 DT。文中还提出工业网关子信道分配及 IIoT 设备计算容量分配、边缘关联和发射功率分配的联合优化问题，旨在使所有 IIoT 设备在其计算服务约束下处理任务的总完成时延最小化。该问题是 NP 困难问题，文中将其分解为 4 个子问题：发射功率分配问题、子信道分配问题、计算容量分配问题和边缘关联优化问题。文中应用坐标下降法，提出了一种低复杂度、可证明收敛的整体迭代算法来交替求解子问题。最后文中通过大量的仿真实验证明了与传统方案相比，在 IIoT 中使用 DT 辅助 MEC 系统不仅可以降低总任务完成时延，还可以提高 IIoT 设备卸载的百分比。

参考文献

[1] WANG L, SUN X F, JIANG R H, et al. Optimal Energy Efficiency for Multi-MEC and Blockchain Empowered IoT: a Deep Learning Approach[C]//ICC 2021 - IEEE International Conference on Communications. Montreal, QC, Canada, 2021.

[2] FAN W H. Blockchain-Secured Task Offloading and Resource Allocation for Cloud-Edge-End Cooperative Networks[J]. IEEE Transactions on Mobile Computing, 2023, 19(2):1756-1767.

[3] BANDARANAYAKE K M S U, JAYASENA K P N, KUMARA B T G S. TRETA—A Novel Heuristic Based Workflow Scheduling Algorithm in Cloud Environment[C]//2020 IEEE 15th International Conference on Industrial and Information Systems (ICIIS). Rupnagar, India, 2020:363-368.

[4] ZHANG L, WANG H, XUE H M, et al. Digital Twin-Assisted Edge Computation Offloading in Industrial Internet of Things with NOMA[J]. IEEE Transactions on Vehicular Technology, 2023, 72(9): 11935-11950.

[5] HUYNH D V, NGUYEN V-D, KHOSRAVIRAD S R, et al. URLLC Edge Networks with Joint Optimal User Association, Task Offloading and Resource Allocation: A Digital Twin Approach[J]. IEEE Transactions on Communications, 2022, 70(11):7669-7682.

[6] LU Y Z, YANG L, YANG S X, et al. An Intelligent Deterministic Scheduling Method for Ultralow Latency Communication in Edge Enabled Industrial Internet of Things[J]. IEEE Transactions on Industrial Informatics, 2023, 19(2):1756-1767.

[7] ZHAO Z C, ZHAO K, XIA J J, et al. A Novel Framework of Three-Hierarchical Offloading Optimization for MEC in Industrial IoT Networks[J]. IEEE Transactions on Industrial Informatics, 2020, 16(8):5424-5434.

[8] HONG Z C, CHEN W H, HUANG H W, et al. Multi-Hop Cooperative Computation Offloading for Industrial IoT-Edge-Cloud Computing Environments[J]. IEEE Transactions on Parallel and Distributed Systems, 2019, 30(12):2759-2774.

[9] ZHANG F, HAN G J, LIU L, et al. Deep Reinforcement Learning Based Cooperative Partial Task Offloading and Resource Allocation for IIoT Applications[J]. IEEE Transactions on Network Science and Engineering, 2023, 10(5):2991-3006.

[10] RUI L L, ZHU Y, GAO Z P, et al. CLPM: A Cooperative Link Prediction Model for Industrial Internet of Things Using Partitioned Stacked Denoising Autoencoder[J]. IEEE Transactions on Industrial Informatics, 2021, 17(5):3620-3629.

[11] PENG K, HUANG H L, ZHAO B H, et al. Intelligent Computation Offloading and Resource Allocation in IIoT With End-Edge-Cloud Computing Using NSGA-III[J]. IEEE Transactions on Network Science and Engineering, 2023, 10(5):3032-3046.

[12] ZHU T X, CAI Z P, FANG X L, et al. Correlation Aware Scheduling for Edge-Enabled Industrial Internet of Things[J]. IEEE Transactions on Industrial Informatics, 2022, 18(11):7967-7976.

[13] CHEN Y, LIU Z Y, ZHANG Y C, et al. Deep Reinforcement Learning-Based Dynamic Resource

Management for Mobile Edge Computing in Industrial Internet of Things[J]. IEEE Transactions on Industrial Informatics, 2021, 17(7):4925-4934.

[14] LIN K, GAO J, HAN G J, et al. Intelligent Blockchain-Enabled Adaptive Collaborative Resource Scheduling in Large-Scale Industrial Internet of Things[J]. IEEE Transactions on Industrial Informatics, 2022, 18(12): 9196-9205.

[15] YANG L, LI M, SI P B, et al. Energy-Efficient Resource Allocation for Blockchain-Enabled Industrial Internet of Things With Deep Reinforcement Learning[J]. IEEE Internet of Things Journal, 2021, 8(4): 2318-2329.

[16] YANG F, XU F M, FENG T, et al. pDPoSt+sPBFT: A High Performance Blockchain-Assisted Parallel Reinforcement Learning in Industrial Edge-Cloud Collaborative Network[J]. IEEE Transactions on Network and Service Management, 2023, 20(3):2744-2759.

[17] GUO S Y, HU X, GUO S, et al. Blockchain Meets Edge Computing: A Distributed and Trusted Authentication System[J]. IEEE Transactions on Industrial Informatics, 2020, 16(3):1972-1983.

[18] LIN Y G, WANG X M, MA H G, et al. An Efficient Approach to Sharing Edge Knowledge in 5G-Enabled Industrial Internet of Things[J]. IEEE Transactions on Industrial Informatics, 2023, 19(1):930-939.

[19] KHAN F, JAN M A, REHMAN A U, et al. A Secured and Intelligent Communication Scheme for IIoT-enabled Pervasive Edge Computing[J]. IEEE Transactions on Industrial Informatics, 2021, 17(7): 5128-5137.

[20] LU Y L, HUANG X H, ZHANG K, et al. Communication-Efficient Federated Learning for Digital Twin Edge Networks in Industrial IoT[J]. IEEE Transactions on Industrial Informatics, 2021, 17(8):5709-5718.

[21] PENG K, HUANG H L, BILAL M, et al. Distributed Incentives for Intelligent Offloading and Resource Allocation in Digital Twin Driven Smart Industry[J]. IEEE Transactions on Industrial Informatics, 2023, 19(3):3133-3143.

[22] LU Y L, HUANG X H, ZHANG K, et al. Communication-Efficient Federated Learning and Permissioned Blockchain for Digital Twin Edge Networks[J]. IEEE Internet of Things Journal, 2021, 8(4):2276-2288.

[23] GUO Q, TANG F X, KATO N. Federated Reinforcement Learning-Based Resource Allocation for D2D-Aided Digital Twin Edge Networks in 6G Industrial IoT[J]. IEEE Transactions on Industrial Informatics, 2023, 19(5):7228-7236.

第 **9** 章
卫星边缘计算中的资源管理技术

随着新一代通信技术的迅猛发展，太空中各类卫星的数量急剧增加。美国 Starlink 等卫星公司的高速扩张和中国星网集团的成立，也标志着卫星互联网、星地融合网络等新兴通信体系的建设被逐步提上日程，它们将成为传统地面通信网络的重要补充，满足未来万物互联和无线通信的需求。正如国际电信联盟的报告所述，未来的卫星通信网络将为数十亿用户（包括农村地区用户和孤岛用户）提供高速互联网接入服务，实现广域无缝隙覆盖的信息通信服务。

然而，卫星通信系统自诞生之日起就面临着资源和成本的限制。传统的卫星系统需要将数据传输回地面站进行处理，这会导致较高的时延和通信成本。为了解决这些问题，卫星边缘计算应运而生，其赋予了卫星算力资源，使任务可以在星上处理，从而避免了地面站的回传过程和地面站的处理流程，显著降低了星地通信成本和地面站负载。根据中国通信学会发布的《全球卫星通信产业发展前沿报告（2019 年）》，卫星边缘计算已逐渐成为业界的共识，将在可预见的未来成为卫星通信产业发展的支撑技术。

由于卫星通信系统架构的特殊性和卫星的高移动性，卫星边缘计算中的资源管理技术需要考虑诸多异于传统边缘计算的问题。任务卸载方面需要着重考虑卫星的移动速度、移动规律及其与地面链路的协同合作；信息传输和资源利用方面需要搭配合理的边缘缓存方案和卫星漫游策略；保持整个卫星系统的长期稳定运行，则依赖于性能良好的卫星协同调度算法的实现。

本章首先从定义、卫星通信系统、计算资源部署方式及所面临的挑战对卫星边缘计算进行概述，然后介绍卫星边缘计算相关的系统架构，分析资源管理中的任务卸载、边缘缓存、卫星协同调度、卫星漫游等关键技术，最后介绍围绕这些方面展开的研究工作。

9.1　卫星边缘计算概述

9.1.1　卫星通信系统

9.1.1.1　卫星通信系统的组成

卫星通信系统一般是指依靠在轨人造地球卫星进行电磁波信号转发或者发射，实现多个航天器之间、航天器与地球站之间、地球站与地球站之间通信的信息传输系统。如图 9-1 所示，典型的卫星通信系统一般由低轨（LEO）卫星、地球同步轨道（GEO）卫星、各类型卫星终端和地面核心网组成，可以分为空间段、地面段和用户段 3 个组成部分。

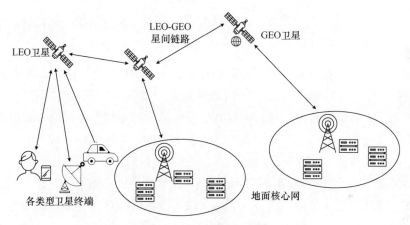

图9-1　卫星通信系统组成

卫星通信系统空间段主要包括通信系统中所有处在地球外层空间的各类型卫星，根据轨道高度，可分为低地球轨道（Low Earth Orbit，LEO）、中地球轨道（Medium Earth Orbit，MEO）、地球同步转移轨道（Geostationary Transfer Orbit，GTO）、地球静止轨道（The Geostationary Orbit，GEO）等。LEO 系统和 MEO 系统统称为非地球静止轨道（Non-Geostationary Orbit，NGSO）通信系统，有时会以"高轨"来指代 GEO，以"低轨"指代包括 MEO 和 LEO 的 NGSO。它们的主要作用是发送监测数据或者转发来自地面的信号，为全球用户提供通信服务。卫星通信中常见的有 LEO 卫星通信系统和 GEO 卫星通信系统。下面对它们进行简要介绍。

GEO 卫星通信系统是一种基于地球静止轨道运行的卫星通信系统。GEO 卫星位于地球赤道平面上的高轨道，高度约为 35 786 千米。因为 GEO 卫星的轨道周期与地球的自转周期一致，所以它们相对于地球表面的某一点看起来是静止的，也被称为静止卫星。GEO 卫

327

星的最大优点是其稳定的地理位置，由于它相对于地球表面是静止的，因此不会出现多普勒频移问题。此外，单颗 GEO 卫星可以覆盖地球表面约 40%的区域，这使得其可以提供大范围的通信覆盖，适合广播、电视和固定通信等服务。

但 GEO 卫星通信系统也存在下面一些缺点。

1）因为 GEO 卫星的轨道高度较高，所以信号传输的时延较高，通常在 240 毫秒左右，这对于需要实时通信的应用来说是一个劣势。

2）GEO 卫星的建设和运营成本通常比 LEO 卫星通信系统要高得多。此外，因为 GEO 卫星的覆盖范围大，所以信号强度较弱，需要更大的接收天线才能接收到信号，这提高了相关成本。

GEO 卫星通信系统在提供稳定、大范围的通信服务方面有其独特的优势，但在实时通信和成本控制方面则相对较弱。

LEO 卫星通信系统是一种基于低地轨道运行的卫星通信系统，LEO 卫星是发展最为迅速的通信卫星类型。与 GEO 卫星相比，LEO 卫星位于较低的轨道高度，通常在 500～2000 千米，存在相当多的不同轨道，这意味着其信号传输的时延较低，通信时延更小，在实时通信应用中具有优势。LEO 卫星通信系统通常由大量的卫星组成，形成一个卫星网络。这些卫星以不同的轨道和角度分布在地球周围，提供广域覆盖的全球通信能力。通过使用窄波束，LEO 卫星可以集中信号覆盖在特定区域，提供更高的带宽和容量。相对于 GEO 卫星通信系统，LEO 卫星通信系统的建设和运营成本较低。LEO 卫星轨道高度较低，发射和维护成本也相对较低。可以根据需求增加或减少卫星数量，以适应不同的通信需求，更具灵活性。由 SpaceX 公司运营的 Starlink 是目前最知名的 LEO 卫星通信系统之一。

而 LEO 卫星的主要缺点如下。

1）LEO 卫星相对地球高速移动带来较大的多普勒频移，需要做频偏补偿来保证数据的正确接收。

2）LEO 卫星覆盖范围有限，单颗仅能覆盖地球表面积 3%～5%的区域，需要多颗卫星组网。

这使得 LEO 卫星通信系统网络复杂，管理难度大。跨轨道卫星相对移动速度很高，给卫星间的路由切换、链路切换等带来困难。

卫星通信系统的地面段可以概括地分为信关站、测控站和核心网 3 个部分。信关站承担着与在轨卫星建立双向通信链路的责任，负责转发和处理卫星发送的数据，执行分组交换、接口协议转换等任务；卫星测控站则专注于在轨卫星的跟踪和观测，根据卫星的工作状况发送相关指令，掌控卫星的飞行状态，确保卫星在轨运行的安全；卫星通信系统核心网拥有卫星终端的移动性管理、鉴权、会话管理、路由转发和加密等核心功能，同时它能够与地面蜂窝通信系统的核心网、互联网等进行连接，使卫星终端能够接入其他网络。

卫星通信系统的用户端主要是由各种类型的终端构成，包括手持设备、嵌入式终端、车载设备、舰载设备、机载设备等，这些终端设备可以通过卫星和地面段系统直接或者间接地获得通信服务。用户设备发送的信号通过地面天线传输到卫星，卫星将信号转发到目标地区的地面站，再通过地面站与目标设备进行通信。

9.1.1.2 卫星通信系统的优势

相比于传统的地面蜂窝网络通信系统，卫星通信系统主要具备以下优势。

1）通信范围广且通信成本恒定。相较于单个地面基站几百米到几千米的服务范围，卫星通信系统可以覆盖更多位置偏远、人烟稀少、基础设施匮乏的地区，特别是海上、沙漠、高山等区域，通信成本也不会随着通信距离的提高而大幅度上升。运行有限数量的卫星即可获得极大的服务范围，如 GPS 最低只需要 24 颗卫星即可服务全球任意地区的用户。

2）卫星通信受地理环境影响较小。地面设备容易受到地震、飓风、火灾等自然灾害的影响，还可能受到停电、盗窃和其他人为因素的破坏，而通信卫星处在太空中，依旧可以稳定运行，可在极端情况下提供应急通信服务。

3）卫星通信系统组网灵活、可扩展性强。通信卫星可以单独提供服务，也可以与新增卫星组网服务，可以作为地面蜂窝网络的补充，实现通信的无缝全域覆盖。随着微小卫星技术的发展，卫星研制和部署成本大幅下降，低轨卫星星座已经开始为物联网设备提供强大的支持。

4）卫星通信拥有广阔发展空间。随着地面通信技术的成熟，人们将目光移向太空。卫星通信使人们无论乘坐何种交通工具，都可以随时随地享受到网络服务。如民用飞机在飞行期间往往没有上网条件，而未来的卫星通信系统能为飞机乘客提供移动宽带体验。同时，它还能实现高精度的导航定位，提供高质量的车联网服务，满足自动驾驶导航、精准农业导航、机械施工导航等服务的要求。

9.1.2 卫星网络中的边缘计算

9.1.2.1 卫星边缘计算的定义

在未来算力网络的建设中，对于目前尚存的计算覆盖面积、时延敏感性、网络算力不足等问题,单纯依靠地面移动通信网络,或者单纯依靠云服务器的资源难以完全解决。为了建设高速可靠、全球覆盖的计算服务和互联服务网络,近年来,边缘计算与卫星相结合的研究逐渐增多。

卫星边缘计算(Satellite Edge Computing,SatEC)是一种边缘计算结合卫星通信的计算模式。通过在一定数量的地球卫星上部署计算资源,实现与地面站、用户端数据的协同共享,形成具备全新能力、适应更大范围的边缘计算网络。它能够向地面和空中的各类终端提供高效的数据处理服务,避免将大量数据往返传输回地面,具有服务范围广、交互时延低、处理能力强和维护成本可控等优势,还在一定程度上提高了数据处理的安全性。

针对 6G 通信峰会中提出的 6G 网络愿景需求,结合卫星的网络结构与该网络中多域智联相关业务的特点,可知广域数据智能精准感知、星上密集型业务快速处理等多任务并发场景具有多接入边缘智能计算需求。一方面,卫星边缘计算可以缓解卫星网络中负责回传的用户链路上行部分和卫星馈电链路下行部分产生的负载压力,满足在环境监测、智慧农业和智慧电网等广域物联感知方面的业务时延需求;另一方面,卫星边缘计算可以适应 6G 网络中天地一体化系统处理计算密集型业务的核心要求,提升卫星系统对未来物联网业务的承载能力。卫星边缘计算将充分证明云原生技术在空间通信领域的独特价值,助力卫星智能化的进程和"智慧太空"的实现。

9.1.2.2　卫星边缘计算资源部署

在卫星网络中,计算资源的部署是至关重要的环节。根据计算资源的部署位置对部署方式进行划分,有两种主要的部署方式:地面信关站部署和卫星边缘部署。

(1)地面信关站部署

该部署方式主要将边缘计算能力部署在信关站侧,而卫星网络的主要功能则变成了中继以实现数据传输。用户主要通过卫星链路使用信关站资源。地面信关站没有能耗、体积等限制,通常拥有更强大的计算能力,能够处理更复杂的任务和大量的数据,适用于需要大规模数据处理的应用。地面信关站在地面上,易于进行灵活的维护和升级。

地面信关站部署也具有一定的劣势:因为需要将数据传输到地面进行处理,所以可能会调用多个通信卫星提供数据,地面信关站部署可能导致较高的通信时延,不适用于对时延敏感的应用;此外,地面信关站的正常运行依赖于地面基础设施的稳定性,如果地面基础设施出现故障或遭到网络攻击,整个系统可能受到影响。

（2）卫星边缘部署

该部署方式将边缘计算服务主要部署在通信卫星上，可使得卫星本身具备一定的缓存和计算能力。如图 9-2 所示，用户提交的任务可以由卫星直接提供服务，只需要将小部分数据传输给云中心进行分析。这可以有效减少数据传输到地面的需求，显著降低通信时延，有效降低链路负载和能耗，特别适用于对实时性要求高的应用。卫星边缘部署使卫星系统更加独立和自主。多个卫星组网协同运行，不过分依赖地面信关站，这有助于提高系统的稳定性，减少必须通过网络传输的数据量并降低网络数据泄露的风险，并且可以在一定程度上减轻对地面通信资源的压力，使得地面通信资源可以更有效地分配给其他任务。

但值得注意的是，卫星上的计算资源通常有限，因此无法执行过于复杂的计算任务，且在卫星上部署计算资源可能需要更高的硬件和维护成本，组网难度也大大提升。

相比信关站部署，卫星边缘部署具有低时延、高独立性、稳定性等特点，更能满足未来通信网络的需要，因此越来越受到公司和用户的青睐。虽然目前系统的完全实现依然有不小的挑战，但其相关研究工作和商用化应用已有所进展。

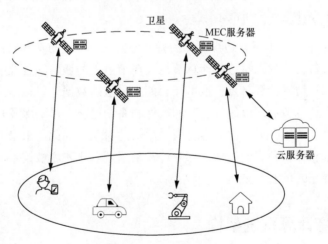

图9-2 卫星边缘部署

9.1.3 卫星网络边缘部署面临的挑战

虽然卫星网络边缘计算系统在未来通信网络中有重要作用，但其发展过程中依然面临着以下诸多挑战。

1）卫星移动性管理。在高速移动的过程中，低轨卫星的卫星节点和地面站之间会频繁进行切换，产生一个不断变化的拓扑结构，这对数据传输会产生不小的影响。链路本身不稳定也容易产生更多时延，甚至导致任务失败。只有制定卫星与地面、卫星之间合理的资源配置和调度算法，才能满足完成用户任务流程、保证服务质量的需要。

2）卫星协同性调度。单个卫星的各项资源是一定的，且各个卫星面临的任务量不是恒定的，有的卫星可能资源紧张，而有的卫星可能资源闲置。采用多节点任务调度方案则可以较好地解决上述问题。不同于一般的移动边缘计算服务，卫星节点之间的星间距离较远，作为边缘服务器，卫星间不能一直进行通信，甚至一些卫星之间不能直接进行通信，对任务和节点进行集中调度和管理可能会面临效率低、资源浪费等问题。因此，在卫星网络边缘计算中，任务的处理和调度可以考虑分散进行，卫星网络应具备独立工作的能力和协同能力。GEO 卫星、LEO 卫星这两种不同类型的卫星也可能由于特殊任务而产生交流和配合，这些节点之间的协同仍面临很多困难，需要制定相应的策略来解决这些问题。

3）有限资源的合理分配。卫星计算能力、存储空间和能量资源是有限的。这限制了其处理大规模计算和存储大量数据的能力，也降低了卫星在满足用户需求和处理复杂任务时的表现。且卫星不像地面服务器那样能源充足，进行大规模的计算会导致更高的能耗。如何减少能源消耗，压缩模型计算量，以确保卫星在服务期间能够稳定运行，这对卫星整体的资源配置和算法设计是一个挑战。

4）安全性与隐私。由于卫星边缘计算的特殊性，采用传统的安全架构可能存在某些缺点。数据从用户设备传输到卫星边缘计算节点及在节点之间通信的过程中，可能受到窃听和篡改的威胁。卫星边缘计算节点上也可能存储大量敏感数据，包括用户个人信息、商业机密等。卫星边缘计算节点难以进行实时的软件和系统更新，以确保及时部署安全补丁、修复已知的漏洞等，所以会成为比较容易遭受攻击的对象。因此，未来卫星边缘计算系统需要制定有效的隐私保护和安全策略，部分传输采用匿名化和脱敏技术，以减少信息被劫持或者敏感信息曝光的可能性。

9.2　卫星边缘计算系统架构

9.2.1　系统方案

目前，卫星边缘计算系统架构正处于发展初期，业界成熟的应用案例较少，但已有研究者提出了一些可供参考的系统解决方案。下面将介绍一种分为用户平面和控制平面两层的系统架构，如图 9-3 所示。

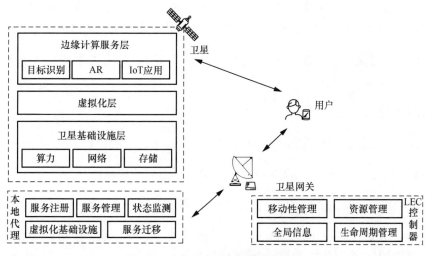

图9-3 一种卫星边缘计算系统架构

每颗卫星的用户平台由 3 层组成。基于卫星的基础设施层包括卫星有效负载,如 CPU、GPU、FPGA、DSP、磁盘、交换机等,可分为计算设备、存储设备和网络设备。虚拟化层负责将这些设备抽象为虚拟资源。边缘计算服务层由第三方开发的各种服务组成,如目标识别、增强现实、传感数据分析和自动决策等。该层基于虚拟化层提供的计算、存储和网络等资源进行服务。

控制平面由 LEC 控制器和每颗卫星的本地代理组成。每个卫星的本地代理可以通过馈线链路和卫星中继与 LEC 控制器通信。为了获得更好的性能和可靠性,可以将 LEC 控制器放置在卫星网络网关中。LEC 控制器管理 LEC 系统的运行,维护所获取的全球信息。本地控制代理是一个轻量级的进程,根据 LEC 控制器的决定控制托管 LEO 卫星用户平面的行为,并且收集用户平面的状态。

LEC 控制器的主要功能如下。

1)LEC 控制器掌握并存储 LEC 系统的全局信息,包括所有链路的时延、带宽、星座拓扑和所有卫星的资源可用量、容量等。

2)LEC 控制器拥有所有业务必要的位置信息。在为用户完成服务的过程中,位置信息是必不可少的。

3)LEC 控制器通过高效的资源管理算法选择合适的卫星,分配适量的资源为用户提供服务。

4）业务实例从一个卫星迁移到另一个卫星后，需要一个使业务保持连续性的机制，在 LEC 控制器、LEC 源节点、LEC 目的节点和用户终端之间传递一些必要的信令消息。

5）LEC 控制器负责管理服务的全生命周期，从服务的容器镜像拉取到服务部署，最后删除服务。

本地代理的主要功能如下。

1）监控卫星上正在运行的服务，并将这些服务注册信息发送到 LEC 控制器。

2）能够随时根据 LEC 控制器的决定在托管卫星上启动和停止服务。

3）监控和收集卫星的资源使用统计、资源容量和链路状态等信息。

4）负责与 LEC 控制器和 LEC 目的节点上的代理进行与业务迁移相关的信令传递，以及将服务迁移所需的数据传输到目的地 LEC 节点。

5）本地代理管理卫星上的虚拟基础设施，这些虚拟基础设施是从基于卫星的物理设备中抽象出来的。

9.2.2　空天地一体化网络

为了进一步提高无线资源利用率、增强各类通信服务体验，越来越多的研究人员开始关注空天地一体化网络（Space/Atmosphere/Ground Integrated Network，SAGIN）。SAGIN 是一种网络架构，它将太空、空中和地面部分的通信系统互连，以充分利用各自的优势（如太空网络的广泛覆盖性和空中网络的灵活性）。如图 9-4 所示，SAGIN 由 3 个主要部分组成：太空网络、空中网络和地面网络，包含海洋通信网络。这 3 个网段可以独立工作，也可以互操作，通过整合 3 个网段之间的异质网络，能够构建一个层次化的宽带无线边缘计算网络。智能卫星，特别是 LEO 卫星，能够为未来 IoT 的万物互联提供不可替代的服务，在整个 SAGIN 中发挥着至关重要的作用。

根据高度，太空网络被分为 GEO、MEO 和 LEO 的卫星星座。空中网络包括无人机、飞艇和气球等，是一个空中移动系统。地面网络主要包括传统蜂窝网络、移动自组织网络和无线局域网等。

卫星网络虽然可以提供全球服务覆盖，但具有较长的传播时延和较高的成本。地面网络的传输时延最低，但它们很容易受到地理位置限制、自然灾害或人为对基础设施破坏的影响。空中网络具有低时延和覆盖范围广的优势，但在部署此类网络时必须考虑到其有限的容量和不稳定的链路。只有达成 3 种网络间高效的系统配合，才能构建理想的 SAGIN 系统。

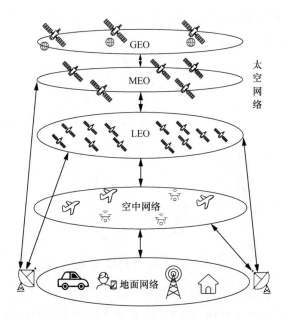

图9-4 空天地一体化网络系统组成

9.3 关键技术

在卫星边缘计算领域，资源管理方面有任务卸载、边缘缓存和卫星协同调度等关键技术。通过对任务的智能分配和协同卫星之间的资源调度，我们可以实现低时延、低能耗、高可靠性的优质用户体验。本节将深入探讨任务卸载、边缘缓存及卫星协同调度的定义、系统模型和优化目标。这些关键技术的综合研究，可以在卫星边缘计算环境中实现高效、可靠和智能的资源管理。

9.3.1 任务卸载

任务卸载作为卫星边缘计算中资源管理的关键方面，需要特别考虑卫星的移动性及任务可分割性的复杂问题。在本小节中，我们将介绍任务卸载的定义，建立相应的系统模型，并明确优化目标，提供对任务卸载在卫星边缘计算中的深刻理解，以及解决这一问题所需的关键概念和技术。

9.3.1.1 定义

如图 9-5 所示的卫星任务卸载模型[1]，卫星星座包括一颗低地轨道卫星。考虑卫星网络中的下行链路，每个波束的链路容量为 C^{sat}。地面网络包括一组 N 个基站，表示为

$BS = \{bs_1, bs_2, \cdots, bs_N\}$，它们分布在为每个提供服务的区域 i 中，每个区域服务一个用户集合 U。基站之间的地面回传链路以链路容量 C^{ter} 来描述。

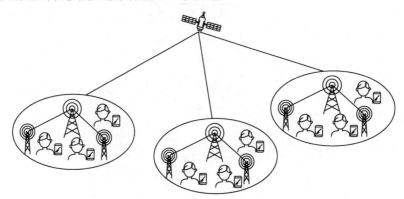

图9-5　卫星任务卸载模型

假设用户设备属于 eMBB 切片或 URLLC 切片，即 $U = U_e \cup U_u$，其中 U_e 是 U_1 个 eMBB 用户的集合，U_u 是 U_2 个 URLLC 用户的集合，满足 $U_1 \geqslant U_2$。eMBB 流量由在较长时间间隔内传输较大数据负载的应用生成，eMBB 流量请求遵循参数为 λ_i^e 的泊松过程；URLLC 流量由在短时间内产生负载的应用生成，它可以用帕累托分布来建模，其到达率为 λ_i^u，此外还有参数 α 和 x_m。

假设流量大小是独立同分布的，对于 eMBB 切片为均值 $\frac{1}{\mu_i^e}$，对于 URLLC 切片为均值 $\frac{1}{\mu_i^u}$，其中 $\frac{1}{\mu_i^e}$ 和 $\frac{1}{\mu_i^u}$ 分别表示每种流量类型的数据包大小，在给定时延约束的情况下，基站将 URLLC 流量放在本地处理，并将 eMBB 流量卸载到卫星。

9.3.1.2　系统模型

每个基站 bs_i 都具有特定的带宽 W_i 和下行传输功率 P_i，假设基站的传输功率对其所有关联的用户是相同的。由基站 bs_i 为用户 v 提供的信噪比（SNR）为：

$$\text{SNR}_{iv} = \frac{P_i g_{iv}}{N_p}$$

其中 g_{iv} 是基站和用户之间的信道增益，N_p 是加性高斯白噪声的功率，在本模型中，忽略由其他基站之间产生的干扰。

用 b_v 表示分配给 eMBB 用户 v 的频率资源，用 f_v 表示由于时延约束从 eMBB 用户 v 到

URLLC 负载的被排除的频率资源。因此，URLLC 用户经历的信噪比为：

$$\mathrm{SNR}_{iv}^{\mathrm{u}} = \frac{P_i g_{iv}}{N_0 f_v}$$

N_0 代表着噪声功率谱密度，同理，eMBB 用户经历的信噪比为：

$$\mathrm{SNR}_{iv}^{\mathrm{e}} = \frac{P_i g_{iv}}{N_0 (b_v - f_v)}$$

设 $\gamma = \dfrac{P_i g_{iv}}{N_0}$，URLLC 用户的最大数据传输速率为：

$$r_{iv}^{\mathrm{u}} = f_v \log \left(1 + \frac{\gamma}{f_v}\right)$$

eMMB 用户的最大数据传输速率为：

$$r_{iv}^{\mathrm{e}} = (b_v - f_v) \log \left(1 + \frac{\gamma}{b_v - f_v}\right)$$

区域 i 的总负载为：

$$L_i = L_i^{\mathrm{u}} + L_i^{\mathrm{e}}$$

L_i^{u}、L_i^{e} 分别代表 URLLC 和 eMBB 切片产生的负载：

$$L_i^{\mathrm{u}} = \sum_{v=1}^{U_2} r_{iv}^{\mathrm{u}} = \sum_{v=1}^{U_2} f_v \log \left(1 + \frac{\gamma}{f_v}\right)$$

$$L_i^{\mathrm{e}} = \sum_{v=1}^{U_1} r_{iv}^{\mathrm{e}} = \sum_{v=1}^{U_1} (b_v - f_v) \log \left(1 + \frac{\gamma}{b_v - f_v}\right)$$

同时，为防止 URLLC 需求超过基站之间的地面回传链路的容量（C^{ter}），需要定义一种对 URLLC 用户进行接入控制的机制：

$$\lambda_i^{\mathrm{u}} \leqslant C^{\mathrm{ter}}, \forall i \in \{1, \cdots, N\}$$

其中，λ_i^{u} 代表区域 i 内所有 URLLC 通信速率总和。假设每个基站一次只能将其任务卸载到一个卫星。假设共有 M 个卫星，表示为 $S = \{s_1, s_2, \cdots, s_M\}$。$\eta_{ij}$ 表示第 i 个基站（即 bs_i）与第 j 个卫星（即 s_j）的关联，即

$$\eta_{ij} = \begin{cases} \neq 0, & s_i\text{可以将任务卸载到}s_j \\ = 0, & \text{其他} \end{cases}$$

基站与卫星的关联可以表述为：

$$\begin{cases} \eta_{ij} \in [0,1], \forall i \in \{1,\cdots,N\}, j \in \{1,\cdots,M\} \\ \sum_{j=1}^{M}\eta_{ij} = 1, \forall i \in \{1,\cdots,N\} \end{cases}$$

基站 bs_i 与卫星 s_j 之间的远程链路由最大可实现数据传输速率 R_{ij} 给定：

$$R_{ij} = W_j \log\left(1 + \frac{C}{N_0 W_j}\right)$$

其中，W_j 是为每颗卫星专用并由其关联的基站共享的带宽，$\dfrac{C}{N_0 W_j}$ 是卫星的载波信号功率与噪声功率之比，应注意 $R_{ij} \leqslant C^{\text{sat}}$，$C^{\text{sat}}$ 由卫星自身决定。

9.3.1.3　优化目标

以最大化 eMBB 用户的数据传输速率的同时，对 URLLC 用户进行最优资源分配为目标，考虑远程传输容量限制，优化问题为：

$$\underset{f_v}{\text{maximize}} \sum_{v=1}^{U_1}(b_v - f_v)\log\left(1 + \frac{\gamma}{b_v - f_v}\right)$$

subject to

C1：$\mathrm{P}\left(\sum_{v=1}^{U_2} f_v \log\left(1 + \frac{\gamma}{f_v}\right) < \lambda_i^u\right) \leqslant \epsilon$

C2：$L_i^u + L_i^e \leqslant C^{\text{ter}}, \qquad\qquad\qquad \forall i \in \{1,\cdots,N\}$

C3：$\sum_{v=1}^{U_2} f_v \leqslant W_i^{\text{bs}}$

第一个约束确保了低于可忽略阈值的 URLLC 中断概率，通过远小于 1 且大于 0 的常数 ϵ 确保该概率不超过系统限制。第二个约束限制了 eMBB 和 URLLC 负载，确保它们不超出地面链路容量 C^{ter}。在此基础上，第三个约束规定了 URLLC 用户所能使用的频率资源总和不得超过小型基站 bs_i 的总带宽 W_i^{bs}。

9.3.2 边缘缓存

卫星边缘缓存在当今数字化和卫星通信融合的背景下崭露头角。将数据存储近距离部署于卫星边缘，不仅提高了卫星通信系统的性能，还为移动性和可靠性提供了保障。本小节将结合卫星和无人机介绍边缘缓存的定义、系统模型及优化目标，突显其重要性。

9.3.2.1 定义

图 9-6 所示为一个具有多颗低地轨道卫星、大量无人机、大量终端用户的卫星-无人机-终端网络的下行传输系统。[2]

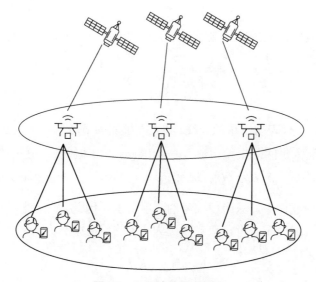

图9-6 卫星边缘缓存模型

每颗卫星都配备了 N 个辐射元件，最多可以生成 N_B 个波束以服务无人机（$N_B<N$），卫星的集合用 $\mathcal{S}=\{1,\cdots,S\}$ 表示，无人机集合用 $\mathcal{U}=\{1,\cdots,U\}$ 表示，它们都装备有数据存储组件。在用户进行关联之后，这些无人机形成 S 个群集，它们可以交换预先存储的内容。此外，每个终端用户只连接到一个无人机，而一个无人机可以服务多个用户。每颗卫星服务一个无人机群集，每个无人机服务一个用户群集。每个配备天线作为飞行中继站的无人机服务其终端的情况有以下 3 种。

1）如果所需文件在此无人机的缓存中，文件将直接传输到目标用户。

2）如果所需文件不在此无人机的缓存中，而是在同一群集内的另一无人机的缓存中，则文件将传输到主无人机并转发到目标用户。

339

3）如果在与此无人机相同的无人机群集中没有存储所需文件，则其中一颗卫星将文件传输到此无人机，然后由其转发到目标用户。

与用户直接连接的无人机 u 被定义为该用户的主要无人机。与无人机 u 在同一无人机群集中的其他无人机被称为用户 k 的辅助无人机。假设无人机使用解码和转发中继技术，每个用户都配备一个全向天线，用户的集合用 $\mathcal{K} = \{1, \cdots, K\}$ 表示。

用以地面工作区域中心为原点的三维坐标系来确定卫星（$\boldsymbol{q}_s = [x_s, y_s, z_s]$）、无人机（$\boldsymbol{q}_u = [x_u, y_u, z_u]$）和用户（$\boldsymbol{q}_k = [x_k, y_k, 0]$）的位置。

9.3.2.2　系统模型

利用遮蔽瑞利衰落模型描述低地球轨道卫星和无人机之间的信道通信，因此，卫星 s 和无人机 u 之间的信道向量为：

$$\boldsymbol{h}_{su} = \left[h_i \right]_{i=1,\cdots,N}^{\mathrm{T}}$$

其中 $h_i = \sqrt{g_i d_{su}^{-\alpha_1}}$ 代表从卫星的天线 i 到无人机的信道增益，d_{su} 是卫星 s 到无人机 u 的距离，α_1 是卫星和无人机间的损耗指数，$g_i \sim \mathrm{SR}(\omega_i, \delta_i, \varepsilon_i)$ 代表着遮蔽瑞利衰落，其中，ω_i 表示直接信号平均功率，δ_i 表示散射部分的半平均功率，ε_i 表示 Nakagami-m 衰落成分。

在无人机之间的通信中，只考虑信号的直射情况，因此，无人机之间的通信采用自由空间传输损耗模型，辅助无人机 u' 到主要无人机 u 的信道增益为：

$$h_{u'u} = g_{u'u} \sqrt{h_0 d_{u'u}^{-\alpha_2}}$$

h_0 表示在参考距离 d_0 处的功率增益，$d_{u'u}$ 是辅助无人机 u' 到主要无人机 u 之间的距离，α_2 是自由空间传输损耗指数，$g_{u'u}$ 代表均值为零、方差为单位的小尺度衰落组分。

无人机 u 和用户 k 之间的信道增益为：

$$h_{uk} = g_{uk} \left(\frac{4\pi f_c d_{uk}}{c} \right)^{-\frac{\alpha_3}{2}} 10^{-\frac{\eta^{\mathrm{los}} P_{uk}^{\mathrm{los}} + \eta^{\mathrm{nlos}} P_{uk}^{\mathrm{nlos}}}{20}}$$

f_c 代表载波频率，d_{uk} 是无人机 u 和用户 k 之间的距离，α_3 是从无人机到终端用户的路径损耗指数，c 是光速，g_{uk} 代表无人机到终端用户之间链路的小尺度衰落组分，η^{los} 和 η^{nlos} 分别代表视线传播和非视线传播的加权指数，P_{uk}^{los} 和 P_{uk}^{nlos} 分别代表其概率。

在内容缓存模型中，假设所有终端用户总请求为不超过 F 个大小为 Q 比特的文件，用

集合 $\mathcal{F} = \{1, \cdots, F\}$ 表示，卫星可以从云中访问所有文件并将它们转发给无人机。由于无人机存储空间有限，只能携带 M 个文件（$M \ll F$），用 $\boldsymbol{\beta}_u = \{\beta_{uf}, \forall f \in \mathcal{F}\}$ 表示缓存放置向量，代表文件 f 放置缓存的二进制变量为 $\beta_{uf} \in \{0,1\}$，无人机缓存约束为 $\sum_{f \in \mathcal{F}} \beta_{uf} \leqslant M$，同时假设文件集合 $\mathcal{F}$ 中的任何文件 f 被终端用户 k 请求的概率与其他文件的概率相等。

卫星-无人机、无人机-无人机、无人机-用户之间的通信速率可以用香农公式计算，分别记为 R_{su}、$R_{u'u}$ 和 R_{uk}：

$$R = B \log \left(1 + \frac{p}{\sigma^2}\right)$$

其中 B 代表带宽，p 代表传输功率，σ^2 代表白噪声功率，在实际建模中，还应考虑卫星为其无人机群集提供服务的链路（串扰）的干扰、来自其他卫星-无人机链路的干扰及来自无人机-无人机通信的干扰。

用 $\boldsymbol{a} = \{a_{uk}, \forall u \in \mathcal{U}, \forall k \in \mathcal{K}\}$ 表示无人机和用户的关联矩阵，其中元素为1代表无人机 u 是用户 k 的主要无人机，为 0 则不是。假设从卫星/次要无人机到主要无人机传输的文件可以直接发送给终端用户，而不会产生任何排队时延。在缓存放置方面，根据请求的文件 f 是否预先存储在无人机中，与 u 关联的终端用户 k 从请求到完全接收文件 f 的时延可以按照 3 种情况来分类。

1）文件 f 在终端用户 k 的主要无人机 u 中，终端用户的时延是请求时间、无人机响应时间和传输时间的总和：

$$t_{kfu}^{\text{pri}} = \frac{2d_{uk}}{c} + \frac{Q}{R_{uk}}$$

2）文件 f 在终端用户 k 的次要无人机 u' 中，终端用户的时延是从终端用户到主要无人机和从主要无人机到次要无人机的请求和响应时间，以及传输时间的总和：

$$t_{kfu'}^{\text{sec}} = \frac{2(d_{u'u} + d_{uk})}{c} + \frac{Q}{R_{u'u}} + \frac{Q}{R_{uk}}$$

3）文件 f 不在用户 k 所在的无人机集群中，只能向卫星请求，终端用户的时延是从终端用户到主要无人机、从主要无人机到卫星的请求和响应时间，以及传输时间的总和：

$$t_{kfs}^{\text{sat}} = \frac{2(d_{su} + d_{uk})}{c} + \frac{Q}{R_{su}} + \frac{Q}{R_{uk}}$$

在通信中,假设用于请求信息的管理帧或数据包的大小非常小,并且与文件的 Q 位大小相比可以忽略不计,所有文件都在没有任何比特错误的情况下传输。用户 k 请求的由连接到卫星 s 的无人机提供服务的文件 f 的完全接收时延为:

$$t_k(\boldsymbol{a},\boldsymbol{\beta},\boldsymbol{P}) = \sum_{u \in \mathcal{U}_s} a_{uk}\left(\beta_{uf} t_{kfu}^{\mathrm{pri}} + (1-\beta_{uf})\min_{u' \in \mathcal{U}_s \& \beta_{uf}=1}\{\beta_{uf} t_{kfu'}^{\mathrm{sec}}\} + (1-\beta_{uf})\left(1-\max_{u' \in \mathcal{U}_s}\{\beta_{uf}\}\right)t_{kfs}^{\mathrm{sat}}\right)$$

$\boldsymbol{\beta} = \{\boldsymbol{\beta}_{uf}, \forall u \in \mathcal{U}\}$ 代表所有缓存放置向量的集合, $\boldsymbol{P} = \{P^{\mathrm{sat}}, P^{\mathrm{uav}}\}$ 代表分配给卫星和无人机的功率。

9.3.2.3　优化目标

结合以上的分析,最小化用户总时延的优化问题为:

$$\underset{a,\beta,P}{\text{minimize}} \sum_{k=1}^{k} t_k(a,\beta,P)$$

subject to

C1: $\displaystyle\sum_{u \in \mathcal{U}_s} P_{su} \leqslant P_s^{\max}$ 　　　　　　　　$\forall s \in \mathcal{S}$

C2: $P_{su} \geqslant 0$ 　　　　　　　　　　　$\forall s \in \mathcal{S}, \forall u \in \mathcal{U}$

C3: $\displaystyle\sum_{k \in \mathcal{K}_u} P_{uk} + \sum_{u' \in \mathcal{U}_s \setminus u} P_{u,u'} \leqslant P_u^{\max}$ 　　$\forall u \in \mathcal{U}$

C4: $P_{uk} \geqslant 0, P_{uu'} \geqslant 0$ 　　　　　　$\forall uu' \in \mathcal{U}, \forall k \in \mathcal{K}$

C5: $\beta_{uf} \in \{0,1\}$ 　　　　　　　　　$\forall u \in \mathcal{U}$

C6: $\displaystyle\sum_{f \in \mathcal{F}} \beta_{uf} \leqslant M$ 　　　　　　　　$\forall u \in \mathcal{U}$

C7: $a_{uk} \in \{0,1\}$ 　　　　　　　　　$\forall u \in \mathcal{U}, \forall k \in \mathcal{K}$

C8: $\displaystyle\sum_{u \in \mathcal{U}} a_{uk} = 1$ 　　　　　　　　$\forall k \in \mathcal{K}$

C9: $\displaystyle\sum_{k \in \mathcal{K}} a_{uk} \leqslant N_U$ 　　　　　　　　$\forall u \in \mathcal{U}$

其中, P_{su}、P_{uk}、$P_{uu'}$ 分别代表卫星与无人机、无人机与用户、无人机与无人机之间的传输功率, $P_s^{\max}$ 和 $P_u^{\max}$ 分别表示每颗卫星和每台无人机的最大发送功率。N_U 是一台无人机可以服务的最大用户数量。C1 和 C2 显示了每颗卫星发送功率的限制；C3 和 C4 表明每台无人机可以以最大为 P_u^{max} 的功率为其用户和连接的无人机提供服务；C5 描述了缓存放置变量的可能值；C6 描述缓存存储的限制；此外，C7 描述了用户集群的可能值；C8 表明每个用户只连接到一台无人机。最后，C9 为一台无人机服务的用户数量设定了限制，以避免过载。该问题是一个混合整数规划问题。

9.3.3　卫星协同调度

卫星协同调度方面的研究旨在通过优化卫星之间的资源分配和调度策略提高卫星网络的性能和效率。这一领域的关键目标是最大限度地利用卫星资源，以实现更好的通信质量、更低的时延和更高的可靠性。通过卫星协同调度，可以更有效地应对网络流量变化，提高通信链路的容量，并实现更灵活的卫星任务执行。本小节将介绍卫星边缘计算中卫星协同调度的定义、系统模型及优化目标。

9.3.3.1　定义

在本小节中，将为整个系统导出卫星边缘计算的目标函数，包括总时延、计算功率和传输功率衰减等。因为边缘计算的主要目的是降低时延，所以总时延是一个关键的度量标准。受限于功耗的卫星需要有效利用计算功率，并且在考虑传输功率时应考虑由于卫星移动性引起的长传播距离和多普勒频移导致的功率衰减。图 9-7 所示为卫星协同调度网络架构。[3]

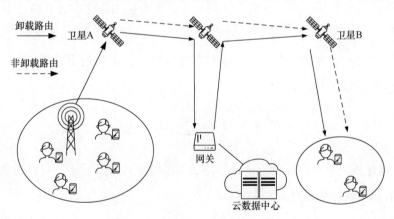

图9-7　卫星协同调度网络架构

假设星座拓扑如图 9-7 所示，所有卫星之间有四个链路相连，定义其卫星高度、轨道倾角、卫星总数及轨道平面数分别为 h、I、N、P，R_E 代表地球半径，θ_k 代表给定点 k 的纬度角，φ_k 代表给定点 k 的经度角，c 代表光速，假定卫星网络采用全局路由方案，整个网络拓扑先验已知，发射机和接收机的位置是先验已知的。

为了计算传播时延和传输功率衰减，必须根据星座参数计算星间链路和上下行链路的距离。无向图可以用一个矩阵来表示，其元素是图的边的值。卫星的无向图用大小为 $N \times N$ 的矩阵 G 表示。如果节点 i 和 j 之间没有链路连接，将 G_{ij} 的值设为无穷。

设两个点 (x_i, y_i, z_i) 和 (x_j, y_j, z_j) 表示两个节点 i 和 j 的纬度、经度和高度，它们可以代表卫星、地面发射机、地面接收机或地面云数据中心。那么，节点 i 和 j 之间的星间链路和上下行链路距离 D_{ij} 可以通过以下方式得到：

$$D_{ij} = \sqrt{(x_j - x_i)^2 + (y_j - y_i)^2 + (z_j - z_i)^2}$$

$$x_k = (h + R_E) \cdot \sin\left(\frac{\pi}{2} - \theta_k\right) \cdot \cos(\varphi_k)$$

$$y_k = (h + R_E) \cdot \sin\left(\frac{\pi}{2} - \theta_k\right) \cdot \sin(\varphi_k)$$

$$z_k = (h + R_E) \cdot \cos\left(\frac{\pi}{2} - \theta_k\right)$$

地面云数据中心、地面发射机和地面接收机的 h 都为 0。

9.3.3.2　系统模型

总时延是通过测量具有统计学意义的最大时延来衡量的，它由卸载情况中的卫星传播时延 d^{off}、非卸载情况中的卫星传播时延 d^{non} 和卫星 a 的排队时延 d_a^q 组合而成。

对于在发射机 p 范围内的卫星节点 a 和在接收机 q 范围内的卫星节点 b，卸载情况中的总传播时延 d^{off} 的计算公式为：

$$d^{\text{off}} = \frac{1}{c}\left(D_{pa} + \sum_{(i,j) \in P_{ab}} G_{ij} + D_{bq}\right)$$

集合 P_{ab} 包含从卫星节点 a 到 b 的最短路径上的链接 (i, j)。设上下行链路的卫星 a 和 b 分别与发射机和接收机通过最短距离连接。

在非卸载情况下，任务需要额外传输到云数据中心。假设总共有 Z 个云数据中心，并且它们相互之间部署得足够远。

如果任务没有被卸载，就将其转发到最近的云数据中心。因此，设云数据中心 c 为所有云数据中心中距离上行卫星 a 最近的一个。然后确定距离 c 最近的下一个卫星 k，非卸载情况中的传播时延 d^{non} 为：

$$d^{\mathrm{non}} = \frac{1}{c}\left(D_{pa} + \sum_{(i,j)\in P_{ak}} G_{ij} + 2D_{ck} + \sum_{(i,j)\in P_{kb}} G_{ij} + D_{bq} \right)$$

P_{ak} 和 P_{kb} 的定义与 P_{ab} 类似，在服务期间，因为端到端的传播时延远远小于卫星覆盖的持续时间，故不考虑卫星的移动性。

在卫星网络中，由于天气条件引起的上行和下行通道状况可能对服务质量产生巨大影响，尤其是在高频段。为了更真实地建模服务和总时延，考虑上下行的分组错误率，并考虑排队时延。对于卫星 a，定义平均流量需求为 F_a，平均容量为 C_a，平均到达流量速率为 A_a，平均服务速率为 S_a，分组错误率为 e_a。然后，有以下关系：

$$A_a \approx S_a \approx (1 - e_a) C_a$$

这里假设是一个稳态队列，并且平均服务速率用包错误率和平均容量来表示。卫星 a 中带有数据包错误率的稳态队列时延 d_a^q 可以用以下公式表示：

$$d_a^q = \frac{F_a}{A_a} \cong \frac{F_a}{S_a} = \frac{F_a}{(1 - e_a) C_a}$$

考虑时间上的流量变化处于稳态，排队时延与每个卫星链路的传播时延相加得到总的端到端时延。设第 i 对发送机和接收机的端到端时延 L_i 为：

$$L_i = O_R \cdot d_i^{\mathrm{off}} + (1 - O_R) \cdot d_i^{\mathrm{non}} + \sum_a d_a^q$$

传播时延 d_i^{off} 和 d_i^{non} 受卸载率 O_R 影响，然后加上所有链路的时延，因此，总时延为：

$$L_M = E[L_i] + \sigma[L_i]$$

其中，$E[\cdot]$ 和 $\sigma[\cdot]$ 分别表示所有发射机和接收机对的平均值和标准差。添加 $\sigma[L_i]$ 模拟抖动，L_M 表示具有统计学意义的最大时延，即在最坏情况下的总时延。

边缘服务器的计算功率可以建模为对服务器工作负载的单调递增且严格凸的函数。具体来说，卫星边缘计算服务器 s 的计算功率 ρ_s^c 可以表示为分配给 s 的工作负载 x_s 的二次函数，x_s 是卸载率 O_R 和高度 A_s 的函数，如下所示：

$$\rho_s^c = a_s x_s^2 + b_s x_s, a_s > 0, b_s \geqslant 0$$
$$x_s = O_R A_s$$
$$A_s = T_1 h^2 \tan^2 \theta$$

$a_s > 0, b_s \geqslant 0$ 是二次函数的系数，工作负载 x_s 建模为卸载率 O_R 和高度 A_s 的乘积，假设卫星仰角 θ 固定，A_s 是关于 h 的函数，常数 T_1 代表任务的计算数据量。在非卸载情况下，$\rho_s^c = 0$。计算功率被每个具有边缘服务器能力的卫星 s 平均，并且部署的卫星网络的平均计算功率 ρ^c 如下所示：

$$\rho^c = E\left[\rho_s^c\right]$$

端到端传输功率衰减考虑了卫星的移动性和长距离的无线链路，包括由此产生的多普勒频移。由于低地轨道卫星移动非常迅速，多普勒频移对于分析卫星网络架构至关重要。基于多普勒频移的定义，接收到的频率可以表示如下：

$$f_R = f_T - f_d = f_T - \frac{f_T}{c} v \cdot \cos\alpha$$

其中，f_R 是射频波的接收频率，f_T 是发射频率，f_d 是多普勒频率。卫星的速度 v 可以通过圆形卫星轨道推导得到，α 是卫星运动方向和用户方向之间的角度，卫星轨道如图 9-8 所示。

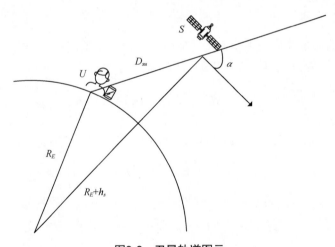

图9-8　卫星轨道图示

$$\alpha = \frac{\pi}{2} - \cos^{-1}\left(\frac{D_{SU}^2 + (h_S + R_E)^2 - R_E^2}{2D_{SU}(h_S + R_E)^2}\right)$$

两个节点 i、j 之间的传输功率衰减为：

$$\rho_{ij}^p = 20\log\left(D_{ij}\right) + 20\log\left(f_T\right) + 20\log\left(\frac{4\pi}{c}\right)$$

类似总时延，端到端传输功率衰减在卸载时为 ρ^{poff}，非卸载时为 ρ^{pnon}：

$$\rho^{poff} = \rho_{pa}^p + \sum_{(i,j)\in P_{ab}} \rho_{ij}^p + \rho_{bq}^p$$

$$\rho^{pnon} = \rho_{pa}^p + \sum_{(i,j)\in P_{ak}} \rho_{ij}^p + \rho_{ck}^p + \rho_{kc}^p + \sum_{(i,j)\in P_{kb}} \rho_{ij}^p + \rho_{bq}^p$$

P_{ak}、P_{ab}、P_{kb} 的定义与 P_{ab} 类似。用户 i 的端到端传输功率衰减和系统的平均端到端传输功率衰减为：

$$\rho_i^p = O_R \cdot \rho_O^p + \left(1-O_R\right) \cdot \rho_N^p$$

$$\rho^p = E\left[\rho_i^p\right]$$

9.3.3.3 优化目标

在本节的模型中，可以提出如下的优化问题：

$$\underset{O_R,h}{\text{minimize}} \left(L_M, \rho^c, \rho^p\right)$$

其目标是最小化系统的总时延、系统功耗和系统的平均端到端时延。注意，卫星边缘计算服务器 s 的计算功率 ρ_s^c 可以表示为分配给 s 的工作负载 x_s 的二次函数，最小化服务器的计算功率即等价于在完成任务的情况下最小化系统的能耗。

其限制条件为：

$$L_M = E\left[L_i\right] + \sigma\left[L_i\right]$$

$$\rho^c = E\left[\rho_s^c\right]$$

$$\rho^p = E\left[\rho_i^p\right]$$

这 3 个式子的含义在 9.3.3.2 小节中已经介绍，此外，按照定义还应添加：

$$0 \leqslant O_R \leqslant 1$$
$$0 \leqslant h \leqslant 2000$$

$0 \leqslant O_R \leqslant 1$ 表示卸载率 O_R 的限制，$0 \leqslant h \leqslant 2000$ 将卫星轨道限制在传统的低地轨道的高度范围内。

9.3.4　卫星漫游

卫星漫游，也称为卫星切换，是无线通信中的一个重要概念，特别是在卫星通信领域。它是指用户设备从一个通信卫星切换到另一个通信卫星以保持无缝的通信连接。卫星切换的主要目标是实现持续的通信服务，同时最小化通信中断和质量下降。为了实现这一目标，卫星通信系统必须具备切换管理机制，以便在需要时协调切换操作。本小节将介绍卫星边缘计算中卫星漫游的定义、系统模型及优化目标。

9.3.4.1　定义

卫星漫游是一种利用通信卫星提供移动通信服务的技术，旨在解决传统蜂窝网络覆盖不足的问题。这项技术的显著特点是能够在全球范围内，包括偏远地区、海洋和沙漠等地，提供电话和数据服务。与依赖地面基站的传统移动网络相比，卫星漫游可以实现几乎全球的覆盖，这对于航海、航空和远征探险等应用场景尤为重要。

如图 9-9 所示为卫星漫游架构[4]，其中有 N 个 LEO 卫星，记作 $\mathcal{S} = \{S_1, S_2, \cdots, S_N\}$，$K$ 个地面用户，记作 $\mathcal{U} = \{U_1, U_2, \cdots, U_K\}$，考虑到用户设备通常处于多个卫星的覆盖范围内，同时卫星以预定的轨迹持续运动并覆盖范围内的用户设备，因此用户设备可能需要切换不同的卫星来维持最佳质量的通信。如何选取最佳卫星无缝衔接并保持服务质量（QoS）是卫星漫游中的一个核心问题。

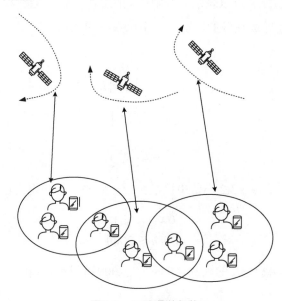

图9-9　卫星漫游架构

设有时间段 T，并将 T 划分为 U 个不同的时间段，表示为 $[(t_0,t_1),(t_1,t_2),\cdots,(t_{\mu-1},t_\mu)]$。在每个时间段内，卫星链路是固定的。用户设备定期测量卫星网络的信息，即在每个时间段的起始时刻，并根据该信息确定是否需要进行卫星切换。当连接的卫星链路不支持用户设备的 QoS 时，也会触发切换请求。

9.3.4.2 系统模型

假设用户能够通过 GPS 获取自己当前的精确位置，并且了解所有卫星的运动轨迹，从而知道自己被哪些卫星覆盖，用二进制变量 c_{kn}^t 来描述在 t 时刻 U_k 与 S_n 的覆盖情况：

$$c_{kn}^t = \begin{cases} 1, & U_k \text{被} S_n \text{覆盖} \\ 0, & \text{其他} \end{cases}$$

t 时刻的用户设备 k 的覆盖信息可以表示为：$C_k^t = (c_{k1}^t, c_{k2}^t, \cdots, c_{kn}^t), \forall k \in \{1,2,\cdots,K\}$，用户设备可以根据卫星运行的轨迹得到确切的覆盖时间，覆盖时间是关键的切换指标。用 $\mathcal{V}_{kn}^t$ 表示在 t 时刻卫星 n 对用户 k 的剩余服务时间，那么每颗候选卫星对用户 k 的剩余服务时间为 $\mathcal{V}_k^t = (v_{k1}^t, v_{k2}^t, \cdots, v_{kn}^t), \forall k \in \{1,2,\cdots,K\}$，此外，如果 $c_{kn}^t = 0$，那么 $v_{kn}^t = 0$。

卫星和用户中间的信道质量受到它们之间的相对运动和信道间干扰影响，卫星通信中通常以载噪比和干扰噪声比来衡量信道质量，上行链路的载噪比为：

$$\text{CNR}_u = 10\ln\left(\frac{p_1 g_1 g_2}{k_B T_s l_{su}}\right)$$

p_1 是馈送到地球站传输天线的调制载波的带宽上的均方功率谱密度，g_1 是地球站的最大传输天线增益，g_2 是空间站在指向地球站方向的接收天线增益，l_{su} 是上行链路的自由空间传输损耗，T_s 是空间站接收系统在接收天线输出处的噪声温度，k_B 是玻尔兹曼常数，干扰噪声比为：

$$\text{INR} = \frac{P_t}{BW} G_t(\varphi_1) G_r(\varphi_2) \left(\frac{\lambda}{4\pi R_i}\right)^2 \frac{1}{k_B T} \frac{1}{L_p}$$

P_t 是可用的发送功率，BW 是发送带宽，$G_t(\varphi_1)$ 和 $G_r(\varphi_2)$ 分别代表发射增益和接收增益，φ_1 是指向接收器方向的发射机的离轴角度，φ_2 是指向发射机方向的接收机的离轴角度，λ 代表发射机的波长（米），R_i 代表干扰路径的长度（米），T 代表噪声温度，L_p 代表极化隔离因子。

用 q_{kn}^t 代表在 t 时刻用户 k 和卫星 n 之间的载噪比，那么在 t 时刻用户 k 和每个卫星之间

的载噪比可以记作 $Q_k^t = \left(q_{k1}^t, q_{k2}^t, \cdots, q_{kn}^t, \cdots, q_{kN}^t\right), \forall k \in \{1, 2, \cdots, K\}$，用 i_{kn}^t 代表在 t 时刻用户 k 和卫星 n 之间的干扰噪声比，那么在 t 时刻用户 k 和每个卫星之间的干扰噪声比可以记作 $I_k^t = \left(i_{k1}^t, i_{k2}^t, \cdots, i_{kn}^t, \cdots, i_{kN}^t\right), \forall k \in \{1, 2, \cdots, K\}$。

此外，还应考虑卫星的可用频道来保证负载均衡并降低卫星漫游失败率，应优先选择可用通道更多的卫星进行切换，使用户设备可以根据卫星的定期广播获取负载信息。用 ℓ_n^t 表示卫星 n 在 t 时刻的可用通道数，那么 N 个卫星的负载可以表示为 $\mathcal{L} = \left\{\ell_1^t, \ell_2^t, \cdots, \ell_N^t\right\}$，其中有 $0 \leqslant \ell_n^t \leqslant N_{\max}$，$N_{\max}$ 表示卫星可用通道的最大数量。

用 $\mathrm{CNR}_{\min}$ 代表 CNR_u 的最小值，f_{kn}^t 代表切换成功或者失败的二进制变量，那么有：

$$f_{kn}^t = \begin{cases} 1, & v_{kn}^t = 0 \text{或} q_{kn}^t < (\mathrm{CNR})_{\min} \text{或} \ell_n^t = N_{\max} \\ 0, & \text{其他} \end{cases}$$

每次切换都会消耗信令开销并增加传输中断率，因此每次切换的成本被设定为一个正值 C，$x_{kn}^t = 1$ 表示用户 k 正在连接到卫星 n 或者用户 k 将在 t 时刻切换到卫星 n，设 Γ_{kn}^t 表示用户 k 和卫星 n 之间的切换成本：

$$\Gamma_{kn}^t = \begin{cases} 0, x_{kn}^t = x_{kn}^{t-1} \\ C, x_{kn}^t \neq x_{kn}^{t-1} \end{cases}$$

为了提高 UE 的服务质量，降低干扰避免的成本并保持卫星的负载平衡，当触发切换请求时，应将具有最高的载噪比、最低干扰噪声比和最多空闲信道数量的卫星作为最佳切换卫星。引入用户 k 切换到卫星 n 时的上述 3 个切换因素的成本函数，如下所示：

$$\Psi_{kn}^t = -q_{kn}^t + i_{kn}^t - \ell_n^t$$

9.3.4.3　优化目标

设每个用户都可以根据其本地信息独立执行切换算法，考虑如下的优化问题：

$$\underset{\{x_{kn}^t\}}{\text{minimize}} \sum_{n=0}^{U-1} \sum_{n \in N} x_{kn}^t \left(f_{kn}^t + \Gamma_{kn}^t + \Psi_{kn}^t\right)$$

subject to

C1：$f_{kn}^t \in \{0, 1\}$ $\qquad\qquad\qquad \forall n \in \{1, 2, \cdots, N\}$

C2：$x_{kn}^t \in \{0, 1\}$ $\qquad\qquad\qquad \forall n \in \{1, 2, \cdots, N\}$

C3：$\sum\limits_{n \in \mathcal{N}} x_{kn}^{t} = 1$

C4：$\sum\limits_{k \in \mathcal{K}} x_{kn}^{t} \leqslant N_{\max}$　　　　　　　　　$\forall n \in \{1, 2, \cdots, N\}$

目标函数代表着在整个时间段 T 内最小化长期切换失败的次数，在保证卫星负载均衡的同时减少切换次数，选择载噪比更高、干扰噪声比更低的卫星，约束 C1、C2 和 C4 的意义前文已经阐明，C3 确保用户同时只能连接一颗卫星。

9.4　研究工作

笔者在 IEEE Xplore 网站上检索与卫星边缘计算相关的论文，共计 333 篇，且随时间呈上升趋势，如表 9-1 所示。论文研究工作主要可以分为卫星网络高度动态性、卫星间协同处理、卫星边缘内容缓存 3 类。下面将从这 3 个方面展开介绍相关的研究工作。

表 9-1　卫星边缘计算相关论文数量

年份/年	2018及以前	2019	2020	2021	2022	2023
数量/篇	47	24	27	47	74	114

9.4.1　关于卫星网络高度动态性的研究

卫星边缘计算结合了卫星通信和边缘计算的优势，可以为诸多领域提供计算服务。但是卫星边缘计算也面临许多挑战，比如卫星网络的高度动态性，卫星在轨道上高速移动，特别是低轨卫星，由于它对地面的覆盖时间有限，导致卫星网络拓扑结构具有时变性。因此在卫星边缘计算任务卸载的过程中，需要充分考虑卫星网络的高度动态性，以实现对卫星边缘服务器资源的有效利用。下面将介绍卫星边缘计算场景下，与卫星网络高度动态性相关的部分研究工作。

文献[5]：卫星边缘计算与 NFV 相结合，可以灵活高效地进行服务提供和资源管理。但是与地面边缘计算相比，卫星网络的可用资源在计算、存储、带宽等方面受到严重限制，特别是卫星的移动性导致卫星网络拓扑结构随时间而变化，这给 VNF 放置问题带来了困难。因此，本文中重点研究了 VNF 在动态卫星边缘网络中的放置问题，将问题表述为整数非线性规划问题，目标为最小化业务端到端时延和网络带宽成本。文中将每个卫星视为一个代理，可以独立地为用户请求制定 VNF 放置策略，所有卫星都并行为用户请求制定 VNF 放置策略，由于卫星网络的资源限制，存在潜在的资源冲突，可以通过基于优先级的方式相互竞争可用网络资源来解决。然后文中针对该问题提出了一种分布式虚拟网络功能放置（Distributed-Virtual Network Function Placement，D-VNFP）算法。最后文中进行了大量的仿真实验，以评估所提出的 D-VNFP 算法。实验结果表明，所提算法与基于博弈论的算法在网络带宽成本、业务端到端时延和分配用户请求百分比等方面的性能接近，但是博弈论的时间成本明显大于所提出的 D-VNFP 算法，证明了所提算法的有效性。

文献[6]：卫星边缘计算的网络具有高度动态性，特别是卫星能量供应有限且不断变化，导致卫星边缘计算能力不稳定，高效的任务卸载策略是提高卫星边缘计算服务质量的关键。因此，本文中在地面用户设备和卫星的能量和计算能力约束下，针对最小化计算任务的整体时延的任务卸载问题进行了研究。为了解决任务到达的随机性、时变信道条件和一致的能量收集问题，文中利用 Lyapunov 优化框架将制定的长期随机优化问题转化为多个单时隙问题，这有助于在未来系统状态未知的情况下优化时间平均值，同时保持能量队列的平均速率稳定。由于建模得到的问题是非凸的，文中将其分解为多个等效的子问题，提出了一种基于漂移加惩罚的卫星边缘计算网络动态卸载策略。最后文中进行了仿真实验，将所提算法与现有的两种任务卸载算法进行比较，评估它们在总任务时延和所需能量容量方面的性能。实验结果表明所提算法在保持低轨卫星能量队列平均速度稳定的同时，能够有效地实现渐进最优，且在可接受的能量消耗下，与其他两种算法相比，具有更低的时延。

文献[7]：地球观测应用（即拍摄地球图像然后进行处理）的计算任务可以由卫星边缘计算辅助完成，数据处理的任务可以由运行观测任务的卫星完成，也可以由连接到地面站的数据中心完成，且星座中的任何卫星都可以处理地球观测任务，以最小化内存、处理和传输成本的总和。但是卫星和地球的运动使网络拓扑结构随时间变化，在这种情况下数据应该在何处处理（在地面或选取某颗卫星）是十分关键的问题。因此，本文针对地球观测应用在轨运行场景，研究了其数据处理和带宽资源分配策略，提出了一种轨道边缘计算地球观测卫星星座内联合资源分配和处理放置的启发式方法，旨在最大限度地降低总运营成本。最后文中进行了仿真实验，将所提的启发式方法应用于实际轨道场景，和其他两个基准方案进行了比较，分别是仅在轨处理和仅地面处理。文中对处理成本、传输和存储成本、预处理和后处理数据大小的比值以及对地面站传输时延的评估进行参数化分析。实验结果表明所提方法更加节省成本并减少了数据传输时延。

文献[8]：卫星边缘计算可以向远程用户提供网络服务，结合软件定义网络和网络功能虚拟化技术，它可以在分配计算和存储资源时提供灵活性、敏捷性并提高效率。然而在资源有效和业务需求动态的卫星网络中，在服务提供中物理资源分配的公平性和效率方面存在技术挑战。因此，本文研究了在支持 SDN/NFV 的卫星边缘计算环境中的动态虚拟网络功能映射和调度，以最大限度地提高竞争服务之间的公平性，从而提高网络中的服务接受率。文中将 VNF 映射和调度问题表述为非线性整数优化问题，并提出了一种两阶段启发式动态 VNF 映射调度算法，首先路径选择算法返回具有多个 VNF 的给定服务请求的所有可能路径，这些 VNF 根据其端到端服务时延按升序排序并离线执行，然后动态 VNF 映射调度算法对 VNF 进行在线动态重映射和重调度。最后文中进行了大量的仿真实验，通过设置适当的拓扑和系统参数评估所提算法性能，实验结果表明与其他基准算法相比，所提算法具有更高的服务接受率、计算资源利用率和公平性。

9.4.2 关于卫星间协同处理的研究

卫星边缘计算中每颗卫星的计算能力是有限的，可能无法单独完成来自地面物联网用户上传的大量计算任务，同时物联网用户在卫星覆盖范围内分布不均，也会导致一些覆盖热点的卫星可用资源不足而其他卫星计算资源过剩的问题。因此如何发挥卫星间的协同性，实现更高效、更稳定的边缘计算服务也是研究热点之一。下面将介绍与卫星间协同处理相关的部分研究工作。

文献[9]：LEO 卫星宽带网络中的卫星边缘节点可以执行时间敏感的计算任务，而不是在地面的云端传输和计算，因此能够有效降低任务处理时延和网络带宽消耗。但是 LEO 卫星上的计算和存储资源受到限制，需要合理有效的任务决策解决资源分配问题。本文针对具有高度动态特性的 LEO 卫星宽带网络提出了一种多级卸载模型，该模型中多个相邻的 LEO 卫星可以协同执行计算任务。文中将任务卸载表述为基于部分可观测马尔可夫决策过程的多智能体决策问题，每颗卫星都是一个智能代理，可以执行接收到的边缘计算任务，也可以将其卸载到其他相邻卫星或地面上的云节点。这些智能体是完全协同的，共享相同的参数值，这种集中训练和分布式执行的框架，可以确保基于局部观测实现全局优化的卸载决策。最后文中进行了仿真实验，将所提方法与其他 5 种代表性算法进行了比较。实验结果表明，所提方法在降低边缘计算任务处理时延和提高计算资源利用率方面优于其他方法，同时该方法也是基于深度强化学习的方法中最好的。

文献[10]：LEO 卫星的物联网在移动边缘计算中的计算卸载策略方面是一研究热点，但大多数过往研究主要考虑了单颗卫星的资源分配。在实际情况中，每颗卫星拥有不同的观测值（单个历史策略和公共工作负载情况），并且是可以相互协同的。因此，本文研究了基于 LEO 卫星的物联网中的资源分配问题，多个 LEO 卫星之间可以相互协同，以帮助用户在远离 MEC 服务器时进行数据卸载，地面信息中心可以接收到来自卫星的上传数据，并选择适当的信息广播给其他卫星，作为对每颗 LEO 卫星决策的补充。为了解决这种协同式基于 LEO 卫星的物联网系统中的资源分配问题，文中提出了一个优化问题，并将该问题转化为部分可观测马尔可夫决策过程，最后提出了一种基于深度强化学习的 MAIBJ 算法对问题进行求解，通过 MAIBJ 设计的评判者结构，卫星可以有效地与其他卫星进行资源联合分配。最后文中进行了大量仿真试验，仿真结果表明，与其他基准方案相比，文中所提算法可以有效降低传输时延和系统能耗。

文献[11]：卫星边缘计算能够有效处理覆盖范围内的远程地面计算任务，但是单颗卫星计算难以解决空间计算能量不均衡的问题，因此需要多颗卫星之间的计算对等卸载，以进一步提高服务质量。本文考虑了时变卫星网络中高昂的通信、计算成本和有限的资源与能源，设计了一种卫星对等卸载方案，该方案沿多跳路径进行卸载，以实现卫星间的协同处理。然后文中提出了多跳卫星对等卸载问题，旨在共同最小化系统资源和积压约束下的时延和能耗，为了适应网络动态性，利用 Lyapunov 框架下的时延在线学习方法，优化了未来不确定工作负载的决策过程。最后文中开发了一种在线分布式算法来解决该问题，并评估了该算法的性能，实验结果表明，该多跳对等卸载方案可以有效地提高边缘计算性能。

文献[12]：仅依赖基于 GEO 或 LEO 的边缘计算难以满足地面物联网业务的时延要求，此外物联网业务产生的大量计算任务分布不均，也会造成不同卫星之间的负载不平衡。因此本文研究了 GEO-LEO 的联合计算和通信资源分配，地面物联网用户产生的计算任务可以由协同的 LEO 卫星处理，也可以通过 GEO 卫星转发到地面网关进行处理。文中将该问题的联合任务卸载、通信和计算分配表述为混合整数动态规划问题，并将这一复杂问题分解为两个子问题：一个是联合任务卸载和信道分配问题，这是一个整数规划问题；另一个是计算资源分配问题，可以进一步转化为几个并行凸问题。然后提出了一种智能任务卸载和多维资源分配算法，以最小化任务卸载和处理的时延。该算法首先利用基于深度强化学习的方法解决任务卸载和信道分配的子问题，然后采用凸优化求解固定卸载和信道分配决策下计算资源分配的子问题。最后文中进行了大量仿真实验，将所提算法与遗传算法、随机算法进行对比，实验结果表明文中所提算法具有更好的性能。

文献[13]：大多数现有的研究针对卫星边缘计算辅助地面网络的情况，而忽略了多个边缘卫星之间的协同处理。因此本文研究了卫星边缘计算中的协同计算卸载方法，该方法允许多颗具有计算能力的卫星执行计算任务，以优化资源分配，使网络的能耗最小。文中将该协同卸载问题表述为一个非凸优化问题，然后将该问题解耦为两个不同的子问题，虽然两个子问题仍然是非凸问题，但是文中使用连续凸逼近法来处理，并设计了一个迭代算法进行求解，得到了具有优化资源分配的协同计算卸载方案。最后文中设计了仿真实验，将所提方案与其他两种现有方案——等资源分配的协同计算卸载方案和非协同计算卸载方案——进行比较，通过改变卫星数量和任务时延要求，评估 3 种方案的总能耗。最终得出结论，文中所提的方案相比于其他两种方案能耗明显降低。

9.4.3 关于卫星边缘内容缓存的研究

在卫星边缘计算场景下，为了满足用户对实时、高质量数据的要求，需要实现卫星边缘计算中数据的高效管理和传输，但是卫星边缘节点的资源有限，因此如何在卫星边缘节点部署高效的缓存策略，减少对地面数据中心的依赖，为用户提供更加即时、可靠的数据访问体验是卫星边缘计算中的挑战之一。下面将介绍有关卫星边缘内容缓存相关的部分研究工作。

文献[14]：在传统的地面网络中，内容通常缓存在基站中，用于移动边缘缓存。然而，在卫星边缘计算中，由于特殊的网络架构，内容可以缓存在基站、卫星和网关中。因此，本文考虑利用协同缓存架构来提高时延性能，提出了一种三层星地一体化网络协同缓存框架，其中基站缓存、卫星缓存和网关缓存协同为地面用户提供内容服务。文中首先针对内容放置问题提出了一种非合作缓存策略，其中每颗卫星都自私地行动，以最小化其本地用户的平均内容检索时延。然后文中提出一种合作缓存策略，充分利用合作优势，即每颗卫星协同行动，以最小化网络的平均内容检索时延。基站的缓存分为重复缓存部分和选择性缓存部分，而卫星缓存分为固定缓存部分和选择性缓存部分。在理论分析的基础上，文中推导了重复缓存部分和固定缓存部分的最优解，然后，提出一种迭代算法来计算整个网络的最优缓存策略。最后文中进行了仿真实验，数值结果表明，所提出的三层协同缓存模型能够显著降低星地一体化网络中的内容检索时延，同时通过对比可以得出，所提出的合作缓存策略在所有情况下都能实现最低的时延，而所提出的非合作缓存策略可以以较低的复杂度实现次优性能。

文献[15]：为了降低用户内容交付的端到端时延，可以借助卫星的通信、存储、计算能力，通过在卫星上部署 MEC 提供更低时延和更广泛的网络服务。但是卫星资源有限，因此需要充分考虑卫星间协同及卫星缓存节点和地面缓存节点之间的星地协同。因此，本文提出了一种以基站为中心的网络分层缓存模式和通过卫星的缓存节点的预缓存模式相结合的星地一体化协同缓存网络架构。在地面侧，将边缘节点部署到用户侧，形成以基站为中心的分层协同缓存模式，在卫星侧，利用卫星对热门内容进行预缓存和组播，减少初始内容交付时延。然后文中研究了在用户需求和存储容量的约束下，边缘节点的部署和缓存方案，确定了时延最小化问题，并提出了一种内容缓存更新决策参数用于内容缓存更新。最后文中进行了大量的仿真实验，实验结果表明所提的网络架构和内容缓存方案可以提高缓存系统命中率，并降低系统平均时延。

文献[16]：LEO 卫星网络部署成本低廉，覆盖范围广，可广泛用于差异化内容分发服务，网内缓存技术是提高卫星网络吞吐量和内容分发效率的有效途径。然而，传统的缓存和分发方案没有考虑到卫星节点的高速运动和拓扑结构的动态变化，不适用于卫星网络。因此，本文提出了一种基于节点分类和大众化内容感知的卫星网络混合缓存策略。首先，基于层间相似度的时隙划分方法，将动态变化的过程转化为一组拓扑稳定的时隙。然后，考虑卫星节点时空演化过程中连接关系和交互顺序的变化，将卫星节点动态划分为两类。利用 TOPSIS（Technique for Order Preference by Similarity to Ideal Solution）算法筛选出具有卫星拓扑和功能特征的节点作为核心节点，其余节点视为边缘节点。采用基于内容流行度的概率缓存方案，以核心节点为缓存节点，保证缓存性能，促进缓存内容的多样性。最后文中进行了仿真实验，实验结果表明，与其他缓存策略相比，文中所提的缓存策略可以有效地提高缓存命中率，降低时延，促进卫星网络稳定运行。

文献[17]：卫星边缘缓存是一种针对因为连接设备数量增加或者数据密集型应用而导致的高数据速率和高时延问题的解决方案。但是，过去的卫星通信系统用于辅助缓存的解决方案，缺乏对不同应用场景和卫星配置的综合分析和评估。在此，本文分析了卫星通信系统在 5G 网络具体场景（如在人口稠密的城市区域和人口稀少的农村地区）中边缘缓存的性能。文中还提出了一种卫星辅助缓存算法来优化系统的缓存命中率（Cache Hit Ratio，CHR）和成本效益，可以在 3 种配置（单波束卫星、多波束卫星和混合模式）下使用。本文通过对实验数据和真实数据集的评估，实现了对 CHR 的实时分析和成本分析，展示了多波束卫星在需求不相关时的优势以及混合模式在缓存命中率方面的表现。文中提到未来可以实现基于成本的混合模式速率的优化，以便更好地适应复杂交通分布。

参考文献

[1] ABDERRAHIM W, AMIN O, ALOUINI M-S A, et al. Latency-Aware Offloading in Integrated Satellite Terrestrial Networks[J]. IEEE Open Journal of the Communications Society, 2020, (1): 490-500.

[2] NGUYEN M-H T, BUI T T, NGUYEN L D, et al. Real-Time Optimized Clustering and Caching for 6G Satellite-UAV-Terrestrial Networks[J]. IEEE Transactions on Intelligent Transportation Systems, 2023, 25(3): 3009-3019.

[3] KIM T, KWAK J, CHOI J P. Satellite Edge Computing Architecture and Network Slice Scheduling for IoT Support[J]. IEEE Internet of Things Journal, 2022, 9(16): 14938-14951.

[4] WANG J, MU W Q, LIU Y N, et al. Deep Reinforcement Learning-Based Satellite Handover Scheme for Satellite Communications[C]//2021 13th International Conference on Wireless Communications and Signal Processing (WCSP). IEEE, 2021: 1-6.

[5] GAO X Q, LIU R K, KAUSHIK A, et al. Dynamic Resource Allocation for Virtual Network Function Placement in Satellite Edge Clouds[J]. IEEE Transactions on Network Science and Engineering, 2022, 9(4): 2252-2265.

[6] CHENG L, FENG G, SUN Y, et al. Dynamic Computation Offloading in Satellite Edge Computing[C]//ICC 2022 - IEEE International Conference on Communications. IEEE, 2022: 4721-4726.

[7] VALENTE F, LAVACCA F G, ERAMO V. Proposal and Investigation of A Processing and Bandwidth Resource Allocation Strategy in LEO Satellite Networks for Earth Observation Applications[C]//ICC 2023 - IEEE International Conference on Communications. IEEE, 2023: 6268-6274.

[8] ABREHA H G, CHOUGRANI H, MAITY I, et al. Fairness-Aware Dynamic VNF Mapping and Scheduling in SDN/NFV-Enabled Satellite Edge Networks[C]//ICC 2023 - IEEE International Conference on Communications. IEEE, 2023: 4892-4898.

[9] LAI J Y, LIU H S, SUN Y S, et al. Multi-Agent Deep Reinforcement Learning Aided Computing Offloading in LEO Satellite Networks[C]//ICC 2023 - IEEE International Conference on Communications. IEEE, 2023: 3438-3443.

[10] LYU Y F, LIU Z, FAN R F, et al. Optimal Computation Offloading in Collaborative LEO-IoT Enabled MEC: A Multiagent Deep Reinforcement Learning Approach[J]. IEEE Transactions on Green Communications and Networking, 2023, 7(2): 996-1011.

[11] ZHANG X Y, LIU J, ZHANG R, et al. Energy-Efficient Computation Peer Offloading in Satellite Edge Computing Networks[J]. IEEE Transactions on Mobile Computing, 2024, 23(4):3077-3091.

[12] CUI G F, DUAN P F, XU L X, et al. Latency Optimization for Hybrid GEO–LEO Satellite-Assisted IoT Networks[J]. IEEE Internet of Things Journal, 2023, 10(7): 6286-6297.

[13] WANG R S, ZHU W C, LIU G L, et al. Collaborative Computation Offloading and Resource Allocation in Satellite Edge Computing[C]//GLOBECOM 2022 - 2022 IEEE Global Communications Conference. IEEE, 2022: 5625-5630.

[14] ZHU X M, JIANG C X, KUANG L L, et al. Cooperative Multilayer Edge Caching in Integrated Satellite-Terrestrial Networks[J]. IEEE Transactions on Wireless Communications, 2022, 21(5): 2924-2937.

[15] YANG Y, KONG X G, QI Y W. A Collaborative Cache Strategy in Satellite-Ground Integrated Network Based on Multiaccess Edge Computing[J]. Wireless Communications and Mobile Computing, 2021:1-14.

[16] XU R, DI X Q, CHEN J, et al. A Hybrid Caching Strategy for Information-Centric Satellite Networks Based on Node Classification and Popular Content Awareness[J]. Computer Communications, 2023, 197: 186-198.

[17] VU T X, POIRIER Y, CHATZINOTAS S, et al. Modeling and Implementation of 5G Edge Caching over Satellite[J]. International Journal of Satellite Communications and Networking, 2020, 38(5): 395-406.